国家卫生健康委员会“十四五”规划教材

全国中等卫生职业教育“十四五”规划教材

供药剂、制药技术应用专业用

药物制剂技术

第2版

主　编　解玉岭

副主编　李　梅　邹　毅

编　者（以姓氏笔画为序）

于宗琴（山东医学高等专科学校）

王艳丽（黑龙江护理高等专科学校）

李　梅（山东省莱阳卫生学校）

邹　毅（赣南卫生健康职业学院）

宋师花（山东省临沂卫生学校）

张小莉（重庆市医药卫生学校）

浦绍且（云南省临沧卫生学校）

蒋蔡滨（成都铁路卫生学校）

解玉岭（山东省临沂卫生学校）

人民卫生出版社

·北　京·

图书在版编目（CIP）数据

药物制剂技术 / 解玉岭主编 . —2 版 . —北京：
人民卫生出版社，2023.2（2024.4 重印）
ISBN 978-7-117-34302-2

Ⅰ. ①药… Ⅱ. ①解… Ⅲ. ①药物 —制剂 —技术
Ⅳ. ①TQ460.6

中国版本图书馆 CIP 数据核字（2022）第 249431 号

药物制剂技术
Yaowu Zhiji Jishu
第 2 版

主　　编： 解玉岭
出版发行： 人民卫生出版社（中继线 010-59780011）
地　　址： 北京市朝阳区潘家园南里 19 号
邮　　编： 100021
E - mail： pmph @ pmph.com
购书热线： 010-59787592　010-59787584　010-65264830
印　　刷： 北京华联印刷有限公司
经　　销： 新华书店
开　　本： 850 × 1168　1/16　　**印张：** 34
字　　数： 644 千字
版　　次： 2015 年 7 月第 1 版　　2023 年 2 月第 2 版
印　　次： 2024 年 4 月第 4 次印刷
标准书号： ISBN 978-7-117-34302-2
定　　价： 89.00 元
打击盗版举报电话：010-59787491　E-mail：WQ @ pmph.com
质量问题联系电话：010-59787234　E-mail：zhiliang @ pmph.com
数字融合服务电话：4001118166　E-mail：zengzhi @ pmph.com

出版说明

为全面贯彻党的十九大和全国职业教育大会会议精神，落实《国家职业教育改革实施方案》《国务院办公厅关于加快医学教育创新发展的指导意见》等文件精神，更好地服务于现代卫生职业教育快速发展，满足卫生事业改革发展对医药卫生职业人才的需求，人民卫生出版社在全国卫生职业教育教学指导委员会的指导下，经过广泛的调研论证，全面启动了全国中等卫生职业教育药剂、制药技术应用专业第二轮规划教材的修订工作。

本轮教材围绕人才培养目标，遵循卫生职业教育教学规律，符合中等职业学校学生的认知特点，实现知识、能力和正确价值观培养的有机结合，体现中等卫生职业教育教学改革的先进理念，适应专业建设、课程建设、教学模式与方法改革创新等方面的需要，激发学生的学习兴趣和创新潜能。

本轮教材具有以下特点：

1. 坚持传承与创新，强化教材先进性　教材修订继续坚持“三基”“五性”“三特定”原则，基本知识与理论以“必需、够用”为度，强调基本技能的培养；同时适应中等卫生职业教育的需要，吸收行业发展的新知识、新技术、新方法，反映学科的新进展，对接职业标准和岗位要求，丰富实践教学内容，保证教材的先进性。

2. 坚持立德树人，突出课程思政　本套教材按照《习近平新时代中国特色社会主义思想进课程教材指南》要求，坚持立德树人、德技并修、育训结合，坚持正确价值导向，突出体现卫生职业教育领域课程思政的实践成果，培养学生的劳模精神、劳动精神、工匠精神，将中华优秀传统文化、革命文化、社会主义先进文化有机融入教材，发挥教材启智增慧的作用，引导学生刻苦学习、全面发展。

3. 依据教学标准，强调教学实用性　本套教材依据专业教学标准，以人才培养目标为导向，以职业技能培养为根本，设置了“学习目标”“情境导入”“知识链接”“案例分析”“思考题”等模块，更加符合中等职业学校学生的学习习惯，有利于学生建立对工作岗位的认识，体现中等卫生职业教育的特色，将专业精神、职业精神和工匠精神融入教材内容，充分体现教材的实用性。

4. 坚持理论与实践相结合，推进纸数融合建设　本套教材融传授知识、培养能力、提高素质为一体，重视培养学生的创新、获取信息及终身学习的能力，突出教材的实践性。在修订完善纸质教材内容的同时，同步建设了多样化的数字化教学资源，通过在纸质教材中添加二维码的方式，“无缝隙”地链接视频、微课、图片、PPT、自测题及文档等富媒体资源，激发学生的学习热情，满足学生自主性的学习要求。

众多教学经验丰富的专家教授以严谨负责的态度参与了本套教材的修订工作，各参编院校对编写工作的顺利开展给予了大力支持，在此对相关单位与各位编者表示诚挚的感谢！教材出版后，各位教师、学生在使用过程中，如发现问题请反馈给我们（renweiyaoxue@163.com），以便及时更正和修订完善。

人民卫生出版社

2022年4月

前　言

《药物制剂技术》(第2版)是国家卫生健康委员会“十四五”规划教材，供三年制中职药品类的药剂、制药技术应用专业用。本教材是根据国家卫生健康委员会“十四五”规划教材的编写原则和要求，参照中华人民共和国教育部《中等职业学校专业教学标准(试行)》中的药剂、制药技术应用专业教学标准，在上一版《药物制剂技术》的基础上，由人民卫生出版社组织编写和修订的。主要供中等职业学校药剂、制药技术应用专业教学使用，也可供中职药品类相关专业参考使用。

药物制剂技术是中等职业学校药剂、制药技术应用专业的专业技能方向课之一，主要内容包括药物制剂的制备理论、制备方法、生产技术、质量控制等。本课程的任务是使学生具备从事药物制剂工作所必需的基础知识和基本技能，为学生今后从事药物制剂相关工作、学习高职及本科相关专业知识奠定良好基础。

本教材的编写力争充分体现以就业为导向、以能力为本位、以实践为中心、以职业需求为标准的教学理念，立足中职学生认知基础和三年的基础学制，尽量做到易懂(充分考虑学生的实际能力，降低知识的难度和起点)、够用(选择最基本的内容进行教学，就业需要什么，就让学生学什么)、实用(所选内容紧密结合工作实际，为未来工作岗位服务)。

本教材秉承淡化学科模式、突出技能操作的理念，以药物制剂生产的基本技能及相关知识为引领，并注意学生综合运用知识能力的培养。在编写过程中着重突出下列特点。

1. 与我国现行实施的药品管理方面的法规内容紧密联系，适时反映我国在药品生产管理、药品经营管理、药品使用管理等方面的要求，使教材具有时代感和新颖性。

2. 与《中华人民共和国药典》(2020年版)(简称《中国药典》)紧密联系，在剂型的概念、药物的原辅料质量标准、药物剂型或药物制剂的质量要求方面与《中国药典》的相关内容相一致，使教学内容具有可操作性。如教材使用的处方及其制备方法都是尽量直接采用《中国药典》收载的相关内容。

3. 在各种剂型的制备方法中，更多地采用框图的形式介绍主要剂型的一般生产工艺流程，为学生梳理相关知识，直观介绍药品生产的主要工艺过程和主要技术，用框图作为知识连接的主干线，便于学生学习和掌握药品生产知识。

4. 本次教材编写要求为全新立体化融合教材。在教材中采用了“情境导入”“知识链接”“点滴积累”“课堂活动”“重点考点”“边学边练”等分模块介绍的方式，增强了教材的趣味性。此外，还增加了数字融合内容，包括PPT、微课、视频、自测题、拓展阅读等。通过“一书一码”，实现了线上线下资源共享、课堂互动、随堂检测等，满足了学生自主学习、教师辅助教学的学习要求。

5. 教材中加强了对常规剂型设备的批量生产方法和设备的介绍，弱化了实验室操作内容，以增加知识在就业岗位上的实用性。根据专业教学计划的课程配置和专业培养层次特点，本教材弱化了对生产设备的结构和使用的介绍。

6. 本教材力图更贴近实际，每个剂型都加了常用制剂品种、规格、临床用法用量等内容，以附录形式收载在书后，供广大师生参考。

本教材的编写分工为：解玉岭主要编写项目一、项目六；宋师花主要编写项目二；蒋蔡滨主要编写项目三；李梅主要编写项目四、项目八；于宗琴主要编写项目五；邹毅主要编写项目七、项目十一；王艳丽主要编写项目九；张小莉主要编写项目十；浦绍且主要编写项目十二。

本教材的编写受到了人民卫生出版社以及各参编同志所在学校的热情关怀和大力支持，在此一并表示最诚挚的谢意。

我们真诚希望本教材能满足中等职业学校或有关部门培养药学领域应用型人才的需要。但由于我们的水平有限，教材中难免出现不妥和错误之处，恳请批评指正。

解玉岭

2022年9月

目录

项目一
绪　论

项目一
数字内容

学习目标

- 掌握药物制剂及相关术语的概念，《中国药典》的结构、内容、查阅方法，实施GMP的目的和意义。
- 熟悉药物制剂的分类、国家药品标准的内容及要求、处方的分类及意义、GMP的基本内容和认证制度。
- 了解药物制剂的发展概况和任务、其他国家的药典。
- 学会查阅《中国药典》。

情境导入

情境描述：

孙思邈（581—682年），京兆华原（今陕西省铜川市耀州区）人，唐代医药学家、道士，孙思邈终身不仕，隐于山林。亲自采制药物，为人治病。他搜集民间验方、秘方，总结临床经验及前代医学理论，为医学和药物学作出重要贡献。后世尊其为“药王”。孙思邈认为“人命至重，有贵千金，一方济之，德逾于此”，故将他自己的两部著作均冠以“千金”二字，名《千金要方》和《千金翼方》。

《大医精诚》一文出自孙思邈所著之《千金要方》，大医精诚具体的意思：第一是精，亦即要求医者要有精湛的医术，认为医道是“至精至微之事”，习医之人必须“博极医源，精勤不倦”。第二是诚，亦即要求医者要有高尚的品德修养。

学前导语：

药物制剂技术是中等职业学校药学专业的专业技能方向课之一，主要内容包括药物制剂的基本理论、制备方法、生产技术、质量控制等。

要想成为一名技术精湛的药物制剂技术人员，就必须学习古人至精至微、精勤不倦、大医精诚的精神！本项目就将带领大家走进学习药物制剂技术和基本技能的大门。

任务一　认识药物制剂技术

一、药物制剂及相关术语

1. 药物制剂技术　是在药剂学理论的指导下，研究药物制剂生产和制备技术的综合性应用课程，是药学类专业重要的专业课程之一。重点介绍药物制剂工业化生产的配方理论、生产工艺、生产技术以及产品质量控制等理论和技术。任务是使学生具备从事药物制剂工作所必需的基础知识和基本技能，为学生今后从事药物制剂相关工作、学习相关专业知识奠定良好基础。

所谓药物制剂，从狭义上来讲，就是药物剂型的具体品种，如阿司匹林片、尼莫地平片、红霉素粉针剂等；从广义上来讲，是一门学科；从另一个角度理解，制剂还是一个由原料药物加工成成药的一个技术过程。

2. 药品　是指用于预防、诊断、治疗人的疾病，有目的地调节人的生理功能，并规定有适应证、用法和用量的物质，包括中药材、中药饮片、中成药、化学原料药及其制剂、抗生素、生化药品、放射性药品、血清疫苗、血液制品和诊断药品等。

3. 剂型　任何一种原料药都不能直接应用于防治疾病，必须根据相应处方按照一定操作规程将药物加工制成适合于诊断、治疗及预防疾病的应用形式，称为药物剂型，简称剂型。药物剂型是药物存在和用于机体的形式，如胶囊剂、片剂、颗粒剂、注射剂等。

4. 制剂　是指根据《中华人民共和国药典》(以下简称《中国药典》)和其他药品标准等收载的处方，将药物按剂型制成一定规格并符合质量标准的药剂成品。

剂型是指制剂的类别，同一个剂型，又有不同规格的具体品种，剂型中的任何一个具体品种是一个制剂。例如，片剂中的元胡止痛片、注射剂中的止喘灵注射液、丸剂中的香砂六君子丸等叫作制剂。又如，丸剂是一个剂型，它分为蜜丸、水丸等，传统的大蜜丸又有9g、6g、3g的规格，9g的大蜜丸就是一个制剂。

5. 辅料　是指生产药品和调配处方时所用的附加剂和赋形剂。

6. 新药　是指未曾在中国境内上市销售的药品。

7. 成药　是指将疗效确切和稳定性较好的药物制成适当剂型，冠以通用名称，标明功效、用法用量，可经医师处方配给。简单地讲，成药就是成品药物，临床可以直接使用的药品。用中药原料制成的是中成药，以化学药物等制成的就是西药成药。

8. 药品的有效期　是指在一定条件下，能够保持药物有效质量的期限。从到达有效期的次日起即表示药品过期。有效期的表示方法一般如下：

（1）标明有效期：例如“有效期2005年4月”，即指该批药品可使用到2005年4月30日止，5月1日起失效。

（2）标明失效期：例如“失效期2005年5月”即指该批药品可使用到2005年4月30日止，5月1日起失效。

（3）标明有效期的绝对时间及批号：例如标明为“有效期2年”，批号为20040302，即指该批药品可使用到2006年3月1日止，3月2日起失效。

9. 特殊药品　是指国家实行特殊管理的药品，包括麻醉药品、精神药品、医疗用毒性药品、放射性药品等。

10. 假药　《中华人民共和国药品管理法》（以下简称为《药品管理法》）规定，有下列情形之一的为假药：①药品所含成分与国家药品标准规定的成分不符合的；②以非药品冒充药品或以他种药品冒充此种药品的。

《药品管理法》同时规定，有下列情形之一的药品，按假药论处：①国家食品药品监督管理部门规定禁止使用的；②依照本法必须批准而未经批准生产、进口，或者依照本法必须检验而未经检验即销售的；③变质的；④使用依照本法必须取得批准文号而未取得批准文号的原料药生产的；⑤所标明的适应证或者功能主治超出规定范围的。

11. 劣药　是指药品成分的含量不符合国家药品标准的药品。

我国《药品管理法》规定，有下列情形之一的药品，按劣药论处：①未标明有效期或者更改有效期的。②被污染的。③不注明或者更改生产批号的。④超过有效期的。⑤直接接触药品的包装材料和容器未经批准的。⑥擅自添加着色剂、防腐剂、香料、矫味剂及辅料的；其他不符合药品标准规定的。

二、药物剂型的重要性与分类

根据临床需要，药物被制备成不同的剂型以供使用，如散剂、颗粒剂、片剂、胶囊剂、注射剂、溶液剂、乳剂、混悬剂、软膏剂、栓剂、气雾剂等。

（一）药物剂型的重要性

剂型即药物的传递体，将药物输送到体内发挥疗效。一般来说，一种药物可以制成多种剂型，其药理作用相同；而有些药物的不同剂型，因给药方式不同，可能产生不同的疗效。因此，应根据药物的性质、不同的治疗目的，选择合理的剂型与给药方式。适宜的药物剂型对药效的发挥极其重要，主要有以下几点。

1. 剂型可改变药物的作用性质　有些药物剂型不同，药理作用则不同。如硫酸镁口服剂型用于泻下，而硫酸镁注射液静脉滴注能抑制大脑中枢神经，有镇静、解痉作用；又如1%乳酸依沙吖啶注射液用于孕中期引产（乳酸依沙吖啶注射液经羊膜腔内给药和宫腔内给药，药物可引起子宫内蜕膜组织坏死而产生内源性前列腺素，引起子宫收缩；同时依沙吖啶也直接对子宫肌肉有兴奋作用），但0.1%~0.2%依沙吖啶溶液局部涂抹外用有杀菌作用。

2. 剂型可改变药物的作用速度　如注射剂、吸入气雾剂等剂型起效快，常用于急救；而丸剂、缓控释制剂、植入剂等作用缓慢，属长效制剂。因此，同一药物可根据临床需要制成不同的剂型。

3. 剂型可降低药物的毒副作用　如氨茶碱主要治疗哮喘，但易引起心跳加快等副作用，若制成栓剂可消除这种毒副作用；若制成缓释制剂或控释制剂则可保持血药浓度平稳，药效好，并降低了药物的副作用。

4. 有些剂型具有靶向作用　含微粒结构的静脉注射剂，如脂质体、微球、微囊等进入血液循环系统后，被网状内皮系统的巨噬细胞所吞噬，从而使药物浓集于肝、脾等器官，起到被动靶向作用。

5. 剂型可影响药效的发挥　有些药物易被胃肠液破坏，不能制成口服剂型。如胰岛素等多肽类药物在胃肠道中受到酶破坏而被分解，链霉素在胃肠道中不被吸收，这类药适合制成注射剂；红霉素在胃酸中分解并且刺激性较大，适合制成肠溶制剂。因此，需根据药物的理化性质制成适宜的剂型。

由此可见，同一药物因剂型不同，药物的作用性质、应用效果（作用的快慢、强度及持续时间）、毒副作用等方面都可能存在差异，进而影响药物的治疗效果。总之，在设计药物剂型时，要综合考虑临床需要、药物性质、制剂的稳定性、生物利用度、质量控制等，以达到用药安全、有效、经济、适当等目的。

（二）药物剂型的分类

1. 按形态分类

（1）气体剂型：如气雾剂、喷雾剂等。

（2）液体剂型：如溶液剂、注射剂、合剂、洗剂、搽剂等。

（3）半固体剂型：如软膏剂、乳膏剂、糊剂等。

（4）固体剂型：如散剂、丸剂、片剂、膜剂、栓剂等。

2. 按给药途径分类

（1）经胃肠道给药剂型：指药物制剂经口服后进入胃肠道，起局部或经吸收而发挥全身作用的剂型，如散剂、片剂、颗粒剂、胶囊剂、溶液剂、乳剂、混悬剂等。容易受胃肠道中的酸或酶破坏的药物，一般不能直接采用这类剂型。

（2）非经胃肠道给药剂型：指除口服给药以外的其他所有给药途径的剂型。①注射给药剂型，包括静脉注射、肌内注射、皮下注射、皮内注射及腔内注射等多种注射途径。②呼吸道给药剂型，如喷雾剂、气雾剂、粉雾剂等。③皮肤给药剂型，如外用溶液剂、洗剂、搽剂、软膏剂、硬膏剂、糊剂、贴剂等。④黏膜给药剂型，如滴眼剂、滴鼻剂、眼用软膏剂、含漱剂、舌下片剂、粘贴片及贴膜剂等。⑤其他腔道给药剂型，如栓剂、滴剂等，用于直肠、阴道、尿道、鼻腔、耳道等。

这种分类方法与临床使用密切结合，对临床合理用药具有指导意义。

3. 按分散系统分类　分散系统是指一种或几种物质的质点分散在另外一种物质的质点中所形成的体系。被分散的物质称为分散相，容纳分散相的物质称为分散介质。根据分散相质点大小的不同可分为以下几类。

（1）溶液型药剂：分散相的质点≤1nm，与分散介质组成的均匀液态分散系统的药剂，也称为低分子溶液或真溶液剂。如溶液剂、糖浆剂、甘油剂、酯剂、芳香水剂等。

（2）胶体溶液型药剂：分散相的质点在1~100nm的分散体系，有高分子溶液剂和溶胶剂。

（3）乳剂型药剂：分散相的质点一般>100nm（大多在0.1~10μm），液体分散相和液体分散介质组成的非均匀分散体系。如口服乳剂、静脉注射乳剂、部分搽剂等。

（4）混悬型药剂：分散相的质点一般>100nm（大多在0.5~10μm），固体分散相和液体分散介质组成的非均匀分散体系。如混悬剂等。

（5）气体分散型药剂：分散相在气体分散介质中所形成的分散体系。如气雾剂、粉雾剂等。

（6）固体分散体型药剂：体系中的分散相（大多数是固体物质）以固体状态分散于固体分散介质中形成的固体分散体。如阿司匹林片、六味地黄丸等。

4. 按制备方法分类　将制备方法及要求相同的剂型分为一类。例如，浸出制剂是采用浸出方法制成的一类剂型，如汤剂、流浸膏剂、酊剂等；无菌制剂是用灭菌方法或无菌技术制成的一类剂型，如注射剂、滴眼剂等。

点滴积累

1. 药物制剂技术是在药剂学理论的指导下，研究药物制剂生产和制备技术的综合性应用技术课程。

2. 剂型系指药物应用的形式，药物制成不同的剂型可改变药物的作用速度、毒副作用，甚至改变药物的疗效。

3. 剂型分类有四种方法：①按形态分类；②按给药途径分类；③按分散系统分类；④按制备方法分类。

任务二　药物制剂技术的发展与任务

一、药物制剂技术的发展

我国的医药学历史悠久，内容极为丰富，古书中就有“神农尝百草，始有医药”的记述，说明神农时代的劳动人民在寻找食物的同时就发现了药材。最初，人们是将新鲜的动植物捣碎后直接作药用，随后为了更好地发挥药效和便于服用，才将药材加工制成一定的剂型。

汤剂是我国最早使用的中药剂型，在商代（公元前1766年）已有使用。我国最早的医药典籍《黄帝内经》比较全面地总结了前人的医药学经验，其中记载了汤、丸、散、膏、酒剂等剂型。东汉张仲景（公元142—219年）的《伤寒论》和《金匮要略》中收载有栓剂、洗剂、软膏剂、糖浆剂等十余种剂型。晋代葛洪（公元281—341年）的《肘后备急方》中收载了铅硬膏、干浸膏、蜡丸、浓缩丸、锭、条剂、尿道栓剂等，并将成药、防疫药剂及兽医药剂列为专章论述。唐代孙思邈（公元581—682年）的《备急千金要方》《千金翼方》和王焘的《外台秘要》等医药书籍中都收载了各科应用的方剂和各种制剂的内容。宋代已有大规模的成方制剂生产，并出现了官办药厂及我国最早的国家制剂规范。明代李时珍（公元1518—1593年）编著的《本草纲目》总结了16世纪以前我国的用药经验，收载了各类药物剂型近40种，收载药物1 892种。

19—20世纪初的近百年间，机械化、电气化等生产力的发展对药物制剂技术的发展产生了重要的影响。如片剂、注射剂、胶囊剂等现代制剂是在传统制剂的基础上发展起来，大约已有150年的历史。1843年出现了模印片，1847年发明了硬胶囊，1862年有了加压包装的概念，1876年出现了压制片，1886年人们发明了安瓿等。注射剂、片剂、气雾剂、胶囊剂等现代剂型的相继出现，标志着药物制剂的发展进入了一个新的阶段。

1847年，德国药师莫尔总结了以往和当时的药物制剂成果，出版了第一本药剂学教科书《药剂工艺学》，这意味着药剂学已经成为一门独立的学科。

现代药物制剂的发展过程可归纳为五个时代，见表1-1。在生产方式上由落后的手工生产发展到机械化、联动化、自动化控制；在新技术、新工艺上也开发了固体分散技术、包合技术、乳化技术、流化包衣等。

其中，前两代属常规剂型。后三代则是近二三十年开始研发的药物新剂型，统称为药物传递系统（drug delivery system，DDS）。

表 1-1 现代药物制剂的发展

时代	主要剂型	特点
第一代药物制剂	包括片剂、注射剂、胶囊剂、气雾剂等	从体外试验控制制剂的质量
第二代药物制剂	口服缓释制剂和长效制剂	不需频繁给药便能在体内较长时间内维持药物的有效浓度
第三代药物制剂	控释制剂，包括透皮给药系统、脉冲式给药系统等	更加强调定时给药的问题
第四代药物制剂	靶向给药系统	目的是使药物浓集于靶器官、靶组织或靶细胞中，强调药物定位给药，以提高药物疗效并降低毒副作用
第五代药物制剂	根据时辰动力学原理设计的自调式给药系统	在疾病需要时定时释放药物，如脉冲式给药系统等

知识链接

药物传递系统

1. 缓、控释给药系统　为了使血药浓度在治疗窗持续保持平稳,人们设计了药物的缓控释制剂，这是DDS的初期发展阶段。

2. 靶向给药系统　药物浓集于病灶部位，尽量减少其他部位的药物浓度，以脂质体、微囊、微球、微乳、纳米囊、纳米粒等作为药物载体进行靶向性修饰，是目前DDS研究的热点之一。

3. 自调式给药系统　近代时辰药理学研究指出，有与人体节律性变化相关的疾病，如血压、激素分泌、胃酸分泌等相关的疾病，可根据生物节律的变化设计给药系统，如脉冲给药系统、择时给药系统，并已取得了较好效果。自调式给药系统是一种依赖于生物体信息反馈，自动调节药物释放量的给药系统。

4. 透皮给药系统　1974年，起全身作用的东莨菪碱透皮给药制剂开始上市，1981年由美国FDA将硝酸甘油透皮给药制剂批准作为新药，从此透皮给药系统得到了迅速发展。

综上所述，DDS的研究目的是：以适宜的剂型和给药方式，用最小的剂量达到最好的治疗效果。

二、药物制剂技术的任务

药物制剂技术的基本任务是研究如何将药物制成适宜的剂型和提高制剂的质量与制备水平，以满足医疗卫生事业的需要。具体任务如下：

1. 开发新剂型和新辅料　随着科学技术的发展和人民生活水平的不断提高，原有的普通剂型如丸剂、片剂、注射剂和溶液剂等，很难达到高效、长效、毒副作用低、控释和定向释放等要求，因此，积极地不断开发新剂型是药物制剂技术的一项重要任务。

优质的剂型需要质量好的辅料，同时不同的剂型也需要不同的辅料。如片剂所用的辅料与栓剂、软膏剂等所用的辅料就大不相同。药物剂型的改进和发展、产品质量的提高、生产工艺设备的革新、新技术的应用以及新剂型的研究等工作，都要求有各种各样的制剂辅料的密切配合。所以，在开发新剂型的同时也应加强新辅料的研究和开发。

2. 继承与开发中药制剂　中药剂型历史悠久、种类繁多，在继承和优化传统中药制剂的基础上，充分利用现代科学技术的理论、方法和手段，借鉴国际认可的医药标准和规范，研究、开发、管理和生产出以“现代化”和“高技术”为特征的“安全、高效、稳定、可控”的现代中药制剂，更好地服务于人类的医药事业是药物制剂的又一重大课题。

3. 运用新理论、新技术、新设备、新工艺以提高药物制剂的质量　为了提高药物制剂的生产能力，保证制剂的质量，就必须不断改进和提高药物制剂的制备技术水平。如果没有先进的技术和设备，就不可能保证制剂的质量，更难满足临床的需要。只有不断研究新理论，探索新技术、新设备，使制剂生产机械化、联动化、自动化，研发新药物剂型，才能使我国的医药行业真正成为技术密集型的朝阳行业。所以研究新理论、新技术、新设备、新工艺，对提高药物制剂质量和生产效率、促进医药行业的发展具有十分重要的意义。

点滴积累

1. 我国医药学历史悠久，最早的医药典籍《黄帝内经》记载了汤、丸、散、膏、药酒等剂型。东汉张仲景的《伤寒论》和《金匮要略》中收载有栓剂、洗剂、软膏剂、糖浆剂等十余种剂型。

2. 现代药物制剂的发展过程可归纳为五个时代，第一代药物制剂为普通制剂，第二代为缓释制剂，第三代为控释制剂，第四代为靶向制剂，第五代为脉冲式给药系统等。

3. 药物制剂技术的基本任务是研究如何将药物制成适宜的剂型和提高制剂的质量、制备水平，以满足医疗卫生事业的需要。

任务三　认识药品标准

药品标准是国家对药品质量规格和检验方法所作的技术规定，是药品生产、供应、使用、检验和管理部门必须共同遵守的法定依据。药典是一个国家记载药品规格标准的最高法典，我国药典由国家药典委员会编纂并由政府颁布实施，具有法律约束力。药典中所收载的药物是疗效确切、不良反应小、质量较为稳定的常用药物和制剂，并规定了各种药物的质量标准、制备要求、鉴别方法及含量测定等。作为药品生产、供应、检验和使用的主要法律依据，药典在一定程度上可反映一个国家药品生产、医疗和科技的水平，它对保证人民用药安全有效、促进药物研究和生产有着重大作用。

一个国家的药典不可能收载所有已生产和使用的药品，对于不符合药典收录要求的药品，如质量有待进一步提高的药品、新批准上市的药品，通常都会作为药典外标准加以编订主要包括由国家药品监管部门批准的药品注册标准和其他药品标准。

一、《中华人民共和国药典》

中华人民共和国成立后，由国家药典委员会遵照党的卫生工作方针和政策，编纂了《中华人民共和国药典》。我国已先后出版了11个版本的《中华人民共和国药典》，分别是1953年版、1963年版、1977年版、1985年版、1990年版、1995年版、2000年版、2005年版和2010年版、2015年版、2020年版。

《中华人民共和国药典》（2020年版），简称为《中国药典》（2020年版）。根据《药品管理法》,《中国药典》（2020年版）经第十一届药典委员会执行委员会全体会议审议通过，并予发布，自2020年12月30日起实施。分为四部出版：一部收载药材和饮片、植物油脂和提取物、成方制剂和单味制剂等；二部收载化学药品、抗生素、生化药品以及放射性药品等；三部收载生物制品；四部收载通则，包括制剂通则、检验方法、指导原则、标准物质和试液试药相关通则、药用辅料等。

《中国药典》(2020年版)新增品种319种，修订3 177种，不再收载10种，品种调整合并4种，共收载品种5 911种。一部中药收载2 711种，其中新增117种、修订452种。二部化学药收载2 712种，其中新增117种、修订2 387种。三部生物制品收载153种，其中新增20种、修订126种；新增生物制品通则2个、总论4个。四部收载通用技术要求361个，其中制剂通则38个(修订35个)、检测方法及其他通则281个(新增35个、修订51个)、指导原则42个(新增12个、修订12个)；药用辅料收载335种，其中新增65种、修订212种。

边学边练

认识并查阅《中国药典》(2020年版)，请见本项目最后的"实训1-1学习查阅《中国药典》(2020年版)的方法"。

二、其他药品标准

除《中国药典》(2020年版)外，国家卫生健康委员会、国家药品监督管理局颁布的药品标准也属于国家标准，主要是以"药品注册标准"的形式颁布。药品注册标准是指国家药品监督管理部门批准给申请人特定药品的标准，生产该药品的药品生产企业必须执行该注册标准。

国家药品监督管理部门已经对其中临床常用、疗效确切、生产地区较多的品种进行质量标准的修订、统一、整理和提高，并纳入国家药品监督管理部门颁布的药品标准中，如中药部颁标准、化学药部颁标准、新药转正标准、藏药部颁标准等。

知识链接

我国药品标准

我国药品标准分为3级标准。1级标准：《中华人民共和国药典》，由国家药典委员会制定，每5年修订一次；2级标准：局颁标准(国家药监局)或部颁标准，药品标准开头字母WS是国家卫生健康委员会批准的，药品标准开头字母YB是国家药监局批准的；3级标准：基本已经废除，一般是指各省、自治区、直辖市制定的中药炮制或中药饮片标准。

国家注册标准是指国家药品监督管理局批准给申请人特定药品的标准、生产该药品的药品生产企业必须执行该注册标准。但也是属于国家药品标准范畴。

目前药品所有执行标准均为国家注册标准，主要包括：

1.《中国药典》（药典标准）。

2.《中华人民共和国卫生部药品标准－中药成方制剂》1~21册。

3.《中华人民共和国卫生部药品标准－化学、生化、抗生素药品》第1分册。

4.《中华人民共和国卫生部药品标准》（二部）1~6册。

5.《中华人民共和国卫生部药品标准藏药（第1册）》《中华人民共和国卫生部药品标准蒙药分册》《中华人民共和国卫生部药品标准维吾尔药分册》。

6.《国家药品标准－新药转正标准》1~88册（正不断更新）。

7.《国家药品标准西药（化学药品地标升国标）》1~16册。

8.《国家中成药标准汇编》内科心系分册、内科肝胆分册、内科脾胃分册、内科气血津液分册、内科肺系（一）（二）分册、内科肾系分册、外科妇科分册、骨伤科分册、口腔肿瘤儿科分册、眼科耳鼻喉皮肤科分册、经络肢体脑系分册。

9.《国家注册标准》（针对某一企业的标准，但同样是国家药品标准）。

10.《进口药品标准》。

三、外国药典

目前，世界上已有多个国家编制了国家药典，另外还有《欧洲药典》等区域性药典以及由世界卫生组织（World Health Organization，WHO）组织编订的《国际药典》。常见的有《美国药典》《日本药局方》《英国药典》等。

点滴积累

1. 药品标准是国家对药品质量规格和检验方法所作的技术规定，是药品生产、供应、使用、检验和管理部门必须共同遵守的法定依据。

2. 我国的国家药品标准包括《中华人民共和国药典》和其他国家药品标准。

3. 药典是国家记载药品规格标准的最高法典，我国药典是由国家药典委员会编纂并由政府颁布实施的，具有法律约束力。

任务四　认识处方

处方是指医疗和生产中关于药剂调制的一项重要的书面文件。狭义地讲，处方是医师为某一患者预防或治疗需要而开具给药房（药局）的有关制备和发出药剂的书面凭证。广义地讲，凡制备任何一种药剂的书面文件都可称为处方。按其性质处方可分为下列几种。

1. 法定处方　是指《中国药典》和其他药品标准收载的处方，具有法律的约束力。

2. 协定处方　是根据某一地区或某一医院日常医疗用药的需要，由医院药剂科与医师协商共同制订的处方。

3. 医师处方　是指医师对患者治病用药的书面文件。医师处方在药房发药后应保存一定的时间，以备查考。一般药品处方保存1年，医疗用毒性药品、精神药品处方保存2年，麻醉药品处方保存3年。处方保存期满登记后，由单位负责人批准销毁。

医师处方可分为急诊处方、毒麻药处方和贵重药处方、精神药品处方、普通处方、儿科处方等，并用不同颜色加以区别。如麻醉药品和第一类精神药品处方为淡红色，右上角标注“麻、精一”；普通处方为白色；急诊处方为淡黄色，右上角标注“急诊”；儿科处方为淡绿色，右上角标注“儿科”；第二类精神药品为白色，右上角标注“精二”等。有专门的管理规定如处方权限、处方限量处方保存都有规定。如普通处方、急诊处方、儿科处方的保存期限为1年；医疗用毒性药品处方的保存期限为2年；麻醉药品和第一类精神药品处方的保存期限为3年。另外，医师处方还具有法律、技术和经济上的意义。

4. 处方药与非处方药　凡必须凭医师处方才可调配、零售、购买和使用或必须由医师或医疗技术人员使用或在其监控下使用的药品称为处方药。患者可不凭医师处方调配、零售、购买和使用的药品称为非处方药。

国家药品监督管理局制定了《处方药与非处方药分类管理办法》（试行），并于2000年1月1日起施行。处方药只准在专业性医药报刊上进行广告宣传，非处方药经审批后可在大众传播媒介进行广告宣传。

非处方药又可分为甲类非处方药和乙类非处方药。甲类非处方药只有在具有“药品经营许可证”、配备执业药师或药师以上药学技术人员的社会药店、医疗机构、药房零售；乙类非处方药除可在社会药店和医疗机构、药房零售外，还可在经过批准的普通零售商业企业零售。

2000年发布的《药品电子商务试点监督管理办法》第十五条明确规定：“在药品

电子商务试点网站从事药品交易的零售企业只能在网上销售国家药品监督管理局公布的非处方药。”

点滴积累

1. 处方是指医疗和生产中关于药剂调制的一项重要的书面文件。

2. 处方包括法定处方、协定处方和医师处方三种。

3. 一般药品处方保存1年，医疗用毒性药品、精神药品处方保存2年，麻醉药品处方保存3年。

4. 凡必须凭医师处方才可调配、零售、购买和使用或必须由医师或医疗技术人员使用或在其监控下使用的药品称为处方药。患者可不凭医师处方调配、零售、购买和使用的药品称为非处方药。

任务五　认识《药品生产质量管理规范》

一、《药品生产质量管理规范》概述

《药品生产质量管理规范》（Good Manufacturing Practice，GMP），即“优质生产质量管理规范”或“良好作业规范”“优良制造标准”。GMP是一套适用于制药行业的强制性标准，要求企业从原料、人员、设施设备、生产过程、包装运输、质量控制等方面按国家有关法规达到卫生质量要求，形成一套可操作的作业规范帮助企业改善企业卫生环境，及时发现生产过程中存在的问题，加以改善。简要地说，GMP要求制药生产企业应具备良好的生产设备、合理的生产过程、完善的质量管理和严格的检测系统，确保最终产品质量符合法规要求。

知识链接

世界GMP的发展历程

GMP的发展史是药品质量的发展史，也是保证公众所用的药品安全、有效的发展史。

20世纪60年代，“反应停事件”导致世界各国10 000例以上的婴儿严重畸形，促使美国政府不断加强对药品安全性的控制力度。1963年，美国FDA颁布了世界上第一部《药品生产质量管理规范》，即GMP。GMP产生后显示了强大的生命力，在世界范围内迅速推广。1968年，澳大利亚确定GMP认证审核制度。1969年，WHO颁发了GMP，并向各成员国家推荐。1971年，英国制定了GMP。1972年，欧洲共同体（简称欧共体）公布了《GMP总则》，指导欧共体国家的药品生产。1974年，日本推出GMP，1976年通过行政命令来强制推行。1988年，东南亚国家联盟也制定了自己的GMP。

我国自1988年第一次颁布药品GMP至今，经历了1992年、1998年和2010年三次修订，截至2004年6月30日，实现了所有原料药和制剂均在符合药品GMP条件下生产的目标。现行版GMP为2010年版，共14章、313条。

我国《药品生产质量管理规范》（2010年修订）（下称新版GMP）已于2010年10月19日经卫生部部务会议审议通过，自2011年3月1日起施行。

（一）软件方面

新版GMP的特点首先体现在强化了软件方面的要求。

1. 加强了药品生产质量管理体系建设，大幅提高了对企业质量管理软件方面的要求。细化了对构建实用、有效质量管理体系的要求，强化了药品生产关键环节的控制和管理，以促进企业质量管理水平的提高。

2. 全面强化了从业人员的素质要求，增加了对从事药品生产质量管理人员素质要求的条款和内容，进一步明确了相关从业人员的职责。例如，新版GMP明确了药品生产企业的关键人员包括企业负责人、生产管理负责人、质量管理负责人、质量受权人等必须具有的资质和应履行的职责。

3. 细化了操作规程、生产记录等文件管理规定，增加了指导性和可操作性。

（二）硬件方面

在硬件要求方面，新版GMP提高了部分生产条件的标准。

1. 调整了无菌制剂的洁净度要求。为确保无菌药品的质量安全，新版GMP在无菌药品附录中采用了WHO和欧盟的A、B、C、D分级标准，对无菌药品生产的洁净度级别提出了具体要求；增加了在线监测的要求，特别对悬浮粒子，也就是生产环境中的悬浮微粒的静态、动态监测，对浮游菌、沉降菌（生产环境中的微生物）和表面微生物的监测都作出了详细的规定。

2. 增加了对设施、设备的要求。对厂房设施的生产区、仓储区、质量控制区和辅助区分别提出设计和布局的要求；对设备的设计和安装、维护和维修、使用、清洁及状态标识、校准等几个方面也都作出了具体规定。

知识链接

新版GMP的主要特点

新版GMP共14章、313条，其主要特点是加强了药品生产质量管理体系建设，细化了构建实用、有效的质量管理体系的要求，强化了药品生产关键环节的控制和管理，以促进企业质量管理水平的提高；全面强化了从业人员的素质要求，如明确药品生产企业的关键人员包括企业负责人、生产管理负责人、质量管理负责人、质量受权人等必须具有的资质和应履行的职责。

在药品安全保障措施方面，还引入质量风险管理的概念，在原辅料采购、生产工艺变更、操作中的偏差处理、发现问题的调查和纠正、上市后药品质量的监控等方面，增加了供应商审计、变更控制、纠正和预防措施、产品质量回顾分析等新制度和措施，对各个环节可能出现的风险进行管理和控制，主动防范质量事故的发生。

新版GMP对无菌生产的要求大幅提高。包括环境控制要求与国际要求达到基本一致；对层流、关键操作控制区采用国际通用分区和控制标准；将先进的隔离操作技术、吹灌封技术首次列入规范，对无菌保证水平、无菌检查等提出详细和具体的要求；在无菌验证的要求上与国际上完全保持一致。

（三）实施新版GMP的重大意义

实施新版GMP，对于促进行业结构调整和转变增长方式具有重大意义。

1. 从产业长远健康发展角度看，实施新版GMP，有利于促进我国医药产业结构调整和增强我国药品生产企业的国际竞争能力，加快我国医药产品进入国际市场。

2. 实施新版GMP，是顺应国家战略新兴产业发展和转变经济发展方式的要求，有利于促进医药行业资源向优势企业集中，淘汰落后生产力；有利于调整医药经济结构，以促进产业升级。

二、我国《药品生产质量管理规范》的实施进展和认证制度

我国于1988年3月17日由卫生部颁布了《药品生产质量管理规范》。1992年，卫生部组织进行了修订。为促进药品生产企业实施GMP，保证药品质量，确保人民用药安全、有效，参与国际药品贸易竞争，我国自1995年10月1日起对药品实行GMP认证制度，进一步贯彻执行《中华人民共和国药品管理法》及《中华人民共和国药品管理法实施条例》，规范《药品生产质量管理规范》的工作（简称GMP认证工作）。原国家食品药品监督管理局修订并出台了《药品生产质量管理规范认证管理办法》（简称《GMP认证办法》），要求原料药和制剂的生产企业必须于通过GMP认证，并取得证书，否则将取消生产资格和取消相应制剂的药品批准文号，保证了监督实施GMP工作的顺利进行。

2011年，《药品生产质量管理规范》（2010年修订）正式发布，于2011年3月1日起施行。同时废止原国家食品药品监督管理局修订并出台的《药品生产质量管理规范认证管理办法》。

新版GMP与WHO的《药品生产质量管理规范》相一致，要求现有药品企业在5年内达到新规标准，否则停产。新版GMP更加细化了对药品生产企业的要求，执行更加规范、严格，是药品生产企业必须严格遵守的规范性文件，对保证药品质量、实现药物治疗的有效性和安全性发挥了重要作用。同时，也有利于国内生产的医药产品获得国外认可，促进了国内医药企业产品的出口。

三、《药品生产质量管理规范》的主要内容

GMP是指从负责药品质量控制的人员和生产操作人员的素质到药品生产的厂房、设施、设备、生产管理、工艺卫生、物料管理、质量控制、成品储存和销售的一套保证药品质量的科学管理体系。其基本特点是保证药品质量，防止差错、混淆、污染和交叉污染。

新版GMP的基本内容包括总则、质量管理、机构与人员、厂房与设施、设备、物料与产品、确认与验证、文件管理、质量控制与质量保证、生产管理、委托生产与委托检验、产品发运与召回、自检与附则，共计14章、313条，还包括无菌药品、原料药、血液制品及中药制剂等五个附录。

点滴积累

1. GMP是药品生产过程中，用科学、合理、规范化的条件和方法来保证生产优良药品的一整套系统的、科学的管理规范，是药品生产和质量管理的基本准则。

2. GMP的基本内容包括总则、质量管理、机构与人员、厂房与设施、设备、物料与产品、确认与验证、文件管理、质量控制与质量保证、生产管理、委托生产与委托检验、产品发运与召回、自检与附则，共计14章、313条，还包括无菌药品、原料药、血液制品及中药制剂等五个附录。

任务六　认识和了解社会药房

一、社会药房的性质、特点

知识链接

国家基本药物

国家基本药物指的是能够满足基本医疗卫生需要，剂型适宜、保证供应、基层能够配备，国民能够公平获得的药品，药品销售业内普遍是指进入国家基本用药目录的药品。

基本药物的概念，由世界卫生组织于1977年提出，主要特征是安全、必需、有效、价廉。2009年8月18日中国正式公布《关于建立国家基本药物制度的实施意见》《国家基本药物目录管理办法（暂行）》和《国家基本药物目录（基层医疗卫生机构配备使用部分）》，这标志着中国建立国家基本药物制度工作正式实施。

1. 社会药房　又称零售药房，指经国家药品监督管理部门批准，取得“药品经营许可证”后直接向消费者销售药品的药店。按业务范围和服务对象分为专业药店、社区药店、药品超市等，按经营形式分为独立经营药店、加盟连锁药店等。

2. 社会药房的特点　是将购进的药品直接销售给消费者，与消费者面对面，是药品流通的终端环节。同样是直接为消费者服务，医院药房执行的是医师处方决策，社会药房更多的是反映消费者自己的消费决策；同样是商业渠道，药品批发企业面对的是医院或下一级商业客户，并不是直接销售给消费者，终端信息获取能力和保真度远不及社会药房。由此可见，社会药房具有独特的终端价值，站在医药市场的最前沿。

3. 社会药房的优势　从社会药房与基层医疗机构对比来看，社会药房有能力承接基层医疗机构药房职能。

社会药房数量远高于基层医疗机构，且布局能满足患者对药品，特别是常用药品的可及性和便利性需求；在药学专业人员配置、药品质量保证、服务质量管理等方面已能满足患者需求，医疗机构不设药房的好处显而易见，不但可以减轻经济负担，将更多的人力物力用于医疗方面，还可以提高整个社会的劳动效率，推动社会发展。

二、社会药房的经营

社会药房要依法取得“药品经营许可证”，凭“药品经营许可证”到工商部门办理登记注册并遵守相关的工商税务法规，按《药品经营质量管理规范》(Good Supply Practice，简写为GSP)，依法经营药品。

医疗机构药房药师的主要职责是审核处方、调配药品、对患者进行用药指导等，这与社会药店药师的职责是相同的。医药分开后，药师的职责不会发生变化。届时，社会药店调配药品的数量将大大增加，利于药师接触更多用药案例，促进药师技术水平的提升和用药情况的反馈。

知识链接

医药分开

医药分开就是医治和用药分开，医只是医治，药不随医，可降低医疗费用。改革以前，在中国的医疗体制中，患者在医院诊断和治疗之后，如果要使用药物治疗，就必须到医院的药房拿药，医院药房的收入成为医院正常经济运转的重要部分，因为经济利益驱动导致不合理用药的情况。

医药分开是医药卫生体制改革（简称新医改）的核心内容之一，是为了改变以药养医的现状的重要举措。患者凭处方可以在医院取药，也可以到定点的社会药房取药。

社会药房经营的注意事项：①药店选址，一般来说，医院附近和居民区是比较好的位置。②构建优良的运营团队，做好决策和指导。例如会员制，采用何种方式可使药店或商品深入人心。③确定商品结构，例如中药饮片、保健品、医疗器材、处方药和非处方药各占怎样的比例。④做好药品信息服务，定期更新信息，了解最新动态，及时调整商品结构。例如新上市的商品。⑤做好用药咨询与指导，药品是一种特殊商品，因此，药店一定要配备执业药师。此外，药店应有相关专业人员，针对GSP的相关规定，制定合理的制度，并协助配合药品监督管理部门的检查。

三、社会药房的管理

《药品管理法》第五章第五十一条规定，开办药品零售企业，须经企业所在地县级以上地方药品监督管理部门批准并发给“药品经营许可证”，凭“药品经营许可证”到工商行政管理部门办理登记注册。无“药品经营许可证”的，不得经营药品。“药品经营许可证”应当标明有效期和经营范围，到期重新审查发证。药品监督管理部门批准开办药品经营企业，除符合本法第五十二条规定的条件外，还应当遵循合理布局和方便群众购药的原则。

药品经营企业必须按照国务院药品监督管理部门依据本法制定的《药品经营质量管理规范》经营药品。药品监督管理部门按照规定对药品经营企业是否符合《药品经营质量管理规范》的要求进行认证；对认证合格的，发给认证证书。《药品经营质量管理规范》的具体实施办法、实施步骤由国务院药品监督管理部门规定。

《药品管理法》第五章第五十六条规定，药品经营企业购进药品，必须建立并执行进货检查验收制度，验明药品合格证明和其他标识；不符合规定要求的，不得购进。

《药品管理法》第五章第五十七条规定，药品经营企业购销药品，必须有真实完整的购销记录。购销记录必须注明药品的通用名称、剂型、规格、批号、有效期、生产厂商、购（销）货单位、购（销）货数量、购销价格、购（销）货日期及国务院药品监督管理部门规定的其他内容。

《药品管理法》第五章第五十八条规定，药品经营企业销售药品必须准确无误，并正确说明用法、用量和注意事项；调配处方必须经过核对，对处方所列药品不得擅自更改或者代用。对有配伍禁忌或者超剂量的处方，应当拒绝调配；必要时，经处方医师更正或者重新签字，方可调配。药品经营企业销售中药材，必须标明产地。

《药品管理法》第五章第五十九条规定，药品经营企业必须制定和执行药品保管制度，采取必要的冷藏、防冻、防潮、防虫、防鼠等措施，保证药品质量。药品入库和出库必须执行检查制度。

项目小结

1. 我国医药学历史悠久，最早的医药典籍《黄帝内经》记载了汤、丸、散、膏、药酒等剂型。东汉张仲景（142—219年）的《伤寒论》和《金匮要略》中收载有栓剂、洗剂、软膏剂、糖浆剂等十余种剂型。现代药物制剂的发展过程可归纳为五个时代：第一代药物制剂为普通制剂，第二代为缓释制剂，第三代为控释制剂，第四代为靶向制剂,第五代为脉冲式给药系统等。
2. 药物制剂技术的基本任务是研究如何将药物制成适宜的剂型和提高制剂的质量、制备水平，以满足医疗卫生事业的需要。
3. 药品标准是国家对药品质量规格和检验方法所作的技术规定，是药品生产、供应、使用、检验和管理部门必须共同遵守的法定依据。我国的国家药品标准包括《中华人民共和国药典》和其他国家药品标准。
4. 处方是指医疗和生产中关于药剂调制的一项重要的书面文件。处方包括法定处方、协定处方和医师处方三种。一般药品处方保存1年，医疗用毒性药品、精神药品处方保存2年，麻醉药品处方保存3年。
5. GMP是药品生产过程中，用科学、合理、规范化的条件和方法来保证生产优良药品的一整套系统的、科学的管理规范，是药品生产和质量管理的基本准则。GMP的基本内容包括14章、313条。
6. 社会药房又称零售药房，指经国家药品监督管理部门批准，取得“药品经营许可证”后直接向消费者销售药品的药店。按业务范围和服务对象分专业药店、社区药店、药品超市等，按经营形式分独立经营药店及加盟连锁药店等。

思考题

一、填空题

1. 药物制剂技术是一门研究药物制剂的__________和__________的综合性应用技术课程。
2. 现行版《中国药典》为______年版，分为________、________、________和

________部，制剂通则收载在__________部。

3. 药物剂型按分散系统分类有__________、__________、__________、__________、__________、__________。

4. 国家药品标准是______________和______________。

5. 处方作为法律依据应妥善保存，儿科处方的保存期限为____年，麻醉药品处方的保存期限为____年，第二类精神药品处方的保存期限为____年。

二、 名词解释

1. 制剂
2. 药典
3. 处方
4. 药品
5. 新药

三、 简答题

1. 药物制成剂型应用于临床的意义是什么？
2. 简述处方的意义。

实训指导

药物制剂技术是在药剂学理论的指导下，研究药物制剂生产和制备技术的综合性应用技术。在整个教学过程中，实训操作占总学时数的近二分之一。实训教学以“突出药物制剂技术的应用与学生实际动手能力的培养，强调实用性、应用性”为原则，把掌握基本操作、基本技能放在首位，通过实训使学生掌握药物制备的基本操作，会使用常见的衡器、量器及制剂设备，能制备常用的药物制剂，通过实训使学生具有一定的分析问题、解决问题和独立工作的能力。

本教材实训内容选编了具有代表性的常用制剂的制备技术及操作，以及质量评定、质量检查方法，其中大部分来源于药品标准收载的处方和制剂，介绍了药物制剂技术中常用仪器和设备的应用。

实训须知

为加强学生的基本操作和基本技能训练，使学生牢固树立药物制剂质量第一的观念，养成科学严谨、实事求是的工作作风，实训时要求学生做到以下各项要求：

1. 实验前充分预习，明确本次实验的目的和操作要点。

2. 进入实验室必须穿好实验服，准备实验仪器、药品，并保持实验室的整洁安静，以利于实验进行。

3. 严格遵守操作规程，特别是称取或量取药品，在拿取、称量、放回时应进行三次认真核对，以免发生差错。称量任何药品，在操作完毕后应立即盖好瓶塞，放回原处，凡已取出的药品不能任意倒回原瓶。

4. 要以严肃认真的科学态度进行操作，如实验失败，应先找出失败的原因，考虑如何改正，再征询指导老师意见，决定是否重做。

5. 实验中要认真观察，联系所学理论，对实验中出现的问题进行分析讨论，如实记录实验结果，写好实验报告。

6. 严格遵守实验室的规章制度，包括报损制度、赔偿制度、清洁卫生制度、安全操作规则以及课堂纪律等。

7. 要重视制品质量，实验成品须按规定检查合格后，再由指导老师验收。

8. 注意节约，爱护公物，尽力避免破损。实验室的药品、器材、用具以及实验成品，一律不准擅自携带出室外。

9. 实验结束后，须将所用器材洗涤清洁，妥善安放保存。值日生负责实验室的清洁、卫生、安全检查工作，将水、电、门、窗关好，经指导老师允许后，方可离开实验室。

实训 1-1 学习查阅《中国药典》的方法

一、实训目的

通过查阅《中国药典》中有关项目和内容的练习，熟悉《中国药典》的使用方法。

二、实训器材

《中国药典》(2020年版)一、二、三、四部。

三、实训指导

1. 首先根据要查阅的内容选定在《中国药典》(2020年版)哪一部。在凡例、正文及附录哪个部分。

2. 通过索引确定在正文哪一页查找，或到凡例、附录中查找。

3. 记录所查内容写出报告。

四、实训内容

按照下列各项要求，查阅《中国药典》(2020年版)，记录查阅结果并写出所在页数。

顺序	查阅项目	《中国药典》页码	查阅结果
1	甘油栓贮存法	部 页	
2	甘油的相对密度	部 页	
3	注射用水质量检查项目	部 页	
4	滴眼剂质量检查项目	部 页	
5	葡萄糖注射液规格	部 页	
6	微生物限度检查法	部 页	
7	青霉素V钾片溶出度检查方法	部 页	
8	盐酸吗啡类别	部 页	

续表

顺序	查阅项目	《中国药典》页码	查阅结果
9	热原检查法	部　页	
10	密闭、密封、冷处、阴凉处的含义	部　页	
11	甘草性状	部　页	
12	甘遂鉴别	部　页	
13	甘草浸膏制备方法	部　页	
14	丸剂重量差异检查方法	部　页	
15	流浸膏剂制备方法	部　页	
16	益母草流浸膏乙醇量	部　页	
17	细粉	部　页	
18	易溶、略溶的含义	部　页	

五、思考题

1. 《中国药典》(2020年版)中溶液百分比浓度的表示方法有哪几种?
2. 《中国药典》(2020年版)分哪几部，各部共收载了哪些内容?
3. 我国药品质量标准有哪些?

(解玉岭)

项目二
药物制剂的基本操作

项目二
数字内容

学习目标

知识目标：

- 掌握称量、粉碎、过筛、混合的目的和方法；各种灭菌方法的特点与适用范围；无菌药品生产环境的洁净级别要求；制药用水的分类与制备方法。
- 熟悉增加药物溶解度的方法、滤过的方法与滤器。
- 了解粉碎、过筛、混合的设备和使用注意事项。

能力目标：

- 具有药物制剂基本操作的能力，能严格按照标准操作规程进行操作，生产出质量合格的药品。
- 学会热压灭菌器、干热灭菌设备的使用方法。

素质目标：

- 具有敬业精神和责任意识，具有严谨、认真、细致的工作作风。
- 具有精益求精的工匠精神。

情境导入

情境描述：

入秋以后，天气转凉，早晚温差大，感冒多发。中医讲究辨证论治，把感冒分为风寒感冒、风热感冒、燥邪感冒、气虚感冒和暑湿感冒。每种感冒都有对应的治疗药物，如荆防颗粒、感冒清热颗粒、玉屏风颗粒、连花清瘟胶囊、银翘解毒片、双黄连口服液、抗病毒口服液等，患者要在医师或药师的指导下，合理使用药物。

学前导语：

荆防颗粒、连花清瘟胶囊、银翘解毒片等固体制剂生产过程中，需要严格按照标准操作规程，完成称量、粉碎、过筛、混合等基本操作；双黄连口服液、抗病毒口服液等液体制剂在生产过程中，需要完成配制、过滤、灭菌等基本操作；不同制剂生产过程中也需要使用不同的制药用水。现在，让我们一起走进药物制剂的基本操作，为后续制备合格药品打下坚实基础。

同学们，生产过程中必须具备药品质量第一的意识，以精益求精的工匠精神生产合格药品，为百姓健康保驾护航。

药物制剂的基本操作有固体制剂的基本操作、液体制剂的基本操作、制药用水的生产技术、药物制剂洁净技术等。学好这些基本操作可为后续学习药物各剂型打下坚实基础。

任务一　固体制剂的基本操作

常用的固体剂型有散剂、颗粒剂、胶囊剂、片剂等。这些剂型在制备时，为保证药物的含量均匀、剂量准确以及药效，前期操作过程相似，都要经过称量、粉碎、筛分、混合等操作，才能进一步加工成各种剂型。

一、称量

（一）称量操作的意义

称和量是药物制剂工作的基本操作。称量操作的准确性，对于保证药品的有效性和安全性具有重大意义。称量不准确，则导致药品含量不准确，就可能造成药效过于剧烈或达不到治疗效果，成为劣药。因此，在药物制剂工作中，必须做到准确称量。

（二）常用的计量单位

1. 重量单位及换算关系　1千克（kg）=10^3克（g）=10^6毫克（mg）。

2. 体积单位及换算关系　1升（L）=10^3毫升（ml）。

（三）称重器具及操作

称重操作的首要工作是选择合适性能的、经校验合格的称重器具，且要定期校验。使用时要放置在平稳的台面上，并保持清洁和干燥。

称重器具的性能由“分度值”和“最大称量”来决定。“分度值”是指称重器具在一定荷重或空秤情况下处于平衡时，加入能使指示值变化一个分度所需的质量值，又称感量。其数值越小，灵敏度越高。“最大称量”为称重器具所允许负荷的最大称重量。一般来说，物品重量为最大称量的1/3~2/3时最准确。常用的称重器具如下：

1. 戥秤　又名手秤，是中药调剂中常用的工具，其主要结构为秤杆、秤盘及秤砣，如图2-1。秤杆上刻有刻度，一般分为10大格，每一大格分为10小格。使用时，右手控制秤砣、秤杆、抓药，左手提秤绳。称重前，先对戥，即将秤砣置“0”刻度处，提秤绳，眼睛平视看秤杆是否水平。

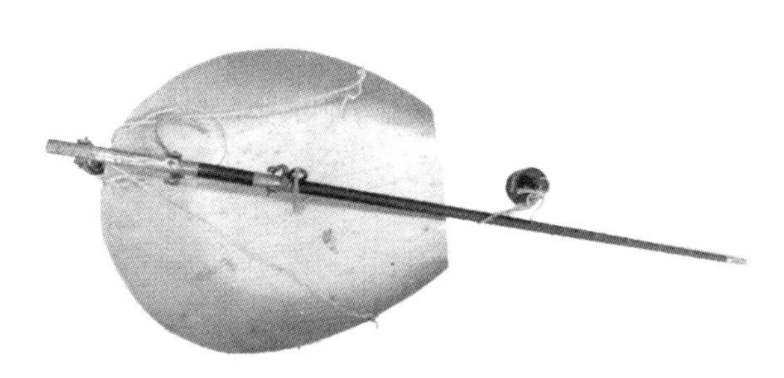

图2-1　戥秤

称未知重量物品时，在秤盘中放置被称物品，将秤砣沿秤杆移动，达平衡时，其所示刻度即为该物品的重量；称重定量物品时，先将秤砣移至所需刻度处，再取药品，至达平衡。常用戥秤的称重规格有50~100g、100~250g等数种。

2. 架盘天平　是实验室最常用的称重器具。每台天平都有与其相配套的砝码盒，装有砝码及片码，砝码质量最小的为1g，片码有100mg、200mg和500mg等。有的架盘天平只有5g以上的砝码，称5g以下的质量时可移动游码。架盘天平的分度值一般为0.1g、0.2g或0.5g，最大称量为100g、200g或500g等。

架盘天平的使用方法：①将天平放于稳固而平整的工作台上；②将游码移至标尺左端“0”点处，调整杠杆平衡螺母，使指针对准中线，此时天平处于平衡状态；③将物品放在左托盘中央位置，砝码放在右托盘中央位置，调整游码位置，使指针对准中线，达到平衡；④读数时，物品的重量为右托盘中砝码的总和加上游码的标尺读数。

架盘天平称重时的注意事项：①称重前须调零、调平；②用镊子夹取砝码；③左物右码；④使用后游码回零，两盘合放使处于休止状态；⑤用软布将秤盘擦拭干净，并保持干燥。称重操作如图2-2所示。

3. 其他　称取物料时还经常使用电子天平、电子台秤、电子地磅秤等。一般称重50g以下时，可选电子天平；0.5~10kg时可选电子台秤；10kg以上可选择电子地磅秤。

（四）量取器具及操作

液体药物一般用量取操作取得，即以体积计量，也可按质量称取。从准确性来讲，体积量取不及质量称取准确，因体积可能受液体的相对密度和黏度、量器的体积和准确度等众多因素的影响。但量取操作简便、迅速，一般如果量器选用得当、操作正确，其准确度亦能符合要求。

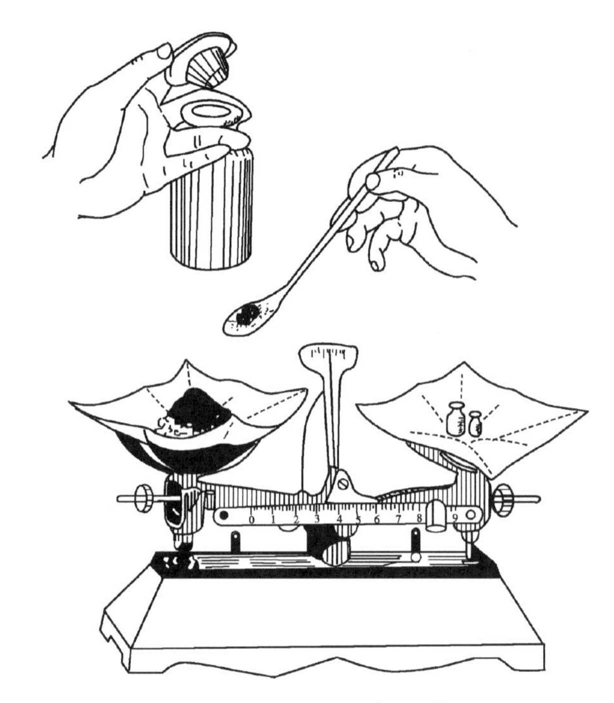

图2-2　称重操作示意图

1. 量器　药物制剂中常用的量器有量筒、量杯、移液管等，均是玻璃制品，带有刻度。有的量杯用搪瓷材料制成，用于量取加热的液体。某些具毒性药物的溶液，用量常在1ml以下，须以“滴”为单位。量杯由于上口大，准确度不及量筒及滴定管，但便于注入、倾出及溶解操作，故仍被广泛应用。

知识链接

液体的滴

按《中国药典》（2020年版）规定：在20℃时，1ml水相当于20滴。一般应用规定的“标准滴管”（外径3mm、内径0.6mm）操作。

2. 量取操作方法

（1）选择量具：应按所需的液体量，选用合适的量器，一般以不少于量器总量的1/5为度。

（2）量取操作：用量杯或量筒量取液体时，一般应左手持量器和瓶盖，右手拿药瓶，并使瓶签朝上，以免瓶口药液下流玷污瓶签。操作过程中，做到瓶盖不离手，且取用后立即盖回原瓶，以免错盖在别的瓶上，造成污染。量取操作如图2-3所示。

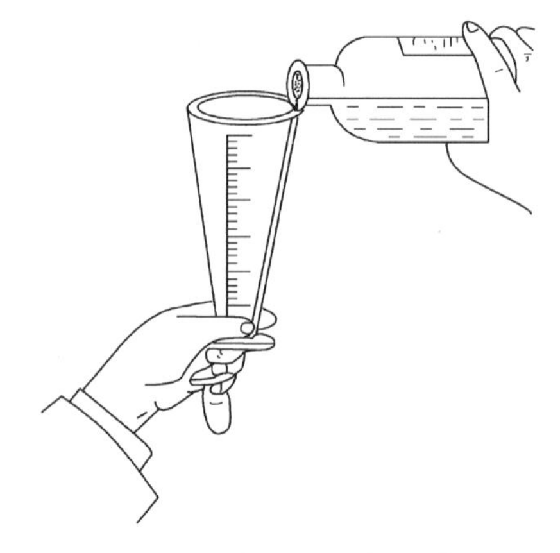

图2-3　量取操作示意图

课堂活动

你会使用量筒吗？哪位同学能演示一下？

（3）药液注入：药液注入量器时，应将瓶口紧靠量器边缘，沿其内壁徐徐注入，以防止药液溅溢到量器外。如注入过量，其多余部分不得注回原瓶。

（4）读数：在量取时，应使量器垂直，视线与液面呈水平。读数时，透明液体以液体凹面最低处（弯月面）为准，但特殊情况下如果液面是凸的，则以凸液面最高处为准；不透明液体或暗褐色液体，则以液体和量器接触最高点（凸液面）或最低点读数（凹液面）为准，以免产生视线误差。

（5）注意温度：我国规定，量器刻度是在20℃校正的；如温度变化较大，则可能引起偏差。尤其在温度较低时，还应特别注意避免量取过热的液体，以免玻璃量器受热不均匀而破裂，且量取不准确。

（6）在量取黏稠性药液如流浸膏、糖浆、甘油等时，不论在注入还是倾出时，均须以充分的时间使其按刻度流尽，以保证取用量的准确度，也可用处方中的水稀释后倾出。

二、粉碎

课堂活动

大家想一想：珍珠粉是怎么做出来的？

（一）粉碎的概念与目的

粉碎主要是借助机械力将大块固体药物破碎成适宜程度的粉末的操作过程，也可以借助其他方法如超声波等将固体药物粉碎成微粉。

粉碎的目的：①有利于增加药物的表面积，促进药物的溶解与吸收，提高难溶性药物的生物利用度；②有利于进一步制备各种剂型，如散剂、丸剂、片剂、浸出制剂等；③便于混合均匀和服用；④有利于提高药材中有效成分的浸出速度。

（二）粉碎机制

物质是依靠分子间的内聚力而聚结成一定形状的块状物。粉碎过程主要依靠外加机械力的作用破坏物质分子间的内聚力来实现。粉碎过程常用的外加力有挤压、撞击、研磨、劈裂、截切等。

（三）粉碎方法

根据物料的性质和产品粒度的要求，结合实际的设备条件，可采用下列不同的方法粉碎，如干法粉碎和湿法粉碎、单独粉碎和混合粉碎、特殊粉碎、低温粉碎、超微粉碎。

1. 干法粉碎和湿法粉碎

（1）干法粉碎：是指药物处于干燥状态下进行粉碎的操作方法。在药物制剂生产过程中大多数药物采用干法粉碎。

（2）湿法粉碎：是指在药料中加入适量的水或其他液体共同研磨粉碎的方法。常用的有水飞法和加液研磨法。

1）水飞法：系将药料先打碎成碎块，置于乳钵或球磨机中，加入适量水，用力研磨或球磨。当有部分研成的细粉混悬于水中时，及时将混悬液倾出，余下的稍粗药料再加水研磨，如此反复，直至全部被研成细粉为止。将混悬液合并,静置沉降，倾出上清液，将底部细粉取出干燥，即得极细粉。此法适用于矿物药、动物贝壳的粉碎，如朱砂、炉甘石、滑石粉、雄黄、珍珠等；但水溶性药物如硼砂、芒硝等不宜采用水飞法。

2）加液研磨法：系将药料中加入少量液体（乙醇或水）共同研磨粉碎的操作方法。非结晶性药物如樟脑、冰片等，脆性小，施加外力时，易发生变形而阻碍粉碎，加入少量液体可减低分子间内聚力，而有利于粉碎。液体用量以能润湿药物成糊状为宜。此法粉碎度高，又避免了粉尘飞扬，还可以减轻毒性药或刺激性药对人体的危害，减少贵重药物的损耗。

2. 单独粉碎和混合粉碎

（1）单独粉碎：系将一种药物单独进行粉碎。适合单独粉碎的药物有以下几种。①氧化性药物与还原性药物，如氯酸钾、高锰酸钾、碘等氧化性物质忌与硫、淀粉、甘油等还原性物质混合粉碎，否则可引起爆炸；②贵重药物，如牛黄、麝香、珍珠等，为减少损耗，宜单独粉碎；③毒性药物、刺激性大的药物，如川乌、马钱子、雄黄等，为便于劳动保护，宜单独粉碎。

（2）混合粉碎：是指两种或两种以上的物料放在一起同时粉碎的操作方法。一般将处方中性质及硬度相似的药物采用混合粉碎，此法能使其中一种药物吸附于另一种药物表面，从而阻止了聚结，使粉碎能继续进行。复方制剂中多数药材采用此法粉碎。

课堂活动

1. 桃仁、苦杏仁等油脂多及熟地黄、枸杞等含糖多的药材应如何粉碎？
2. 动物的皮、骨也可药用，它们又该怎么粉碎？

3. 特殊粉碎　含有大量黏性、油性成分的药材以及动物的皮、肉、筋骨等需要经特殊处理后方能粉碎，常用的处理方法有“串料”“串油”“蒸罐”等。

（1）串料：含糖分、黏液质等黏性成分较多的药材，如熟地黄、枸杞子、大枣、天冬、麦冬、玉竹、黄精等，用一般的方法常发生黏结，难以粉碎和过筛，可采用本法。即先将处方中非黏性药材混合粉碎为粗粉，再陆续掺入黏性大的药材进行粉碎；或先将黏性药材与其他药材掺在一起进行粗粉碎，在60℃以下充分干燥后，再行细粉碎。

（2）串油：对于含油脂较多的药物，如苦杏仁、桃仁、火麻仁等，可先捣成糊状，再掺入其他细粉后粉碎；或者先将处方中非油脂性药材粉碎为细粉，再掺入油脂性药材粉碎。

（3）蒸罐：先将处方中动物的皮、肉、筋骨等药料经过蒸制或煮制由生变熟，干燥后再粉碎的方法。如乌鸡白凤丸、大补阴丸中动物药的粉碎。

4. 低温粉碎　系利用物料在低温时脆性增加、韧性与延展性降低的性质提高粉碎效果的方法。对温度敏感的药物或者弹性大的药物可采用此法，如树脂、树胶、干浸膏、含挥发性成分的物料等。

5. 超微粉碎　系利用机械或流体动力的方法将物料粉碎成微米级甚至纳米级微粉的操作技术。一般的粉碎技术只能使物料的粒径为45μm，而运用现代超微粉碎技术能将物料粉碎至10μm，甚至1μm的超细粉体。在该粒度条件下，一般中药材细胞的破壁率达90%以上，药材中的有效成分直接暴露出来，从而提高有效成分的溶出速率，提高药物的吸收和疗效。近年来，超微粉碎主要应用于一些贵重药材的粉碎，如冬虫夏草、人参、羚羊角、三七、灵芝孢子等。

（四）粉碎器械

为了达到良好的粉碎效果，可根据被粉碎药物的性质和所要求的粉碎度选择适宜的粉碎器械。下面介绍常用的粉碎器械。

1. 乳钵　是以研磨作用为主的粉碎器械，常用于粉碎少量药物。乳钵的材质有瓷、玻璃、金属和玛瑙等，其中以瓷制和玻璃制最常用。瓷制乳钵内壁较粗糙，适用于结晶性及脆性药物的研磨，但吸附作用大。对于毒性药或贵重药物常采用玻璃或玛瑙乳钵。

用乳钵进行粉碎时，加入药量一般不超过乳钵容积的1/4，以防止研磨时溅出或影响粉碎效能。研磨时，杵棒由乳钵中心按螺旋方式逐渐向外，再向内研磨，反复至符合要求。

2. 铁研船　是一种以研磨为主、兼有切割作用的粉碎工具，其由船槽和具有中心轴柄的碾轮两部分组成，见图2-4。适用于粉碎少量质地松脆、不吸湿及不与铁反应的药物。

图2-4　铁研船

3. 球磨机　是兼有撞击和研磨作用的粉碎器械。由不锈钢或瓷制的圆柱筒，内装一定数量和大小的圆形钢球或瓷球构成。粉碎时将药物装入圆筒，加盖密封后，电机带动圆筒转动，使筒中的圆球在一定速度下滚动，药物则借筒内起落圆球的撞击作用和圆球与筒壁及球与球之间的研磨作用而粉碎。

球磨机的粉碎效果与转速有关，转速过慢，圆球不能达到一定高度即沿壁滚下，此时仅发生研磨作用，粉碎效果较差；如转速过快，圆球受离心力的作用沿筒壁旋转而不落下，失去物料与球体的撞击，粉碎效果差，所以转速要适中。球磨机转速选择见图2-5。

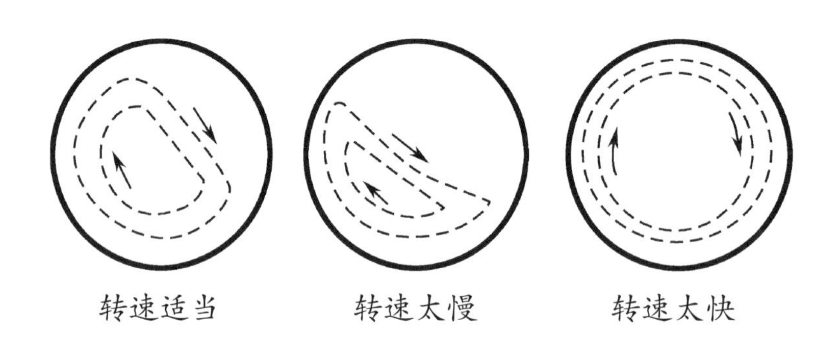

图2-5　球磨机转速选择示意图

球磨机的粉碎效率高、密闭操作、粉尘少，所以适应范围很广，既可进行干法粉碎，也可进行湿法粉碎；既可粉碎毒性药物、贵重药物以及吸湿性强、刺激性强的药物，也可对易氧化药品在充入惰性气体的条件下进行粉碎，还可以在无菌条件下粉碎眼用、注射用药物；对结晶性药物、硬而脆的药物来说，球磨机的粉碎效果尤佳。

4. 锤击式粉碎机　是由高速旋转的活动锤击件与固定圈件的相对运动，对药物进行粉碎的机械。锤击式粉碎机的构造如图2-6所示，以高速旋转的旋转轴、轴上装有数个锤头、机壳上装有衬板、下部装有筛板、带有锤头的转子为主要工作构件。当物料从加料斗进入到粉碎室时，受到高速旋转的锤头的冲击和剪切作用以及抛向衬板的撞击等作用而被粉碎，细料通过筛板出料，粗料继续被粉碎。

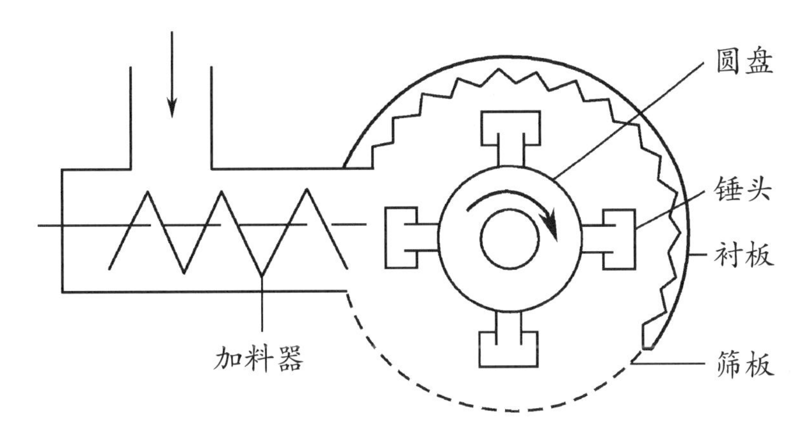

图2-6　锤击式粉碎机的结构示意图

锤击式粉碎机适合粉碎干燥物料、性脆易碎的药物或作粗碎用，不适用于高硬度的物料及黏性物料。

5. 万能粉碎机　又称柴田粉碎机，在各类粉碎机中它的粉碎能力最大。如图2-7所示，在高速旋转的转盘上固定有若干圈钢齿，另一个与转盘相对应的固定盖上也固定有若干钢齿。物料由加料斗进入粉碎机，由于离心作用从中心部位被抛向外壁的过程中受到撕裂、撞击等作用被粉碎。粉碎的细粉由底部的筛孔出料，粗粉在机内重复粉碎。

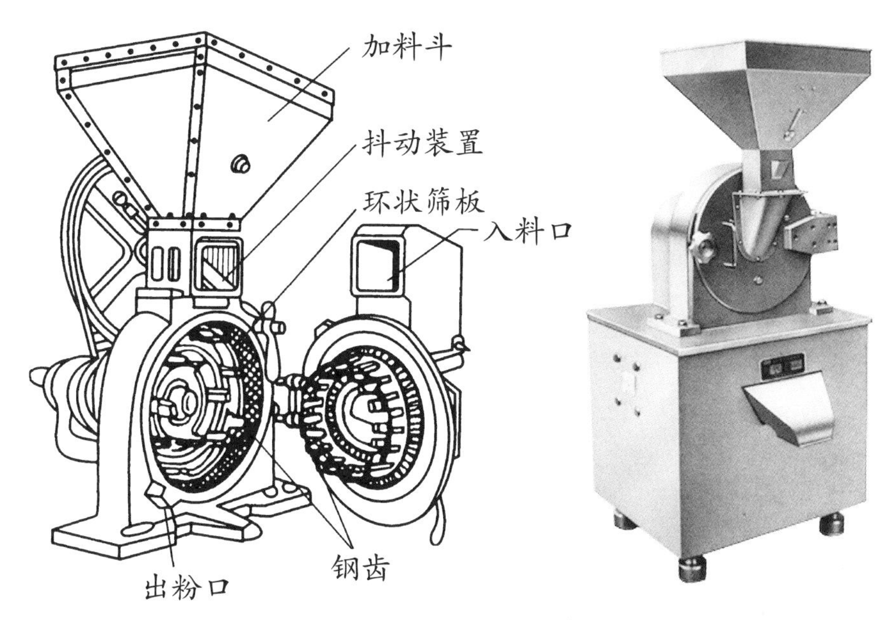

图2-7　万能粉碎机

万能粉碎机适用于粉碎植物性、动物性以及硬度不太大的矿物类药物，不宜粉碎比较坚硬的矿物药和含油多的药材。

此外，还有振动磨（超微粉碎机）、流能磨等。

（五）粉碎操作的注意事项

1. 粉碎毒性药或刺激性较强的药物时，应注意劳动保护，以免中毒；粉碎易燃易爆药物时，要注意防火防爆。

2. 操作各种粉碎设备时注意安全，要严格遵守操作规程，严禁在开机的情况下向机器中伸手，以免发生安全事故。

三、过筛

过筛是指粉碎后的物料通过一种网孔工具，使粗粉与细粉分离的操作。这种网孔性的工具称为筛。

（一）过筛的目的

药物粉碎后所得粉末的粒度是不均匀的，过筛的目的主要是将物料按粒度大小加以分等，以获得较均匀的粒子，适应药物制剂和医疗上的需要。此外，多种物料同时过筛还兼有混合的作用。

（二）药筛的分等

《中国药典》（2020年版）规定，药筛选用国家标准的R40/3系列标准筛。筛的分等有两种方法，一种是以筛孔内径大小（μm）为根据，共规定了9种筛号，一号筛的筛孔内径最大，依次减小，九号筛的筛孔内径最小；另一种是以每吋（2.54cm）长度上所含筛孔的数目来表示，即用“目”表示，如1吋长度上有80个孔的筛称为80目筛。见表2–1。

表2–1 《中国药典》（2020年版）的药筛分等

筛号	筛孔内径/μm（平均值）	目号
一号筛	10	2 000±70
二号筛	850±29	24
三号筛	355±13	50
四号筛	250±9.9	65
五号筛	180±7.6	80
六号筛	150±6.6	100
七号筛	125±5.8	120
八号筛	90±4.6	150
九号筛	75±4.1	200

（三）粉末的分等

药物粉末的分等是按通过相应规格的药筛而定的。《中国药典》（2020年版）规定了6种粉末等级，见表2-2。

表2-2 《中国药典》（2020年版）规定的粉末等级标准

等级	分等标准
最粗粉	指能全部通过一号筛，但混有能通过三号筛不超过20%的粉末
粗粉	指能全部通过二号筛，但混有能通过四号筛不超过40%的粉末
中粉	指能全部通过四号筛，但混有能通过五号筛不超过60%的粉末
细粉	指能全部通过五号筛，并含能通过六号筛不少于95%的粉末
最细粉	指能全部通过六号筛，并含能通过七号筛不少于95%的粉末
极细粉	指能全部通过八号筛，并含能通过九号筛不少于95%的粉末

（四）过筛器械

药筛按制作方法有两种，一种为冲眼筛，又称模压筛，是在金属板上冲出圆形的筛孔而成，其筛孔坚固、不易变形，多用于高速旋转粉碎机的筛板及药丸等粗颗粒的筛分。另一种为编织筛，以金属或非金属线编织而成，如尼龙丝、绢丝或铜丝、不锈钢丝等。用尼龙丝制成的筛网具有一定的弹性，比较耐用，且对一般药物较稳定，在制剂生产上应用较多；但其筛线易于位移而使筛孔变形，分离效率下降。不锈钢丝的韧性较强，可用于硬度较大的物料，但是一旦磨损破坏，会造成物料中有金属屑，可通过磁铁去除。

过筛方法有手工和机械两种，相应的器械有手摇筛和电动筛两类。

1. 手摇筛　手摇筛是由筛网固定在圆形的金属圈上制成的，并按筛号大小依次叠成套，故亦称为套筛。使用时，取所需号数的药筛套在接收器上，细号在下，粗号在上，上面用筛盖盖好，用手摇动过筛。手摇筛适用于小量药粉、毒性药、刺激性或质轻药粉的筛分，亦常用于粉末粒度分析。

2. 漩涡式振荡筛　见图2-8和图2-9。漩涡式振荡筛是现在生产上常用的筛分设备，可设几层筛网实现两级、三级甚至四级分离。适用于筛分无黏性的植物药、化学药物以及有毒性、刺激性和易风化或潮解的药物粉末。

图2-8　漩涡式振荡筛的设备图

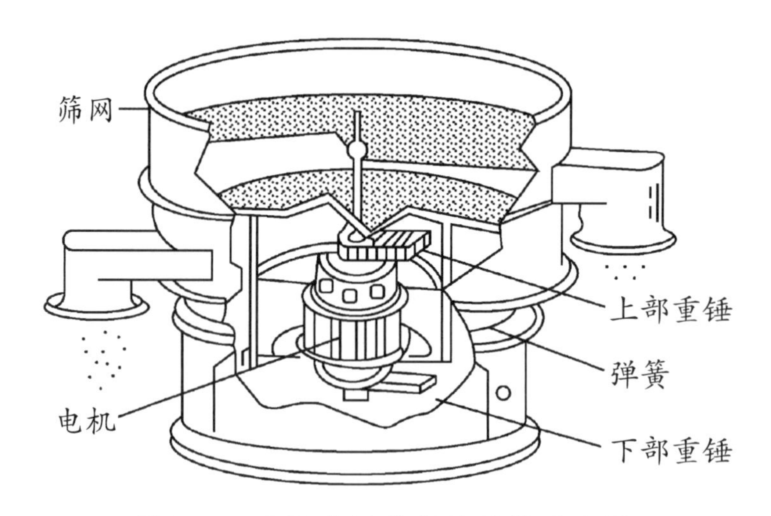

图2-9　漩涡式振荡筛的结构示意图

另外，还有悬挂式偏重筛分机、电磁簸动筛分机、旋风分离器、袋滤器等。

（五）过筛操作注意事项

影响过筛效率的因素有很多，为提高过筛效率，过筛操作应注意以下几点。

1. 加强振动　药粉在静止情况下易形成粉块而不易通过筛孔，因而应注意加强振动。

2. 粉末应干燥　物料的湿度越大，粉末越易黏结成团而堵塞筛孔，故含水量大的物料应事先适当干燥；易吸潮的物料应及时过筛或在干燥环境中过筛。黏性、油性较强的药粉应掺入其他药粉一同过筛。

3. 控制料量　物料层在筛网上堆积过厚，振动强度相对减小，影响过筛效率。

4. 防止粉尘飞扬　特别是筛选毒性或刺激性较强的药粉时，更应注意防止粉尘飞扬，过筛设备的结构要合理，工作场所应通风良好。

四、混合

将两种或两种以上组分的物料均匀分散的操作称为混合。混合的目的是使制剂中的各组分分布均匀、含量均一，以保证用药剂量准确、安全有效。

（一）混合方法

混合方法主要为搅拌混合、混合筒混合、过筛混合和研磨混合等。

1. 搅拌混合　少量药物制备时，可以反复搅拌使之混合。药物大量生产时常采用槽型搅拌混合机，经过一定时间的混合，可使之均匀。

2. 混合筒混合　混合筒有V型、双锥型、圆筒型、三维运动型，适合于密度相近的组分的混合。

3. 过筛混合　系将各粉料先搅拌进行初步混合，再一次或几次通过适宜的药筛使之混匀的操作。对于质地相差较大的不同组分药物粉末采用该法难以混合均匀，通常须配合其他混合方法。

4. 研磨混合　系将各药粉置乳钵中共同研磨的混合操作。此法适用于小量尤其是结晶性药物的混合，不适用于引湿性、氧化还原性及爆炸性成分。

（二）混合设备

药物制剂大生产中混合过程一般在搅拌混合机或混合筒中完成。

1. 搅拌混合机　大量生产中常用槽型混合机，见图2-10。其主要部分为混合槽、搅拌桨、盖和电机，搅拌桨呈“S”形装于槽内轴上，开机使搅拌桨转动以混合物料。此机除适合于混合各种粉料外，还可用于颗粒剂、片剂、丸剂的软材制备。

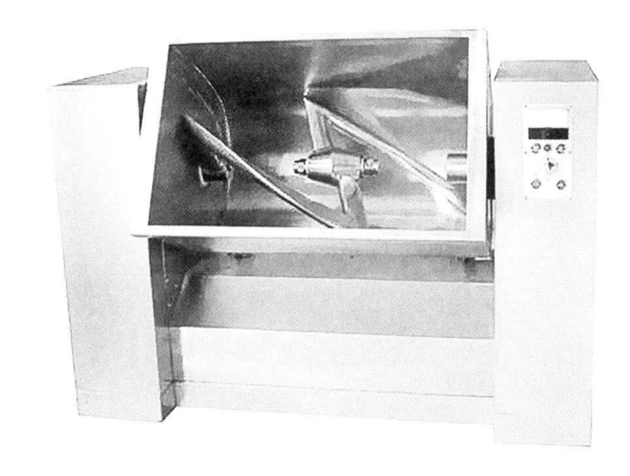

图2-10　槽形混合机

2. 混合筒　混合筒的形状及运动轨迹直接影响药物的混合均匀度。混合筒的形状从最初的滚筒型到目前常用的V型、双锥型，运动轨迹从简单的单向旋转发展到空间立体旋转，使混合设备得到了较大的发展。

（1）V型混合机：见图2-11。在旋转时药物可分成两部分，然后再使两部分药物混合在一起，集中在底部，如此反复循环，使物料做合-分-合的不断上下翻动，混合效率高，耗能较低。目前多用V型混合筒混合固体药物。

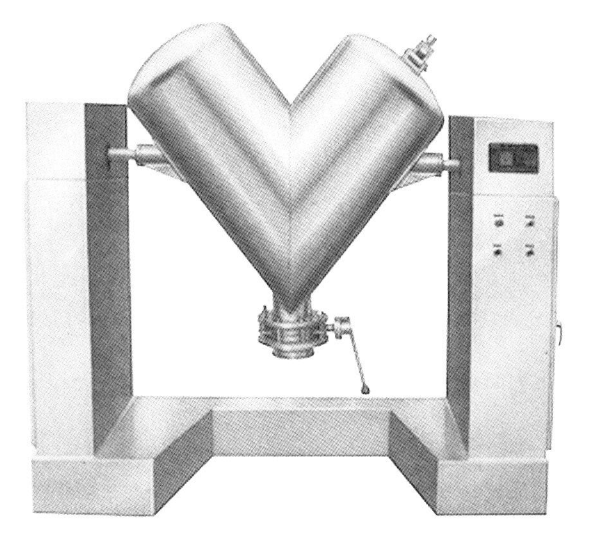

图2-11　V型混合机

（2）双锥型混合机：见图2-12。该机与V型混合机的功能相似。适合较细的粉料、凝块或含有一定水分的物料的混合。若在其料筒内安装强制搅拌装置，在混合过程中起到分散物料的作用，可缩短混合时间，使物料混合得更加均匀。

（3）三维运动型混合机：见图2-13和图2-14。该机由筒体和机身两部分组成。装料的筒体在主动轴的带动下做平行移动及摇滚等复合运动，促使物料沿着筒体做径向、环向和轴向的三向复合运动，从而实现多种物料的相互流动扩散、掺杂，以达到高度均匀混合的目的。

该机的混合均匀度大，物料装载系数大，装载量可达筒体容积的80%（普通混合机仅为40%），效率高，混合时间短，是目前各种混合机中的一种较理想的产品。

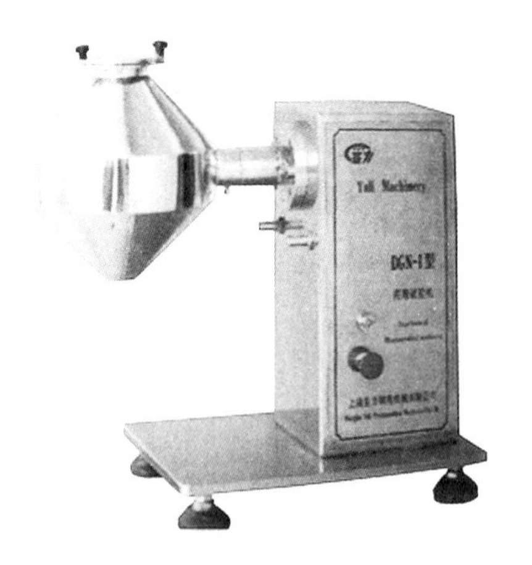

图2-12　双锥型混合机

图2-13　三维运动型混合机的设备图

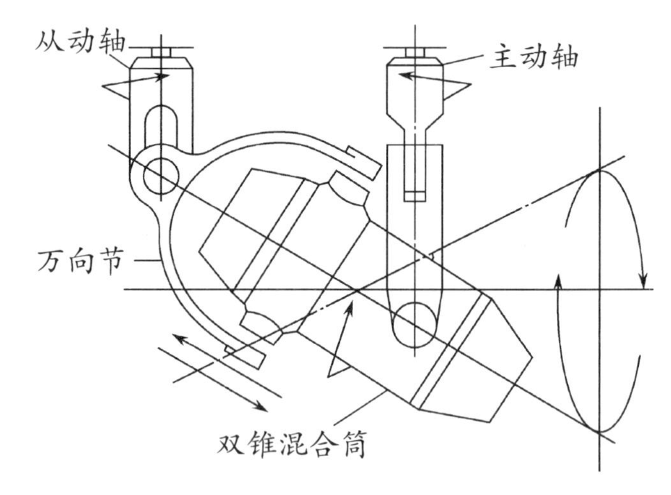

图2-14　三维运动型混合机示意图

（三）混合操作的注意事项

混合均匀性与各成分的比例量、堆密度、粒度、形状和混合时间等均有关。

1. 各组分的比例量　各组分的比例量相差过大时，不宜混合均匀，此时应采用“等量递加法”进行混合。具体操作如下：用量多的组分饱和混合容器后倾出；先取处方中量小的组分，加入等量的量大的组分混匀后，再取与此混合物等量的量大的组分混匀，如此倍量增加，直至全部混匀、色泽一致，过筛，即得。习惯上又称“配研法”。这种方法尤其适用于含有毒剧药品、贵重药品等物料的混合。

课堂活动

请同学演示“等量递加法”的操作步骤。

当色泽相差较大时，可以色浅者饱和乳钵，再将色深者置乳钵中，加等量的色浅者研匀，直至全部混合均匀，即所谓的“打底套色法”。

2. 各组分药物的密度　物料中各组分的密度对混合的均匀性有较大的关系。一般将轻者先放于混合容器中，再加重者混合，这样可避免轻质组分浮于上部或飞扬，而重质粉末沉于底部则不易混匀。

3. 含低共熔混合物的组分　当两种或两种以上的药物按一定的比例量研磨混合后，产生熔点降低而出现润湿和液化的现象称为共熔现象（简称共熔）。常见的可产生共熔的药物有樟脑与苯酚、麝香草酚、薄荷脑，阿司匹林与对乙酰氨基酚、咖啡因等。含共熔组分的制剂是否需混合使其共熔，应根据共熔后对药理作用的影响及处方中所含其他固体成分数量的多少而定。

课堂活动

取樟脑、薄荷脑各2g，置乳钵中研磨，观察发生的现象。

4. 颗粒的大小、形状和混合时间　颗粒的粒度较均匀时易混匀；颗粒近球形时易混匀；混合时间要适宜，可通过试验确定合适的混合时间。

5. 其他　含液体成分时，可采取用处方中其他固体成分吸收的方法；若液体量较大时，可另加赋形剂吸收；若液体为无效成分且量过大时，可采取先蒸发后加赋形剂吸收的方法。

点滴积累

1. 常用的粉碎方法有干法粉碎和湿法粉碎、单独粉碎和混合粉碎、特殊粉碎、低温粉碎和超微粉碎。

2.《中国药典》(2020年版)共规定了9种筛号和6种粉末等级。

3. 常用的混合方法有搅拌混合、混合筒混合、过筛混合和研磨混合。

任务二　液体制剂的基本操作

课堂活动

儿童感冒咳嗽时经常喝的糖浆剂，你们知道是如何制备的吗？医院消毒用的来苏水（甲酚皂溶液）又是如何制备的呢？

一、固体药物的溶解

溶解是将药物溶解于一定量的溶剂中形成均匀分散的澄明液体的过程，是制备液体制剂、注射剂、滴眼剂等常用的操作方法。

知识链接

药物的近似溶解度表示方法

药物的溶解度是指在一定温度下（气体在一定气压下），在一定量的溶剂中溶解药物的最大量。准确的溶解度一般以1份溶质（1g或1ml）溶于若干毫升溶剂中表示。《中国药典》（2020年版）将药物溶解度分为7个级别，以表示药物大致的溶解性能。

极易溶解　系指溶质1g（ml）能在溶剂不到1ml中溶解。

易溶　系指溶质1g（ml）能在溶剂1~<10ml中溶解。

溶解　系指溶质1g（ml）能在溶剂10~<30ml中溶解。

略溶　系指溶质1g（ml）能在溶剂30~<100ml中溶解。

微溶　系指溶质1g（ml）能在溶剂100~<1 000ml中溶解。

极微溶解　系指溶质1g（ml）能在溶剂1 000~<10 000ml中溶解。

几乎不溶或不溶　系指溶质1g（ml）在溶剂10 000ml中不能完全溶解。

（一）增加药物溶解度的方法

有些药物在溶剂中的溶解度较临床治疗作用所需要的浓度低，因此要采用一定的方法来增加药物的溶解度。增加难溶性药物溶解度的方法及应用举例见表2-3。

表 2-3 增加难溶性药物溶解度的方法及应用举例

增加溶解度的方法	应用举例	备注
制成可溶性盐	注射用苯巴比妥钠	苯巴比妥在水中极微溶解，而将其制成钠盐苯巴比妥钠后在水中极易溶解，可以制成注射用苯巴比妥钠，临用前用无菌注射用水溶解
应用混合溶剂	氯霉素滴耳液	氯霉素在水中微溶，用甘油或者丙二醇作潜溶剂可制成氯霉素滴耳液
加入助溶剂	氨茶碱注射液	茶碱在水中极微溶解，其与乙二胺形成氨茶碱后在水中溶解，可做成氨茶碱注射液
加入增溶剂	克霉唑栓	克霉唑在水中几乎不溶，可加入吐温-80作为增溶剂

知识链接

潜溶、助溶与增溶

潜溶系指使用混合溶剂时，药物的溶解度比在单纯溶剂中增大的现象。这种混合溶剂称为潜溶剂。

助溶系指难溶性药物与加入的第三种物质在溶剂中形成可溶性络合物、复盐或缔合物等，而增大难溶性药物的溶解度的过程。所加入的第三种物质称为助溶剂。

增溶系指表面活性剂在水中形成“胶束”，增大难溶性药物在水中的溶解度的过程。具有增溶能力的表面活性剂称为增溶剂。

（二）溶液配制的方法

溶液配制的方法有稀配法和浓配法。

1. 稀配法　系指将原料药加入全量溶剂中，一次配成所需浓度的操作方法。适用于原料药的质量好、杂质少，而药物的溶解度较小的药物。

2. 浓配法　系指将全部原料药加入部分溶剂中配成浓溶液，进行过滤，然后再稀释至所需浓度的方法。

配制药液过程中的注意事项为：①必要时，可将固体药物粉碎或者加热促进溶解；②溶解度小的药物以及附加剂应先溶解；③难溶性药物可加入适宜助溶剂或增溶剂使其溶解；④不耐热的药物宜待溶液冷却后加入；⑤溶剂为乙醇、油、液状石蜡时，所用的容器与用具均应干燥。

二、药液的滤过

过滤是把存在于药液中的固体物质跟液体分离的一种方法。其原理是过滤时，液体穿过滤纸上的小孔，而固体物质留在滤纸上，从而使固体和液体分离。

知识链接

滤过机制

滤过机制有两种，一种是机械过筛作用，滤材为薄膜状或薄层状，如微孔滤膜、滤纸、分子筛等。此类滤材过滤效果可靠，不易吸附药液，无交叉污染。另一种是深层过滤或架桥现象，滤材为有一定厚度的不规则多孔性结构，形成弯弯曲曲的袋形孔道，利用液体可顺利通过孔道、微粒不易拐弯而截留。如垂熔玻璃滤器、板框压滤器、砂滤棒、棉花等，此类滤材过滤速度快，但易吸附药液而产生交叉污染，不易清洗。

（一）常用的滤过方法

滤过的推动力是指滤饼（即液体穿过过滤介质后，留在过滤介质上的固体物质）和过滤介质两侧的压力。通常根据推动力的不同，可将滤过方法分为以下三种。

1. 常压滤过　系利用滤液自身的液位差所形成的压力作为滤过的推动力进行滤过的操作。常用玻璃漏斗、搪瓷漏斗等，此类滤器常用滤纸或脱脂棉作滤过介质。一般用于少量药液的滤过。

2. 减压滤过　系利用在过滤介质下方抽真空的办法来增加推动力进行滤过的操作。常用的减压过滤器有布氏漏斗、垂熔玻璃滤器和各种滤柱。垂熔玻璃滤器常用于精滤，适用于注射液、口服液、滴眼剂的滤过。

3. 加压滤过　系利用压缩空气或离心泵等输送药液所形成的压力作为滤过的推动力而进行滤过的操作。由于推动力大、滤速快，适用于黏性大、颗粒细、可压缩的各类物料的过滤。但滤饼的洗涤较慢，且滤布易被破坏。常用的加压过滤器有板框压滤机、压滤器和加压叶滤机。

（二）滤器的种类

常用的滤器有普通漏斗、板框压滤器、砂滤棒、垂熔玻璃滤器、微孔滤膜滤器等，滤材有滤纸、脱脂棉、纱布、绢布等。

1. 普通漏斗　常用的有玻璃漏斗和布氏漏斗，常用滤纸、长纤维的脱脂棉以及绢布等作滤过介质。适用于少量液体制剂的预滤，如生产注射剂时用于滤除活性炭。

2. 板框式压滤机　由多个实心滤板和中空滤框相互交替排列在支架上组成，是一种在加压下间歇操作的滤过设备。其优点是滤过面积大，截留固体多，经济耐用，滤材可任意选择（如滤纸），适用于大生产。常用于滤过黏性大、可压缩的各类难滤过的药液（如浸出液），特别适合于含少量微粒的待滤液。在注射剂生产中，多用作预滤。主要的缺点是装备较麻烦，如果装备不好，则容易滴漏。

3. 砂滤棒　分粗号、中号和细号三种规格。其价廉宜得，滤速快，适用于大生产中粗滤。但砂滤棒易于脱砂，对药液的吸附性强，难清洗，且有改变药液pH的作用。

4. 垂熔玻璃滤器　该滤器系用硬质中性玻璃细粉烧结而成（图2-15）。通常有垂熔玻璃漏斗、垂熔玻璃滤球和垂熔玻璃滤棒三种。根据滤板孔径大小制成1~6号，见表2-4。3号和G2号多用于常压滤过，4号和G3号多用于减压和加压滤过，6号和G5、G6号常用于无菌滤过。

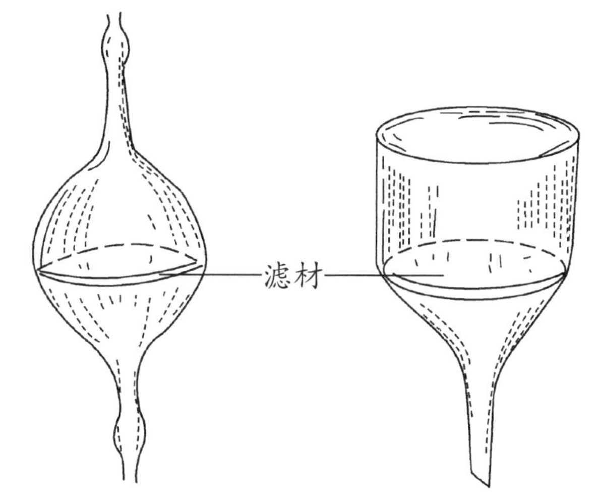

图2-15　各种垂熔玻璃滤器

表2-4　垂熔玻璃滤器规格

上海某A厂家		长春某B厂家	
滤板号	孔径大小/μm	滤板号	孔径大小/μm
1	80~120	G1	20~30
2	40~80	G2	10~15
3	15~40	G3	4.5~9
4	5~15	G4	3~4
5	2~5	G5	1.5~2.5
6	2以下	G6	1.5以下

垂熔玻璃滤器的化学性质稳定（强碱和氢氟酸除外）；过滤时无碎渣脱落，吸附性小，一般不影响药液的pH，可以热压灭菌。缺点是价格高，脆而易破。使用时可在垂熔漏斗内垫上绸布或滤纸，以防止污物堵塞滤孔，也有利于清洗。

5. 微孔滤膜滤器　以微孔滤膜作滤过介质的滤过装置称为微孔滤膜滤器。常用的有圆盘型（图2-16）和圆筒型两种。

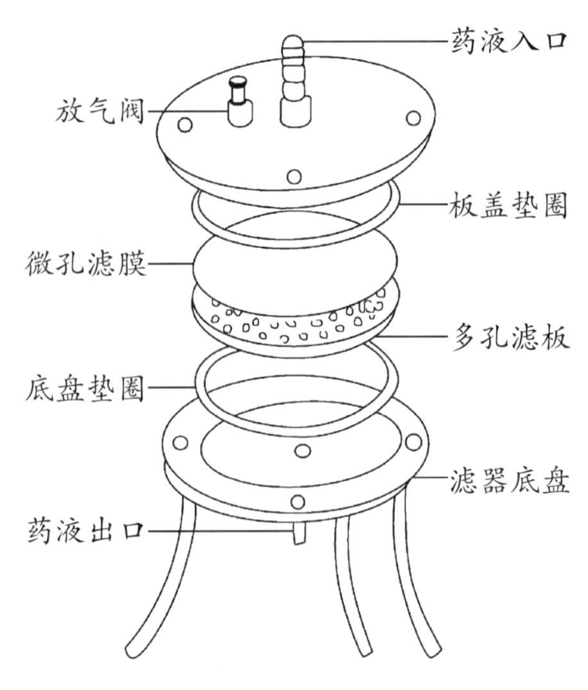

图2-16　圆盘型微孔滤膜滤器

微孔滤膜滤器一般由底盘、底盘垫圈、多孔筛板（或支撑网）、微孔滤膜、盖板垫圈及盖板等部件组成。滤膜安放时，反面朝向被滤液体，有利于防止膜的堵塞。安装前，滤膜应放在注射用水中浸润12小时以上。

微孔滤膜滤器在注射剂中应用较多，有孔径为0.025~14μm等多种规格，微孔总面积占薄膜总面积的80%，孔径大小均匀。0.45μm的滤膜孔径范围为0.45μm ± 0.02μm，滤膜厚度为0.12~0.15mm，常用于注射液的精滤和除菌。

注射剂的滤过，一般采用粗滤与精滤相结合的方法，比如先通过板框压滤机，后经垂熔玻璃滤器和微孔滤膜滤器滤过。注射液通过滤器所需要的压差（动力），可采用加压或减压获得。

（三）影响滤过的因素

影响滤过的因素主要有：①滤过介质两侧的压力差；②药液的性质；③滤过介质的阻力；④滤饼的阻力。

增加滤过效率的措施主要有：①加压或减压滤过，以提高压力差；②升高药液温度，以降低药液黏度；③先进行预滤，以减少滤饼的厚度；④使用助滤剂。

点滴积累

1. 增加药物溶解度的方法有制成可溶性盐、应用混合溶剂、加入助溶剂、加入增溶剂。
2. 常用的溶解方法有稀配法和浓配法。
3. 常用的滤过方法有常压滤过、减压滤过、加压滤过。

任务三　制药用水的生产技术

课堂活动

1. 生活中经常用到自来水、纯净水、矿泉水，这些水可以用于药品生产吗?
2. 同样是生产药品，生产口服液和注射剂用到的水是一样的吗?

一、制药用水的含义

制药用水主要是指药物制剂配制、使用时的溶剂、稀释剂及药品包装容器、制药器具的洗涤清洁用水。

二、制药用水的种类

《中国药典》(2020年版)收载的制药用水，根据使用的范围可分为饮用水、纯化水、注射用水和灭菌注射用水。一般应根据各生产工序或使用目的与要求选用适宜的制药用水。

1. 饮用水　为天然水经净化处理所得的水。

饮用水可作为药材净制时的漂洗、制药用具的粗洗用水。除另有规定外，也可作为饮片的提取溶剂。

2. 纯化水　为饮用水经蒸馏法、离子交换法、反渗透法或其他适宜的方法制备的制药用水，不含任何附加剂。

纯化水可作为配制普通药物制剂用的溶剂或者试验用水；可作为中药注射剂、滴眼剂等灭菌制剂的所用饮片的提取溶剂；口服、外用制剂的配制用溶剂或稀释剂；非灭菌制剂用器具的精洗用水。也可作为非灭菌制剂所用饮片的提取溶剂。纯化水不得用于注射剂的配制与稀释。

3. 注射用水　为纯化水经蒸馏所得的水，应符合细菌内毒素试验要求。

注射用水可作为配制注射剂、滴眼剂等的溶剂或稀释剂及容器的精洗。

4. 灭菌注射用水　为注射用水按照注射剂生产工艺制备所得的水，不含任何附加剂。主要用于注射用无菌粉末的溶剂或注射剂的稀释剂。

三、制药用水的质量要求

1. 饮用水　其质量必须符合中华人民共和国国家标准《生活饮用水卫生标准》。

2. 纯化水　应符合《中国药典》（2020年版）所收载的纯化水标准。

3. 注射用水　应符合《中国药典》（2020年版）所收载的注射用水标准。具体如下。

（1）pH：应为5.0~7.0。

（2）氨：应符合规定（0.000 02%）。

（3）细菌内毒素：每1ml中含内毒素的量应小于0.25EU。

（4）微生物限度：100ml供试品中需氧菌总数不得过10cfu。

4. 灭菌注射用水　其质量应符合《中国药典》（2020年版）所收载的灭菌注射用水项下的规定。

四、制药用水的制备

（一）饮用水的生产技术

一般采用自来水公司供应的符合国家饮用标准的水。若当地无符合国家饮用水标准的自来水供给，可采用水质较好的井水、河水为原水，采用沉淀、过滤等预处理手段，自行制备符合国家饮用水标准的水。需定期检测饮用水的水质，避免因饮用水水质波动影响药品的质量。

（二）纯化水的生产技术

饮用水经蒸馏法、电渗析法、反渗透法或离子交换法等综合法制得纯化水。

1. 蒸馏法　饮用水经加热气化为水蒸气，再经冷凝即得蒸馏水。

2. 电渗析法　利用具有选择透过性和良好导电性的离子渗透膜制备纯化水。原水在直流电场的作用下，使其中的离子定向迁移，离子交换膜选择性地允许不同电荷的离子透过进行分离而获得的纯水。在原水含盐量高时可用本法除去较多的盐分。

3. 反渗透法　反渗透是渗透的逆过程，是指借助一定的推力（如压力差、温度差等）迫使溶液中的溶剂组分通过反渗透膜，从而阻留某一溶质组分的过程。反渗透法属于膜分离法，对有机物等杂质的排出是靠机械的过筛作用。为达到较好的制备效果，通常使用二级反渗透装置进行纯水的制备。

4. 离子交换法　是利用阳、阴离子交换树脂分别同水中的各种阳离子和阴离子进行交换得到纯化水。

阳离子交换树脂装在树脂柱中，称为阳树脂床；阴离子交换树脂装在树脂柱中，称为阴树脂床；阳离子交换树脂和阴离子交换树脂按一定比例混合装入树脂柱中称为混合床。一般采用阳树脂床、阴树脂床、混合床的组合形式制备纯化水。

阳离子交换树脂和阴离子交换树脂使用一段时间后，交换能力会下降，水质开始不合格，需要用酸将阳树脂处理、用碱将阴树脂处理，称为再生，方可继续使用。

（三）注射用水的生产技术

将纯化水蒸馏可制得注射用水。蒸馏设备有多效蒸馏水机和气压蒸馏水机。常采用多效蒸馏水机。

1. 多效蒸馏水机　多效蒸馏水机的特点是耗能低、产量高、质量优，并有自动控制系统，是制备注射用水的重要设备。多效蒸馏水机又可分为列管式、盘管式和板式三种形式。多效蒸馏水机的效数多为3~5效。

四效蒸馏水机如图2-17所示。进料水经冷凝器进入，经各蒸发器内的换热器进行预热，最终被加热至142℃进入1效蒸发器。外来的加热蒸汽（165℃）从1效蒸发器蒸汽进口进入管间，加热进料水后，形成冷凝水从冷凝水排放口排出。1效蒸发器内的进料水约有30%被加热蒸发，生成的二次纯蒸汽进入2效蒸发器作为热源；而1效蒸发器内的未汽化的进料水进入2效蒸发器，被二次蒸汽加热蒸馏。依此类推，最后从4效蒸发器出来的蒸馏水与纯蒸汽全部引入冷凝器，被进料水（冷却水）冷凝；从蒸馏水出口流出，温度为97~99℃，即注射用水。进料水经蒸发后形成含有杂质的浓缩水从蒸发器4底部的废水口排出。另外，冷凝器顶部也排出不凝性气体。

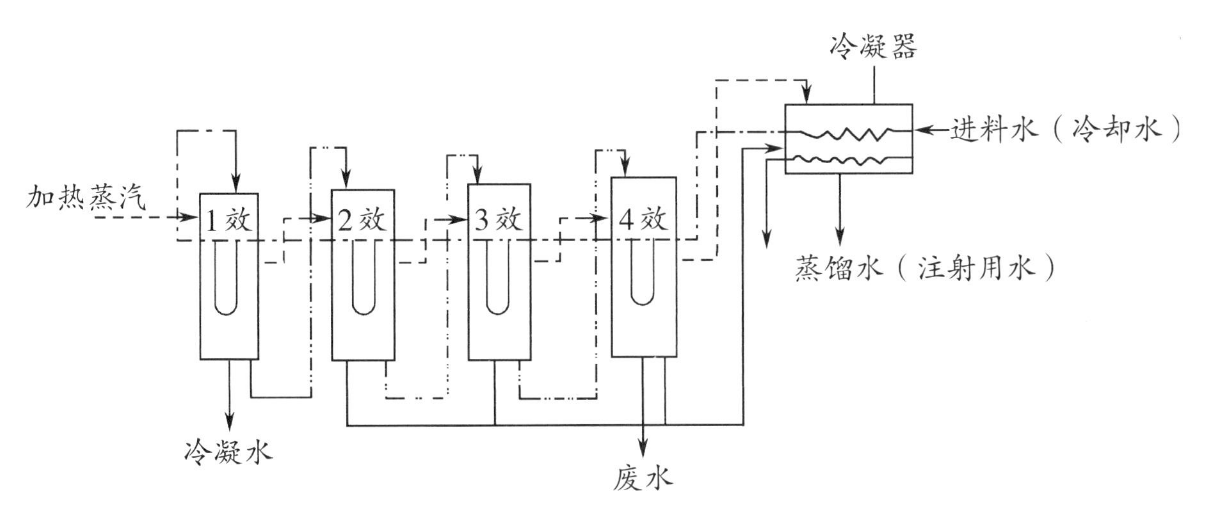

图2-17　四效蒸馏水机的工作示意图

2. 气压式蒸馏水机　利用动力对二次蒸汽进行压缩，并循环蒸发来制备注射用水。常采用离心式蒸汽压缩机，将二次蒸汽加压，使其温度升高到120℃，再送回到蒸发器内作为热源使用。气压式蒸馏水机的优点是不用冷却水，耗汽量很少，具有很高的节能效果，但价格较高。

目前，国内外制药企业多使用综合法制备，充分结合电渗析、反渗透、离子交换等方法的优点组合使用制成纯化水，再经蒸馏制备注射用水，其质量符合标准。具有代表性的制备注射用水的流程为：自来水→细过滤器→电渗析装置或反渗透装置→阳离子树脂床→脱气塔→阴离子树脂床→混合树脂床→多效蒸馏水机或气压式蒸馏水机→热贮水器→注射用水。

3. 注射用水的收集和贮存　收集蒸馏水时，初馏液应弃去一部分，经检查合格后，方可收集。应采用带有无菌过滤装置的密闭收集系统，并每2小时检查一次氯化物，每天检查一次氨。我国的《药品生产质量管理规范》规定：纯化水、注射用水的制备、贮存和分配应能防止微生物的滋生。贮罐和输送管道所用的材料应无毒、耐腐蚀。管道的设计和安装应避免死角、盲管。贮罐和管道要规定清洗、灭菌周期。注射用水贮罐的通气口应安装不脱落纤维的疏水性除菌滤器。注射用水的贮存可采用70℃以上保温循环存放，注射剂必须使用新鲜的注射用水，贮存不得超过12小时。

（四）灭菌注射用水的生产技术

灭菌注射用水为注射用水按照注射剂的生产工艺制备所得。其生产技术参照注射剂的生产技术。

点滴积累

1. 制药用水可分为饮用水、纯化水、注射用水及灭菌注射用水。
2. 纯化水为饮用水经蒸馏法、电渗析法、反渗透法、离子交换法等制得。
3. 注射用水为纯化水经蒸馏所得的水，应符合细菌内毒素试验的要求（不超过0.25EU/ml）。
4. 灭菌注射用水为注射用水按照注射剂的生产工艺制备所得。

任务四　药物制剂洁净技术

一、灭菌法

灭菌法是指用物理或者化学的方法将药物制剂中的微生物杀死或除去的方法。灭菌是药物制剂制备过程中一项重要的操作，对于注射剂、眼用制剂及应用于创面的无菌制剂是不可缺少的环节。然而对于任何一批灭菌产品来说，绝对无菌既无法保证也无法用实验证实。实际生产过程中，灭菌是指物品中污染用具和容器的微生物残存概率下降至一定水平，以无菌保证水平（Sterility Assurance Level，SAL）表示，最终灭菌的产品微生物残存概率不得超过10^{-6}。

微生物包括细菌、真菌、病毒等。微生物及其种类不同，灭菌方法不同，灭菌效果也不同。细菌的芽孢具有较强的抗热能力，因此灭菌效果应以杀死芽孢为准。应根据药物的性质，选择适宜的灭菌方法，做到既可杀灭或除去微生物，达到灭菌的目的，又能保证药物的治疗作用和稳定性。

灭菌法分为两大类：物理灭菌法、化学灭菌法。物理灭菌包括干热灭菌法、湿热灭菌法、滤过除菌法、紫外线射线灭菌法和辐射灭菌法等；化学灭菌法包括气体灭菌法和化学消毒剂灭菌法。

（一）物理灭菌法

1. 湿热灭菌法　系指将物品置于灭菌柜内，利用高压蒸汽或其他手段进行灭菌的方法。由于蒸汽热力高，穿透力强，容易使细菌体蛋白质变性或凝固，灭菌能力强，因此湿法热灭菌法是最有效、用途最广的灭菌方法。湿热灭菌法包括热压灭菌法、流通蒸汽灭菌法、煮沸灭菌法和低温间歇灭菌法。

（1）热压灭菌法：系指在密闭的灭菌器内，利用高压的饱和水蒸气加热杀灭微生物的方法。该法能杀灭所有的细菌繁殖体和芽孢，灭菌效果可靠。本法适用于药品、药品的溶液、玻璃、培养基、无菌衣、敷料以及其他遇高温和湿热不发生变化或破坏的物质。

1）灭菌设备：热压灭菌法常用的设备有手提式热压灭菌器、卧式热压灭菌器、水浴式热压灭菌器、回转水浴式灭菌器。采用热压灭菌时，被灭菌的物品应有适当的装载方式，以保证灭菌的有效性和均一性。

卧式热压灭菌器一般为双层金属壁组成，是附带有温度计或温度探头、压力表、安全阀等装置的压力器。图2-18是一种常用的卧式热压灭菌柜。该设备全部采用合金制成，具有耐高压性能，带有夹套的灭菌柜内备有带轨道的格车，有指示夹套内压力的气压表、灭菌柜内气压力表和温度表，灭菌柜底部外层安装有排气阀，以便开始通入加热蒸汽时排尽柜内的空气。

2）灭菌条件：通常采用121℃，15分钟（表压97kPa）；121℃，30分钟（表压97kPa）；116℃，40分钟（表压69kPa）。也可采用其他温度和时间参数，但必须保证物品灭菌后的SAL≤10^{-6}。

3）灭菌操作：先将蒸汽通入夹套中加热10分钟，当夹套压力上升至所需压力时，

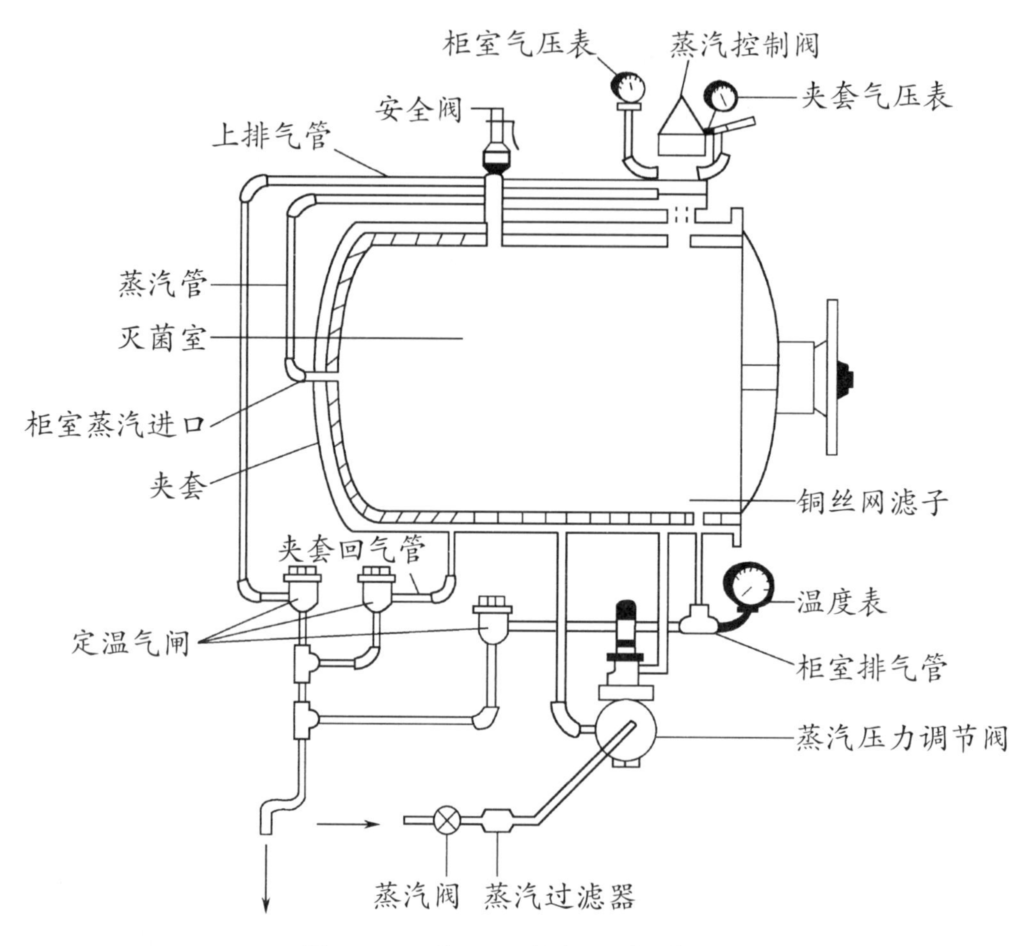

图2-18　热压灭菌柜示意图

将待灭菌的物品置于金属编制篮中，排列于格车架上，推入灭菌柜室，关闭柜门，并将门闸旋紧。待夹套加热完成后，将加热蒸汽通入柜内，同时打开排气阀排净冷空气，当排气口无雾状水滴时可关闭排气阀。待温度达到规定温度及压力时，计时，柜内压力表应固定在规定压力，并检查温度表的读数。灭菌完成后，先关闭蒸汽阀，排气至压力表降至“0”时，稍开柜门，待灭菌物品冷却后取出。

4）操作热压灭菌柜的注意事项：①必须使用饱和蒸汽。饱和蒸汽中不含有细微水滴，蒸汽的温度与水的沸点相等。蒸汽含热量高，穿透力强，灭菌效果好。若饱和蒸汽中含有水滴，即为湿饱和蒸汽，湿饱和蒸汽含热量低，穿透力差。故灭菌过程要求使用饱和蒸汽。②必须排尽灭菌柜内的空气。若有空气存在，压力表的指示压力并非纯蒸汽压，而是蒸汽和空气两者的总压，灭菌温度难以达到规定值。因此，在灭菌柜上设有抽气装置，以便在通入蒸汽前将柜内的空气尽可能除去。③灭菌时间应以全部药液温度达到所要求的温度时开始计时，由于温度表所指示的温度是灭菌柜内的温度，而非灭菌物品内部的温度，因此，灭菌时要有一定的预热时间。例如，

250~500ml的输液，预热时间一般为15分钟左右。为确保灭菌效果，可使用留点温度计和熔变温度指示剂。熔变温度指示剂是指某些化学药品的熔点正好是灭菌所需的温度，如升华硫（115℃）、苯甲酸（121℃）等，将化学药品封装于安瓿中，与灭菌药品一起放入灭菌器内各个部位灭菌，灭菌后观察温度指示剂是否熔化。目前，可将非致病性、不产生热原的耐热芽孢作为生物指示剂，用于灭菌设备及方法的考察。④灭菌完毕后停止加热，放出灭菌柜内的蒸汽，至压力表指针为零，柜内压力与大气压相等，稍稍打开灭菌柜，在10~15分钟后全部打开，以免柜内外温度差太大，造成被灭菌物品冲出或玻璃瓶炸裂而造成伤害事故。

（2）流通蒸汽灭菌法：系指在常压下，在不密闭的容器内，采用100℃流通蒸汽加热杀灭微生物的方法。灭菌时间为30~60分钟。该法适用于1~2ml的安瓿剂、口服液或不耐热的制剂。本法不能保证杀灭所有的芽孢。一般作为不耐热无菌产品的辅助灭菌手段。

（3）煮沸灭菌法：系指将待灭菌物品置沸水中加热灭菌的方法。煮沸时间通常为30~60分钟。该法灭菌效果差，常用于注射器、注射针头等器皿的灭菌。采用煮沸灭菌法的制剂必要时可加入适量的抑菌剂，以提高灭菌效果，在使用该法时应注意地理海拔高度的影响。

（4）低温间歇灭菌法：系指将待灭菌的物品先在60~80℃加热60分钟以杀死微生物繁殖体，然后在室温下放置24小时，让待灭菌物中的芽孢发育成繁殖体，再次加热灭菌、放置，反复多次，直到杀灭所有芽孢。该法适用于必须采用加热灭菌而又不耐较高温度、热敏感的物料和制剂的灭菌。缺点是费时、工效低、灭菌效果差，加入适量抑菌剂可提高灭菌效果。

2. 干热灭菌法　是指物质在干燥空气中加热达到杀灭微生物的方法。干热空气潜热低，穿透力弱，物料受热不均匀，所以干热灭菌需要较高的温度和较长的时间才能达到灭菌的目的。一般认为，繁殖期细菌在100℃以上干热灭菌1小时可被杀死，而耐热细菌的芽孢在120℃以下长时间加热也不会死亡，但在140℃左右灭菌效率急剧增加。

干热灭菌可除去无菌产品的包装容器及生产用具中的热原物质，适用于耐高温的玻璃器具、金属材质容器、纤维制品、固体粉末及不允许湿气穿透的油脂类（如油脂性软膏基质、注射用油、液状石蜡等）的灭菌，不适用于橡胶、塑料及大部分药品的灭菌。

（1）灭菌设备：干热灭菌可使用一般烘箱，通常热源为电炉丝或红外线发射灯管。有空气自然对流和空气强制对流两种类型，后者装有鼓风机有利于热空气的对流，减少烘箱内各部位的温度差，缩短灭菌物品全部达到所需灭菌温度的时间。另外，热层流式干热灭菌机和辐射式干热灭菌机已广泛应用于针剂生产线安瓿的灭菌。

（2）灭菌条件：干热灭菌的条件通常为160~170℃，2小时以上；170~180℃，1小时以上，或250℃，45分钟以上。250℃，45分钟以上干热灭菌可除去无菌产品的包装容器及生产用具中的热原物质。也可采用其他温度和时间参数，但必须保证物品灭菌后的SAL $\leqslant 10^{-6}$。

3. 滤过除菌法　系用滤过方法除去活的或死的微生物的方法，是一种机械除菌的方法。利用细菌不能通过致密具孔滤材的原理以除去气体或液体中的微生物。适合于对热不稳定的药物溶液、空气、水等的除菌。

常用的除菌过滤器有孔径0.22μm的微孔滤膜滤器和G6垂熔玻璃滤器。过滤器不得对被滤过成分有吸附作用也不能释放物质；不得使用有纤维脱落的过滤器。新置的滤器应先用水洗净，并灭菌，在8小时以内使用。在除菌滤过前后均应做过滤器的完好性试验。微孔滤膜滤器采用孔径分布均匀的亲水性或疏水性微孔滤膜作过滤材料。为保证过滤效果，可使用两个过滤器串联过滤，或在灌装前用过滤器进行再次过滤。过滤除菌应在无菌环境下进行，并注意防止过滤后的再污染。

4. 紫外线灭菌法　系指用紫外线照射杀灭微生物的方法。用于灭菌的紫外线波长为200~300nm，灭菌力最强的紫外线波长为254nm。紫外线主要使核酸蛋白变性，并且能使空气中的氧气产生微量臭氧，达到共同杀菌的作用。

由于紫外线是以直线传播，可被不同的表面反射或吸收，穿透力弱。该法仅适合于物体表面灭菌、无菌室空气灭菌；不适合于药液的灭菌及固体物料深部的灭菌。人体紫外线照射过久会发生结膜炎、红斑及皮肤烧灼等伤害，故一般在操作前开启1~2小时，操作时关闭。如必须在操作过程中照射，对操作者的外露皮肤和眼睛应采用适当的防护措施。

5. 辐射灭菌法　系指将灭菌物品置于适宜放射源辐射的γ射线或适宜的电子加速器发生的射线下以达到杀灭微生物的方法。本法最常用的为 ^{60}Co-γ射线。

辐射灭菌法特点是不升高产品温度，穿透力强，灭菌效率高。适合于医疗器械、容器、生产辅助用品、不受辐射破坏的原料药及成品等的灭菌。但设备费用较高，对操作人员存在潜在的危险性，对某些药物可能产生降低药效或产生毒性物质和发热物质等。

6. 微波灭菌法　系采用300~300 000MHz的电磁波照射，由于极性水分子强烈地吸收微波而发热，从而杀灭微生物的方法。本法适用于液体和固体物料的灭菌，且对固体物料有干燥作用。

（二）化学灭菌法

化学灭菌法是指用化学药品直接作用于微生物将其杀灭的方法。包括气体灭菌法、化学消毒剂灭菌法。

1. 气体灭菌法

（1）环氧乙烷灭菌法：是将待灭菌物暴露在充有环氧乙烷的环境中，从而达到灭菌的目的。

环氧乙烷气体的穿透性强，易穿透塑料、橡胶、固体粉末等，杀菌效果显著。故适用于塑料容器、橡胶制品、注射器、注射针头等医用器械及对热敏感的固体药物的灭菌。

环氧乙烷具有毒性，与空气以一定比例混合时有爆炸危险，因此对灭菌过程的控制有一定难度，整个灭菌过程应在技术熟练的人员的监督下进行，灭菌完毕后应采取适当措施使残留的环氧乙烷消散除去。

由于环氧乙烷对许多物品具有很好的吸附性，而且有遗传毒性、致癌作用，对神经系统有危害、能产生过敏反应，并且对环境保护有着不良影响，因此国际上已经开始废止环氧乙烷灭菌法。

（2）化学药品蒸汽灭菌法：本法是利用化学药品的蒸汽熏蒸进行灭菌。常用的化学药品有甲醛、乳酸、丙二醇、过氧乙酸等。40%甲醛溶液加热熏蒸，一般用量为20~30ml/m^3，乳酸用量为2ml/m^3，丙二醇用量为1ml/m^3。本法适用于无菌室内空气的灭菌，灭菌后应注意残留气体的处理。

2. 化学消毒剂灭菌法　使用化学消毒剂的目的在于减少微生物的数目，以控制无菌状态至一定水平。

常用的化学消毒剂有75%乙醇、1%聚维酮碘溶液、0.1%~0.2%苯扎溴铵溶液、酚或甲酚皂溶液等。本法适用于无菌室内墙壁、地面、操作台面、设备、器具及操作人员的手等的消毒杀菌。应用时注意杀菌剂的浓度，防止其化学腐蚀作用。

二、无菌操作法

无菌操作法是指把整个操作过程控制在无菌条件下进行的一种方法。按无菌操作法制备的产品，一般不再灭菌，可直接使用。

（一）无菌操作室的灭菌

常采用紫外线、化学消毒剂和气体灭菌法对无菌操作室的环境进行灭菌。

知识链接

无菌室常用的灭菌方法

1. 甲醛溶液加热熏蒸法　是采用加热使液态甲醛气化成甲醛蒸气，经蒸气出口送入总进风道，由鼓风机吹入无菌室，连续3小时后，保持室内温度高于25℃，湿度>60%，关闭密熏12~24小时。密熏完毕后，将25%的氨水经加热，按一定流量送入无菌室内，以清除甲醛蒸气，然后开启排风设备，并通入无菌空气直至室内的甲醛排尽。

2. 紫外线灭菌法　每天操作前或中午休息时开启紫外灯1小时灭菌。

3. 其他　采用3%苯酚溶液、2%煤酚皂溶液、0.2%苯扎溴铵或75%乙醇喷洒或擦拭等，用于无菌室的墙壁、地面、用具等的灭菌。

（二）无菌操作

操作人员进入无菌操作室前应风淋，并更换已灭菌的工作服和清洁的鞋帽，不得外露头发和内衣，不得化妆和佩戴饰物，不得裸手接触药品。严格按照无菌操作规程完成生产操作。

三、空气净化技术

空气净化技术是创造洁净的空气环境，以保证产品质量的一门技术。空气中悬浮着不少的微粒，是由灰尘、纤维、毛发、煤烟、花粉、细菌、真菌等组成的混合物。微粒很轻，能长期悬浮于大气中，对药液产生污染，影响药品的质量。空气净化技术能除去空气中的尘埃与微生物，使之达到一定的洁净度，因此在药物制剂中采用空气净化技术，对药品质量的提高有着重要意义。

（一）洁净室与层流洁净台

1. 洁净室　洁净室是指用空气净化技术，使室内空气的洁净度达到符合标准的各种级别，供不同目的的使用的操作室。

我国新版GMP附录对药品生产区域的净化度标准划分为四个级别，即A级、B级、C级和D级。

A级：高风险操作区，如灌装区、放置胶塞桶和与无菌制剂直接接触的敞口包装容器的区域及无菌装配或连接操作的区域，应当用单向流操作台（罩）维持该区的环境状态。单向流系统在其工作区域必须均匀送风，风速为0.36~0.54m/s（指导值）。应当有数据证明单向流的状态并经过验证。在密闭的隔离操作器或手套箱内，可使用较低的风速。

B级：指无菌配制和灌装等高风险操作A级洁净区所处的背景区域。

C级和D级：指无菌药品生产过程中重要程度较低的操作步骤的洁净区。

以上各洁净级别空气悬浮粒子的标准规定如表2-5。

表2-5 各洁净级别空气悬浮粒子的标准规定

洁净度级别	悬浮粒子最大允许数/m^3			
	静态[a]		动态[b]	
	≥0.5μm	≥5.0μm	≥0.5μm	≥5.0μm
A级	3 520	20	3 520	20
B级	3 520	29	352 000	2 900
C级	352 000	2 900	3 520 00	29 000
D级	3 520 000	29 000	不作规定	不作规定

注：[a] 静态，指所有生产设备均已安装就绪，但没有生产活动且无操作人员在场的状态。[b] 动态，指生产设备按预定的工艺模式运行并有规定数量的操作人员在现场操作的状态。

以上各洁净级别微生物检测的标准规定如表2-6。

表2-6 各洁净级别微生物检测的动态标准

洁净度级别	表面微生物			
	浮游菌 cfu/m^3	沉降菌（Φ90mm）cfu/4h	接触碟（Φ55mm）cfu/碟	五指手套 cfu/手套
A级	<1	<1	<1	<1
B级	10	5	5	5
C级	100	50	25	—
D级	200	100	50	—

注：①表中的各数值均为平均值；②单个沉降碟的暴露时间可以少于4小时，同一位置可使用多个沉降碟连续进行监测并计累积计数。

知识链接

新版GMP洁净度级别规定的变化

1. 新版GMP明确规定洁净区的设计必须符合相应的洁净度要求，包括达到“静态”和“动态”的标准。

2. 新版GMP洁净级别A级，从规范的要求看，要求达到动态百级；而1998年版GMP为静态百级。

3. 新版GMP删除了1998年版GMP中的30万级洁净度级别规定。

4. 动态监测　新版GMP附录Ⅰ第十条：应对A、B、C级洁净区的悬浮粒子进行动态监测。

第十一条：为评估无菌操作区的微生物状况，应对微生物进行动态监测。

5. 压差　新版GMP洁净区与非洁净区之间、不同级别洁净区之间的压差应不低于10Pa；相同洁净度级别不同功能的操作间之间应保持适当的压差梯度，以防止污染和交叉污染。而1998年版GMP规定，不同级别洁净区之间的压差不低于5Pa。

2. 空气净化系统　空气净化系统是保证洁净室洁净度的关键，该系统的优劣直接影响产品质量。高效空气净化系统采用三级过滤装置（初效过滤、中效过滤和高效过滤）。中效空气净化系统采用二级过滤装置（初效过滤、中效过滤）。系统中的风机送风使系统处于正压状态。洁净室的送风方式见图2-19。

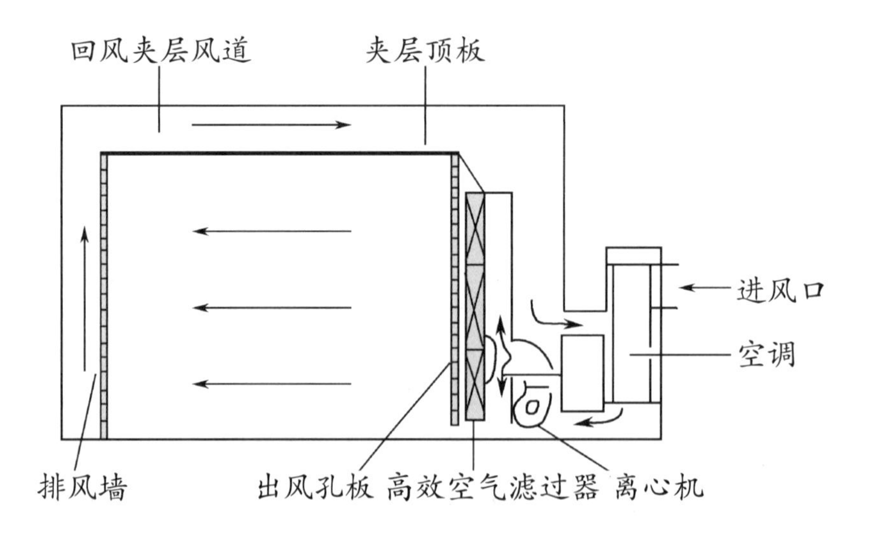

图2-19　单向流的气流流向示意图

3. 单向流洁净台 洁净室的造价很高，且因无法彻底消除室内操作人员活动带来的污染，为此经常采用局部净化的措施来解决这一问题。在B级的洁净室内，使用单向流洁净台（图2-20），可达到局部A级的洁净度。

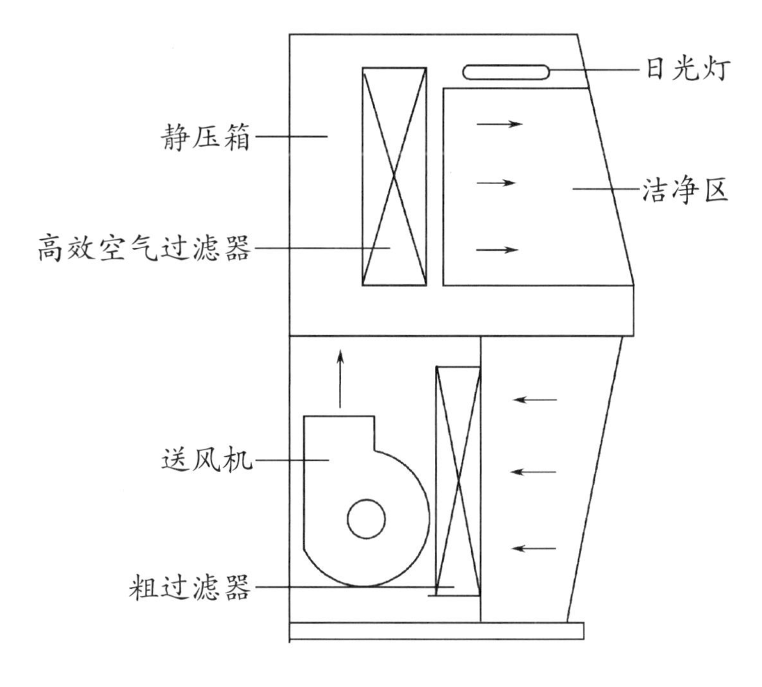

图2-20 单向流洁净台

（二）无菌药品生产环境的空气洁净度级别要求

无菌药品是指法定标准中列有无菌检查项目的制剂，如注射剂、供角膜创伤或手术用的滴眼剂、眼内注射溶液，用于伤口、眼部手术的眼膏剂，大面积烧伤用的软膏剂等。无菌药品的生产操作环境可参照表2-7和表2-8中的示例进行选择。

表2-7 最终灭菌产品生产操作示例

洁净度级别	最终灭菌产品生产操作示例
C级背景下的局部A级	高污染风险[a]的产品灌装（或灌封）
C级	1. 产品灌装（或灌封） 2. 高污染风险[b]产品的配制和过滤 3. 眼用制剂、无菌软膏剂、无菌混悬剂等的配制、灌装（或灌封） 4. 直接接触药品的包装材料和器具最终清洗后的处理

续表

洁净度级别	最终灭菌产品生产操作示例
D级	1. 轧盖 2. 灌装前物料的准备 3. 产品配制（指浓配或采用密闭系统的配制）和过滤 4. 直接接触药品的包装材料和器具的最终清洗

注：[a]此处的高污染风险是指产品容易长菌、灌装速度慢、灌装用容器为广口瓶、容器须暴露数秒后方可密封等状况；[b]此处的高污染风险是指产品容易长菌、配制后须等待较长时间方可灭菌或不在密闭系统中配制等状况。

表 2-8　非最终灭菌产品的无菌生产操作示例

洁净度级别	非最终灭菌产品生产操作示例
B级背景下的局部A级	1. 处于未完全密封[a]状态下产品的操作和转运，如产品灌装（或灌封）、分装、压塞、轧盖[b]等 2. 灌装前无法除菌过滤的药液或产品的配制 3. 直接接触药品的包装材料、器具灭菌后的装配以及处于未完全密封状态下的转运和存放 4. 无菌原料药的粉碎、过筛、混合、分装
B级	1. 处于未完全密封[a]状态下的产品置于完全密封容器的转运 2. 直接接触药品的包装材料、器具灭菌后处于密闭容器内的转运和存放
C级	1. 灌装前可除菌过滤的药液或产品的配制 2. 产品的过滤
D级	直接接触药品的包装材料、器具的最终清洗、装配或包装、灭菌

注：[a]轧盖前产品视为处于未完全密封状态；[b]根据已压塞产品的密封性、轧盖设备的设计、铝盖的特性等因素，轧盖操作可选择在C级或D级背景下的A级送风环境中进行。A级送风环境应当至少符合A级区的静态要求。

（三）非无菌制剂对生产环境的空气洁净度级别的要求

口服液体和固体制剂、腔道用药（含直肠用药）、表皮外用药品等非无菌制剂生产的暴露工序区域及其直接接触药品的包装材料最终处理的暴露工序区域，应当参照新版GMP附录“无菌药品”中D级洁净区的要求设置，企业可根据产品的标准和特性对该区域采取适当的微生物监控措施。

点滴积累

1. 物理灭菌法常用的有湿热灭菌法、干热灭菌法、滤过除菌法、紫外线灭菌法、辐射灭菌法、微波灭菌法。
2. 化学灭菌法常用的有气体灭菌法、化学消毒剂灭菌法。
3. 热压灭菌的条件通常为121℃，15分钟；121℃，30分钟；116℃，40分钟。
4. 我国新版GMP将药品生产区域的洁净度标准划分为A级、B级、C级和D级四个级别。

项目小结

1. 固体制剂的基本操作有称量、粉碎、筛分、混合等。常用的粉碎方法有干法粉碎和湿法粉碎、单独粉碎和混合粉碎、特殊粉碎、低温粉碎和超微粉碎；常用的混合方法有搅拌混合、混合筒混合、过筛混合和研磨混合。
2. 液体制剂的基本操作有固体药物的溶解、药液的滤过。
3. 制药用水根据使用的范围不同分为饮用水、纯化水、注射用水和灭菌注射用水。饮用水经蒸馏法、电渗析法、反渗透法或离子交换法等综合法制得纯化水；将纯化水经过蒸馏制得注射用水；注射用水按照注射剂的生产工艺制备得灭菌注射用水。
4. 灭菌法分为物理灭菌法和化学灭菌法两大类。物理灭菌包括湿热灭菌法、干热灭菌法、滤过除菌法、紫外线射线灭菌法和辐射灭菌法等；化学灭菌法包括气体灭菌法和化学消毒剂灭菌法。
5. 我国新版GMP将药品生产区域的洁净度标准划分为A级、B级、C级和D级四个级别。

思考题

一、 填空题

1. 常用的粉碎方法有干法粉碎和湿法粉碎、单独粉碎和混合粉碎、__________、__________、__________。
2. 朱砂粉碎时所采用的操作方法是______法粉碎中的____________法。
3. 常用的湿热灭菌方法有__________、__________、__________、__________。
4. 制药用水可以分为________、________、________、________四大类。

二、 名词解释

1. 水飞法
2. 等量递加法
3. 打底套色法
4. 灭菌法
5. 制药用水

三、 简答题

1. 常用的粉碎方法有哪些？
2. 影响物料混合均匀性的因素有哪些？
3. 常用的注射用水的制备流程是什么？
4. 常用的灭菌方法有哪些？
5. 使用热压灭菌器的注意事项有哪些？

实训 2-1　称量操作、溶解操作、过滤操作的基本技能练习

一、实训目的

1. 掌握托盘天平的结构、性能、使用方法及普通量具、玻璃漏斗、布氏漏斗的使用方法。

2. 熟悉称量、溶解、过滤操作中的注意事项及各种量器的使用方法及1ml以下液体的量取方法。

二、实训药品与器材

1. 药品　纯化水、碳酸氢钠、碘化钾、凡士林、葡萄糖、碘、氢氧化钠、氯化钠、乙醇、甘油、液状石蜡、植物油、单糖浆。

2. 器材　架盘天平（载重100g）、电子天平、表面皿（或蜡纸）、量筒、滴管、移液管、玻璃漏斗、布氏漏斗、抽滤瓶、烧杯、玻璃棒、滤纸。

三、实训指导

1. 根据物品性质和用量，选择合适类型的量具，如量筒、滴管、移液管。

2. 根据称取重量的大小，选择合适规格的器具，“量取”液体若干体积时是指取用量不得超过规定量的 ± 10%。

3. 根据药物性质选用称量纸、表面皿等衬在托盘上，以防腐蚀天平。

4. 溶解时，对不易溶解的药物，应先研细，搅拌使溶，必要时可加热以促进其溶解；但对遇热不稳定的药物则不宜加热溶解；难溶性药物应先加入溶解；易氧化不稳定的药物可加入抗氧剂等。

5. 玻璃漏斗是实验室最常用的常压过滤器具之一，其操作要点如下。

（1）一贴：将滤纸折叠好，放入漏斗，加少量水润湿，使滤纸紧贴漏斗内壁。注意滤纸与漏斗之间不能有气泡，否则，会影响过滤速度。

（2）二低：滤纸的边缘应低于漏斗的边缘，被滤液体的液面要低于滤纸的边缘。

（3）三靠：烧杯尖嘴紧靠玻璃棒；玻璃棒末端紧靠三层滤纸处；漏斗下端紧靠烧杯内壁。

6. 滤纸的折叠方法　滤纸的折叠方法有四折法和菊花形滤纸折叠法。

四折法：将滤纸对折两次折叠成四层，展开成圆锥体，所得锥体半边为一层，另半边为三层。

菊花形滤纸折叠法：先将滤纸对折，然后再对折成4等分，即两瓣，将这两瓣从各自中间折成8等分即4瓣，以此类推将4瓣再各自等分折成16等分即8瓣，最后折成

32等分即16瓣。这种滤纸的折叠方法较四折法的过滤速度快。适用于除去不溶性杂质而保留滤液的过滤或热过滤。

7. 布氏漏斗是实验室最常用的减压过滤器具之一，其操作要点如下。

（1）将大小合适的滤纸放入布氏漏斗中（过大或过小都可能要造成药液泄漏），用少量水将滤纸润湿后，选择合适大小的橡胶漏斗托，置于抽滤瓶上。

（2）抽滤瓶和抽气装置连接后，倒入滤液，进行抽滤。

（3）抽滤结束后，先将抽滤瓶和抽气装置断开，然后关闭抽气装置。

四、实训内容

1. 一般固体药品称重操作　熟悉下列药物（实训表2-1）性质，选择下列（或部分）药物进行称取操作。

实训表 2-1　称量操作练习项目表

物品名称	所处重量/g	选用天平及称量纸	选择依据
碳酸氢钠	0.3		
碘化钾	1.4		
凡士林	15		
葡萄糖	10		
碘	0.7		
氢氧化钠	28		
氯化钠	1.5		

2. 量取操作　指出下列药物（实训表2-2）性质，选择下列（或部分）药物进行量取操作。

实训表 2-2　药物量取操作练习项目表

规定量取量	选用量器	选择依据
纯化水2ml		
乙醇0.3ml		
甘油3ml		
液状石蜡12ml		
植物油7ml		

3. 用同一滴管（最好使用外径为3mm，内径为0.6mm的标准滴管）测量乙醇、甘油和蒸馏水三种不同液体每毫升的滴数，记录并比较。

4. 制备0.9%氯化钠水溶液。

5. 指出下列液体的流动性，对下列药物溶液（实训表2-3）进行过滤操作。

实训表2-3　过滤操作练习项目表

物品名称	溶液体积	选用过滤方法	选择依据
纯化水			
单糖浆			

五、思考题

1. 要称取甘油30g，如以量取法代替，应量取几毫升？（甘油的相对密度为1.25g/ml），在量取时应注意哪些问题？

2. 用玻璃漏斗进行常压过滤时，操作要点是什么？

3. 减压抽滤时，抽滤结束后，为什么要先将抽滤瓶和抽气装置断开，然后关闭抽气装置？

（宋师花）

项目三
表面活性剂

项目三
数字内容

学习目标

知识目标：

- 掌握常用的表面活性剂在药物制剂中的应用；熟悉表面活性剂的分类与特性；了解表面现象与表面张力等的概念。

能力目标：

- 熟练掌握正确选用和使用表面活性剂的要点和技巧；学会计算表面活性剂的HLB值。

素质目标：

- 具备质量第一、依法生产、实事求是、科学严谨的职业道德和工作作风。

情境导入

情境描述：

关于表面活性剂，最早在周代就有利用草木灰清洗衣物的记载，《礼记》中有“冠带垢，和灰清漱衣裳垢，和灰清浣”的说法。魏晋时期，人们发现将皂角树的果实——皂角泡在水中可以产生泡沫，达到去污的效果，皂豆能清洗动物内脏污渍。这两种洗涤剂的使用一直延续了一千多年，直至民国初期，制皂术由西方传入中国，中国才开始改用肥皂。20世纪50年代，中国开始大力发展表面活性剂和合成洗涤剂工业。经过科研人员的不懈努力，中国表面活性剂的发展后来居上，位于世界前列。

学前导语：

表面活性剂到底有什么作用？它与洗涤剂有什么关系？

另外，大家小时候都玩过吹泡泡（图3-1），你自己在家做过泡泡液吗？下雨后，你有观察过荷叶上的水珠吗？它为什么是圆形的，滚来滚去的，而不是渗进叶子里（图3-2）？

以上这些问题都与表面活性的知识有关，下面我们就一起学习表面活性剂的有关内容，揭开表面活性的神秘面纱。

图3-1　生活中的表面活性剂——吹泡泡

图3-2　生活中的表面活性剂——荷叶上的水珠

任务一　认识表面现象与表面活性剂

一、表面现象

（一）界面、表面和界面现象、表面现象的含义

自然界的物质有气、液、固三态（或称三相）。物质的两相之间密切接触的过渡区称为界面，它是仅为几个分子直径厚度的薄层。其中包含气相的界面叫表面，包括液体表面和固体表面两种。三相之间常有气－液、气－固、液－液、液－固、固－固等界面存在，凡在相界面上所发生的一切物理化学现象（如表面能、溶解度、吸附能力、润湿、铺展、反应速度、电化学及光学性质等）称为界面现象，在气相与其他相

之间则称为表面现象。

课堂活动

说一说：一杯水有几个表面和几个界面？在水中倒入一种不相混溶的液体（油），此时，有几个表面和几个界面？

表面（界面）现象在药物制剂的生产及机体对药物的吸收过程中随处可见。例如，乳状液和混悬液型的液体制剂制备过程中所遇到的粒子大小、表面能大小、吸附性能、带电情况、稳定时间等均为界面或表面现象的问题；在药物的提取和精制、发酵等过程中经常出现的过冷、过热、吸附、解吸附、发泡、消泡、胶体形成与破坏等各种界面或表面现象；薄膜制剂、静脉注射混悬剂、固体分散剂等剂型的制备过程中也会出现表面（界面）现象；皮肤给药的透皮吸收、难溶性药物的胃肠道释放和吸收等均与表面（界面）现象有着密切的关系。

（二）表面张力和界面张力的含义

课堂活动

想一想：雨滴为何呈球形？

表面现象在自然界里甚至在人们的日常生活中随处可见。例如，人们会发现处于空气中的少量液体常常呈滴状，如水滴落在荷叶上时，晶莹的水珠辗转在碧绿的叶面上，最后几个小水滴汇集在一起停留在叶面的最凹处；水龙头没有关紧，一滴滴水珠就会从水龙头滴下。如果仔细观察，你就会发现这些水珠都呈圆球形。这些水滴为什么是球形的呢？这是由于在水滴内部有一种使水表面向内运动的趋势，有一种使水表面自动收缩至最小面积的力的存在，使液体表面看起来像是绷紧的，水滴变成球形。这种向内收缩的力，人们把它称之为表面张力，又称为界面张力。

表面张力是研究物质表面现象的最基本、最重要的物理量之一。表面张力的产生，从简单分子引力观点来看，是由于液体内部分子与液体表面层分子的处境不同。液体内部分子所受到的周围相邻分子的作用力是对称的、可互相抵消的，而液体表面层分子所受到的周围相邻分子的作用力是不对称的，其受到垂直于表面向内的吸引力更大，这个力即为表面张力。在一定条件下，任何纯液体都具有一定的表面张力。如20℃时，水的表面张力是72.75mN/m，苯的表面张力是28.88mN/m。

液体的表面张力是在空气中测得的，而界面张力则是两种不相混溶的液体（如水和油）之间的张力。两种互溶的液体之间没有界面张力，液体之间相互作用的倾向越大则界面张力越小。

二、表面活性剂的含义

水溶液的表面张力因溶质的不同而发生变化。如一些糖类、非挥发性的酸和碱、无机盐等可略微增大水的表面张力；一些有机酸和低级醇等可略微减小水的表面张力；肥皂和洗衣粉等可显著降低水的表面张力，而且随着浓度的增加表面张力急剧下降。这种使液体表面张力降低的性质称为表面活性。

课堂活动

试一试：用肥皂水吹泡泡。请问纯水能吹泡泡吗？盐水和糖水呢？

表面活性剂是指具有很强的表面活性，能使液体的表面张力显著下降的物质。此外，表面活性剂还应具有增溶、乳化、润湿、去污、杀菌、消泡和起泡等应用性质，这是其与乙醇、甘油等低级醇和无机盐等表面活性物质的重要区别。

表面活性剂具有鲜明的化学结构特征（图3-3），其分子中一般具有非极性烃链和一个以上的极性基团，烃链长度一般不少于8个碳原子。非极性基团可以是脂肪烃链（直链或支链）、芳烃链（包括带有侧链的芳烃基团）或环烷烃等。非极性基团具有亲油性，故称为亲油基（疏水基）。极性基团种类繁多，一般为带电的离子基团和不带电的极性基团，如羧酸、磺酸、硫酸及其可溶性盐，也可以是羟基、巯基、酰胺基、醚键及羧酸酯基等。极性基团易溶于水或易被水润湿，故称为亲水基团。

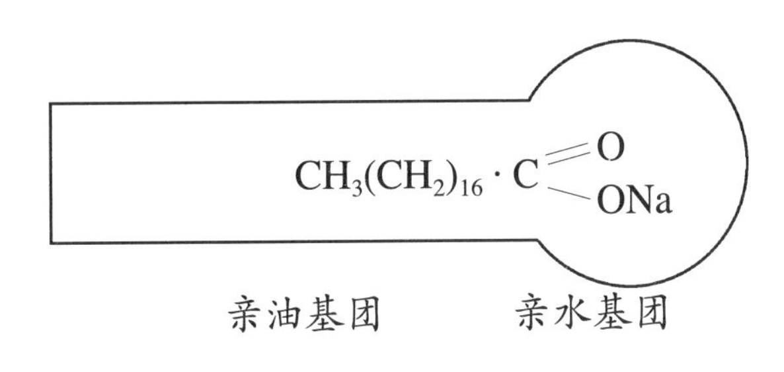

图3-3　表面活性剂（肥皂）结构示意图

表面活性剂溶于水后，在低浓度时，被吸附在溶液与空气交界的表面上或水溶液与油交界的界面上，其亲水基团插入水相中，亲油基团朝向空气或油相中，并在表面或界面上定向排列（图3-4），改变了液体表面的组成，水的表面差不多完全为亲油基团所遮盖。这样一来，水-空气界面完全转换成了亲油性碳氢化合物-空气界面，而碳氢化合物-空气界面的界面张力是很低的。或者说，由于表面活性剂在水的表面定向正吸附（表面层的浓度大于溶液内部的浓度），自由能小的亲油基替换了自由能大的水分子，和纯水的场合相比，表面自由能显著减小，即表面张力显著下降。

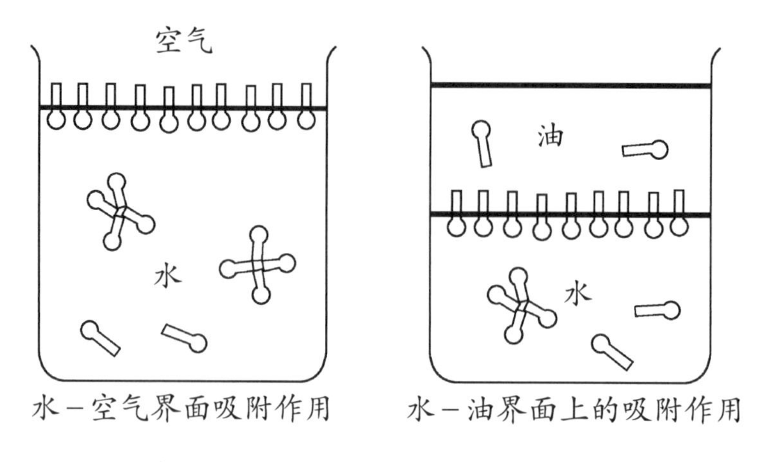

图3-4 表面活性剂分子在表（界）面的吸附作用

三、表面活性剂的分类

根据亲水基的解离性质，表面活性剂可分为离子型表面活性剂和非离子型表面活性剂。其中，离子型表面活性剂根据解离后离子性质，又分为阴离子型、阳离子型和两亲性离子型表面活性剂。

（一）阴离子型表面活性剂

阴离子型表面活性剂起表面活性作用的是阴离子部分。

1. 高级脂肪酸盐　系肥皂类，通式为$(RCOO^-)_nM^{n+}$。脂肪酸烃链R一般在C_{11}~C_{17}之间，以硬脂酸、油酸、月桂酸等较常见。根据M不同，可分为碱金属皂（一价皂）如硬脂酸钠、硬脂酸钾等，碱土金属皂（二价皂）如硬脂酸钙等，有机胺皂如三乙醇胺皂等。它们均具有良好的乳化性能和分散油的能力。此类表面活性剂因有刺激性，故一般只供外用。

2. 硫酸化物　主要是硫酸化油和高级脂肪醇硫酸酯类，通式为$R \cdot O \cdot SO_3^-M^+$，其中脂肪烃链R在$C_{12}$~$C_{18}$之间。高级脂肪醇硫酸酯类的代表为十二烷基硫酸钠（SLS，又称月桂醇硫酸钠）。本类有较强的乳化能力，比肥皂类稳定。因对黏膜有刺激性，故主要作为外用软膏的乳化剂，有时也作为片剂等固体制剂的润湿剂或增溶剂。

3. 磺酸化物　属于这类的有脂肪族磺酸化物、烷基芳基磺酸化物和烷基萘磺酸化物等，通式为$R \cdot SO_3^-M^+$。它们的水溶性及耐酸、耐钙性比硫酸化物稍差。常用的有二辛基琥珀酸磺酸钠（阿洛索-OT）、十二烷基苯磺酸钠等，后者为广泛应用的洗涤剂。

（二）阳离子型表面活性剂

阳离子型表面活性剂起表面活性作用的是阳离子部分，其分子结构的主要部分是一个五价的氮原子，因此称为季铵类化合物，常用的有苯扎氯铵、苯扎溴铵等。此类表面活性剂特点是水溶性大，在酸性和碱性溶液中均较稳定。因有很强的杀菌作用，主要用于皮肤、黏膜、手术器械的消毒，某些品种还可用作眼用溶液的抑菌剂。

（三）两性离子型表面活性剂

1. 天然的两性离子型表面活性剂　常用的是卵磷脂，为天然的两性离子型表面活性剂。磷脂的组成十分复杂，包括脑磷脂、磷脂酰胆碱、磷脂酰乙醇胺、丝氨酸磷脂等，还有糖脂、中性脂、胆固醇和神经鞘脂等。

卵磷脂外观为透明或半透明黄色或黄褐色油脂，对热十分敏感，在60℃以上数天内可变为褐色，在酸和碱及酯酶的作用下易水解。不溶于水，溶于三氯甲烷、乙醚、石油醚等有机溶剂，是制备注射用乳剂及脂质体的主要辅料。现已开发出氢化或部分氢化磷脂。

2. 合成的两性离子型表面活性剂　包括氨基酸型和甜菜碱型两大类。氨基酸型在等电点（一般为微酸性）时亲水性减弱，并可能产生沉淀；而甜菜碱型无论在酸性、碱性或中性环境中均易溶，在等电点时也不产生沉淀。两性离子型表面活性剂在碱性水溶液中呈阴离子型表面活性剂的性质，具有很好的起泡、去污作用；在酸性溶液中则呈阳离子型表面活性剂的性质，具有很强的杀菌能力。

（四）非离子型表面活性剂

非离子型表面活性剂在水中不解离，亲水基团是甘油、聚乙（烯）二醇和山梨醇等多元醇，亲油基团是长链脂肪酸或长链脂肪醇以及烷基或芳基。非离子型表面活性剂毒性低，不受溶液pH的影响，广泛用于外用制剂、口服制剂和注射剂，个别品种还可用于静脉注射剂。常用的主要品种有以下几种。

1. 脂肪酸甘油酯　主要有脂肪酸单甘油酯和脂肪酸二甘油酯，如单硬脂酸甘油酯等。其表面活性较弱，亲水亲油平衡值（hydrophile-lipophile balance value，HLB）为3~4，主要用作油包水（W/O）型乳剂的辅助乳化剂。

2. 脂肪酸山梨坦类　系失水山梨醇脂肪酸酯，商品名为司盘（Spans），由于脂肪酸品种和数量的不同，可分为司盘20（月桂山梨坦）、司盘40（棕榈酸山梨坦）、司盘60（硬脂酸山梨坦）、司盘65（三硬脂酸山梨坦）、司盘80（油酸山梨坦）和司盘85（三油酸山梨坦）等。本类表面活性剂的HLB值为1.8~8.6，亲油性较强，常用作W/O型乳剂的乳化剂，或水包油（O/W）型乳剂的辅助乳化剂；多用于搽剂和软膏中，亦可用作注射用乳剂的辅助乳化剂。

3. 聚山梨酯类　系聚氧乙烯失水山梨醇脂肪酸酯，商品名为吐温（Tweens），与司盘的命名相对应，有吐温-20、吐温-40、吐温-60、吐温-65、吐温-80和吐温-85等。本类表面活性剂的分子中增加了亲水性的聚氧乙烯基，因此大大增强了亲水性，成为水溶性的表面活性剂，目前常用于增溶和作为O/W型乳剂的乳化剂。

4. 聚氧乙烯-聚氧丙烯共聚物　又称泊洛沙姆（Poloxamer），聚氧乙烯基为亲水基，聚氧丙烯基为亲油基，随着聚氧乙烯基的比例增加，亲水性增强；相反，随着聚氧丙烯基的比例增加，亲油性增强。根据共聚比例的不同，有不同分子量的产品。本类表面活性剂随分子量增大，可由液体逐渐变为固体。本品对皮肤无刺激性和过敏性，对黏膜的刺激性极小，毒性也比其他非离子型表面活性剂小，可用作静脉注射用乳剂的O/W型乳化剂。

知识链接

Poloxamer 188

Poloxamer 188（Pluronic F68）为O/W型乳化剂，是目前极少数的合成的可用于静脉注射的乳化剂之一，用本品制备的乳剂能耐受热压灭菌和低温冷冻。

5. 聚氧乙烯脂肪酸酯　系聚乙二醇和长链脂肪酸缩合生成的酯，商品卖泽（Myrij）是其中的一类，常作增溶剂和O/W型乳化剂。

6. 聚氧乙烯脂肪醇醚　系聚乙二醇和脂肪醇缩合生成的醚类，商品有苄泽（Brij）、西土马哥、平平加O等。本类常作O/W型乳化剂，也可作增溶剂。

7. 乳化剂OP　是壬烷基酚与聚氧乙烯基的醚类产品，为黄棕色膏状物，易溶于水，乳化能力很强，多用作O/W型乳膏基质的乳化剂。

四、表面活性剂的基本特性

（一）表面活性剂胶束

表面活性剂溶于水中，在低浓度时，呈单分子分散或被吸附在溶液的表面上（其亲水基团插入水相中，亲油基团朝向空气或油相中）。当其浓度增加至溶液表面已饱和不能再吸附时，表面活性剂分子即开始转入溶液内部。由于表面活性剂分子的亲油基团与水的亲和力较小，而亲油基团之间的吸引力又较大，故许多表面活性剂分子的亲油基相互吸引、缔合在一起，形成了中心区域为亲油性的多分子或离子（通常是

50~150个）组成的聚合体，这种聚合体称为胶团或胶束。开始形成胶束的浓度，即表面活性剂在溶液中形成胶束的最低浓度称为临界胶束浓度（CMC）。达到临界胶束浓度时，溶液的一些理化性质也会发生一系列变化，如分散系统由真溶液转变成胶体溶液、表面张力降低、增溶作用增强、起泡性能及去污力增大，出现丁铎尔现象（Tyndall effect）以及渗透压、黏度以此浓度为转折点发生突变等。

每一种表面活性剂都有其不同的临界胶团浓度，且临界胶团浓度的大小会随着外部条件的变化而改变。如液体的温度、pH及电解质等，均可导致临界胶团浓度的改变。临界胶团浓度一般随着表面活性剂分子中碳链的增长而降低，也因分散系统中加入其他药物或盐类而降低。

（二）亲水亲油平衡值

表面活性剂亲水亲油性的强弱是以亲水亲油平衡值（hydrophile-lipophile balance value）来表示的，简称为HLB值。

表面活性剂分子是由亲水基团和亲油基团所组成的，所以它们能在水-油界面上定向排列。如果分子过分亲水或过分亲油，就会完全溶解在水相或油相中，很少存在于界面上，就难以降低界面张力。因此，表面活性剂分子的亲水基团和亲油基团的适当平衡就尤为重要。HLB值即体现表面活性剂分子中亲水和亲油基团对水或油的综合亲和力。表面活性剂的HLB值越大，其亲水性越强；HLB值越小，其亲油性越强。如脂肪酸山梨坦类是亲油性，其HLB值在1.8~8.6；聚山梨酯类是亲水性，其HLB值在9.6~16.7；十二烷基硫酸钠的亲水性更强，HLB值为40。

知识链接

HLB值的发展

1949年格里芬（Griffin）提出了HLB值的概念。当时，他把非离子型表面活性剂中亲水性最大的聚氧乙烯二醇基的HLB值定为20，将疏水性最大的饱和烷烃基的HLB值定为0。但随着新型表面活性剂的不断问世，亲水性更强的表面活性剂被发现，如十二烷基硫酸钠的HLB值达到了40。

表面活性剂的HLB值与其应用有密切关系，HLB值在3~6的表面活性剂适合用作W/O型乳化剂，HLB值在8~18的表面活性剂适合用作O/W型乳化剂，如表3-1所示。但实际应用并无严格界限。

表 3–1　表面活性剂的 HLB 值与应用的关系

HLB 值	应用	HLB 值	应用
3~6	W/O 型乳化剂	13~19	增溶剂
7~9	作润湿剂与铺展剂	1~3	消泡剂
8~18	O/W 型乳化剂	13~16	去污剂

非离子型表面活性剂的HLB值具有加和性，混合型表面活性剂的HLB值计算如下：

$$HLB_{AB}=\frac{W_A\times HLB_A+W_B\times HLB_B}{W_A+W_B} \qquad 式（3–1）$$

式（3–1）中，HLB_A、HLB_B分别代表A、B两种表面活性剂的HLB值，W_A、W_B分别代表A、B两种表面活性剂的量（如重量、比例量等）。上式不能用于混合离子型表面活性剂的HLB值的计算。

例：将吐温–80（HLB值为15）60g与司盘60（HLB值为4.7）40g混合，问混合物的HLB值为多少？

已知：表面活性剂A的HLB是15，表面活性剂B的HLB是4.7，表面活性剂A的重量是60g，表面活性剂B的重量是40g。

解：将已知条件代入到式（3–1）中

$$混合物的HLB=\frac{15\times 60+4.7\times 40}{60+40}=10.88$$

答：将以上两种表面活性剂混合后，混合物的HLB值为10.88。

表3–2为一些常用的表面活性剂的HLB值。

（三）克拉夫特点和昙点

离子型表面活性剂在溶液中随温度升高，溶解度会增加，超过某一温度时溶解度急剧增大，这一温度称为克拉夫特点（Krafft点）。克拉夫特点越高的表面活性剂，其临界胶束浓度越小。克拉夫特点是离子型表面活性剂的特征值，也是表面活性剂应用温度的下限。

某些聚氧乙烯型非离子型表面活性剂的溶解度，开始时随温度升高而增大，当上升到某一温度后，其溶解度急剧下降，使制得的澄明溶液变为混浊，甚至分层，但冷却后又恢复为澄明。这种因温度升高而使含表面活性剂的溶液由澄明变为混浊的现象称为起昙（又称起浊），出现起昙时的温度称为昙点（cloud point，又称浊点）。

表 3-2　常用表面活性剂的 HLB 值

品名	HLB 值	品名	HLB 值
司盘85	1.8	西黄蓍胶	13.2
司盘65	2.1	吐温 -21	13.3
单硬脂酸甘油酯	3.8	吐温 -60	14.9
司盘80	4.3	吐温 -80	15.0
司盘60	4.7	乳化剂 OP	15.0
司盘40	6.7	卖泽49	15.0
阿拉伯胶	8.0	吐温 -40	15.6
司盘20	8.6	平平加O	15.9
苄泽30	9.5	卖泽51	16.0
吐温 -61	9.6	泊洛沙姆F68	16.0
明胶	9.8	西土马哥	16.4
吐温 -81	10.0	吐温 -20	16.7
吐温 -65	10.5	卖泽52	16.9
吐温 -85	11.0	苄泽35	16.9
卖泽45	11.1	油酸钠	18.0
烷基芳基磺酸盐（Atlas G-3300）	11.7	油酸钾（软皂）	20.0
油酸三乙醇胺	12.0	十二烷基硫酸钠	40.0

产生起昙的原因，主要是含聚氧乙烯基的表面活性剂在水中其亲水基团与水形成氢键而成溶解状态。这种氢键很不稳定，当温度升高到某一点时，氢键断裂使表面活性剂的溶解度突然下降，出现混浊或沉淀。在温度降到昙点以下时，由于氢键重新形成，溶液又变澄明。表面活性剂不同，其昙点也不同。

五、表面活性剂的生物学性质

（一）对药物吸收的影响

表面活性剂在各类剂型中不仅可作增溶剂、乳化剂、分散剂、稳定剂等，而且还可以促进或延缓药物的吸收。

1. 种类的影响　不同的表面活性剂对药物的生物利用度的影响不同（表3-3）。

表3-3　增加药物生物利用度的部分表面活性剂

药物	表面活性剂
维生素A、水杨酸	十二烷基硫酸钠
肝素、酚磺酞	二辛基琥珀酸硫酸钠
三碘甲烷、水杨酰胺、磺胺异噁唑	吐温-80
维生素B_2	去氧胆酸钠
硫脲	烷基苯磺酸盐

通常浓度较低的表面活性剂因具降低表面张力的作用，能使固体药物与胃肠道体液间的接触角变小，增加药物的润湿性而加速药物的溶解和吸收。但当表面活性剂的浓度增加到临界胶团浓度时，药物被包裹或镶嵌在胶团内又不易释放，则可降低药物的吸收。

2. 浓度的影响　通常低浓度的表面活性剂因具有降低表面张力的作用，可增加药物的润湿性，加速药物的溶解和吸收。

3. 对生物膜透过性的影响　表面活性剂有溶解生物膜脂质的作用，增加上皮细胞的通透性，从而改善吸收。

（二）与蛋白质的相互作用

蛋白质是由多个肽键把氨基酸联结起来的高分子物质。蛋白质在碱性介质中羧基解离带负电荷，能与阳离子型表面活性剂起反应；在酸性介质中，一些碱性基团则带正电荷，能与阴离子型表面活性剂起反应。因此，离子型表面活性剂在酸性或碱性介质中都可能与蛋白质结合。

此外，表面活性剂还可能破坏蛋白质结构中的次级键（盐键、氢键及疏水键），从而使蛋白质各残基的交联作用减弱，破坏了其螺旋结构，使蛋白质变性，失去活性。

（三）表面活性剂的毒性

一般而言，表面活性剂的毒性大小顺序是：阳离子型>阴离子型>非离子型。从几个有代表性的表面活性剂口服和静脉给药的半数致死量的比较不难看出（表3-4），非离子型表面活性剂的毒性较低，离子型表面活性剂的毒性较大，静脉给药比口服给药的毒性大。

表 3-4　表面活性剂半数致死量（LD_{50}）举例

品名	类型	口服给药 /（g/kg）	静脉注射 /（g/kg）
苯扎氯铵	阳离子型	0.35	0.03
脂肪酸磺酸钠	阴离子型	1.6~6.5	0.06~0.35
吐温 -80	非离子型	25	5.8
泊洛沙姆F68	非离子型	15	7.7

离子型表面活性剂不仅毒性大，而且还具有较强的溶血作用，故一般只限于外用。某些非离子型表面活性剂也有溶血作用，但一般较小。聚山梨酯类的溶血作用通常比其他含聚氧乙烯基的表面活性剂小。聚山梨酯类溶血作用强弱的顺序是：吐温 -20>吐温 -60>吐温 -40>吐温 -80。

（四）表面活性剂的刺激性

表面活性剂外用时，对皮肤、黏膜的刺激性，非离子型最小，而且还与表面活性剂的品种、浓度及聚氧乙烯基的聚合度有关。同类产品中一般是浓度越大，刺激性越强；聚合度越大，亲水性亦越大，刺激性则越弱。

表面活性剂的毒性、溶血作用、刺激性等，通常随着处方中其他成分的作用而发生相应的变化。

知识链接

表面活性剂的配伍变化

阳离子型表面活性剂与阴离子型表面活性剂具有相反电荷，相互配伍时，会反应生成沉淀。如溴化十六烷三甲胺与十二烷基硫酸钠形成沉淀，所产生化合物的疏水基团将离子基团包围起来，故不溶于水。

阴离子型表面活性剂与大分子阳离子药物形成不溶性复合物，如新霉素、卡那霉素等带正电荷的抗生素可与胆盐形成不溶性复合物，故可使这些药物的吸收降低。而阳离子型表面活性剂可与大分子阴离子药物形成不溶性复合物。许多不溶性无机盐如硫酸钡能吸附阴离子型表面活性剂，使溶液中的表面活性剂浓度下降。

点滴积累

1. 表面活性剂具有鲜明的化学结构特征，其分子中一般具有非极性烃链和一个以上的极性基团，烃链长度一般不少于8个碳原子。

2. 表面活性剂根据其极性基团的解离性质，分为离子型表面活性剂和非离子型表面活性剂；离子型表面活性剂又分为阴离子型表面活性剂、阳离子型表面活性剂和两性离子型表面活性剂。

3. 非离子型表面活性剂的HLB值具有加和性。

4. 离子型表面活性剂在溶液中随温度升高溶解度增加，超过某一温度时溶解度急剧增大，这一温度称为克拉夫特点（Krafft点）。

5. 因温度升高而使含表面活性剂的溶液由澄明变为混浊的现象称为起昙，出现起昙时的温度称为昙点。

任务二　表面活性剂的应用

一、增溶

增溶系指物质由于表面活性剂胶团的作用而增大溶解度的过程。具有增溶能力的表面活性剂称为增溶剂。用于增溶的表面活性剂最适宜的HLB值为15~18，多数是亲水性较强的表面活性剂，如聚山梨酯类和卖泽类。

当表面活性剂的浓度达到临界胶团浓度（CMC）以上时，表面活性剂分子逐渐转向溶液中，其亲水基向外伸入水中，并与水分子缔合（又称水合或溶剂化）形成栅状层结构；亲油基向内组成非极性中心区或称胶团烃核。难溶性药物一般是被胶团包藏或吸附，使溶解量得以增大，其增溶形式见图3-5。

增溶形式有三种：①非极性药物的增溶，如苯和甲苯可完全进入胶团的中心区内而被增溶；②半极性药物的增溶，如水杨酸这类带极性基团的分子则以其非极性基插入胶团的中心区，极性基团则伸入球形胶团外的聚氧乙烯链中；③极性药物的增溶，如对羟基苯甲酸等，由于分子两端都有极性基团，可完全被球形胶团外缘聚氧乙烯链的偶极所吸引从而实现增溶。

难溶性药物的饱和水溶液浓度往往低于治疗所需的浓度，目前解决此类问题的措施之一是加入表面活性剂，利用其增溶作用来提高药物的溶解度。用于口服制剂和注射剂所用的增溶剂大多属于非离子型表面活性剂，常用的有吐温类等。

表面活性剂的增溶作用可使药物的吸收增加，多数药物的生理活性增强，而且增溶于胶束内的药物与氧隔绝，可有效防止药物被氧化等。但被包埋于胶束内的药物有

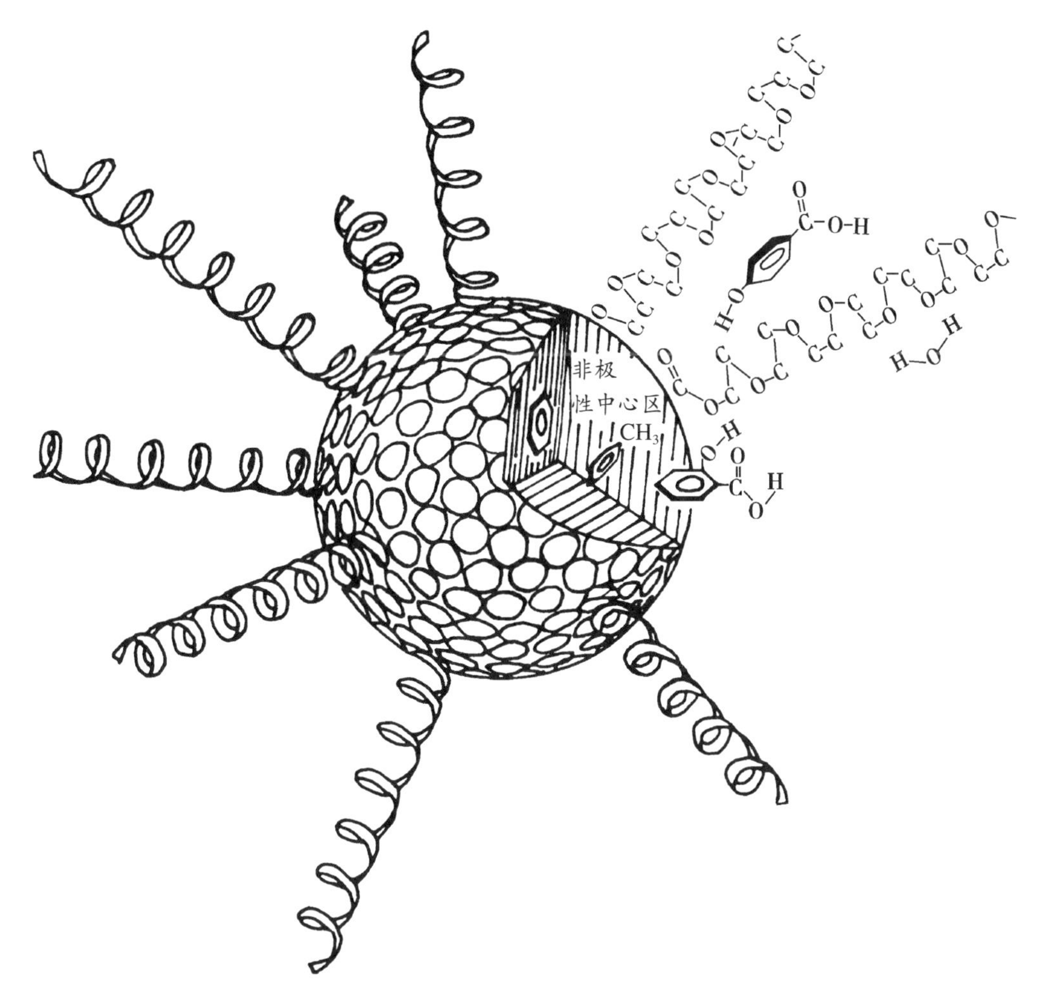

图3-5　表面活性剂球形胶团及其增溶模型

时生物活性会降低，如水杨酸，还有一些杀菌剂的杀菌效力会降低。

增溶剂的增溶效果常与加入的顺序有关。如在维生素A棕榈酸酯的增溶中，如将吐温-80先溶于水再加药物则药物几乎不溶，如先将药物与适量的吐温-80混合，再加水稀释则能很容易溶解。

选择增溶剂时首先要考虑有无毒性，然后考虑增溶剂的性质是否适宜、能否与主药发生化学反应等。

二、乳化

两种或两种以上的不相混溶或部分混溶液体组成的体系，其中一种液体以细小液滴分散在另一种液体中，这一过程称为乳化，形成的体系称为乳状液或乳剂。乳化剂是乳剂的重要组成部分，在乳剂形成、稳定性以及药效发挥等方面起着重要作用。因此，乳化剂的选择是制备稳定乳剂的关键之一。表面活性剂作为乳化剂，在静脉注射用乳剂、口服复乳、外用及微乳中均有广泛的应用。一般来说，HLB值在8~16的表面活性剂可用作O/W型乳化剂，HLB值在3~8的表面活性剂适用于W/O型乳化剂。

不同的油乳化时所需的HLB值不同（表3-5）。欲制成稳定的乳剂，需通过实验选择HLB值适宜的表面活性剂。

表 3-5 乳化各种油所需 HLB 值

油相物质	W/O 型	O/W 型
硬脂酸	—	17
鲸蜡醇	—	13
羊毛脂	8	15
液状石蜡（重质）	4	10.5
液状石蜡（轻质）	4	10~12
有机硅化物	—	10.5
棉籽油	—	7.7
植物油	—	7~12
芬芳挥发油	4	9~16
凡士林	5	10.5
蜂蜡	4	10~16
石蜡	—	9

注：表中"—"表示无试验数据。

静脉注射用乳剂对乳化剂的要求高，不仅要求纯度高、毒性低，无溶血、刺激等副作用，且要求化学稳定性好、贮存期间不应分解、能耐受高温灭菌不起昙。符合注射要求的表面活性剂并不多，目前常用的是泊洛沙姆和磷脂。

外用和口服乳剂需要注意乳化剂与黏膜的相容性，应无毒、无刺激。阳离子型表面活性剂具有杀菌作用，常与抗菌药物合用于外用制剂中，可增强抗菌效果，但乳化作用较弱。口服乳剂常选用非离子型表面活性剂。

三、润湿

能够起到促进液体在固体表面铺展或渗透的作用称为润湿作用，其润湿作用的表面活性剂叫作润湿剂。在混悬剂的制备过程中，易出现固体粉末不易被润湿，粉末漂浮于表面或下沉，造成制剂不稳定或给制备带来困难。加入表面活性剂后，表面活性剂能定向吸附在固–液界面，排除固体表面吸附的气体，降低固–液界面的界面张力，可使固体药物易被润湿而分散均匀，提高混悬剂的稳定性。

作为润湿剂使用的表面活性剂，其HLB值一般为7~9，并应有合适的溶解度。直链脂肪族表面活性剂以碳原子数在8~12之间最为合适。

四、其他

表面活性剂在制剂制备中的应用是多方面的，任何一种表面活性剂通常在不同程度上具有上述多种作用，只是某一种表面活性剂往往在某一方面作用相对较好，因此在这一方面应用较多。此外，表面活性剂还用于中药材中有效成分的提取、混悬剂的分散、片剂的辅助崩解或润湿、软膏基质和栓剂基质的组成以及解决药物制剂制备上的困难等，几乎涉及制剂的各个方面。

随着科学技术的不断发展，新型表面活性剂日益增多，表面活性剂在制剂中的应用也将更加广泛。

知识链接

表面活性剂的其他作用

1. 起泡　一些含有表面活性剂的溶液在搅拌时可产生大量泡沫；在加入某种表面活性剂后，泡沫能维持长时间稳定。有发生泡沫作用和有稳定泡沫作用的表面活性剂分别称为起泡剂和稳泡剂。

2. 消泡　在进行中药提取时，常会遇到液体从提取罐中溢出的现象，其原因是植物中含有一些天然的两亲物质如皂苷、蛋白质、树胶和高分子化合物，在煮沸或剧烈搅拌下融入大量气体，形成大量的泡沫，给操作带来许多困难。为此，可加入少量的豆油、硅酮及含5~6个碳原子的醇或醚等，使泡沫破坏。所加入的用来消泡的物质称为消泡剂或防泡剂。HLB值为1.5~3的表面活性剂，均可作为消泡剂应用。

3. 去污　去污作用是表面活性剂使被清洗的物品或污垢表面润湿，然后通过增溶、乳化、润湿、消泡、分散等过程，将污垢洗去。

4. 消毒和杀菌　大多数阳离子型表面活性剂和两性离子型表面活性剂都可用作消毒剂，少数阴离子型表面活性剂也有类似作用。如苯扎溴铵为一种常用广谱杀菌剂，可用于器械消毒和环境消毒等。

项目小结

1. 表面活性剂具有鲜明的化学结构特征，其分子中一般具有非极性烃链和一个以上的极性基团，烃链长度一般不少于8个碳原子。
2. 表面活性剂根据其极性基团的解离性质，分为离子型表面活性剂和非离子型表面活性剂；离子型表面活性剂又分为阴离子型表面活性剂、阳离子型表面活性剂和两性离子型表面活性剂。
3. 非离子型表面活性剂的HLB值具有加和性。
4. 离子型表面活性剂在溶液中随温度升高溶解度增加，超过某一温度时溶解度急剧增大，这一温度称为克拉夫特点（Krafft点）；因温度升高而使含某些聚氧乙烯型非离子型表面活性剂的溶液由澄明变为混浊的现象称为起昙，出现起昙时的温度称为昙点。
5. 表面活性剂具有增溶、乳化、润湿的作用。
6. 增溶剂HLB值一般在15~18，O/W型乳化剂HLB值一般在8~16，W/O型乳化剂HLB值一般在3~8，润湿剂的表面活性剂，其HLB值一般在7~9，并应有合适的溶解度。

思考题

一、名词解释

1. HLB值
2. 表面活性剂

二、填空题

表面活性剂主要分为________、________、________、________四类。

三、简答题

将苄泽30（HLB值为9.5）40g与卖泽51（HLB值为16）60g混合，问混合物的HLB值为多少？该混合后的表面活性剂主要应用是什么？

（蒋蔡滨）

项目四
液体制剂

项目四
数字内容

学习目标

知识目标：

- 掌握各种类型液体制剂的制备方法。
- 熟悉各种类型液体制剂的概念、特点、质量要求和稳定性。
- 了解液体制剂常用溶剂和附加剂。

能力目标：

- 能够进行低分子溶液剂、高分子溶液剂、混悬剂及乳剂的制备。

素质目标：

- 具有法规意识、质量意识、安全意识、强烈的责任心。

情境导入

情境描述：

患者，女，56岁，全身湿疹，瘙痒。到某医院皮肤科就诊，医师查体后诊断为过敏性皮炎，开具处方炉甘石洗剂、布地奈德乳膏及口服抗过敏药，并嘱咐其用药方法。患者经交替涂抹治疗4天后，明显好转，7天后痊愈。

学前导语：

炉甘石洗剂是临床常用的混悬型液体制剂，放置后会发生微粒沉降，故须用前摇匀。液体制剂种类很多，临床使用广泛。本项目我们将学习液体制剂的基本知识，学会不同类型液体制剂的制备和应用。

任务一　液体制剂概述

一、认识液体制剂

（一）液体制剂的概念

液体制剂系指药物分散在适宜的分散介质中制成的液体形态的制剂，可供内服或外用。本章所讲述的液体制剂不包括注射剂和浸出制剂中有关液体制剂的内容。

（二）液体制剂的特点

液体制剂临床使用广泛，具有以下优点：①药物以分子或微粒状态分散在介质中，分散度大，吸收快，作用迅速。②给药途径广泛，既可内服，也可外用于皮肤、黏膜和人体腔道等。③使用方便，易于分取剂量，特别适用于婴幼儿和老年患者。④可减少某些药物的刺激性，如溴化物、碘化物等固体药物口服后，由于局部药物浓度过高，对胃肠道刺激性较大。调整液体制剂的浓度，可减少或避免药物对机体的刺激性。

液体制剂的缺点主要有：①化学稳定性较差，由于药物分散度大，易受分散介质的影响，会使药物发生化学降解，导致药效降低甚至失效；②水性液体制剂易霉变，非水性溶剂多有不良药理作用；③液体制剂的体积较大，携带、运输和贮存均不方便。

（三）液体制剂的分类

1. 按分散体系分类　根据分散粒子的大小和形成的体系均匀与否，液体制剂可分为以下两种。

（1）均相液体制剂：系均相分散体系，药物以分子或离子形式分散于液体分散介质中。根据分散相分子或离子大小的不同，均相液体制剂又可分为低分子溶液剂（溶液型液体制剂）和高分子溶液剂。

（2）非均相液体制剂：系多相分散体系，药物以分子聚集体形式分散于液体分散介质中。根据分散相粒子的不同，非均相液体制剂又可分为溶胶剂、混悬剂和乳剂。

按分散体系分类，分散相粒子的大小决定了分散体系的特征，见表4-1。

表4-1　分散体系中粒子大小与特征

类型	粒子大小 /nm	特征
低分子溶液剂	<1	以小分子或离子分散，体系稳定
高分子溶液剂	1~100	以高分子分散，体系稳定
溶胶剂	1~100	以胶体微粒分散，聚结不稳定性

续表

类型	粒子大小/nm	特征
混悬剂	>100	以固体微粒分散，聚结和重力不稳定性
乳剂	>100	以液滴分散，聚结和重力不稳定性

2. 按给药途径分类

（1）内服液体制剂：包括口服溶液剂、口服混悬剂、口服乳剂等。

（2）外用液体制剂：①皮肤科用液体制剂，包括洗剂、搽剂、涂剂等。②五官科用液体制剂，包括滴耳剂、滴鼻剂、含漱剂等。③腔道用液体制剂，包括灌肠剂等。

（四）液体制剂的质量要求

1. 均相液体制剂应是澄明溶液。

2. 非均相液体制剂的分散相粒子应细小均匀，混悬剂振摇时易于均匀分散。

3. 口服液体制剂应外观良好，口感适宜。

4. 外用液体制剂应无刺激性。

5. 应有一定防腐能力，贮存与使用过程中不得发生霉变。

6. 包装容器应符合有关规定，方便患者携带和使用。

二、液体制剂的溶剂

溶剂是液体制剂的重要组成部分，不但对药物起溶解和分散作用，溶剂的性质还可以影响液体制剂的制备、稳定性和临床疗效。因此，要根据药物性质、制剂要求和临床用途选择适宜的溶剂。

常用溶剂按其极性大小可分为极性溶剂、半极性溶剂和非极性溶剂。

（一）极性溶剂

1. 纯化水　水是最常用的溶剂，本身无药理作用，能与乙醇、丙二醇、甘油等溶剂任意混溶。能溶解大多数的无机盐类，能溶解药材中的生物碱盐、苷类、糖类、树胶、黏液质、蛋白质、鞣质、酸类及色素等。但有些药物在水中易水解，水性液体制剂易霉变，不宜长期贮存。

2. 甘油（丙三醇）　甘油是常用溶剂，在外用液体制剂中应用较多。甘油黏度大，相对密度为1.256 9（25℃），能与水、乙醇、丙二醇等溶剂任意混溶。甘油的吸水性很强，无水甘油对皮肤有脱水作用和刺激性，含水10%以上的甘油无刺激性，并能缓和某些药物的刺激性，常用作苯酚、硼酸等药物的溶剂。在外用液体制剂中，甘油具有保湿、滋润皮肤、延长药物局部药效等作用。含甘油30%以上的液体制剂有防腐作用。

3. 二甲基亚砜（DMSO） 二甲基亚砜能与水、乙醇或乙醚任意混溶。溶解范围广，被誉为“万能溶剂”。二甲基亚砜具有促进药物对皮肤和黏膜渗透的作用，主要用作外用制剂的透皮促进剂和溶剂。二甲基亚砜还有很好的防冻作用。

（二）半极性溶剂

1. 乙醇 乙醇为常用溶剂，可与水、甘油、丙二醇等溶剂任意混溶，能溶解大部分有机药物和药材中的有效成分，如生物碱及其盐类、苷类、挥发油、树脂、鞣质、有机酸和色素等。含乙醇20%以上的溶液有防腐作用。但乙醇有一定药理作用，且易挥发、易燃烧。乙醇与水混合时，由于水合作用而产生热效应，使体积缩小，故在稀释乙醇时应冷至室温（25℃）后，再调整至需要浓度。

2. 丙二醇 药用丙二醇为1,2-丙二醇，性质与甘油相似，但黏度较甘油小，能与水、乙醇、甘油等溶剂任意混溶，能溶解许多有机药物。一定比例的丙二醇与水的混合溶剂能延缓许多药物的水解，增加制剂的稳定性。丙二醇的水溶液具有促进药物对皮肤和黏膜渗透的作用。

3. 聚乙二醇（PEG） 液体制剂中常用聚合度低的聚乙二醇，如PEG300~600，能与水、乙醇、丙二醇、甘油等溶剂任意混溶。不同浓度的聚乙二醇水溶液是一种良好溶剂，并对易水解药物有一定的稳定作用。在外用液体制剂中能增加皮肤的柔韧性，具有一定的保湿作用。

知识链接

聚合物与聚合度

聚合物是指由许多相同的、简单的结构单元通过共价键重复连接而成的高分子量化合物。例如，聚氯乙烯分子是由许多氯乙烯分子结构单元“—CH_2CHCl—”重复连接而成，因此“—CH_2CHCl—”又称为结构单元或链节。由能够形成结构单元的小分子所组成的化合物称为单体，是合成聚合物的原料。

由一种单体聚合而成的聚合物称为均聚物，如聚氯乙烯、聚乙烯等。由两种以上单体共聚而成的聚合物则称为共聚物，如乙烯-醋酸乙烯共聚物等。

聚合度是衡量聚合物分子大小的指标，是以重复单元数为基准，即聚合物大分子链上所含重复单元数目的平均值，以n表示。聚合度很低的（1~100）的聚合物称为低聚物，当分子量高达10^4~10^6（如塑料、橡胶、纤维等）称为高分子聚合物。由于高聚物大多是不同分子量的同系物的混合物，所以高聚物的聚合度是指其平均聚合度。

（三）非极性溶剂

1. 脂肪油　常用的有大豆油、花生油等植物油。脂肪油能溶解油溶性药物，如挥发油、激素、游离生物碱和许多芳香族药物。脂肪油易酸败，易受碱性药物的影响发生皂化反应而变质。多用作外用液体制剂如洗剂、搽剂、滴鼻剂等的溶剂。

2. 液状石蜡　液状石蜡为从石油中制得的多种液状饱和烃的混合物，能与非极性溶剂混溶，能溶解生物碱、挥发油等非极性药物。在肠道中不分解也不吸收，有润肠通便作用。可作口服制剂和搽剂的溶剂。

三、液体制剂常用的附加剂

（一）防腐剂

液体制剂特别是以水为溶剂的液体制剂，易被微生物污染而发霉变质，尤其是含有糖类、蛋白质等营养物质的液体制剂，更易引起微生物的滋长和繁殖。液体制剂一旦染菌长霉，会严重影响液体制剂的质量而危害人体健康。因此，在制备和贮存液体制剂时，要注意防止污染和添加防腐剂。

液体制剂中常用的防腐剂的特点与应用见表4-2。

表4-2　常用的防腐剂

名称	主要特点	应用
对羟基苯甲酸酯类及其钠盐（尼泊金类）	羟苯甲酯、乙酯、丙酯、丁酯，抑菌作用随烷基碳原子数的增加而增强。在酸性溶液中作用较强，在弱碱性溶液中作用减弱，是由酚羟基解离所致	本类防腐剂混合使用防腐效果更好，通常是乙酯和丙酯或乙酯和丁酯合用，浓度均为0.01%~0.25%。在含聚氧乙烯型表面活性剂的药液中不宜采用羟苯酯类作为防腐剂
苯甲酸及其盐类	苯甲酸、苯甲酸钠均是未解离的分子抑菌作用强，故在酸性溶液（pH 4以下）中抑菌效果较好。苯甲酸防霉作用较羟苯酯类弱，而防发酵能力较羟苯酯类强	0.25%苯甲酸和0.05%~0.1%羟苯酯类联用，尤其适用于中药水性制剂的防腐。苯甲酸常用浓度为0.1%~0.25%

续表

名称	主要特点	应用
山梨酸及其盐类	山梨酸、山梨酸钾、山梨酸钙的防腐作用均是未解离的分子，故在酸性溶液（pH 4）中抑菌效果较好	特别适用于含聚氧乙烯型表面活性剂的液体制剂的防腐。常用浓度为0.05%~0.2%
季铵盐类	苯扎溴铵、苯扎氯铵有强烈的杀菌、防腐作用	供外用。常用浓度为0.02%~0.2%
其他	醋酸氯己定（醋酸洗必泰）为广谱杀菌剂	常用量为0.02%~0.05%

（二）矫味剂

许多药物具有不良臭味，特别是口感差的口服制剂，患者服用后常常引起恶心、呕吐，尤其是儿童患者往往拒绝服药。选用适宜的矫味剂能在一定程度上掩盖与矫正药物的不良臭味，消除或减少患者对服药的厌恶，提高患者依从性，达到应有的治疗效果。液体制剂中常用的矫味剂有甜味剂、芳香剂、胶浆剂及泡腾剂等。

1. 甜味剂　甜味剂能掩盖药物的咸味、涩味和苦味。甜味剂包括天然甜味剂与合成甜味剂。

（1）天然甜味剂：天然甜味剂有糖类、糖醇类、苷类等，其中糖类最常用，蜂蜜也是甜味剂。天然甜菊苷是从甜叶菊中提取精制而得，甜度是蔗糖的200~300倍。

（2）合成甜味剂：常用糖精钠，甜度为蔗糖的200~700倍，易溶于水，常用量为0.03%，但水溶液长时间放置甜味可降低，常与其他甜味剂合用。阿斯巴甜（aspartame，apm，又称蛋白糖）也得到广泛应用，甜度为蔗糖的150~200倍，适用于糖尿病、肥胖症患者。

2. 芳香剂　芳香剂包括天然香料与合成香料。天然香料是从植物中提取的芳香性挥发油，如薄荷油、桂皮油、橙皮油等。合成香料即合成香精，是由合成香精添加一定量的溶剂调和而成，如苹果香精、橘子香精、香蕉香精、柠檬香精等。

3. 胶浆剂　胶浆剂具有黏稠缓和的性质，可以干扰味蕾的味觉而掩盖药物的辛辣味，如琼脂胶浆、阿拉伯胶浆、西黄蓍胶浆、羧甲纤维素钠胶浆等。

4. 泡腾剂　泡腾剂是由有机酸（枸橼酸、酒石酸）与碳酸氢钠组成，遇水后产生二氧化碳气体，二氧化碳溶于水呈酸性，能麻痹味蕾而矫味，可改善盐类的苦味、涩味和咸味。

（三）着色剂

着色剂可以改善制剂的外观颜色，用以识别制剂的浓度，区分应用方法，减少患者对服药的厌恶感。尤其是选用的颜色与所加的矫味剂配合协调，更易被患者所接受，如薄荷味用绿色，橙皮味用橙黄色等。着色剂分为天然色素和合成色素。

1. 天然色素　天然色素可用作食品和内服制剂的着色剂。常用的植物性色素有甜菜红、胡萝卜素、叶绿素、焦糖色等。矿物性色素有氧化铁等。

2. 合成色素　合成色素的特点是色泽鲜艳，价格低廉，大多数毒性较大，用量不宜过多。我国批准的内服合成色素有苋菜红、胭脂红、柠檬黄、靛蓝、日落黄、姜黄和亮蓝，用量不得超过万分之一。外用色素有伊红、品红、苏丹红和亚甲蓝等。

点滴积累

1. 液体制剂按分散体系分为均相的低分子溶液剂、高分子溶液剂，以及非均相的溶胶剂、混悬剂和乳剂。均相液体制剂稳定，非均相液体制剂不稳定。
2. 液体制剂的溶剂按极性大小可分为极性溶剂、半极性溶剂和非极性溶剂。
3. 液体制剂常用的防腐剂羟苯酯类、苯甲酸及其盐类、山梨酸及其盐类，均是在酸性制剂中防腐效果好。
4. 常用矫味剂有甜味剂、芳香剂、胶浆剂及泡腾剂。着色剂包括天然色素和合成色素。

任务二　溶液型液体制剂

一、认识溶液型液体制剂

溶液型液体制剂是指药物以分子或离子（直径在1nm以下）状态分散在溶剂中所制成的液体制剂。

溶液型液体制剂是均相分散体系，为澄明的液体，在溶液中药物的分散度最大，服用后与机体的接触面积最大，吸收完全而迅速，故其作用和疗效比同一药物的混悬剂或乳剂快而高。此外，溶液型液体制剂分散均匀，分取剂量方便灵活。

溶液型液体制剂主要有溶液剂、糖浆剂、酯剂、芳香水剂和甘油剂等。

二、常用的溶液型液体制剂

（一）溶液剂

1. 概念与特点　溶液剂系指非挥发性药物的澄清溶液（氨溶液等例外），供内服或外用。溶剂多为水，也可用乙醇或油为溶剂，如硝酸甘油溶液用乙醇作溶剂、维生素 D_2 溶液用油作溶剂。

溶液剂应澄清，不得有沉淀、浑浊、异物等。溶液剂中根据需要可加入防腐剂、助溶剂、抗氧剂、矫味剂及着色剂等附加剂。药物制成溶液剂，分剂量快速，服用方便，特别对于小剂量药物或毒性较大的药物更适宜。药物制成溶液剂，具有分散度大、吸收快、起效迅速等特点。有些药物制成溶液剂贮存、使用都较安全，如过氧化氢溶液、氨溶液等。

2. 制法　溶液剂的制备方法有溶解法、稀释法和化学反应法。

（1）溶解法：溶液剂多采用溶解法制备。其制备工艺流程为如下。

称量 → 溶解 → 滤过 → 混合 → 调整容量 → 质量检查 → 包装

实验室具体操作要点：①取制备总量1/2~3/4的溶剂，加入固体药物，搅拌使其溶解；②溶解度小的药物和附加剂应先将其溶解在溶剂中；③对热稳定而溶解缓慢的药物可加热促进其溶解；④不耐热的药物宜待溶液冷却后加入；⑤黏稠液体如糖浆、甘油等量取后，用少量水稀释后再加入溶液中；⑥溶液滤过后，自滤器上添加溶剂至全量；⑦如使用非水溶剂，容器应干燥。

在工业化生产中，多采用不锈钢配液罐，为保证溶解和混合均匀完全，配液罐配有磁力搅拌或搅拌桨搅拌，必要时可附加密闭液体循环方法，以防止罐底出液管中的药液不能有效循环混合。

（2）稀释法：适用于高浓度溶液或易溶性药物浓贮备液等原料。如工业生产的过氧化氢溶液含过氧化氢（H_2O_2）26.0%~28.0%（g/g），而临床常用浓度为2.5%~3.5%（g/ml）；浓氨溶液含氨（NH_3）25%~28%（g/g），而医疗上常用稀氨溶液浓度为9.5%~10.5%（g/ml），因此只能用稀释法制备稀溶液。用稀释法制备溶液剂时应注意浓度换算，挥发性药物浓溶液稀释过程中应注意避免挥发损失，以免影响浓度的准确性。根据稀释前后溶液中所含溶质的量不变，稀释计算公式为：

$$C_1V_1=C_2V_2 \qquad \text{式（4-1）}$$

式中，C_1、V_1、C_2、V_2 分别为稀释前后的浓度与体积。

课堂活动

如何用浓度为95%的乙醇配制1 000ml的75%的乙醇？

（3）化学反应法：系指将两种或两种以上的药物，通过化学反应制成新的药物溶液的方法，待化学反应完成后，滤过，自滤器上添加溶剂至全量即得。适用于原料药物缺乏或质量不符合要求的情况，如复方硼砂溶液等。

边学边练

动手制备复方硼砂溶液，请见实训4-5按给药途径与应用方法分类的液体制剂的制备。

实例分析1：复方碘口服溶液（卢戈液）

【处方】碘　　　50g

碘化钾　　　100g

纯化水　　　加至 1 000ml

【制法】

（1）取碘化钾加适量纯化水溶解。

（2）加入碘搅拌溶解。

（3）再加适量纯化水至全量，混匀即得。

【作用与用途】调节甲状腺功能，主要用于甲状腺功能亢进的辅助治疗，外用作黏膜消毒药。

【用法与用量】口服：一次0.1~0.5ml，一日0.3~0.8ml。极量：一次1ml，一日3ml。本品具有刺激性，口服时宜用5~10倍水稀释后服用。对碘过敏者禁用。

分析：

（1）因碘难溶于水（1∶2 950），又具挥发性，故加碘化钾作助溶剂，与碘生成易溶性络合物而溶于水中，并能使溶液稳定。其反应式为：

$$I_2+KI \rightleftharpoons KI \cdot I_2$$

（2）为加速碘的溶解，宜先将碘化钾（水中溶解度为1∶0.7）加适量纯化水（1∶1）配成近饱和溶液，再加碘溶解。

实例分析2：苯扎溴铵溶液

【处方】苯扎溴铵　　　1g

亚硝酸钠　　　5g

碳酸氢钠　　　　　　0.5g

纯化水　　　　　加至 1 000ml

【制法】

（1）取苯扎溴铵溶于800ml热纯化水中，放冷。

（2）加入亚硝酸钠和碳酸氢钠溶解。

（3）滤过，自滤器上加纯化水至1 000ml，搅匀，即得。

【作用与用途】消毒防腐药。用于手术器械的消毒。

【用法与用量】用于创面消毒浓度一般为0.01%；用于皮肤与器械消毒为0.1%。用于器械消毒应加入0.5%亚硝酸钠作防锈剂。

分析：

（1）本品为阳离子型表面活性剂，具有消毒杀菌作用，亚硝酸钠起防锈作用，碳酸氢钠调节pH。

（2）稀释或溶解时不宜剧烈振摇，以免产生大量气泡。

（3）本品不宜久贮，污染微生物能导致混浊、变质、失效。应密闭遮光贮存。

知识链接

温度表示法

水浴温度	除另有规定外，均指98~100℃。
热水	系指70~80℃。
微温或温水	系指40~50℃。
室温（常温）	系指10~30℃。
冷水	系指2~10℃。
冰浴	系指0℃。
放冷	系指放冷至室温。

（二）糖浆剂

1. 概念与特点　糖浆剂系指含有原料药物的浓蔗糖水溶液，供口服用。糖浆剂中的药物可以是化学药物，也可以是药材提取物。

糖浆剂的特点：①能掩盖某些药物的不良臭味，易于服用，尤其适合儿童患者。②糖浆剂中有少部分蔗糖转化为葡萄糖和果糖，具有还原性，能防止糖浆剂中药物的氧化变质。③高浓度的糖浆剂，由于渗透压较高，不易霉败变质；低浓度的糖浆剂易被微生物污染而变质，应添加防腐剂。

2. 质量要求　糖浆剂在生产和贮藏期间应符合下列有关规定：①糖浆剂含蔗糖量应不低于45%（g/ml）；②根据需要可加入适宜抑菌剂、稳定剂等附加剂；③除另有规定外，糖浆剂应澄清。在贮存期间不得有发霉，酸败、产生气体或其他变质现象，允许有少量摇之易散的沉淀。

3. 分类　根据组成与用途的不同，糖浆剂可分为三类。

（1）单糖浆：系指单纯蔗糖的近饱和水溶液。含蔗糖量为85%（g/ml）或65%（g/g），可供配制含药糖浆剂，亦可作矫味剂、助悬剂、黏合剂。

（2）药用糖浆：又称含药糖浆，主要用于治疗疾病，如五味子糖浆、小儿止咳糖浆、急支糖浆等。

（3）芳香糖浆：系指含芳香性物质或果汁的浓蔗糖水溶液。主要用作液体制剂的矫味剂，如橙皮糖浆等。

4. 制法

（1）热溶法：系将蔗糖加入沸纯化水中，加热溶解后，再加入药物溶解，滤过，自滤器上加煮沸过的纯化水至全量。此法适用于制备对热稳定的药物的糖浆剂，否则，加热后应适当降温方可加入药物。热熔法的优点是蔗糖容易溶解，蔗糖中所含的蛋白质等杂质被加热凝固而滤除，制得的糖浆剂易于滤清，同时在加热过程中能杀灭微生物，使糖浆剂易于保存。热熔法的制备工艺流程如下。

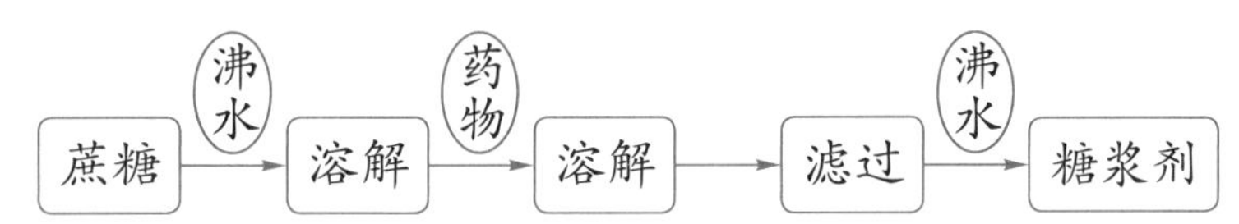

制备糖浆剂时，应注意控制加热的温度和时间。因为温度过高，时间过长，会使蔗糖焦化与转化，导致糖浆剂色泽变深。

（2）冷溶法：系在室温下将蔗糖溶于纯化水中制成糖浆剂。此法适用于制备对热不稳定或挥发性药物的糖浆剂。冷溶法的优点是制得的糖浆剂色泽较浅，但制备所需时间较长，且易污染微生物。

（3）混合法：系将药物与单糖浆均匀混合制成糖浆剂。此法操作简便，质量稳定，应用广泛。

糖浆剂中药物的加入方法：①水溶性固体药物，先用新煮沸过的纯化水溶解，再与单糖浆混匀；②水中溶解度较小的药物可酌加少量其他适宜的溶剂使之溶解，再加入单糖浆混匀；③水性液体药物可直接加入单糖浆中混匀；④醇性制剂与单糖浆混合时易发生混浊，应以细流加入，并不断搅拌，亦可加适量甘油助溶；⑤水性浸出制剂，应将其精制纯化后再加入单糖浆中。

（4）制备糖浆剂的注意事项：①应在清洁避菌环境中进行，所用各种容器、用具应进行洁净处理或灭菌，并及时灌装；②蔗糖质量的优劣对糖浆剂的质量有很大的影响，应选择无色、无异臭的药用蔗糖（白砂糖）为原料，不能选用绵白糖，因绵白糖含有蛋白质、黏液质等杂质，且易吸潮、长霉；③严格控制加热的温度、时间，并注意调节pH，以防止蔗糖水解生成转化糖；④糖浆剂应密封，避光置干燥处贮存。

实例分析3：小儿止咳糖浆

【处方】甘草流浸膏	150ml	桔梗流浸膏	30ml
氯化铵	10g	橙皮酊	20ml
蔗糖	650g	苯甲酸钠	2g
香兰素	25mg	纯化水	加至 1 000ml

【制法】

（1）取氯化铵用适量纯化水溶解，备用。

（2）另取蔗糖650g，加纯化水煮沸，放冷。

（3）加入甘草流浸膏、桔梗流浸膏、橙皮酊、苯甲酸钠，混匀，静置。

（4）取上清液，煮沸，滤过，滤液冷却至40℃以下，缓缓加入上述氯化铵溶液与香兰素，加水至1 000ml，混匀，即得。

【功能与主治】祛痰，镇咳。用于小儿感冒引起的咳嗽。

【用法与用量】口服。2~5岁一次5ml，5岁以上一次5~10ml，2岁以下酌减，一日3~4次。

分析：

（1）橙皮酊、蔗糖、香兰素为矫味剂，苯甲酸钠为防腐剂。

（2）氯化铵遇热易分解，故滤液冷至40℃以下再将其加入混匀。

（三）醑剂

1. 概念与特点　醑剂系指挥发性药物的乙醇溶液，可供内服或外用。挥发性药物多为挥发油，乙醇浓度一般为60%~90%。醑剂必须澄清，应具有原药的气味。醑剂可用于治疗，也可用作芳香矫味剂。醑剂易挥发、易氧化，应密封，置冷暗处保存。

2. 制法

（1）溶解法：系将挥发性药物直接溶于乙醇中制得醑剂，如樟脑醑。醑剂制备时所用器具应干燥，过滤所用滤纸和滤器宜先用乙醇润湿，防止滤液浑浊。

（2）蒸馏法：系将挥发性药物溶于乙醇后再进行蒸馏，或将经化学反应所生成的挥发性物质加以蒸馏而制得醑剂。如芳香氨醑。

实例分析4：樟脑醑

【处方】樟脑　　100g

乙醇　　适量

共制　　1 000ml

【制法】

（1）取樟脑加入约800ml乙醇中，溶解。

（2）过滤，再自滤器上添加乙醇至全量，搅匀，即得。

【作用与用途】局部刺激药。适用于神经痛、关节痛、肌肉痛及未破冻疮等。

【用法与用量】外用，取适量涂搽于患处，并轻轻揉搓，每日2~3次。

分析：

（1）本品含醇量为80%~87%。在常温下易挥发，故需密封，并在阴凉处贮存。

（2）本品遇水易析出结晶，所用器材及包装材料均应干燥。

（四）芳香水剂

1. 概念与特点　芳香水剂系指芳香挥发性药物（多为挥发油）的饱和或近饱和水溶液。用水与乙醇的混合液作溶剂制成的芳香水剂，含较多挥发油，称为浓芳香水剂。

露剂系指含挥发性成分的饮片用水蒸气蒸馏法制成的芳香水剂。

芳香水剂应澄清，应具有与原药物相同的气味，不得有异臭、沉淀和杂质。由于挥发性物质在水中的溶解度很小（约为0.05%），故芳香水剂的浓度一般都很低。芳香水剂一般用作矫味剂、矫臭剂，有的也有祛痰止咳、平喘和解热镇痛等治疗作用。芳香水剂多数易分解、变质甚至霉变，故不能大量配制和久贮。

2. 制法　以挥发油为原料用溶解法制备，以浓芳香水剂为原料用稀释法制备，以中药饮片为原料用水蒸气蒸馏法制备。

（1）溶解法：取挥发油2ml（或挥发性物质细粉2g）置大玻璃瓶中，加纯化水1 000ml，用力振摇约15分钟，使成饱和溶液后放置，用纯化水润湿的滤纸滤过，自滤纸上添加适量纯化水至1 000ml，混合均匀，即得。为使挥发油尽快溶于纯化水中，并提高其溶液的澄明度，可在制备时向挥发油中加入适量滑石粉或磷酸钙等物质，作为分散剂和助滤剂。

（2）稀释法：取浓芳香水剂1份，加纯化水若干份稀释而成。

（3）水蒸气蒸馏法：取含挥发性成分的药材适量，洗净，适当粉碎，置蒸馏器中，加适量水浸泡一定时间，进行蒸馏或通入蒸汽蒸馏。一般约收集药材重量的6~10倍蒸馏液，除去过量的挥发性物质或重蒸馏一次。必要时可用润湿的滤纸滤过，使成澄清溶液。

课堂活动

试比较醑剂与芳香水剂的异同点。

实例分析5：薄荷水

【处方】薄荷油　　0.5ml

吐温-80　　2ml

纯化水　　加至 1 000ml

【制法】取薄荷油与吐温-80混匀后，加纯化水适量使成1 000ml，搅匀即得。

【作用与用途】祛风，矫味。

【用法与用量】口服，一次10~15ml。

分析：

（1）本品为溶解法制备的芳香水剂，吐温-80起增溶作用。

（2）本品亦可采用稀释法制备，即用浓薄荷水1份加纯化水39份稀释制得。

（五）甘油剂

1. 概念与特点　甘油剂系指药物的甘油溶液，专供外用。甘油具有黏稠性、吸湿性和防腐性，对皮肤、黏膜有滋润作用，能使药物滞留于患处而延长局部作用。甘油对苯酚、碘等药物的刺激性有一定的缓和作用，常用于口腔、耳鼻喉科疾患。甘油剂吸湿性较强，应密闭贮存。

2. 制法

（1）溶解法：系将药物溶解于甘油中而制得。如苯酚甘油、碘甘油等。

（2）化学反应法：系将药物与甘油发生化学反应而制得。如硼酸甘油。

实例分析6：碘甘油

【处方】碘　　10g

碘化钾　　10g

纯化水　　10ml

甘油　　加至 1 000ml

【制法】

（1）取碘化钾加纯化水溶解。

（2）加碘，搅拌使其溶解。

（3）再加甘油至全量，搅匀，即得。

【作用与用途】消毒防腐。用于口腔黏膜溃疡、牙龈炎及冠周炎。

【用法与用量】局部涂抹，一日数次。

分析：

（1）甘油作为碘的溶剂，可缓和碘对黏膜的刺激性，且甘油易附着于皮肤或黏膜上，使药物滞留在患处起延效作用。

（2）碘在甘油中的溶解度为1%（g/g，16℃），故加碘化钾助溶，并可增加碘的稳定性。

点滴积累

1. 溶液剂的制备方法有溶解法、稀释法和化学反应法。

2. 糖浆剂的制法有冷溶法、热溶法、混合法。热溶法适用于制备对热稳定的药物的糖浆剂，冷溶法适用于制备对热不稳定或易挥发的药物的糖浆剂，混合法适合制备含药糖浆。糖浆剂的含糖量应不低于45%（g/ml）。

3. 酯剂的制法有溶解法和蒸馏法；芳香水剂的制法有溶解法、稀释法和水蒸气蒸馏法；甘油剂的制法有溶解法和化学反应法。

任务三　高分子溶液剂

一、认识高分子溶液剂

高分子溶液剂系指高分子化合物溶解于溶剂中制成的均匀分散的液体制剂。以水为溶剂制备的高分子溶液剂称为亲水性高分子溶液剂，又称亲水胶体溶液或称胶浆剂。以非水溶剂制成的高分子溶液剂称为非水性高分子溶液剂。亲水性高分子溶液剂在制剂中应用较多，常用作混悬剂的助悬剂、乳剂的乳化剂、片剂的黏合剂和包衣材料等。

二、高分子溶液的性质

（一）带电性

高分子化合物在溶液中带有电荷，带电的主要是由于高分子化合物结构中的某些基团解离。高分子化合物的种类不同，在溶液中所带的电荷种类不同。带正电荷的高分子水溶液（又称正胶体）有琼脂、血红蛋白、碱性染料（亚甲蓝、甲基紫）、血浆蛋白等。带负电荷的高分子水溶液（又称负胶体）有淀粉、阿拉伯胶、西黄蓍胶、树脂、磷脂、酸性染料（伊红、靛蓝）、海藻酸钠、纤维素及其衍生物等。有些高分子化合物所带电荷受溶液pH的影响，如蛋白质分子中含有羧基和氨基，在水溶液中随溶液pH的不同可带正电或负电。当溶液的pH小于等电点时，蛋白质带正电；pH大于等电点时，蛋白质带负电；pH等于等电点时，蛋白质不带电，此时溶液的黏度、渗透压、导电性、溶解度等都变为最小值。由于高分子化合物在溶液中带有电荷而具有电泳现象，通过电泳法可测定高分子化合物所带电荷的种类。

（二）稳定性

高分子溶液的稳定性主要取决于高分子化合物的水化作用和电荷。高分子化合物结构中含有大量的亲水基团，能与水形成牢固的水化膜，水化膜能阻止高分子化合物分子间的相互聚结，这是高分子溶液稳定的主要原因。水化膜越厚越稳定。此外，一些高分子化合物带有电荷，由于同电相斥阻止聚集，可增加其稳定性。但电荷对其稳定性仅起次要作用。

凡能破坏高分子化合物水化膜及中和电荷的因素，均能导致高分子溶液不稳定，出现聚结沉淀。影响高分子溶液稳定性的因素主要有以下几点。

1. 盐析作用　向高分子溶液中加入大量电解质，由于电解质具有比高分子化合物更强的水化作用，结合了大量的水分子从而破坏了高分子化合物的水化膜，导致高分子化合物聚结沉淀，这一过程称为盐析。发挥盐析作用的主要是电解质的阴离子。利用这一性质可制备生化制剂、中药制剂、微囊等。

2. 脱水作用　向高分子溶液中加入大量脱水剂如乙醇、丙酮等，能破坏高分子化合物的水化膜，使高分子化合物聚结沉淀。利用这一性质，通过控制所加入脱水剂的浓度，分离出不同分子量的高分子化合物，如羧甲淀粉钠、右旋糖酐等的制备。

3. 凝聚作用　带相反电荷的两种高分子溶液混合时，由于电荷中和而聚结沉淀。如复凝聚法制备微囊就是利用明胶在等电点以下带正电，而阿拉伯胶带负电，二者电荷中和生成溶解度小的复合物而沉降形成囊膜。胃蛋白酶在等电点以下带正电荷，用润湿的带负电荷的滤纸滤过时，由于电荷中和使胃蛋白酶沉积于滤纸上，使制品的效价降低。

4. 絮凝作用　高分子溶液由于其他因素如光、热、pH、射线、絮凝剂等的影响，使高分子化合物聚结沉淀的现象称为絮凝。

5. 陈化现象　高分子溶液在放置过程中会自发地聚集沉淀。

知识链接

胶凝及其应用

某些亲水性高分子溶液如明胶水溶液、琼脂水溶液，在温热条件下为黏稠性的流动液体，当温度降低时，呈线状分散的高分子形成网状结构，水被全部包含在网状结构中，形成了不流动的半固体状物称为凝胶，形成凝胶的过程称为胶凝。如软胶囊的囊壳即是这种凝胶。凝胶失去网状结构中的水分，则体积缩小，形成固体的干胶。如阿胶、龟甲胶及硬胶囊等均是干胶的存在形式。

三、高分子溶液剂的制备

高分子溶液剂的制备多采用溶解法。高分子化合物的溶解要经过溶胀过程，溶胀过程包括有限溶胀过程和无限溶胀过程。首先是水分子慢慢进入高分子化合物分子间隙中，与高分子化合物中的亲水基团发生水化作用使其体积逐渐膨胀，使高分子空隙间充满了水分子，这个过程称为有限溶胀过程；由于高分子间隙中充满了水分子，从而降低了高分子化合物分子间的作用力，随着溶胀过程的继续进行，最后高分子化合物完全分散在水中形成了高分子溶液，此过程称为无限溶胀过程。无限溶胀过程常需加以搅拌或加热才能完成。亲水性高分子溶液剂的制备因原料状态的不同而有所差别。

课堂活动

说说低分子物质和高分子物质的溶解过程有何不同？

1. 粉末状原料　取所需水量的1/2~3/4，置于广口容器中，将粉末状原料撒在水面上，令其充分吸水膨胀，最后略加振摇或搅拌即可溶解。也可将粉末状原料置于干燥的容器内，先加少量乙醇或甘油使其均匀润湿和分散，再加入大量水搅拌使其溶解。如果将它们撒于水面后立即搅拌则形成团块，水很难透入团块中心，溶胀过程变得相当缓慢，给制备过程带来困难。如胃蛋白酶合剂、羧甲纤维素钠胶浆等的制备。

2. 片状、块状原料　先将其碎成细粒，加水浸泡，使其充分吸水膨胀，然后加热使其溶解。如明胶溶液、琼脂溶液等的制备。

实例分析7：胃蛋白酶合剂

【处方】含糖胃蛋白酶（1∶1 200）　20g

稀盐酸　20ml

单糖浆	100ml
橙皮酊	20ml
羟苯乙酯溶液（5%）	10ml
纯化水	加至1 000ml

【制法】

（1）取约800ml纯化水加稀盐酸、单糖浆搅匀，缓缓加入橙皮酊、5%羟苯乙酯溶液，随加随搅拌。

（2）将含糖胃蛋白酶分次撒在液面上，待其自然膨胀溶解，再加纯化水至1 000ml，轻轻混匀，即得。

【作用与用途】助消化药。消化蛋白质。用于缺乏胃蛋白酶或病后消化功能减退引起的消化不良症。

【用法与用量】饭前口服，一次10ml，一日3次。

分析：

（1）影响胃蛋白酶活性的主要因素是pH，在pH 1.5~2.5时活性最大，故处方中加稀盐酸调节pH。但胃蛋白酶不得与稀盐酸直接混合，因含盐酸量超过0.5%时，胃蛋白酶活性被破坏。故须加纯化水稀释后配制。不得用热水配制，亦不能剧烈搅拌，以免影响活力。

（2）本品不宜过滤。如必须滤过时，滤材需先用相同浓度的稀盐酸润湿，以饱和滤材表面的电荷，消除对胃蛋白酶活性的影响，然后滤过。

（3）胃蛋白酶与碘、胰酶、鞣酸、碱及重金属盐均有配伍禁忌。应用时应加以注意。

知识链接

含糖胃蛋白酶

含糖胃蛋白酶系胃蛋白酶用乳糖、葡萄糖或蔗糖稀释制得。每1g中含蛋白酶活力不得少于120单位或1 200单位。用《中国药典》（2020年版）规定方法测定，每分钟能催化水解血红蛋白生成1μmol酪氨酸的酶量，为一个蛋白酶活力单位。

实例分析8：羧甲纤维素钠胶浆

【处方】羧甲纤维素钠	25g
甘油	300ml
羟苯乙酯溶液（5%）	20ml

香精　　　　　　　　　　　　　　适量

纯化水　　　　　　　　　　　加至1 000ml

【制法】

（1）取羧甲纤维素钠分次加入500ml热纯化水中，轻加搅拌使其溶解。

（2）加入甘油、羟苯乙酯溶液（5%）、香精，最后添加纯化水至1 000ml，搅匀，即得。

【作用与用途】润滑剂。用于腔道、器械检查或查肛时起润滑作用。

分析：

（1）羧甲纤维素钠为白色纤维状粉末或颗粒，在冷、热水中均能溶解，但在冷水中溶解缓慢，不溶于一般有机溶剂。配制时，羧甲基纤维素钠如先用少量乙醇润湿，再按上法溶解则更佳。

（2）羧甲纤维素钠遇阳离子型药物及碱土金属、重金属盐能发生沉淀，故不能采用季铵盐类和汞类防腐剂。

（3）羧甲纤维素钠溶液在pH 5~7时黏度最高，当pH低于5或高于10时黏度迅速下降，一般调节pH至6~8为宜。

（4）甘油可起保湿、增稠和润滑作用。

点滴积累

1. 高分子溶液的稳定性主要取决于高分子化合物的水化作用和电荷。
2. 高分子化合物的溶解要经过有限溶胀过程和无限溶胀过程。
3. 影响高分子溶液稳定性的因素有盐析作用、脱水作用、凝聚作用、陈化现象、絮凝现象。

任务四　溶胶剂

一、认识溶胶剂

溶胶剂系指固体药物微细粒子分散在液体分散介质中形成的非均相液体制剂。溶胶剂的分散相为多分子聚集体，质点大小一般在1~100nm之间。

药物制成溶胶剂可改善药物的吸收，使药效出现增大或异常。如粉末状的硫不被肠道吸收，但制成溶胶则极易吸收，可发生毒性反应甚至中毒死亡。溶胶剂直接应用较少，通常是使用经亲水胶体保护的溶胶剂，如氧化银溶胶就是被蛋白质保护而制成的制剂，用作眼、鼻收敛杀菌药。

二、溶胶剂的性质

溶胶剂外观与溶液剂相似，透明无沉淀，能透过滤纸，但不能透过半透膜。由于分散相是多分子聚集体，因此具有与一般溶液剂不同的性质。

（一）布朗运动

溶胶剂中的胶粒在分散介质中有不规则的运动，此运动称为布朗运动。布朗运动是胶粒受分散介质水分子的不规则撞击产生的。由于布朗运动能克服重力的作用，所以胶粒不沉降。

（二）丁铎尔效应

由于胶粒的粒径小于自然光的波长，可引起光散射。当一束强光通过溶胶剂时，从溶胶剂的侧面可见到一束浑浊发亮的光柱，此现象称为丁铎尔效应。

（三）胶粒带电

溶胶剂中的胶粒可由于自身解离或吸附溶液中某种离子而带电。胶粒具双电层结构，即胶粒吸附某种离子形成吸附层，反离子散布在周围，形成扩散层，吸附层与扩散层构成电性相反的电层称为双电层，双电层之间的电位差称为ξ电位。胶粒带电有利于溶胶剂的稳定。

（四）稳定性

胶粒所带相同电荷的排斥作用可以阻碍胶粒的合并，是溶胶剂稳定的主要因素。胶粒荷电所形成的水化膜，阻碍了胶粒的合并，是溶胶剂稳定的次要因素。

将电解质或带相反电荷的溶胶加入溶胶剂中，由于胶粒的电荷部分或全部被中和使胶粒电荷减少，水化膜变薄，使溶胶剂产生聚结而沉淀。向溶胶剂中加入亲水性高分子溶液，可使溶胶剂具有亲水胶体的性质而增加稳定性，加入的亲水胶体称为保护胶体。

三、溶胶剂的制备

（一）分散法

分散法系将药物的粗粒子分散达到溶胶粒子范围的方法。常用的有机械分散法、胶溶法、超声分散法。

（二）凝聚法

凝聚法系将分子或离子凝聚成胶粒的方法。

1. 物理凝聚法　系通过改变分散介质的性质，使溶解的药物凝聚成溶胶剂的方法。如将硫黄溶于乙醇中制成饱和溶液，滤过，将滤液以细流加入水中，边加边搅拌，即成硫黄溶胶剂。因硫黄在水中溶解度小，迅速析出硫黄，凝聚形成胶粒而分散于水中。

2. 化学凝聚法　系借助于氧化、还原、水解、复分解等化学反应制备溶胶剂的方法。如硫代硫酸钠溶液与稀盐酸作用，产生新生态硫分散于水中，形成溶胶。

点滴积累

1. 溶胶剂的分散相是多分子聚集体。溶胶剂具有布朗运动、丁铎尔现象。
2. 溶胶剂的制备方法有分散法和凝聚法。

任务五　混悬剂

一、认识混悬剂

混悬剂系指难溶性固体药物分散在液体分散介质中制成的非均相液体制剂。也包括用难溶性固体药物与适宜辅料制成的口服干混悬剂。混悬剂的固体微粒一般为0.5~10μm，但凝聚体的粒子可小到0.1μm、大到50μm。混悬剂的分散介质多为水，也可用植物油。

知识链接

干混悬剂

干混悬剂指固体药物与适宜辅料制成的粉末状或颗粒状制剂（图4-1）。使用时加水振摇即可迅速分散成混悬剂。干混悬剂具有提高制剂的稳定性，便于包装、贮存、携带和运输的特点。干混悬剂既有固体制剂（颗粒）的特点，如便于包装、贮存、携带、运输，稳定性好等，又有液体制剂的优势，如方便服用，适合于吞咽有困难的患者，如儿童、老年人。如硫酸钡干混悬剂、阿奇霉素干混悬剂等。

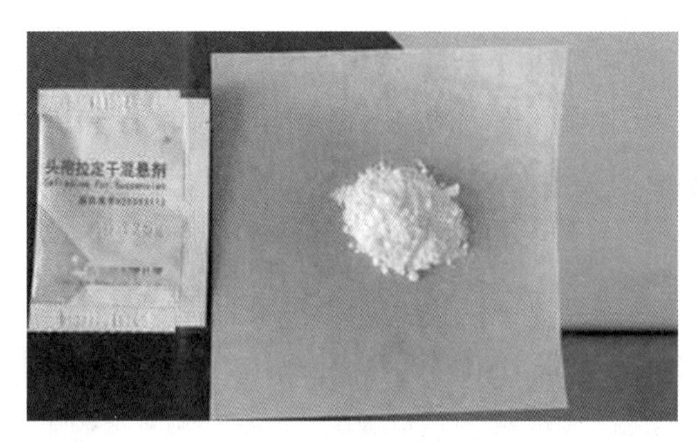

图4-1　干混悬剂

混悬剂属粗分散体系，应符合以下质量要求：药物微粒应均匀细腻，大小适宜；微粒沉降缓慢，沉降后不结块，振摇时能迅速分散均匀；有一定的黏稠度，不黏器壁，外用者易涂布；标签上应注明“用前摇匀”。

下列情况可以制成混悬剂：难溶性药物需制成液体制剂使用；药物用量超过了其溶解度而不能制成溶液；处方中两种药液混合时溶解度降低析出固体物质；使药物产生长效作用。为安全起见，毒性药物或剂量小的药物不宜制成混悬剂应用。

二、混悬剂的稳定性

混悬剂的固体微粒与分散介质间存在固－液界面，微粒具有较高的表面能，属非均相不稳定分散体系。混悬剂的稳定性与很多因素有关，主要有混悬微粒的沉降、混悬微粒的润湿、混悬微粒的电荷与水化、絮凝与反絮凝等。

（一）混悬微粒的沉降

混悬剂中的固体微粒由于重力作用，静置时会自然沉降，其沉降速度符合Stokes定律：

$$V=\frac{2r^2(\rho_1-\rho_2)g}{9\eta} \quad 式（4-2）$$

式中，V为微粒的沉降速度；r为微粒半径；ρ_1和ρ_2分别为微粒和分散介质的密度；g为重力加速度；η为分散介质的黏度。

由Stokes定律可知，混悬微粒的沉降速度与微粒半径的平方、微粒与分散介质的密度差成正比，与分散介质的黏度成反比。因此，减缓微粒沉降，增加混悬剂稳定性的方法有：①减小微粒半径，将药物粉碎得越细沉降越慢；②加入高分子物质，能增大分散介质的黏度，减小微粒和分散介质的密度差。最有效的方法是减小微粒半径。

（二）混悬微粒的润湿

固体药物能否被水润湿，关系到混悬剂制备的难易和混悬剂的稳定性。亲水性药物易被水润湿，易分散于水中，可制成较稳定的混悬剂。疏水性药物难以被水润湿，较难分散于水，如不另加处理，制成的混悬剂稳定性较差。

（三）混悬微粒的电荷与水化

混悬微粒与胶粒相似，由于微粒表面分子（或基团）解离或吸附分散介质中的离子而带电荷。带相同电荷的微粒，可相互排斥防止聚结。微粒表面的电荷与介质中的相反离子间构成双电层，产生ξ电位。水分子可在微粒周围形成水化膜称为水化作用，水化作用也能阻碍固体微粒聚结使混悬剂稳定。影响混悬微粒的电荷与水化作用的物质有电解质和脱水剂等。

（四）絮凝与反絮凝

向混悬剂中加入适量电解质，使ξ电位适当降低，减少微粒间的排斥力，当ξ电位降低到一定程度时，混悬微粒可形成疏松的絮状聚集体而沉降，这个过程称为絮凝，所加的电解质称为絮凝剂。絮凝状态下，混悬微粒沉降速度虽快，但沉降物体积大，不结块，振摇可迅速恢复均匀状态。

向絮凝状态的混悬剂中加入电解质，使絮凝状态转变为非絮凝状态的过程称为反絮凝，所加电解质称为反絮凝剂。反絮凝剂可改善混悬剂的流动性，使之易于倾倒，方便取用。

知识链接

混悬微粒的沉降形式

①自由沉降：即微粒先大后小沉降，小的微粒填于大的微粒之间形成坚实饼状物，不易再分散；②絮凝沉降：即数个微粒聚集到一起沉降，此沉降物疏松，易重新分散。显然，混悬剂如发生沉降，絮凝沉降是较为理想的沉降方式。

（五）微粒的生长与晶型的转变

混悬剂中的固体微粒大小往往不一致，微粒的粒径不同，沉降速度和溶解度不同，从而影响混悬剂的稳定性。小粒子的溶解度大于大粒子的溶解度，小粒子逐渐溶解变得越来越小，数目不断减少，而大粒子不断生长变得越来越大，数目不断增加，沉降速度加大，致使混悬剂稳定性降低。因此，制备混悬剂时要尽量做到混悬微粒大小均匀。

许多药物为同质多晶型，即有稳定型和亚稳定型等晶型。稳定型溶解度小，稳定性好；亚稳定型溶解度较大，药物溶出和吸收较快。在一定条件下，亚稳定型可以逐渐转变为稳定型，由此改变了混悬剂的稳定性和混悬剂的生物利用度。

（六）分散相的浓度和温度

一般来说，分散相浓度升高，易使混悬微粒碰撞聚集而沉淀，混悬剂的稳定性降低。温度的变化可改变药物的溶解度和溶解速度，也可影响分散介质的黏度、微粒的沉降速度、絮凝速度、沉降体积比，从而改变混悬剂的稳定性；冷冻可破坏混悬剂的网状结构，使混悬剂的稳定性降低。

三、混悬剂的稳定剂

为增加混悬剂的稳定性，在制备混悬剂时常加入一些稳定剂。混悬剂常用的稳定剂有助悬剂、润湿剂、絮凝剂和反絮凝剂。

（一）助悬剂

助悬剂的主要作用是增加分散介质的黏度，降低微粒沉降速度；能被吸附在微粒表面形成保护膜，增加微粒的亲水性，防止微粒聚集或结晶转型；能使混悬剂具有触变性，防止微粒沉降。常用的助悬剂有：①天然和合成或半合成的高分子物质。天然的高分子物质有阿拉伯胶（用量为5%~15%）、西黄蓍胶（用量为0.5%~1%）、琼脂（用量为0.35%~0.5%）及海藻酸钠等；合成或半合成的高分子物质有甲基纤维素、羧甲纤维素钠、聚维酮等，用量一般为0.1%~1%。②低分子物质，如甘油、糖浆等。③触变胶，如2%单硬脂酸铝在植物油中可形成触变胶。

知识链接

触变性与触变胶

有些溶胶如硬脂酸铝分散于植物油中，在一定温度下静置时，能逐渐变为凝胶，当搅拌或振摇时，又复变为溶胶，这种可逆的变化性质称为触变性，具有触变性的胶体称为触变胶。利用触变胶作助悬剂，可制得稳定的混悬剂。

（二）润湿剂

润湿剂能降低固体微粒与分散介质间的界面张力，使疏水性药物被水润湿，提高其分散效果。润湿剂一般为表面活性剂，常用的有聚山梨酯类、肥皂类等。此外，甘油、乙醇等也有一定的润湿作用。

（三）絮凝剂与反絮凝剂

絮凝剂与反絮凝剂均为电解质。常用的有枸橼酸盐、酒石酸盐、磷酸盐及氯化物（如三氯化铝）等。

四、混悬剂的制备

（一）分散法

系将固体药物粉碎成微粒，直接分散在液体分散介质中制成混悬剂的方法。小量制备用乳钵研磨粉碎，大生产时用胶体磨、乳匀机等粉碎。操作要点如下。

（1）亲水性药物如氧化锌、炉甘石、磺胺类药等，一般采用加液研磨法，即先将药物粉碎到一定细度，再加适量液体研磨至适宜分散度，最后加入处方中的剩余液体至全量。加液研磨可使粉碎过程易于进行。加入的液体量与药物的体积比一般为（0.4~0.6）:1，以能研成糊状为度。

（2）疏水性药物如硫黄等，不易被水润湿，必须加入适量的润湿剂，与药物研匀，再加适量液体研磨分散，最后加液体至全量研匀。

实例分析9：炉甘石洗剂

【处方】炉甘石　150g

氧化锌　50g

甘油　50ml

羧甲纤维素钠　2.5g

纯化水　加至 1 000ml

【制法】

（1）取羧甲纤维素钠加纯化水溶解制成胶浆。

（2）取炉甘石、氧化锌粉碎，过筛，加甘油及适量纯化水与药物研成糊状。

（3）将胶浆分次加入上述糊状液中，随加随研，再加纯化水至全量，搅匀，即得。

【作用与用途】本品具有保护、收敛、杀菌作用。用于皮肤炎症，血丘疹、湿疹、亚急性皮炎等。

分析：

（1）甘油具有润湿、助悬作用；羧甲纤维素钠有助悬作用。炉甘石中含少量氧化铁，故本制剂为淡红色。

（2）氧化锌有轻质和重质两种，混悬剂宜选用轻质者。

实例分析10：复方硫黄洗剂

【处方】沉降硫　　　　30g

硫酸锌　　　　30g

樟脑醑　　　　250ml

甘油　　　　100ml

羧甲纤维素钠　　　　5g

纯化水　　　　加至1 000ml

【制法】

（1）取羧甲纤维素钠加适量纯化水制成胶浆。

（2）将沉降硫与甘油研至细腻后与上述胶浆混合。

（3）取硫酸锌溶于适量纯化水中，过滤，将滤液缓缓加入上述混合液中。

（4）再缓缓加入樟脑醑，随加随研，最后加纯化水至全量，搅匀，即得。

【作用与用途】本品具有保护皮肤、抑制皮脂分泌、轻度杀菌与收敛作用。用于皮脂溢症、痤疮等。

分析：

（1）硫黄是强疏水性物质，颗粒表面易吸附空气形成气膜而浮于液面，故加甘油为润湿剂，可破坏其气膜；羧甲纤维素钠作助悬剂；樟脑醑中含有乙醇也有润湿作用。

（2）硫黄因加工处理方法不同，分为精制硫、沉降硫和升华硫。以沉降硫颗粒最细，宜选用之。

（二）凝聚法

系将分子或离子状态的药物借助物理或化学方法在分散介质中聚集制成混悬剂的方法。

1. 物理凝聚法　也称微粒结晶法，即将药物制成热饱和溶液，在急速搅拌下加到另一种不同性质的冷溶剂中，使药物快速析出，可以得到10μm以下（占80%~90%）的微粒，再将微粒分散于适宜介质中制成混悬剂。制备时两种不同性质溶液混合时要以细流缓慢加入急速搅拌，并且加大两种不同性质溶液的温度差。

知识链接

醋酸氢化泼尼松微晶的制备

将1份醋酸氢化泼尼松，溶于60℃左右的3份二甲基甲酰胺中，保温迅速抽滤，快速搅拌下将滤液一次倒入10℃以下的20份纯化水中，并继续搅拌30分钟，经过滤、洗涤、120~140℃真空干燥。所得结晶粒径在10μm以下者约占95%，可用于制备混悬剂。

2. 化学凝聚法　系利用两种药物之间发生化学反应生成不溶性固体微粒而制备混悬剂的方法。为使生成的微粒细小均匀，应将两种药物分别制成稀溶液然后再混合，并要剧烈搅拌，如用于胃肠道造影检查的硫酸钡就是用此法制备的。

五、混悬剂的质量评定

混悬剂的质量优劣应按质量要求进行评定。评定的方法有微粒大小的测定、沉降体积比的测定、重新分散试验和絮凝度的测定等。

（一）微粒大小的测定

混悬剂中微粒大小与混悬剂的质量、稳定性、生物利用度和药效有关。因此测定混悬剂中微粒的大小和分布情况，是对混悬剂进行质量评定的重要指标。可采用显微镜法、库尔特计数法、浊度法、光散射法等进行测定。

（二）沉降体积比的测定

沉降体积比是指混悬剂经静置一定时间后沉降物的体积与沉降前混悬剂的体积之比。《中国药典》（2020年版）规定口服混悬剂沉降体积比检查法为：除另有规定外，用具塞量筒量取供试品50ml，密塞，用力振摇1分钟，记下混悬物开始高度H_0，静置3小时，记下混悬物的最终高度H，沉降体积比F按下式计算：

$$F=\frac{H}{H_0} \quad \text{式（4-3）}$$

F值在0~1之间，F值越大混悬剂越稳定。测定混悬剂的沉降体积比，可用于比较两种混悬剂的稳定性，也可用于评定稳定剂的稳定效果以及比较处方的优劣。《中国药典》规定，口服混悬剂（包括干混悬剂）沉降体积比应不低于0.90。

（三）重新分散试验

优良的混悬剂经贮存后再经振摇，沉降物应能很快重新分散，如此才能保证服用时混悬剂的均匀性和药物剂量的准确性。重新分散试验方法是将混悬剂置于100ml具塞量筒内，放置沉降，然后以20r/min的速度转动一定时间，直至量筒中沉降物重新分散均匀。重新分散所需转动次数越少，说明混悬剂再分散性越好。

（四）絮凝度的测定

絮凝度是比较混悬剂絮凝程度的重要参数，用于评定絮凝剂的效果、预测混悬剂的稳定性。絮凝度用下式表示：

$$\beta=\frac{F}{F_{\infty}}=\frac{H/H_0}{H_{\infty}/H_0}=\frac{H}{H_{\infty}} \qquad 式（4-4）$$

式中，F为絮凝混悬剂的沉降体积比，F_{∞}为无絮凝混悬剂的沉降体积比，β表示由絮凝作用引起的沉降体积增加的倍数。β值越大，絮凝效果越好。

点滴积累

1. 毒性药物或剂量小的药物不宜制成混悬剂，混悬剂标签上应注明“用前摇匀”。
2. 混悬微粒沉降速度与微粒半径的平方、混悬微粒与分散介质的密度差成正比，与分散介质的黏度成反比。为增加混悬剂的稳定性，最有效的方法是减小微粒半径。
3. 混悬剂的稳定剂包括助悬剂、润湿剂、絮凝剂和反絮凝剂。
4. 混悬剂的制备方法有分散法和凝聚法。
5. 混悬剂的质量评价方法有微粒大小测定、沉降体积比测定、重新分散试验、絮凝度测定。

任务六　乳剂

一、认识乳剂

（一）乳剂的概念

乳剂系指两种互不相溶的液体混合，其中一种液体以细小液滴状态分散于另一种液体中形成的非均相液体制剂。其中一种液体往往是水或水溶液，用“W”表示；另一种则是与水不相混溶的有机液体，统称为“油”，用“O”表示。被分散的液滴称为分散相、内相或不连续相，包在外面的液体称为分散介质、外相或连续相。一般分散相的粒径在0.1~10μm，但大的可达到50~100μm。

（二）乳剂的组成与类型

乳剂是由水相、油相和乳化剂三部分组成。当乳剂的内相为油相而外相为水相时称为水包油型（O/W型）乳剂；当乳剂的内相为水相而外相为油相时称为油包水型（W/O型）乳剂。乳剂类型的鉴别方法见表4-3。

表4-3　乳剂类型的鉴别

鉴别方法	O/W 型	W/O 型
颜色	通常为乳白色	与油的颜色近似
稀释法	可被水稀释	可被油稀释
导电法	导电	不导电或几乎不导电
染色法（水性染料/油性染料）	外相被水性染料均匀染色	外相被油性染料均匀染色

（三）乳剂的特点

乳剂应用时有以下特点：药物吸收快，起效快，生物利用度高；可掩盖药物不良气味；油性药物制成乳剂后分剂量更准确；注射用乳剂有的具有靶向性；外用乳剂可改善药物对皮肤、黏膜的渗透性；可提高某些药物（如易氧化药物）的稳定性。

二、乳化剂

（一）乳化剂的种类

在乳剂的制备过程中，为使乳剂易于形成并保持稳定而加入的物质称乳化剂。乳化剂按其性质不同，可分为天然乳化剂、合成乳化剂、固体粉末乳化剂。

1. 天然乳化剂　天然乳化剂一般为高分子化合物，其主要特点是亲水性较强，为O/W型乳化剂；表面活性较小，能形成稳定的多分子乳化膜；黏度较大，能增加乳剂的稳定性；容易霉败，使用时应新鲜配制，注意防腐。常用品种有①阿拉伯胶：主要含有阿拉伯酸的钾、钙、镁盐，水中带负电，乳化能力弱，黏度较小，常与西黄蓍胶等合用，含阿拉伯胶的乳剂在pH 2~10较稳定，常用浓度为10%~20%。②西黄蓍胶：乳化能力弱，但其水溶液的黏度大，常作辅助乳化剂，常用浓度为1%~2%。③磷脂：乳化能力强，一般用量为1%~3%，用其制备的乳剂可供内服、外用及注射用。④明胶：其成分为蛋白质，形成的界面膜可随pH的不同而带正电荷或负电荷，在明胶等电点时所得的乳剂最不稳定，用量为油的1%~2%。⑤其他天然乳化剂：杏树胶、胆固醇、白芨胶、海藻酸钠、琼脂等均可用作乳化剂。

2. 合成乳化剂　主要指表面活性剂，其种类多，乳化能力强，性质稳定，应用广泛。常用的有聚山梨酯类（即吐温类，为O/W型乳化剂）、脂肪酸山梨坦类（即司盘类，为W/O型乳化剂）和肥皂类。

3. 固体微粒乳化剂　此类乳化剂可被油水两相润湿，在油水两相间形成固体微粒乳化膜，防止分散相液滴合并而起乳化作用，且不受电解质的影响。O/W型乳化剂有氢氧化镁、氢氧化铝、二氧化硅和硅皂土等；W/O型乳化剂有氢氧化钙、氢氧化锌、硬脂酸镁等。

（二）乳化剂的作用

1. 降低液体的表面张力　乳化剂可有效降低油水两相间的界面张力，有利于形成液滴，减少乳化所需能量，使乳剂易于制备。

2. 形成牢固的乳化膜　乳化剂能吸附在油水界面上，在液滴周围形成牢固的乳化膜，防止液滴合并，使乳剂稳定。

3. 影响乳剂的类型　影响乳剂类型的因素主要是乳化剂的性质和HLB值。一般而言，亲水性强的乳化剂易于形成O/W型乳剂，亲油性强的乳化剂易于形成W/O型乳剂。

三、乳剂的稳定性

乳剂属于不稳定的非均相分散体系，其不稳定性主要表现为分层、絮凝、转相、破裂及酸败等现象。

（一）分层

乳剂分层又称乳析，系指乳剂放置过程中出现分散相上浮或下沉的现象。分层是可逆的，经过振摇能很快恢复成均匀分散的状态。分层主要是分散相和分散介质之间的密度差造成的。为避免乳剂分层现象的发生，一般可以通过减少分散相的粒径，增加分散介质的黏度，降低分散相与分散介质之间的密度差，均能降低分层速度。

（二）絮凝

乳剂中分散相液滴发生可逆的聚集现象称为絮凝。絮凝时聚集和分散是可逆的，但絮凝的出现说明乳剂的稳定性已经降低，通常是乳剂破裂或转相的前奏。发生絮凝的主要原因是乳剂的液滴表面电荷被中和，致使分散相的小液滴发生絮凝。

（三）转相

乳剂类型的改变称为转相，即乳剂由O/W型转为W/O型，或由W/O型转为O/W型。发生转相的主要原因是乳化剂的类型发生改变，例如钠皂可形成O/W型乳剂，但在该乳剂中加入足量的氯化钙溶液后，生成的钙皂可使其转变成W/O型乳剂。转相也可由相体积比不当造成，如W/O型乳剂，当水相体积与油相体积比很小时，水仍然被分散在油中，加很多水时，可转变为O/W型乳剂。一般分散相的浓度在50%左右乳剂最稳定，浓度在25%以下或74%以上均不稳定。

（四）破裂

乳剂中分散相液滴合并进而分成油水两相的现象称为破裂。破裂是不可逆的，经过振摇也不能恢复到原来的分散状态。引起破裂的原因主要有：过冷、过热；添加相反类型的乳化剂；添加电解质；离心力的作用；添加油水两相均能溶解的溶剂（如丙酮）；微生物的作用等。

（五）酸败

乳剂在放置过程中，受外界因素（光、热、空气等）及微生物的作用，使乳剂中的油或乳化剂发生变质的现象称为酸败。乳剂中添加抗氧剂或防腐剂可防止酸败。

四、乳剂的制备

（一）胶溶法

胶溶法系指以阿拉伯胶（简称为胶）为乳化剂，也可用阿拉伯胶与西黄蓍胶的混合物作乳化剂，利用研磨方法制备O/W型乳剂的方法。胶溶法的制备工艺流程为：

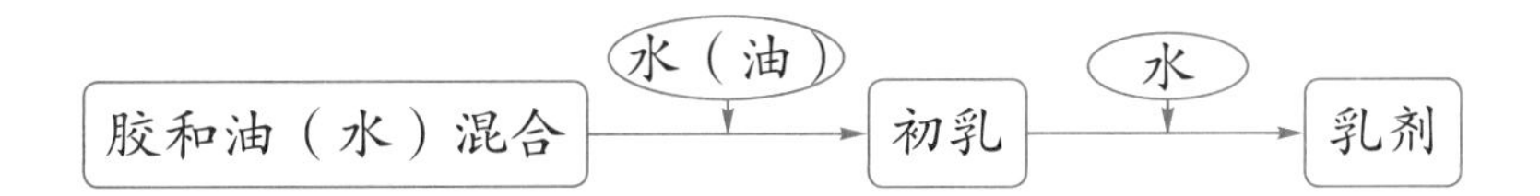

胶溶法包括干胶法和湿胶法。

1. 干胶法　是将水相加到含有乳化剂的油相中，即先将胶粉与油按一定比例混合，再加入一定量的水，研磨乳化制成初乳，再在研磨或搅拌下逐渐加水至全量。

2. 湿胶法　是将油相加到含有乳化剂的水相中，即先将胶粉溶于水中制成胶浆，再将油相分次加入胶浆中，研磨乳化制成初乳，再在研磨或搅拌下逐渐加水至全量。

在初乳中，油、水、胶有一定的比例，若用植物油，其比例为4∶2∶1；若用挥发油，其比例为2∶2∶1；若用液状石蜡，其比例为3∶2∶1。

（二）新生皂法

新生皂法系指利用制备时植物油中的有机酸与碱发生皂化反应生成的肥皂类作乳化剂，通过振摇或搅拌制成乳剂的方法。新生皂法的制备工艺流程为：

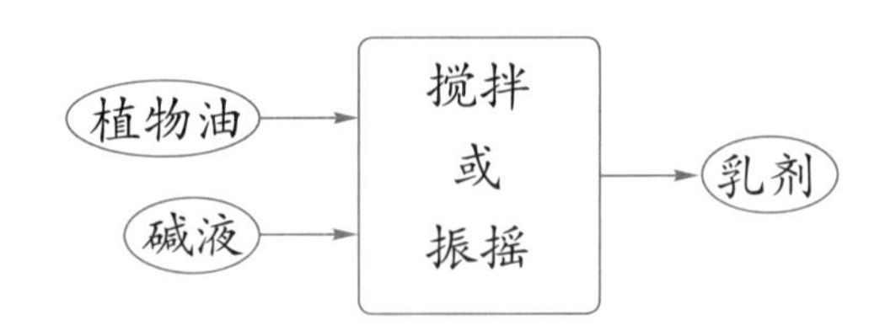

植物油中通常含有硬脂酸、油酸等有机酸，碱液为氢氧化钠、氢氧化钙、三乙醇胺溶液等，将油、水两相分别加热（70℃左右），混合后，用力搅拌或振摇直至生成乳剂。

实例分析11：石灰搽剂

【处方】氢氧化钙溶液　　50ml

　　　　植物油　　50ml

【制法】将植物油和氢氧化钙溶液混合，用力振摇制成乳剂，即得。

分析：

（1）石灰搽剂是由氢氧化钙与植物油中所含的脂肪酸发生皂化反应生成的钙皂（新生皂）为W/O型乳化剂，乳化植物油而制成W/O型乳剂。植物油可以为花生油、菜籽油、棉籽油等。

（2）本品外用于轻度烫伤。具有收敛、止痛、润滑、保护等作用。

（三）机械法

机械法是指采用高速搅拌机、胶体磨等乳化器械制备乳剂的方法。一般将油、水、乳化剂同时加入乳化器械中，乳化即可。此法常用于大量制备乳剂。机械法的制备工艺流程为：

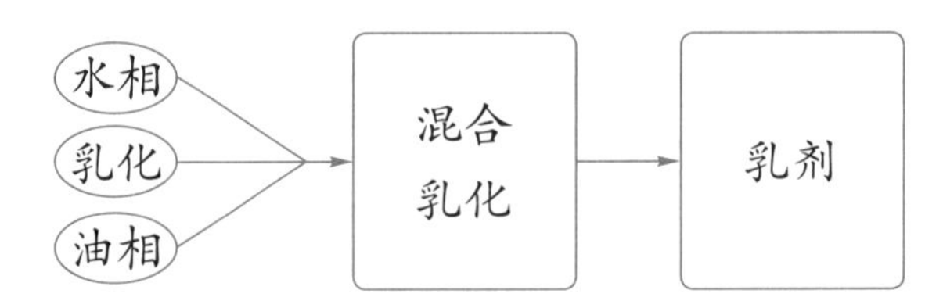

实例分析12：鱼肝油乳

【处方】鱼肝油　　368ml

　　　　吐温-80　　12.5g

　　　　西黄蓍胶　　9g

　　　　甘油　　19g

　　　　苯甲酸钠　　1.5g

　　　　糖精　　0.3g

　　　　杏仁油香精　　2.8g

香蕉油香精　　　　0.9g

纯化水　　　　加至 1 000ml

【制法】

（1）将甘油、水、糖精混匀，与用少量鱼肝油混匀的苯甲酸、西黄蓍胶在粗乳机中一起搅拌5分钟。

（2）加入吐温-80，搅拌20分钟，缓慢加入鱼肝油，搅拌80~90分钟。

（3）加入杏仁油香精、香蕉香精搅拌10分钟后粗乳即成。

（4）将粗乳液缓慢均匀地加入胶体磨中研磨，重复研磨2~3次，用两层纱布过滤，静置脱泡，即得。

【作用与用途】本品用于维生素A与维生素D缺乏症的辅助治疗。

【用法与用量】口服，每次3~6ml。

分析：

（1）本品中吐温-80为乳化剂，西黄蓍胶为辅助乳化剂，苯甲酸为防腐剂，糖精钠为矫味剂，杏仁油香精和香蕉香精为矫臭剂，甘油为稳定剂。鱼肝油和纯化水分别为油相和水相。

（2）本品为O/W型乳剂。少量制备时也可用阿拉伯胶为乳化剂，用胶溶法制备。用机械法制备的本品液滴细小均匀，稳定性较好。

（四）两相交替加入法

系指将水相和油相分次少量交替加入乳化剂中，边加边搅拌或研磨制成乳剂的方法。用天然胶类、固体微粒作乳化剂时可用此法制备乳剂。

五、乳剂的质量评定

乳剂的种类很多，用途与给药途径不一，目前尚无统一的质量评价方法。以下评定乳剂的物理稳定性的方法，可用于评价乳剂的质量。

（一）乳滴粒径大小的测定

乳滴的粒径大小是评价乳剂质量的重要指标，不同用途的乳剂对乳滴粒径大小要求不同，如静脉用乳状液型注射液中，90%乳滴的粒经应在1μm以下。其他用途的乳剂粒径也都有不同要求。乳剂粒径大小的测定可采用显微镜法、库尔特计数法、光散射法及透射电镜法。

（二）分层现象观察

乳剂经长时间放置可产生油水分层现象。这一过程的快慢是衡量乳剂稳定性的重要指标。为了在短时间内观察乳剂的分层，可用离心法加速其分层，以4 000r/min速度离心15分钟，如不分层可认为乳剂质量稳定。此法可用于筛选处方或比较不同乳剂的稳定性。另外，将乳剂放在半径为10cm的离心管中，以3 750r/min速度离心5小时，相当于放置1年因密度不同产生的分层、絮凝或合并的结果。也可用加速试验法观察乳剂的分层现象。

点滴积累

1. 乳剂由水相、油相和乳化剂组成。乳剂可分为O/W型乳剂和W/O型乳剂。
2. 乳剂的制备方法有胶溶法（干胶法、湿胶法）、新生皂法、机械法和两相交替加入法。
3. 乳剂的不稳定性主要表现为分层、絮凝、转相、破裂和酸败。

任务七 按给药途径与应用方法分类的液体制剂

液体制剂除按分散系统分类外，亦可按给药途径和应用方法分类。按此方法分类的液体制剂包括口服液体制剂、含漱剂、洗剂、搽剂、涂剂、滴鼻剂与洗鼻剂、滴耳剂与洗耳剂、灌肠剂等。

一、口服液体制剂

口服溶液剂系指原料药物溶解于适宜溶剂中制成的供口服的澄清液体制剂。

口服混悬剂系指难溶性固体原料药物分散在液体介质中制成的供口服的混悬液体制剂。也包括干混悬剂或浓混悬液。

口服乳剂系指两种互不相溶的液体制成的供口服等胃肠道给药的水包油型液体制剂。

滴剂系指用适宜的量具以小体积或以滴计量的口服溶液剂、口服混悬剂或口服乳剂。

口服溶液剂、口服混悬剂和口服乳剂在生产与贮藏期间应符合下列规定。

（1）除另有规定外，口服溶液剂的溶剂、口服混悬剂的分散介质常用纯化水。

（2）根据需要可加入适宜的附加剂，如抑菌剂、分散剂、助悬剂、增稠剂、助溶剂、润湿剂、缓冲剂、乳化剂、稳定剂、矫味剂以及色素等，其品种与用量应符合国家标准的有关规定。

（3）制剂应稳定，无刺激性，不得有发霉、酸败、变色、异物、产生气体或其他变质现象。

（4）口服滴剂包装内一般应附有滴管和吸球或其他量具。

（5）口服乳剂的外观应呈均匀的乳白色，按规定离心时不应有分层现象。乳剂可能会出现相分离的现象，但经振摇应易再分散。

（6）口服混悬剂应分散均匀，放置后若有沉淀物，经振摇应易再分散。口服混悬剂在标签上应注明“用前摇匀”；以滴计量的滴剂在标签上要标明每毫升或每克液体制剂相当的滴数。

（7）除另有规定外，应避光、密封贮存。

二、含漱剂

含漱剂系指专用于清洁咽喉、口腔用的液体制剂。多数为水溶液，也有含少量乙醇及甘油的溶液。含漱剂的pH要求为微碱性，有利于除去微酸性分泌物和溶解黏液蛋白。含漱剂常加适量着色剂，表示外用漱口不可咽下。有的也可配成浓溶液，供稀释后使用；或制成固体粉末，供溶解后使用。常用的含漱剂有复方硼酸钠溶液、甲硝唑漱口液、葡萄糖酸氯己定含漱液等。

三、洗剂

洗剂系指用于清洗无破损皮肤或腔道的液体制剂。洗剂多以水和乙醇为溶剂。洗剂一般具有清洁、消毒、止痒、收敛和保护等局部作用。常用的有苯甲酸苄酯洗剂、炉甘石薄荷脑洗剂等。

洗剂包括溶液型、乳状液型和混悬型，其中以混悬型洗剂居多。混悬型洗剂中所含水分在皮肤上蒸发时，有冷却及收缩血管的作用，能减轻急性炎症，留下的干燥粉末有保护皮肤免受刺激的作用。洗剂中常加乙醇的目的是促进蒸发、增加冷却作用，并增加药物的穿透性。有时加入甘油，目的是水分蒸干后，剩留的甘油能使药物粉末不易脱落。

知识链接

冲洗剂

冲洗剂系指用于冲洗开放性伤口或腔体的无菌溶液。冲洗剂可由药物、电解质或等渗调节剂按无菌制剂制备。冲洗剂也可以是注射用水，但在标签中应注明供冲洗用；通常冲洗剂应调节为等渗，应澄清，其容器应符合注射剂容器的规定；冲洗剂开启后应立即使用，未用完的应弃去。

实例分析13：苯甲酸苄酯洗剂

【处方】苯甲酸苄酯　　250g

三乙醇胺　　5g

油酸　　20g

纯化水　　加至 1 000ml

【制法】

（1）将三乙醇胺与油酸混合后，加苯甲酸苄酯混匀。

（2）移入约1 000ml具塞量瓶中，加约250ml纯化水振摇乳化，最后加纯化水至全量，摇匀即得。

【作用与用途】本品用于治疗疥疮、灭头虱。

分析：

（1）三乙醇胺与油酸作用生成有机胺皂，将苯甲酸苄酯乳化成O/W型乳剂。

（2）疥虫多寄生于表皮角质层内，乳剂有利于主药的穿透。

四、搽剂

搽剂系指原料药物用乙醇、油或适宜的溶剂制成的液体制剂，供无破损皮肤揉搽用。搽剂有镇痛、收敛、保护、消炎、抗刺激等作用。搽剂应用时可加在绒布或其他柔软物料上，轻轻涂裹患处，所用绒布或其他柔软物料须洁净。搽剂常用的溶剂有水、乙醇、液状石蜡、甘油或植物油等，起保护作用的搽剂多用油、液状石蜡作溶剂，起镇痛作用的搽剂多用乙醇作溶剂。常用的搽剂有氧化锌搽剂、硝酸咪康唑搽剂等。

五、涂剂

涂剂系指含原料药物的水性或油性溶液、乳状液、混悬液，供临用前用消毒纱布或棉花等柔软物料蘸取涂于皮肤或口腔与喉部黏膜的液体制剂。也可为临用前用无菌溶剂制成溶液的无菌冻干制剂，供创伤面涂抹治疗。

涂剂大多为消毒或消炎药物的甘油溶液，也可用乙醇、植物油等作溶剂。涂剂中的药物多有腐蚀性、刺激性，用时需注意保护皮肤。除另有规定外，涂剂在启用后最多可用4周。常用的涂剂有甲醛水杨酸涂剂、复方碘涂剂等。

六、滴耳剂与洗耳剂

滴耳剂系指由原料药物与适宜辅料制成的水溶液、或用甘油及其他适宜溶剂制成的澄明溶液、混悬液或乳状液，供滴入外耳道用的液体制剂。也可将药物以粉末、颗粒、块状或片状形式包装，另备溶剂，在临用前配成澄明溶液或混悬液后使用。滴耳剂有润滑、消炎、止痒、收敛等作用，用于外伤的应灭菌并不得有抑菌剂。外耳道有炎症时显弱碱性，因此用于外耳道的滴耳剂常配成弱酸性。

洗耳剂系指由原料药物与适宜辅料制成澄明水溶液，用于清洁外耳道的液体制剂。洗耳剂通常是符合生理pH范围的水溶液，用于伤口或手术前使用的洗耳剂应无菌。

除另有规定外，多剂量包装的滴耳剂装量应不超过10ml，启用后最多可用4周。常用的滴耳剂有氯霉素滴耳剂、碳酸氢钠滴耳剂等。

七、滴鼻剂与洗鼻剂

滴鼻剂系指由原料药物与适宜辅料制成的澄明溶液、混悬液或乳状液，供滴入鼻腔用的鼻用液体制剂。主要用于局部消毒、消炎、收缩血管和麻醉。滴鼻剂常用的溶剂有水、丙二醇、液状石蜡或植物油。正常人鼻腔液pH一般为5.5~6.5，当鼻腔有炎症时，呈碱性，易使细菌繁殖，故滴鼻剂的pH一般为5.5~7.5，应与鼻黏液等渗，不影响鼻腔纤毛的正常运动，不改变鼻黏液的正常黏度。

洗鼻剂系指由原料药物制成符合生理pH范围的等渗水溶液，用于清洗鼻腔的鼻用液体制剂。用于伤口或手术前使用者应无菌。

除另有规定外，多剂量包装的滴鼻剂装量应不超过10ml，启用后最多可用4周。常用的滴鼻剂有盐酸麻黄碱滴鼻液、复方薄荷脑滴鼻液等。

八、灌肠剂

灌肠剂系指以治疗、诊断或提供营养为目的供直肠灌注用的液体制剂。包括水性或油性溶液、乳状液和混悬液。根据应用目的不同，灌肠剂可分为泻下灌肠剂、含药灌肠剂和营养灌肠剂。大体积灌肠剂使用前应将药液温热至体温。常用的灌肠剂有生理盐水、10%水合氯醛溶液、鱼肝油等灌肠剂。

点滴积累

1. 含漱剂中一般加入着色剂成红色以示外用。
2. 洗剂、搽剂用于无破损皮肤。
3. 多剂量包装的滴鼻剂、滴耳剂每瓶装量应不超过10ml。滴鼻剂、滴耳剂及涂剂启用后最多可用4周。
4. 滴鼻剂和滴耳剂应为弱酸性，含漱剂为弱碱性。

任务八　液体制剂的包装和贮存

一、液体制剂的包装

液体制剂的包装关系到制剂的质量、运输和贮存。液体制剂体积大，稳定性较固体制剂差，即使产品符合质量标准，如果包装不当，在运输和储存过程中也会发生变质。因此，包装容器材料的选择、容器的种类、形状以及封闭的严密性等都极为重要。液体制剂的包装材料应符合下列要求：对人体无毒、无害；不与药物发生作用，不影响药物性质和疗效，不影响药物质量控制；隔离、密封性能好；坚固、质轻、价廉等。

液体制剂的包装材料包括容器（玻璃瓶、塑料瓶等）、瓶塞（橡胶塞、塑料塞）、瓶盖（塑料盖、金属盖等）、标签、说明书、塑料盒、纸盒、纸箱、木箱等。在使用塑料瓶时应注意塑料的透气性及对防腐剂的吸附作用。

液体制剂包装上必须按照规定印有或者贴有标签并附说明书。标签及说明书内容必须规范、齐全。

二、液体制剂的贮存

液体制剂特别是水性液体制剂，在贮存期间极易发生水解、氧化、聚合等化学反应或被微生物污染，出现沉淀、变质或霉败现象，因此生产与销售时应做到先产先出，防止久存变质。液体制剂一般应密闭避光保存，贮存于阴凉、干燥处。

项目小结

1. 液体制剂按分散体系分为均相的低分子溶液剂、高分子溶液剂和非均相的溶胶剂、混悬剂和乳剂。均相液体制剂稳定，非均相液体制剂不稳定。
2. 低分子溶液剂包括溶液剂、糖浆剂、酯剂、芳香水剂、甘油剂，其制备多采用溶解法。
3. 高分子溶液的稳定性主要取决于高分子化合物的水化作用和电荷。高分子溶液的制备多用溶解法，溶解要经过有限溶胀过程和无限溶胀过程。
4. 溶胶剂的分散相是多分子聚集体。溶胶剂的制备有分散法和凝聚法。
5. 混悬剂属于粗分散体系，标签上应注明“用前摇匀”。混悬剂的稳定性主要与混悬微粒的沉降、混悬微粒的润湿、混悬微粒的电荷与水化、絮凝与反絮凝等因素有关。常用的稳定剂有助悬剂、润湿剂、絮凝剂和反絮凝剂。混悬剂的制备有分散法和凝聚法。
6. 乳剂由水相、油相和乳化剂组成，可分为O/W型乳剂和W/O型乳剂。乳剂的制备有胶溶法（干胶法、湿胶法）、新生皂法、机械法和两相交替加入法。乳剂的不稳定性主要表现为分层、絮凝、转相、破裂和酸败。
7. 按给药途径与应用方法分类的液体制剂中，口服溶液剂、口服混悬剂、口服乳剂为内服液体制剂，其他均为外用液体制剂。洗剂、搽剂用于无破损皮肤。多剂量包装的滴鼻剂与滴耳剂、涂剂启用后最多可用4周。

思考题

一、填空题

1. 液体制剂按分散系统可分为______、______、______、______、______。
2. 属于溶液型液体制剂的主要有__________、__________、__________、__________、__________。多采用__________法制备。

3. 高分子溶液的稳定性主要取决于高分子化合物的__________和__________。

4. 溶液剂的制备方法有__________、__________、__________。

5. 混悬剂中常用的稳定剂有__________、__________、__________和__________。

二、 名词解释

1. 醑剂

2. 芳香水剂

3. 絮凝

4. 分层

5. 破裂

三、 简答题

1. 根据Stokes定律，说明影响混悬微粒沉降的因素有哪些？如何减慢混悬微粒沉降速度增加混悬剂的稳定性？

2. 说出乳剂的组成与类型，如何鉴别乳剂的类型？

实训 4-1 溶液型液体制剂的制备

一、实训目的

1. 掌握溶液型液体制剂制备过程中的各项基本操作。

2. 学会溶液型液体制剂的制备方法。

二、实训指导

溶液型液体制剂主要包括溶液剂、糖浆剂、酯剂、芳香水剂、甘油剂等。这些剂型的制法虽不完全相同，并各有其特点，但作为溶液型液体制剂的基本制法是溶解法。其制备原则和操作步骤如下。

1. 药物的称量　根据药物量选用架盘天平或扭力天平（1g以下的药物）称重。根据药物体积大小选用不同的量杯或量筒。用量较少（1ml以下）的液体药物，可采用滴管计滴数量取，即所取液体滴数=液体1ml的滴数 × 所取ml数。量取液体药物后，应用少量纯化水洗涤量器，洗液并入溶液中，以减少药物的损失。

2. 药物的溶解　一般取处方配制总量的1/2~3/4的溶剂，加入固体药物搅拌或加热溶解。溶解度小的药物应先溶解，挥发性药物和液体药物应最后加入。醇性制剂如酊剂加至水溶液中时，要缓缓加入，并且边加边搅拌。

3. 滤过　可根据需要选用玻璃漏斗、布氏漏斗、垂熔玻璃漏斗等，滤材有滤纸、脱脂棉、纱布等，并用溶剂润湿以免吸附药液。滤过完毕，应自滤器上加溶剂至处方规定量。

4. 质量检查　成品应进行有关项目的质量检查。

5. 包装及贴标签　质量检查合格后，定量分装于适当的洁净容器中，加贴符合要求的标签。

三、实训内容

1. 复方碘口服溶液的制备

【处方】碘　　1g

　　碘化钾　　2g

　　纯化水　　适量

　　共制　　20ml

【制法】取碘化钾，加纯化水适量（约为碘化钾的1倍量）搅拌溶解，再加入碘搅拌使其溶解，最后加适量纯化水使成20ml，搅匀，即得。

【附注】

（1）碘具有氧化性、腐蚀性和挥发性。用玻璃器皿或蒸发皿称取；称取时切勿触及皮肤与黏膜。称取后不宜长时间露置空气中，应在碘化钾溶解后再称碘，称取后及时加入溶液中溶解。

（2）为了加快碘的溶解速度，宜将碘化钾加等量水（1∶1）溶解配成浓溶液，然后加入碘溶解，否则碘不能全溶。为了保证碘全部溶解，应适当延长搅拌时间。

（3）本品一般不过滤，若需过滤，不能用滤纸，宜用垂熔玻璃滤器。

【思考题】

（1）说出复方碘口服溶液的制备原理。

（2）碘化钾的作用是什么？为什么溶解碘化钾时加一倍量水？

2. 单糖浆的制备

【处方】蔗糖　　　42.5g

纯化水　　　适量

共制　　　50ml

【制法】取纯化水25ml加热煮沸，加蔗糖搅拌溶解，继续加热至100℃，保温滤过，自滤器上添加适量煮沸过的纯化水，使其冷至室温时为50ml，搅匀，即得。

【附注】制备时，加热温度不宜过高（尤其是用直火加热），防止蔗糖焦化；加热时间不宜过长，防止蔗糖转化，以免影响产品质量。

【思考题】

（1）单糖浆的浓度是多少？

（2）制备单糖浆时，如何防止蔗糖的转化与焦化？

3. 樟脑醑的制备

【处方】樟脑　　　5g

乙醇　　　适量

共制　　　50ml

【制法】取樟脑加乙醇约40ml溶解，滤过，自滤器上添加乙醇至50ml，搅匀，即得。

【附注】本品遇水易析出结晶，故制备时所用器材应干燥，亦可用乙醇冲洗。

【思考题】制备樟脑醑时应注意什么？

实训 4-2 高分子溶液剂的制备

一、实训目的

1. 掌握高分子药物的溶解特性和高分子溶液剂的制备要点。

2. 比较高分子溶液与低分子溶液制备方法的不同。

二、实训指导

高分子溶液剂的制备特点是溶解时要经过溶胀过程。溶解时宜将药物粉末分次撒在液面上，静置使其充分吸水自然膨胀溶解；或将药物粉末置于干燥容器内，先加少量乙醇或甘油使其均匀润湿，然后加大量水振摇或搅拌使之溶解。如直接将水加到粉末中，往往黏结成团，使水难以透入团块中心，溶解较慢，以致长时间不能制成均匀的高分子溶液，操作时应加以注意。

高分子溶液剂如需过滤，所用的滤材应与胶体溶液荷电性相同。最好选用不带电荷的滤器，以免凝聚。

三、实训内容

1. 胃蛋白酶合剂的制备

【处方】		
	胃蛋白酶	1g
	稀盐酸	1ml
	单糖浆	5ml
	橙皮酊	1ml
	羟苯乙酯溶液（5%）	0.5ml
	纯化水	适量
	共制	50ml

【制法】取稀盐酸、单糖浆加入约40ml纯化水中混匀，缓缓加入橙皮酊、羟苯乙酯溶液，随加随搅拌；将胃蛋白酶分次撒在液面上，静置使其自然膨胀轻加搅拌使溶解，加纯化水至50ml，轻轻混匀，即得。

【附注】

（1）胃蛋白酶极易吸潮，称取时应迅速。称完后应及时分次撒在液面上，不宜长时间露置于空气中。

（2）溶解胃蛋白酶时，应将其分次撒于含稀盐酸的水面上，静置使其自然膨胀溶解。不得用热水溶解或加热促进溶解，以防失去活性。也不能强力搅拌，以及用脱脂棉、滤纸过滤，防止对其活性和稳定性产生影响。

（3）羟苯乙酯溶液应缓缓加入，并不断搅拌，防止析出较大结晶。

【思考题】

（1）制备胃蛋白酶合剂时，为什么要将胃蛋白酶撒在液面上，令其自然膨胀溶解？

（2）胃蛋白酶的活性与哪些因素有关？

2. 羧甲纤维素钠胶浆的制备

【处方】	羧甲纤维素钠	1.25g
	甘油	15ml
	羟苯乙酯溶液（5%）	1ml
	香精	适量
	纯化水	适量
	共制	50ml

【制法】取羧甲纤维素钠分次加入25ml热纯化水中，轻加搅拌使其溶解；加入甘油、羟苯乙酯溶液（5%）、香精混合，最后添加纯化水至50ml，搅匀，即得。

【附注】

（1）羧甲纤维素钠在冷、热水中均能溶解，但在冷水中溶解缓慢，故可加热溶解，但超过80℃长时间加热，导致黏度降低，所以在热水中溶解。

（2）羟苯乙酯溶液应缓缓加入，并不断搅拌，防止析出较大结晶。

（3）羧甲纤维素钠遇阳离子型药物以及碱土金属、重金属盐能产生沉淀，故不能使用季铵盐类和汞类防腐剂。

【思考题】低分子溶液剂与高分子溶液剂在制备方法上有何不同？

实训 4-3　混悬剂的制备

一、实训目的

1. 掌握混悬剂的一般制备方法。

2. 熟悉混悬剂稳定剂的正确使用方法。

二、实训指导

1. 混悬剂的制备方法有分散法和凝聚法。炉甘石洗剂和复方硫黄洗剂属外用制剂，用分散法制备。

2. 用分散法制备混悬剂时采用加液研磨，所加液体量以能研成糊状为宜。

三、实训内容

1. 炉甘石洗剂的制备

【处方】炉甘石　　4g

氧化锌　　4g

甘油　　5ml

羧甲纤维素钠　　0.25g

纯化水　　适量

共制　　50ml

【制法】取炉甘石、氧化锌粉碎，过筛，加甘油及适量纯化水与药物研成细腻糊状；取羧甲纤维素钠加适量纯化水溶解制成胶浆，分次加入上述糊状液中，随加随研，再加纯化水至50ml，搅匀，即得。

【附注】

（1）炉甘石和氧化锌均为亲水性药物，能被水润湿，甘油为润湿剂，先加入适量纯化水和甘油与炉甘石、氧化锌共研，有利于炉甘石和氧化锌的润湿和分散。加水量以能研成糊状为宜。

（2）溶解羧甲纤维素钠时，可用水浴加热加快其溶解速度。

2. 复方硫黄洗剂的制备

【处方】沉降硫　　1.5g

硫酸锌　　1.5g

樟脑醑　　12.5ml

甘油　　5ml

羧甲纤维素钠　　0.25g

吐温-80　　0.15ml

纯化水　　适量

共制　　50ml

【制法】取羧甲纤维素钠加适量纯化水制成胶浆，将沉降硫研细，与吐温-80、甘油研细腻后与上述胶浆混合；取硫酸锌溶于适量纯化水中，过滤，将滤液缓缓加入上述混合液中，再缓缓加入樟脑醑，随加随研，最后加纯化水至50ml，搅匀，即得。

【附注】

（1）硫黄有升华硫、精制硫和沉降硫三种，以沉降硫颗粒最细，故最好用沉降硫制备混悬剂。

（2）硫黄为强疏水性物质，故应先加入甘油和吐温-80使其更好润湿和分散。

（3）硫酸锌为水溶性电解质，故要先配成稀水溶液后加入，以防脱水和盐析。本品禁与软皂合用，否则产生不溶性二价皂。

（4）樟脑醑为醇性制剂，故要缓慢加入并不断搅拌，以防析出较大颗粒。

【思考题】

（1）制备复方硫黄洗剂采取了哪些措施增加其稳定性？

（2）优良混悬剂应达到哪些质量要求？

实训 4-4　乳剂的制备

一、实训目的

1. 掌握乳剂的一般制法。

2. 熟悉乳剂类型的鉴别方法。

二、实训指导

1. 采用胶溶法制备O/W型液状石蜡乳，采用新生皂法制备W/O型石灰搽剂。

2. 乳剂类型的鉴别一般用稀释法和染色法。乳剂加水后，能被水稀释而不分层的是O/W型乳剂，反之为W/O型乳剂。乳剂用水溶性色素亚甲蓝染色后，外相被染成蓝色的是O/W型乳剂；用油溶性色素苏丹红染色后，外相被染成红色的是W/O型乳剂。

三、实训内容

1. 液状石蜡乳的制备

【处方】		
【处方】	液状石蜡	12ml
	阿拉伯胶	4g
	纯化水	适量
	共制	30ml

【干胶法】将阿拉伯胶粉置干燥乳钵中，加入液状石蜡轻研使胶粉均匀分散；加入纯化水8ml研磨至发出噼啪声初乳生成，再加适量纯化水至30ml，搅匀，即得。

【湿胶法】取8ml纯化水与胶粉在乳钵中制成胶浆，分次加入液状石蜡，研磨至初乳生成，再加纯化水至30ml，搅匀，即得。

【附注】

（1）胶溶法制备乳剂时，选用内壁较为粗糙的瓷质乳钵更易乳化。量取油和水的量器不能混用。

（2）干胶法制备乳剂时，乳钵等器具应干燥，阿拉伯胶粉与液状石蜡要轻研混合，以防胶粉黏结成团，影响乳化。

（3）干胶法制备乳剂时，比例量的水应一次加入，立即用力沿同一方向不断研磨至有噼啪声的初乳生成，其间不能改变方向，也不能停止研磨。初乳制成后方可加水稀释。

（4）湿胶法制备初乳时，油相要分次加入，每加一次研磨至完全乳化后再加第二次。

【思考题】

（1）乳剂的组成有哪些？乳剂类型主要由什么决定？

（2）初乳生成的判断依据是什么？

2. 石灰搽剂的制备

【处方】氢氧化钙饱和水溶液　　10ml

花生油　　10ml

【制法】取氢氧化钙饱和水溶液和花生油各10ml，置具塞量筒中，密塞，用力振摇至生成乳剂。

【附注】本制剂是利用花生油中游离脂肪酸与氢氧化钙反应生成的钙皂作W/O型乳化剂，所以制成的乳剂是W/O型。

3. 乳剂类型的鉴别

（1）稀释法：取两支试管，分别加入液状石蜡乳和石灰搽剂各数滴，加纯化水约5ml，振摇，观察是否混匀，依此判断乳剂类型。

（2）染色法：将液状石蜡乳和石灰搽剂分置载玻片上，用苏丹红染色，显微镜下观察结果并判断乳剂类型。同法用亚甲蓝染色，显微镜下观察结果并判断乳剂类型。

乳剂类型鉴别结果

	稀释法	染色法	乳剂类型
液状石蜡乳			
石灰搽剂			

【思考题】稀释法和染色法判断乳剂类型的依据是什么？

实训 4-5　按给药途径与应用方法分类的液体制剂的制备

一、实训目的

掌握按给药途径与应用方法分类的液体药剂的制备原理与方法。

二、实训指导

1. 苯甲酸苄酯洗剂采用新生皂法制备，用力振摇至乳化完全。

2. 复方硼砂溶液为含漱剂，采用化学反应法制备，一般着成红色，以示外用，不可咽下。

三、实训内容

1. 苯甲酸苄酯洗剂的制备

【处方】苯甲酸苄酯　25g
三乙醇胺　0.5g
油酸　2g
纯化水　适量
共制　100ml

【制法】取三乙醇胺和油酸混匀后，加苯甲酸苄酯混匀，将混合物转移至具塞量筒中，加纯化水约10ml，振摇至乳化，最后加纯化水至50ml，搅匀，即得。

【附注】

（1）本制剂的制备方法为新生皂法。乳化剂是三乙醇胺与油酸反应生成的有机胺皂，为O/W型乳化剂，所以本制剂为O/W型乳剂。

（2）本制剂用于治疗疥疮、头虱等症。一般浴后使用，每日早晚各一次。

【思考题】洗剂如何使用?

2. 复方硼砂溶液（朵贝尔氏液）的制备

【处方】硼砂　1.5g
碳酸氢钠　1.5g
液化苯酚　0.3ml
甘油　3.5ml
纯化水　适量
共制　100ml

【制法】

（1）取硼砂溶于约80ml热纯化水中，放冷后，加入碳酸氢钠溶解。

（2）将液化苯酚加入甘油中搅匀，加入上述溶液中，边加边搅拌，静置片刻或至无气泡。

（3）过滤，自滤器上加纯化水至100ml，搅匀，加伊红溶液，搅匀，即得。

【附注】

（1）本制剂是用化学反应法制备。硼砂与甘油反应生成甘油硼酸（酸性）；甘油硼酸再与碳酸氢钠反应生成甘油硼酸钠，同时放出二氧化碳气体。

（2）硼砂易溶于热水（70~80℃），但碳酸氢钠在40℃以上的环境易分解。故用热水溶解硼砂，放冷至40℃后再加入碳酸氢钠。

（3）甘油硼酸钠和液化苯酚均有消毒作用。

（4）本品用伊红着成红色，以示外用。

（5）本制剂用于治疗口腔炎、咽喉炎、扁桃体炎。一般用法是本制剂加5倍温开水稀释后含漱，一日3~4次。

【思考题】

（1）本制剂的制备原理是什么？

（2）含漱剂的酸碱度有何要求？为什么？

（李　梅）

项目五
注射剂与眼用液体药剂

项目五
数字内容

学习目标

知识目标：

- 掌握注射剂和滴眼剂的处方组成、生产工艺流程、操作步骤及注意事项。
- 熟悉注射剂的概念、特点、分类与质量要求；热原的组成、性质、污染途径和除去方法；熟悉输液剂与滴眼剂。
- 了解热原的检查方法。

能力目标：

- 具有无菌操作的能力，能严格按照标准操作规程进行操作，生产出质量合格的药品。

素质目标：

- 树立药品质量第一的观念和药品安全的意识，具有科学的工作态度和严谨的工作作风。

情境导入

情境描述：

2006年4月24日起，中山大学附属第三医院有患者使用齐齐哈尔第二制药厂生产的亮菌甲素注射液后出现急性肾衰竭临床症状。事件中共有65名患者使用了该批号亮菌甲素注射液，导致13名患者死亡，另有2名患者受到严重伤害。广东省药品检验所紧急检验查明，该批号亮菌甲素注射液中含有毒物质二甘醇。经卫生部、国家食品药品监督管理局组织医学专家论证，二甘醇是导致事件中患者急性肾功能衰竭的元凶。经食品药品监管部门、公安部门联合查明，齐齐哈尔第二制药厂原辅料采购、质量检验工序管理不善、相关主管人员和相关工序责任人违反有关药品采购及质量检验的管理规定，购进了以二甘醇冒充的丙二醇并用于生产亮菌甲素注射液，最终导致严重后果。

学前导语：

注射剂直接注射到体内，生产过程中必须严格按照GMP的要求。药学工作人员必须遵守职业道德、忠于职守，以对药品质量负责、保证人民用药安全有效为基本准则。本项目内容主要向大家介绍临床常用注射剂、输液剂、注射用无菌粉末等无菌制剂的概述、制备工艺流程和注意事项等。

注射剂系指原料药物或与适宜的辅料制成的供注入体内的无菌制剂。注射剂经过多年的发展，无论是在调整机体水和电解质平衡、补充体液方面，还是作为给药载体用于诊断和治疗疾病等方面，注射剂已成为我国临床用量最大的剂型之一。

任务一　认识注射剂

课堂活动

1. 急诊室抢救患者时常用的给药途径是什么？所用药物的剂型又是什么呢？
2. 大家都见过青霉素粉针剂、维生素C注射液和大瓶的生理盐水，你知道它们的专业术语吗？它们又是如何制备的呢？

一、注射剂的概念、特点与分类

（一）注射剂的概念与特点

注射剂系指原料药物或与适宜的辅料制成的供注入体内的无菌制剂。

注射剂是目前临床应用最广泛的剂型之一，其优点有以下几方面。

1. 药物剂量准确、作用迅速可靠　注射剂将药物直接注入人体组织或血管中，因此，吸收快、作用迅速，适用于抢救危重患者。注射剂不经过胃肠道，不受消化液及食物的影响，作用可靠，剂量易于控制。

2. 适用于不能口服给药的患者　如昏迷、不能吞咽、术后禁食、严重呕吐等不能口服给药的患者，需经注射给药和提供营养，以发挥治疗和维持患者生命的作用。

3. 适用于不宜口服的药物　如青霉素、胰岛素等易被胃肠道的消化液破坏，链霉素口服不易吸收，将这些药物制成注射剂后，能有效地发挥药效。

4. 局部定位作用　如局部麻醉药、注射封闭疗法、穴位注射药物能产生特殊疗效。

注射剂也有一些缺点：①安全性不如口服给药，注射剂一经注入体内，药物起效快，易产生不良反应，需严格控制用药；②用药不方便并且能产生较强的疼痛感，一般患者不能自行使用；③生产用的原料、辅料质量要求高，需具备相应的生产条件和设备，生产成本较高。

（二）注射剂的分类

《中国药典》（2020年版）把注射剂分为注射液、注射用无菌粉末与注射用浓溶液三类。

1. 注射液　系指原料药物或与适宜的辅料制成的供注入体内的无菌液体制剂，包括溶液型、乳浊液型和混悬液型等注射液。其中，供静脉滴注用的大容量注射液（除另有规定外，一般不小于100ml，生物制品一般不小于50ml）也可称为输液。

2. 注射用无菌粉末　系指原料药物或与适宜的辅料制成的供临用前用无菌溶液配制成注射液的无菌粉末或无菌块状物，可用适宜的注射用溶剂配制后注射，也可用静脉输液配制后静脉滴注。以冷冻干燥法制备的注射用无菌粉末，也可称为注射用冻干制剂。

3. 注射用浓溶液　系指原料药物与适宜的辅料制成的供临用前稀释后注射的无菌浓溶液。

注射剂按药物的分散形式可分为四类。

1. 溶液型注射剂　易溶于水且在水溶液中稳定的药物，可制成水溶液型注射剂，适于各种注射给药，如氯化钠注射液等；不溶于水而溶于油的药物，可制成油溶液型注射剂，如黄体酮注射液等；还可用复合溶剂制成溶液型注射剂，如氢化可的松注射液等。

2. 乳剂型注射剂　水不溶性液体药物，可以制成乳剂型注射剂，例如静脉脂肪乳注射剂等。

3. 混悬型注射剂　水难溶性药物或需要延长作用时间的药物，可制成水混悬液或油混悬液，如醋酸可的松注射剂、鱼精蛋白胰岛素注射剂等。混悬型注射剂不得用于静脉注射与椎管注射。

4. 注射用无菌粉末　亦称粉针剂，是指药物制成的供临用前用适宜的无菌溶液制成澄清溶液或均匀混悬液的无菌粉末或无菌块状物。如遇水不稳定的药物青霉素等的粉针剂。

二、注射剂的质量要求

1. 无菌　注射剂均应无菌，不得含有任何活的微生物。按《中国药典》(2020年版)无菌检查法(四部通则1101)检查，应符合规定。

2. 无热原　无热原是注射剂的重要质量指标。供静脉及椎管用的注射剂按照《中国药典》(2020年版)细菌内毒素检查法(四部通则1143)或热原检查法(四部通则1142)检查，应符合规定。

3. pH　要求与血液pH(7.35~7.45)相等或接近，一般根据药物性质可控制pH在4~9的范围内。

4. 渗透压　要求与血浆的渗透压相等或接近，静脉输液应尽可能与血液等渗。

5. 可见异物　在规定条件下目视不得观测到不溶性物质，其粒径或长度通常大于50μm。溶液型静脉用注射液、注射用无菌粉末及注射用浓溶液，除另有规定外，必须做不溶性微粒检查，均应符合《中国药典》(2020年版)规定。

6. 安全性　注射剂所用的溶剂和附加剂均不得引起毒性反应或对组织发生过度的刺激。尤其是非水溶剂及一些附加剂等，必须经过必要的动物实验以确保安全无害。有些注射剂还要检查降压物质，必须符合规定以保证用药安全。

7. 稳定性　注射剂应具有一定的物理、化学与生物学稳定性，确保其在有效期内安全有效、不发生变化。

8. 其他　注射剂中有效成分含量、杂质限度和装量差异限度检查等，均应符合药品标准；混悬型注射液药物的粒度应符合规定，并不得用于静脉注射或椎管注射；静脉用乳剂型注射液分散相的粒度应符合规定，乳剂型注射液不得用于椎管注射等。

点滴积累

1. 《中国药典》(2020年版)将注射剂分为注射液、注射用无菌粉末与注射用浓溶液三类。注射剂按药物的分散形式可分为溶液型注射剂、乳剂型注射剂、混悬型注射剂、注射用无菌粉末。

2. 注射剂的质量要求包括“三无”(无菌、无热原、无可见异物)、pH(4~9)、渗透压(尽可能等渗)、安全性(不引起毒性或对组织产生过度的刺激)、稳定性(具有一定的物理、化学与生物学稳定性，有效期内安全有效）、其他（有效成分含量、杂质限度和装量差异限度检查等）均应符合药品标准。

任务二　热原

一、热原的概念、组成与性质

热原是由微生物产生的代谢产物，能引起恒温动物体温异常升高的致热物质。它是细菌的一种内毒素，由磷脂、脂多糖和蛋白质组成，其中脂多糖是热原的活性中心，致热作用最强。大多数细菌都能产生热原，其中致热能力最强的是革兰氏阴性杆菌产生的内毒素，其次是革兰氏阳性杆菌、革兰氏阳性球菌产生的热原，霉菌、酵母菌、甚至病毒也能产生热原。

课堂活动

某青年男性患者发热、咳嗽咳痰、伴胸痛，诊断为肺炎，使用哌拉西林/他唑巴坦抗感染治疗。两周后，患者症状明显减轻，但在治疗第十五天，用药后出现发冷、寒战、高热的症状，请分析原因。

含有热原的注射剂注入人体（1μg/kg）就可引起发热反应，通常在注入30分钟后出现发冷、寒战、发热、出汗、恶心、呕吐等症状，有时体温可升至40℃以上，严重者甚至昏迷、虚脱，如不及时抢救，可危及生命。此种现象在临床上被称为“热原反应”。

热原除具有致热的性质以外，还有以下性质。

1. 水溶性　热原能溶于水，在水或水溶液中呈分子状态，其浓缩液往往有乳光。

2. 耐热性　热原在60℃加热1小时不受影响，100℃也不会分解，120℃加热4小时能破坏98%左右，在180~200℃干热2小时或250℃以上干热45分钟、650℃干热1分钟可彻底破坏。

3. 滤过性　热原体积小，约为1~5nm，因此一般的除菌滤器不能将其截留除去，用小于1nm孔径的微孔滤膜或超滤膜可滤除绝大部分甚至全部热原。

4. 不挥发性　热原本身不挥发，但可随水蒸气的雾滴进入蒸馏水中，故蒸馏水器均设隔沫装置。

5. 可吸附性　热原可被活性炭、白陶土、硅藻土等吸附，还可被离子交换树脂，尤其是阴离子交换树脂所交换而除去。

6. 其他　热原可被强酸、强碱、强氧化剂等破坏，故可用强酸或强碱、清洁液来处理带热原的容器。

二、污染热原的途径

1. 由溶剂带入　注射用水是注射剂被热原污染的主要途径。如果蒸馏器结构不合理、操作不当、容器不洁或放置时间过久都会被热原污染。因此，配制注射剂必须使用新鲜的注射用水。

2. 由原辅料带入　某些原辅料因包装破损、受潮而污染微生物可产生热原；另有中药提取物、蔗糖、蛋白类的生物制品等容易繁殖细菌而引起热原污染。

3. 由容器、用具、管道和装置等带入　配制药液的容器、用具、管道和装置等处理不合格均会引起热原污染，因此必须严格按GMP要求认真清洗处理合格后方可使用。

4. 由输液器带入　热原反应也有可能是由于输液器、注射针筒针头、配药器具的污染所致。

5. 生产过程中污染　室内卫生条件差、操作时间长、装置不密闭等均会增加染菌的机会。因此，在注射剂的生产过程中，应严格采用净化程序，如空气净化、环境净化、人员净化、物料净化等，并缩短操作时间，以减少微生物污染的机会。

三、除去热原的方法

1. 高温法　250℃加热30分钟以上可破坏热原，适用于耐高温的玻璃器皿的处理，如注射用的针筒、玻璃容器等。

2. 酸碱法　玻璃容器等用具可用重铬酸钾硫酸清洁液或稀氢氧化钠溶液处理，可破坏热原。

3. 吸附法　活性炭对热原有较强的吸附作用，同时有助滤、脱色作用，在注射剂生产中得到广泛使用，常用量为0.1%~0.5%。

4. 离子交换法　离子交换树脂有较大的表面积和表面电荷，具有吸附和交换作用。国内用10%的301型弱碱性阴离子交换树脂与8%的122型弱酸性阳离子交换树脂，均可除去丙种胎盘球蛋白注射液中的热原。

5. 凝胶滤过法　热原是大分子复合物，可用分子筛过滤，如用二乙氨基乙基葡聚糖凝胶（分子筛）制备无热原去离子水。

6. 其他　如用反渗透法通过三醋酸纤维膜等除去热原。另外，超滤法也可以除去热原。

四、检查热原的方法

1. 热原检查法　又称家兔试验法，将一定剂量的供试品静脉注入家兔体内，在规定时间内，观察家兔体温升高的情况，以判定供试品中所含热原的限度是否符合规定。检查结果的准确性与一致性取决于家兔的状况、试验室条件和操作的规范性等因素。供试验用的家兔（图5-1）应按《中国药典》（2020年版）要求进行挑选，依照《中国药典》（2020年版）规定的方法进行试验和判定试验结果。具体操作见《中国药典》（2020年版）四部通则1142。热原检查法检测内毒素的灵敏度约为0.001μg/ml，试验结果接近人体真实情况，但操作烦琐费时，不能用于生产过程中的质量监控，且不适用于具有细胞毒性、具有一定的生物效应的放射性制剂、肿瘤抑制剂等。

2. 细菌内毒素检查法　又称鲎试剂法。系利用鲎试剂来检测或量化由革兰氏阴性菌产生的细菌内毒素，以判断供试品中细菌内毒素的限量是否符合规定的一种方法。鲎试剂是用鲎（图5-2）的血细胞溶解物制得的，其可与细菌内毒素产生凝胶反应。

图5-1　家兔

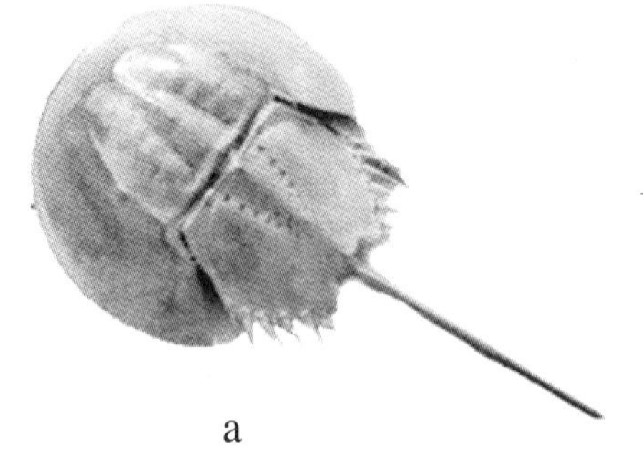

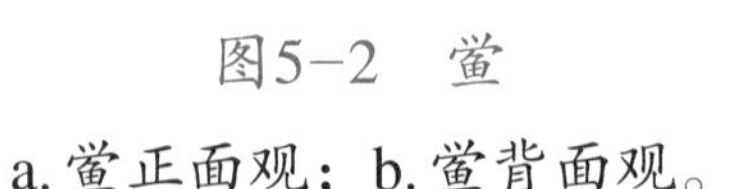

图5-2　鲎

a.鲎正面观；b.鲎背面观。

细菌内毒素检查方法见《中国药典》（2020年版）四部通则1143。细菌内毒素检查法能检出0.000 1μg/ml的内毒素，比热原检查法的灵敏度大10倍。细菌内毒素检查法特别适用于某些不能用家兔进行热原检查的品种，如具有细胞毒性、具有一定的生物效应的放射性制剂、肿瘤抑制剂等。由于鲎试剂法操作简单，实验费用少，结果迅速可靠，特别适用于检测生产过程中的热原；但细菌内毒素检查法对革兰氏阴性菌以外的内毒素不够灵敏，故尚不能代替热原检查法。

点滴积累

1. 热原是指由微生物产生的代谢产物，能引起恒温动物体温异常升高的致热物质。

2. 热原具有水溶性、耐热性、滤过性、不挥发性、可吸附性，可被强碱、强酸、氧化剂等破坏的性质。

3. 热原可以通过溶剂、原辅料、容器、用具、管道和装置等，在生产、使用过程中污染注射剂。

4. 除去热原的方法有高温、酸碱、吸附、离子交换、凝胶过滤等。

5. 检查热原的方法主要有热原检查法（家兔试验法）、细菌内毒素检查法（鲎试剂法）。

任务三　注射剂的溶剂与附加剂

一、注射剂的溶剂

注射剂的溶剂应无菌、无热原、性质稳定、溶解范围广，安全无害，不影响药物疗效和质量。一般分为水性溶剂和非水溶剂两大类。水性溶剂主要为注射用水；非水溶剂又分为注射用植物油及其他非水性溶剂。

（一）注射用水

《中国药典》（2020年版）收载的制药用水，根据使用的范围不同分为饮用水、纯化水、注射用水及灭菌注射用水（详见项目二）。

注射用水为纯化水经蒸馏制得的水，应当符合细菌内毒素试验的要求。注射用水可作为配制注射剂的溶剂或稀释剂，直接接触药品的设备、容器及用具的最后清洗，也可作为配制滴眼剂的溶剂，无菌原料药的精制。

（二）注射用油

常用的有大豆油、芝麻油、菜籽油等，其质量应符合注射用油的要求：无异臭，无酸败味；色泽不得深于黄色6号标准比色液；10℃时应保持澄明；相对密度为

0.916~0.922，折光率为1.472~1.476；酸值应不大于0.56，皂化值为185~200，碘值为79~128；并检查过氧化物、重金属、微生物限度等。

植物油是由各种脂肪酸的甘油酯组成的。在贮存时与空气、光线接触时间较长往往发生复杂的化学变化，产生特异的刺激性臭味，称为酸败。酸败的油脂产生低分子分解产物如酸类、酮类和脂肪酸，故均应精制，才可供注射用。

知识链接

碘值、皂化值及酸值

碘值可说明油中不饱和键的多少。碘值高，则不饱和键多，容易被氧化而引起油脂的酸败变质；碘值低，则油脂熔点高，常温接近固体，难以吸收。因此，注射用油需规定一定的碘值范围。

皂化值是指1g油脂碱水解所消耗的氢氧化钾毫克数，表示油中游离脂肪酸和结合成酯的脂肪酸的总量多少，可看出油的种类和纯度。

酸值系指中和脂肪、脂肪油或其他类似物质1克中含有的游离脂肪酸所需氢氧化钾的毫克数，该值说明油中游离脂肪酸的多少，酸值高质量差，也可以看出酸败的程度。

（三）其他注射用溶剂

因药物的特性，需要选用其他溶剂或采用复合溶剂，如乙醇、甘油、丙二醇、聚乙二醇等用于增加主药的溶解度、防止水解或增加溶液的稳定性。油酸乙酯、二甲基乙酰胺等与注射用油合用，以降低油溶液的黏滞度，或使油不冻结，易被机体吸收。其他注射用溶剂应注意其毒性，应符合注射剂溶剂的要求。

常用的其他注射剂溶剂如表5-1所示。

表5-1　常用的其他注射剂溶剂

注射剂溶剂的种类	特点
乙醇	乙醇与水、甘油、挥发油等可任意混合
甘油	甘油与水或乙醇可任意混合，一般不能单独作为注射用溶剂。常用浓度一般为1%~50%。甘油对许多药物具有较大的溶解性，常与乙醇、丙二醇、水等混合应用

续表

注射剂溶剂的种类	特点
丙二醇（1,2-丙二醇）	与水、乙醇、甘油相混溶，能溶解多种挥发油。常用浓度为1%~50%。丙二醇的特点是溶解范围较广，可供肌内、静脉等给药
聚乙二醇（PEG）	PEG300~400为无色、略有微臭的液体，能与水、乙醇相混合，化学性质稳定，常用浓度为1%~50%
苯甲酸苄酯	苯甲酸苄酯不溶于水和甘油，可与乙醇（95%）及脂肪油相混溶
二甲基乙酰胺（DMA）	为澄明的中性液体，能与水及乙醇任意混合。但连续使用时，应注意其慢性毒性，常用浓度为0.01%
二甲基亚砜（DMSO）	二甲基亚砜的溶解范围广，有良好的防冻作用，肌内或皮下注射均安全

二、注射剂的附加剂

配制注射剂时，可根据药物的性质加入适宜的附加剂，如抑菌剂、pH调节剂、渗透压调节剂、抗氧剂、增溶剂、助溶剂、乳化剂、助悬剂等。所用的附加剂应不影响药效，避免对检验产生干扰，所用浓度不得引起毒性或过度的刺激。

课堂活动

维生素C注射液的处方组成如下：

维生素C	10g
碳酸氢钠	适量
亚硫酸氢钠	0.4g
依地酸二钠	适量
注射用水	加至100ml

维生素C为主药，注射用水为溶剂，那碳酸氢钠、亚硫酸氢钠、依地酸二钠是作什么用的？有什么作用呢？

（一）抑菌剂

凡采用低温灭菌、滤过除菌或无菌操作法制备的注射剂和多剂量装的注射剂，均应加入适宜的抑菌剂。但是供静脉输液与脑池内、硬膜外、椎管内用的注射剂，均不得添加抑菌剂。除另有规定外，一次注射量超过5ml的注射剂也不得加入抑菌剂。抑菌剂的用量应能抑制注射液中微生物的生长，并对人体无毒、无害。加有抑菌剂的注射剂，仍要用适宜的方法灭菌，并应在标签或说明书上注明抑菌剂的名称和用量。

常用的抑菌剂及其应用范围见表5-2。

表5-2 常用的抑菌剂及其应用范围

抑菌剂	应用范围
苯酚	适用于偏酸性药液
甲酚	适用于偏酸性药液
三氯叔丁醇	适用于偏酸性药液
羟苯酯类	在酸性药液中作用强，在碱性药液中作用弱

（二）pH调节剂

注射剂需调节pH在适宜范围内，使药物稳定，保证用药安全。药物的氧化、水解、分解、变旋及脱羧等化学变化，多与溶液的pH有关。因此，在配制注射液时，将其溶液调整至反应速度最小的pH（最稳定pH）是保持注射剂稳定性的首选措施。

常用的pH调节剂有盐酸、枸橼酸及其盐、氢氧化钠、碳酸氢钠、磷酸氢二钠和磷酸二氢钠等。枸橼酸盐和磷酸盐均为缓冲溶液，使注射液具有一定的缓冲能力，以维持药液适宜的pH。如维生素C注射液用碳酸氢钠调节pH，既可防止碱性过强而影响药液的稳定性，又可产生二氧化碳，驱除药液中的氧，有利于药物稳定。

（三）渗透压调节剂

1. 等渗溶液的含义　是指与血浆、泪液等体液具有相等渗透压的溶液。注射剂应尽可能与血浆渗透压相等。如果血液中注入大量低渗溶液，水分子可迅速通过红细胞膜（半透膜）进入红细胞内，使之膨胀乃至破裂，产生溶血，可危及生命；反之，注入大量高渗溶液时，红细胞内的水分会大量渗出，红细胞出现萎缩，引起原生质分离，有形成血栓的可能。一般机体对渗透压有一定的调节能力。有时临床上根据治疗需要，常注入高渗溶液如20%~25%甘露醇注射液、25%~50%葡萄糖注射液等，但只要注入量不大，注入速度不太快，机体可以自行调节，不致产生不良反应。

2. 调节等渗的计算方法　常用的等渗调节剂有氯化钠、葡萄糖等。计算方法如下。

（1）冰点降低数据法：本法的依据为冰点相同的稀溶液具有相等的渗透压。人的血浆和泪液的冰点均为−0.52℃，任何溶液只要将其冰点调至−0.52℃时，即与血浆等渗，成为等渗溶液，计算公式为：

$$W=\frac{0.52-a}{b}$$ 式（5-1）

式中，W为配制100ml等渗溶液加等渗调节剂的克数；a为调节前药物溶液的冰点降低值，若溶液中含有两种或两种以上的物质时，则a为各物质冰点降低值的总和；b为1%（g/ml）等渗调节剂的冰点降低值。

表5-3列出一些药物的1%水溶液的冰点降低值，可供查阅。在此强调，使用上述公式计算出的等渗调节剂的用量是100ml药液中需要加入等渗调节剂的量，所配制的药液要加入的量还要继续计算。

例：配制1%盐酸可卡因注射液100ml，使成等渗，需加氯化钠多少克？

查表可知1%盐酸可卡因的a=0.09，1%氯化钠的b=0.58，代入公式得：

$$W=\frac{0.52-0.09}{0.58}=0.74\text{（g）}$$

即需加入0.74g氯化钠，可使1%盐酸可卡因注射液100ml成为等渗溶液。

课堂活动

配制1%盐酸普鲁卡因注射液200ml，使成等渗，需加氯化钠多少克？

（2）氯化钠等渗当量法：是指能与该药物1g呈现等渗效应的氯化钠的量，用E表示。例如，从表5-3查出硼酸的氯化钠等渗当量为0.47，即1g硼酸在溶液中能产生与0.47g氯化钠相等的渗透压。因此，查出药物的氯化钠等渗当量后，可计算出等渗调节剂的用量。公式如下：

$$X=0.009V-EW$$ 式（5-2）

式中，X为配成Vml等渗溶液需加入的氯化钠克数，E为药物的氯化钠等渗当量，W为药物的克数，0.009为每1ml等渗氯化钠溶液中所含氯化钠的克数。

例：配制2%盐酸丁卡因注射液200ml，使成等渗，需加氯化钠多少克？

已知：E=0.18，W=2%×200

代入上式得：

$$X=0.009\times200-0.18\times2\%\times200=1.08\text{（g）}$$

即配制2%盐酸丁卡因注射液200ml，加入1.08g氯化钠可成为等渗溶液。

部分药物水溶液的冰点降低值与氯化钠等渗当量见表5-3。

表 5-3　一些药物水溶液的冰点降低值与氯化钠等渗当量

药物名称	1%（g/ml）水溶液的冰点降低值	1g 药物的氯化钠等渗当量（*E*）
硼酸	0.28	0.47
盐酸乙基吗啡	0.19	0.16
硫酸阿托品	0.08	0.10
盐酸可卡因	0.09	0.14
氯霉素	0.06	—
依地酸钙钠	0.15	0.21
盐酸麻黄碱	0.16	0.28
无水葡萄糖	0.10	0.18
一水葡萄糖（$C_6H_{12}O_6 \cdot H_2O$）	0.091	0.16
氢溴酸后马托品	0.097	0.17
盐酸吗啡	0.086	0.15
碳酸氢钠	0.381	—
氯化钠	0.578	—
青霉素钾	—	0.16
硝酸毛果芸香碱	0.133	0.22
吐温-80	0.01	0.02
盐酸普鲁卡因	0.122	0.18
盐酸丁卡因	0.109	0.18
尿素	0.341	0.55
维生素C	0.105	0.18
枸橼酸钠	0.185	0.30
苯甲酸钠咖啡因	0.15	0.27
甘露醇	0.10	0.18
硫酸锌（$7H_2O$）	0.085	0.12

注："—"表示暂无数据。

（四）抗氧剂、金属络合剂与惰性气体

课堂活动

常见的惰性气体有哪些？注射剂中为什么要通入惰性气体？

抗氧剂、金属络合剂及惰性气体均可防止注射剂中药物的氧化。三者可单独使用，也可联合使用。

1. 抗氧剂　抗氧剂是易氧化的还原性物质，当其与易氧化的药物共存时，首先被氧化，保护了药物。使用时应注意氧化产物的影响，常用的抗氧剂见表5-4。

表5-4　常用的抗氧剂

抗氧剂名称	应用范围
焦亚硫酸钠	水溶液呈酸性，适用于偏酸性药液
维生素C	水溶液呈酸性，适用于pH 4.5~7.0的药物水溶液
亚硫酸氢钠	水溶液呈酸性，适用于偏酸性药液
亚硫酸钠	水溶液呈弱碱性，适用于偏碱性药液
硫代硫酸钠	水溶液呈中性或弱碱性，适用于偏碱性药液
硫脲	水溶液呈中性
焦性没食子酸	适用于油溶性药物的注射剂

2. 金属络合剂　金属络合剂可与从原辅料、溶剂和容器引入注射液中的微量金属离子形成稳定的络合物，从而消除金属离子对药物氧化的催化作用。常用的金属络合剂有依地酸钙钠、依地酸二钠，也可用枸橼酸盐或酒石酸盐。一般可与抗氧剂合用。

3. 惰性气体　注射剂中通入惰性气体以驱除注射用水中溶解的氧和容器空间的氧，防止药物氧化。常用的惰性气体有N_2和CO_2，使用CO_2时应注意可能改变某些药液的pH，并易使安瓿破裂。惰性气体需净化后方可使用。

（五）增溶剂与助溶剂

为了增加注射剂药物的溶解度常加入增溶剂和助溶剂。

1. 增溶剂　在注射剂中常用的增溶剂有吐温-80、卵磷脂、泊洛沙姆F68等，主要用于小剂量注射剂和中药注射剂中。

2. 助溶剂　助溶剂主要是与溶解度小的药物形成可溶性复合物（详见项目二）。

（六）局部止痛剂

有些注射剂在皮下和肌内注射时，对组织产生刺激而引起疼痛，可考虑加入适量的局部止痛剂。常用的局部止痛剂有0.3%~0.5%三氯叔丁醇、0.25%~0.2%盐酸普鲁卡因、0.25%利多卡因等。

（七）其他附加剂

1. 助悬剂与乳化剂　注射剂中常用的助悬剂为1%羟丙甲纤维素（hypromellose，HPMC），其助悬和分散作用均较好，贮藏期质量稳定。注射剂中常用的乳化剂有卵磷脂、豆磷脂、泊洛沙姆F68等。

2. 延效剂　延效剂主要是使注射剂中的药物缓慢释放和吸收而延长其作用，常用聚乙烯吡咯烷酮（polyvinyl pyrrolidone，PVP），简称聚维酮。

点滴积累

1. 注射用溶剂包括注射用水、注射用油及其他注射用溶剂（如乙醇、甘油、丙二醇、聚乙二醇等）。

2. 注射用水为纯化水经蒸馏所得的水，应符合细菌内毒素试验的要求（不超过0.25EU/ml）。

3. 注射剂的附加剂有抑菌剂、pH调节剂、渗透压调节剂、抗氧剂、金属络合剂与惰性气体增溶剂、助溶剂、乳化剂、助悬剂、局部止痛剂等。

4. 调节等渗的计算方法有冰点数据降低法和氯化钠等渗当量法。

任务四　注射剂的制备与实例分析

一、注射剂的生产工艺流程

注射剂的生产按照《药品生产质量管理规范》（GMP）进行管理，严格控制生产环境，按照生产工艺流程进行规范操作。液体安瓿剂一般生产工艺流程及环境区域划分，如图5-3所示。

注射剂的生产过程主要步骤包括：①注射用水的制备；②安瓿的洗涤、干燥与灭菌；③原辅料的准备、配制、滤过、灌封；④灭菌、质量检查、印字包装等。

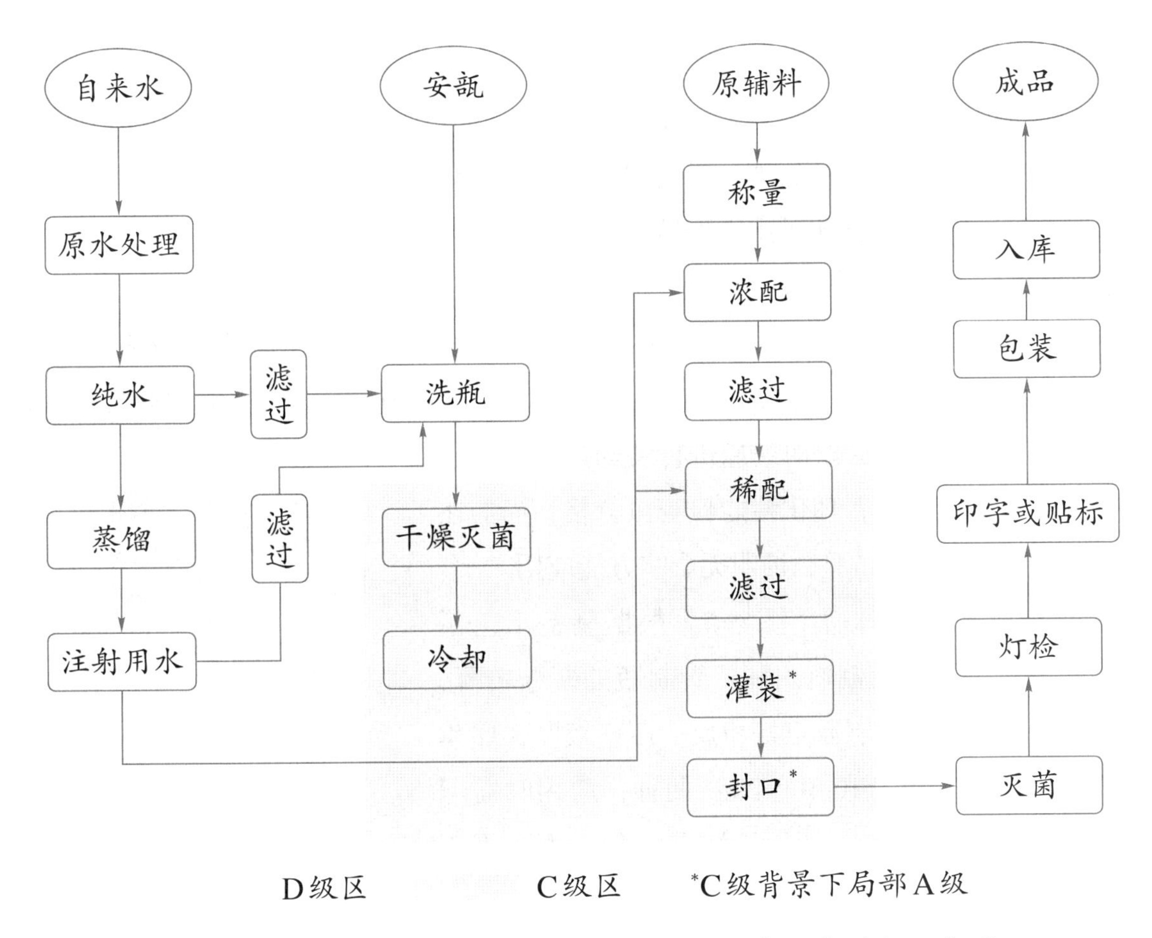

图5-3　液体安瓿剂一般生产工艺流程及环境区域划分示意图

二、注射剂的容器与处理方法

（一）注射剂容器的种类和式样

注射剂常用容器有玻璃安瓿、玻璃瓶、塑料瓶（袋）等。容器的密封性需用适宜的方法测试。除另有规定外，容器应符合有关注射用玻璃容器和塑料容器的国家标准规定。容器用胶塞要有足够的弹性，其质量应符合有关国家标准规定。

1. 安瓿　安瓿（图5-4）的容积通常为1ml、2ml、5ml、10ml和20ml等几种规格。一般使用曲颈易折安瓿，即在安瓿曲颈上方涂有色点、色环或刻痕，用时不用锉刀就能折断，可避免玻璃屑对药液的污染，使用方便。安瓿多为无色的，对光敏感的药物可用琥珀色安瓿。目前可制造安瓿的玻璃主要有中性玻璃、含钡玻璃与含锆玻璃三种。中性玻璃的化学稳定性较好，耐热压灭菌性能好，适应于中性或弱酸

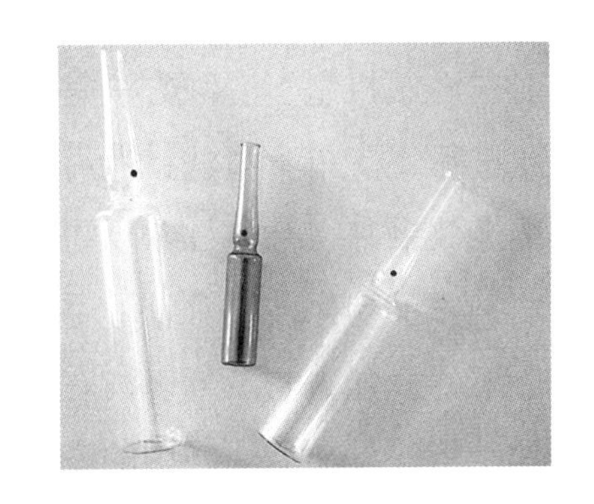

图5-4　安瓿示意图

性注射剂如各种输液、葡萄糖注射液、注射用水、维生素B_2等；含钡玻璃的耐碱性能好，可作碱性较强注射剂的容器，如磺胺嘧啶钠注射液（pH 10.0~10.5）等；含锆玻璃系含少量氧化锆的中性玻璃，具有更高的化学稳定性，耐酸、耐碱性均好，不易受药液侵蚀，此种玻璃安瓿可用于盛装如乳酸钠、碘化钠、磺胺嘧啶钠、酒石酸锑钾等具腐蚀性的注射液。

为了保证注射剂的质量，安瓿一般必须通过物理和化学检查。物理检查主要检查安瓿的外观、尺寸、应力、清洁度、热稳定性等。化学检查包括玻璃容器的耐酸性、耐碱性检查和中性检查。必要时还应进行装药试验，特别是当安瓿材料变更时，理化性能检查虽合格，尚需在盛装药液后做相容性试验，证明无影响方能应用。

2. 西林瓶　西林瓶（图5-5）根据制备工艺不同可分为管制瓶与模制瓶两种。管制瓶的瓶壁较薄，厚薄比较均匀；而模制瓶正好相反，瓶壁较厚，厚薄不均匀。常见容积为10ml和20ml两种，应用时需配有丁基胶塞（图5-5），外加铝塑盖压紧，主要用于分装注射用无菌粉末。

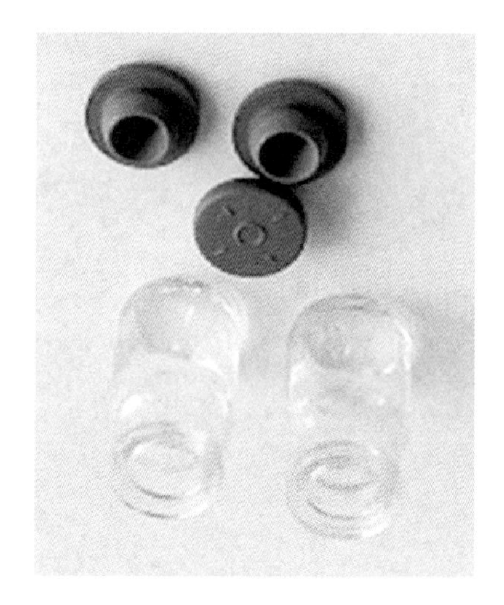

图5-5　西林瓶、丁基胶塞

（二）安瓿的洗涤

安瓿的洗涤方法一般有甩水洗涤法、加压喷射气水洗涤法和超声波洗涤法。

（1）甩水洗涤法：甩水洗涤法将安瓿经洒水机灌满滤净的水，再用甩水机将水甩出，如此反复三次，以达到清洗的目的。此法洗涤的安瓿清洁度一般可达到要求，生产效率高，劳动强度低，符合大生产的需要。但洗涤质量不如加压喷射气水洗涤法好，一般适用于5ml以下的安瓿，生产中主要用安瓿甩水机。

（2）加压喷射气水洗涤法：加压喷射气水洗涤法是目前认为最有效的洗瓶方法，特别适用于大安瓿的洗涤。系利用已滤过的纯化水与已滤过的压缩空气由针头喷入安瓿内交替喷射洗涤，冲洗顺序为气→水→气→水→气，一般4~8次。其设备为气水喷射式洗瓶机组。洗涤方法是采用经过滤过处理的压缩空气及洗涤水用针头注入待洗安瓿进行逐支单个清洗，然后再经高温烘干灭菌从而达到质量要求。该设备较复杂，但洗涤效果好，符合GMP要求。该机适用于大规格安瓿的洗涤。

（3）超声波洗涤法：系利用超声波技术清洗安瓿的一种方法，是符合GMP生产要求的最佳方法。超声波安瓿洗瓶机是能实现连续化生产的安瓿清洗设备。其作用原理是将浸没在清洗液中的安瓿在超声波发生器的作用下，使安瓿与液体接触的界面处于剧烈的超声振动状态时将安瓿内外表面的污垢冲击剥落，从而达到安瓿清洗的目的。图5-6是超声波安瓿洗瓶机的工作示意图。

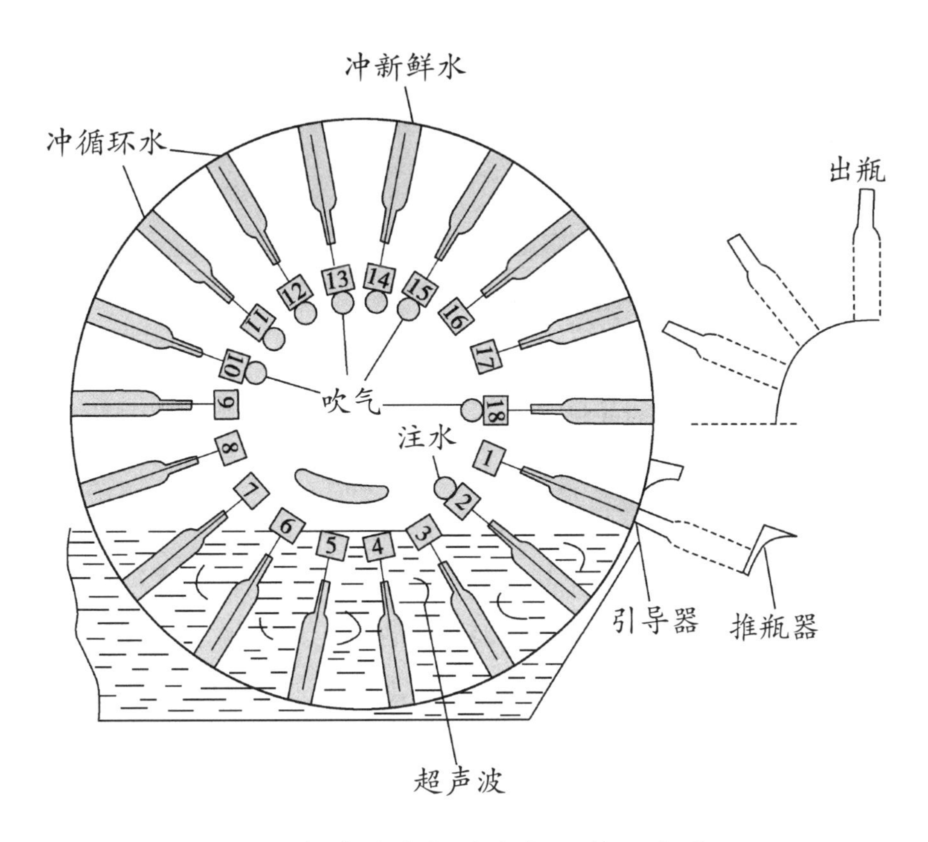

图5-6　超声波安瓿洗瓶机工作示意图

（三）安瓿的干燥和灭菌

安瓿洗涤后，一般要在烘箱内用120~140℃的温度干燥。大量生产时多采用隧道式红外线烘箱进行干燥。为了防止污染，可配备局部层流装置，安瓿在连续的层流洁净空气的保护下，经过高温，快速完成干热灭菌。灭菌后的安瓿应贮存于有净化空气保护的存放柜中，并在24小时内使用。

三、注射剂的配制

（一）原辅料的质量要求与投料计算

1. 原辅料的质量要求　所有原料药必须达到注射用规格，符合《中国药典》（2020年版）所规定的各项检查与含量限度。辅料也应符合《中国药典》（2020年版）规定的药用标准，若有注射用规格，应选用注射用规格。注射用原辅料在生产前还需小样试制，检验合格后方能使用。

2. 投料计算　在配制前，应先将原料按处方规定计算其用量。如果注射剂在制备中使用活性炭会发生吸附或灭菌后含量有所下降时，应酌情增加投料量，此时可采用“高限”投料，如超出“高限”时应通过实验来确定增加的投料量。按处方量投料及称量时，应两人核对。一般投料计算如下：

$$原料的实际用量=\frac{原料的理论用量\times相当标示量的百分数}{原料的实际含量} \qquad 式（5-3）$$

$$原料的理论用量=实际配液量\times成品含量 \qquad 式（5-4）$$

$$实际配液量=计划配液量+灌注时的损耗量 \qquad 式（5-5）$$

$$计划配液量=（每支装量+装量增加量）\times计划灌注支数 \qquad 式（5-6）$$

相当标示量的百分数：药品标准规定的含量百分数，通常为100%。

（二）配制用具的选择与处理

配制注射剂的用具和容器均不应影响药液的稳定性。大量生产时用夹层配液锅，同时应装配轻便式搅拌器，夹层锅可以通蒸汽加热，也可通冷水冷却。此外还可用不锈钢配料缸、搪瓷桶等容器，或耐酸耐碱的陶瓷及无毒聚氯乙烯、聚乙烯塑料桶等。

器具使用前，要用洗涤剂或硫酸清洁液处理洗净，临用前用新鲜注射用水荡洗或灭菌后备用。每次配液后，一定要立即将所有用具清洗干净，干燥灭菌后供下次使用。玻璃容器也可加入少量硫酸清洁液或75%乙醇放置，以免染菌，用时再依法洗净；橡皮管道可在纯化水中蒸煮搓洗后用注射用水反复冲洗。

（三）注射液的配制

课堂活动

同学们学习过液体药剂的制备，试想溶液型液体药剂的制备与注射剂的配制有什么异同呢？

配制药液的方法有两种：稀配法和浓配法。稀配法是将全部原料药加到全量溶剂中，直接配成所需浓度的操作方法。此法适用于不易发生可见异物问题的质量好、杂质少的原料药。浓配法是将全部原料药加入部分溶剂配成浓溶液，进行过滤，然后再稀释至所需浓度的方法。

需注意的是：①原料不易带来可见异物的可用稀配法。②采用浓配法时，对不易澄清的药液，可加0.1%~0.3%的药用活性炭处理，但要注意可能对主药产生吸附而使含量下降。活性炭在酸性条件下吸附能力强，一般均在酸性环境下使用。③配制油性注射液，其器具必须充分干燥，一般先将注射用油在150~160℃、1~2小时灭菌，冷却至适宜温度（一般在主药熔点以下20~30℃），趁热配制、过滤（一般在60℃以下)，温度不宜过低，否则黏度增大，不宜过滤。

四、注射剂的滤过

滤过是借助多孔性材料把固体微粒阻留而使液体通过，将固体微粒与液体分离的过程，还可以除去部分微生物。滤过是保证注射剂澄明的关键工序，详见项目二。

常用的滤过方法根据推动力的不同，可将滤过方法分为以下三种：常压滤过、减压滤过和加压滤过。常用的滤器有普通漏斗、板框压滤器、砂滤棒、垂熔玻璃滤器、微孔滤膜过滤器等，滤材有滤纸、脱脂棉、纱布、绢布等。

五、注射剂的灌封

注射剂的灌封包括灌装和熔封两步，灌封应在同一室内进行，灌注后应立即封口，以免污染。灌封室是灭菌制剂制备的关键区域，达到尽可能高的洁净度(C级背景下的局部A级)。药液灌封应做到剂量准确，药液不沾瓶，不受污染。为保证用药剂量准确，一般注入容器的量要比标示量稍多，以抵偿在给药时由于瓶壁黏附和注射器及针头的吸留而造成的损失。灌装标示量为小于50ml的注射剂，应按照《中国药典》(2020年版)四部通则0102的规定，适当增加装量(表5-5)。

表5-5 注射剂增加装量表

标示装量/ml	增加量/ml	
	易流动液	黏稠液
0.5	0.10	0.12
1	0.10	0.15
2	0.15	0.25
5	0.30	0.50
10	0.50	0.70
20	0.60	0.90
50	1.0	1.5

易氧化的药物溶液在灌注时，安瓿内要通入惰性气体以置换安瓿中的空气，常用

的有氮气和二氧化碳。常采用灌装前通气，灌注，罐装后再通气的方法。

安瓿封口要严密不漏气，颈端圆整光滑，无尖头和小泡。其封口方法有拉封和顶封。拉丝封口（拉封）是指当旋转安瓿瓶颈玻璃在火焰加热下熔融时，采用机械方法将瓶颈封口。由于拉丝封口严密，不会像顶封那样易出现毛细孔，故目前规定必须采用直立（或倾斜）拉封封口方法。

工业化生产常采用全自动灌封机（图5-7），目前注射剂的生产有在洗灌封联动生产线上进行的，有利于预防和控制污染，使产品的质量和生产效率都可得到很大提高。

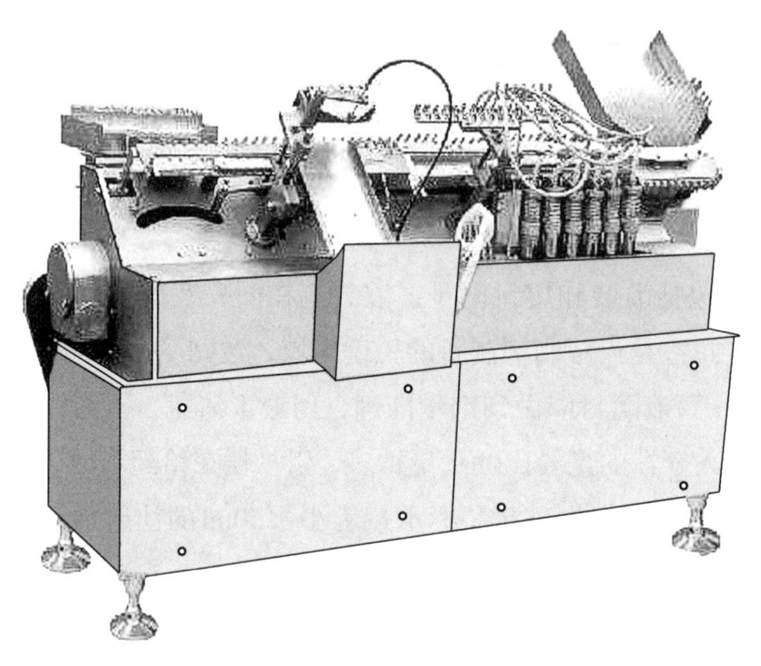

图5-7　全自动灌封机设备图

六、注射剂的灭菌和检漏

1. 注射剂的灭菌　注射剂灌封后应立即灭菌，从配液到灭菌一般需在12小时内完成。根据具体品种的性质，选择不同的灭菌方法和时间，既要保证成品无菌，又不得影响注射剂的稳定与疗效。对热不稳定的注射剂1~5ml安瓿可用流通蒸汽100℃、30分钟灭菌，10~20ml安瓿使用流通蒸汽100℃、45分钟灭菌；耐热的注射剂宜采用115℃、30分钟热压灭菌。灭菌时间还可根据具体情况适当延长或缩短。

2. 注射剂的检漏　注射剂灭菌完毕应立即进行检漏，一般应用灭菌、检漏两用灭菌器。灭菌完毕后，待温度稍降，抽气减压至真空度达到85.3~90.6kPa后，停止抽气，将有色溶液（一般用亚甲蓝）吸入灭菌锅中至浸没安瓿后，放入空气，此时若有漏气安瓿，由于其内为负压，有色溶液便可进入安瓿内而检出；也可在灭菌后，趁热立即于灭菌锅内放入有色溶液，安瓿遇冷内部压力收缩，有色溶液即从漏气的毛细孔进入而被检出。

七、注射剂的质量检查

《中国药典》（2020年版）四部通则0102规定注射剂质量检查的项目有装量、装量差异（注射用无菌粉末需进行该项检查）、渗透压摩尔浓度（静脉输液及椎管注射液需进行该项检查）、可见异物、不溶性微粒、无菌、细菌内毒素或热原。

1. 装量　注射液及注射用浓溶液的装量，应符合下列规定。

标示装量为不大于2ml者取供试品5支，2ml以上至50ml者取供试品3支；开启时注意避免损失，将内容物分别用相应体积的干燥注射器及注射针头抽尽，然后注入经标化的量具内（量具的大小应使待测体积至少占其额定体积的40%），在室温下检视。测定油溶液或混悬液的装量时，应先加温摇匀，再用干燥注射器及注射针头抽尽后，同前法操作，放冷，检视，每支的装量均不得少于其标示量。

标示装量为50ml以上的注射液及注射用浓溶液照《中国药典》（2020年版）四部最低装量检查法（通则0942）检查，应符合规定。

2. 可见异物　可见异物是指存在于注射剂和滴眼剂中，在规定条件下目视可以观测到的任何不溶性物质，其粒径和长度通常大于50μm。除另有规定外，照《中国药典》（2020年版）四部可见异物检查法（通则0904）检查，应符合规定。

3. 不溶性微粒　除另有规定外，溶液型静脉用注射液、注射用无菌粉末及注射用浓溶液照《中国药典》（2020年版）四部不溶性微粒检查法（通则0903）检查，均应符合规定。

4. 无菌　根据《中国药典》（2020年版）四部（通则1101）检查，应符合规定。

5. 细菌内毒素或热原　除另有规定外，静脉用注射剂按各品种项下的规定，照细菌内毒素检查法（通则1143）或热原检查法（通则1142）检查，应符合规定。

八、注射剂的印字与包装

注射剂的印字包装过程包括安瓿印字、装盒、加说明书、贴标签及捆扎等内容。我国多采用半机械化安瓿印包生产线，由开盒机、印字机、贴签机和捆扎机组成流水线使用。

印字内容包括注射剂的名称、规格及批号。印字后的安瓿即可放入纸盒内，盒外应贴标签。标签应标明注射剂名称、内装支数、每支装量及主药含量、附加剂名称及含量、批号、制造日期与有效期、制造厂家名称及商标、批准文号、适应证或应用范围、用法用量、不良反应及禁忌证、贮藏方法等。盒内应附详细的说明书，以利于使用者参考。

九、实例分析

实例1：维生素C注射液

【处方】维生素C　　104g

碳酸氢钠　　49g

依地酸二钠　　0.05g

亚硫酸氢钠　　2g

注射用水　　加至1 000ml

【制法】

（1）在配制容器中加注射用水约800ml，通入二氧化碳饱和，加维生素C溶解后，分次缓缓加入碳酸氢钠，搅拌使完全溶解；另将依地酸二钠溶液和亚硫酸氢钠溶于适量注射用水中；将两溶液合并，搅拌，调节pH 6.0~6.2，添加二氧化碳饱和的注射用水至足量，测定含量。

（2）用垂熔玻璃漏斗与膜滤器滤过，并在二氧化碳或氮气气流下灌封，最后用100℃流通蒸汽灭菌15分钟。

【作用与用途】用于治疗维生素C缺乏症，也可用于各种急、慢性传染性疾病及紫癜等的辅助治疗。

【用法与用量】肌内或静脉注射：成人每次100~250mg，每日1~3次；儿童每日100~300mg，分次注射。

分析：

（1）维生素C分子中有烯二醇结构，显强酸性，注射时刺激性大，可产生疼痛，故加入碳酸氢钠（或碳酸钠），使维生素C部分地中和成钠盐，以避免疼痛。同时碳酸氢钠起调节溶液pH的作用，增强本品的稳定性。

（2）维生素C的水溶液与空气接触，自动氧化成脱氢抗坏血酸。脱氢抗坏血酸再经水解生成2, 3-二酮-*L*-古罗糖即失去治疗作用，此化合物再被氧化成草酸及*L*-丁糖酸。成品分解后呈黄色。

（3）为防止维生素C氧化，除加入抗氧剂亚硫酸氢钠外，配液和灌封时通入惰性气体驱除溶液中溶解的氧和空气中的氧气，加入依地酸二钠作络合剂，以减少金属离子的催化作用。本品的原辅料质量要严格控制以保证产品的质量。

（4）本品的稳定性与温度有关。实验证明用100℃灭菌30分钟，含量减少3%；而100℃灭菌15分钟只减少2%，故以100℃灭菌15分钟为宜。在操作过程应尽量在避菌条件下进行，以防污染。

（5）该注射剂收载于《中国药典》（2020年版）二部。

实例2：盐酸普鲁卡因注射液

【处方】盐酸普鲁卡因　　5.0g
　　　　氯化钠　　8.0g
　　　　0.1mol/L的盐酸　　适量
　　　　注射用水　　加至1 000ml

【制法】

（1）取注射用水约800ml，加入氯化钠，搅拌溶解；加入盐酸普鲁卡因，用0.1mol/L的盐酸溶液调节pH至4.0~4.5；加注射用水至足量，搅匀，滤过。

（2）灌封于安瓿中，流通蒸汽100℃ 30分钟灭菌，瓶装可考虑适当延长灭菌时间（100℃ 45分钟），印字，包装，即得。

【作用与用途】局部麻醉药。用于浸润麻醉、阻滞麻醉、腰椎麻醉、硬膜外麻醉及封闭疗法等。

【用法与用量】浸润麻醉：0.25%~0.5%水溶液，每小时不得超过1.5g；阻滞麻醉：1%~2%水溶液，每小时不得超过1.0g；硬膜外麻醉：2%水溶液，每小时不得超过0.75g。

分析：

（1）盐酸普鲁卡因注射液为酯类药物，易水解，水解产物无明显的麻醉作用，且形成有色物质。影响本品稳定性的主要因素为溶液的pH和灭菌温度。故保证本品稳定性的关键是调节溶液的pH，本品的pH应控制在3.0~5.0。本品的灭菌温度不宜过高，时间不宜过长。

（2）处方中的氯化钠用于调节等渗，还有抑制普鲁卡因水解、稳定本品的作用。未加氯化钠的处方1个月后分解1.23%，加0.85%氯化钠的仅分解0.4%。

（3）该制剂收载于《中国药典》（2020年版）二部。

点滴积累

1. 注射剂的生产工艺流程为原辅料的准备→配液→滤过→灌封→灭菌与检漏→

质检→印字与包装→成品入库。

2. 注射剂配制药液的方法有浓配法和稀配法两种，多用浓配法。

3. 常用的滤过方法有常压过滤、减压过滤、加压过滤。

4. 注射剂的灌封包括灌装和熔封，安瓿封口方式主要为拉丝封口（拉封）。

5. 注射剂的质量检查项目有装量、可见异物、无菌、pH等。

任务五　输液剂

一、概述

输液剂是指以静脉滴注的方式输入人体血液中的大容量注射剂（除另有规定外，一般不小于100ml，生物制品一般不小于50ml），又称静脉输液。输液剂成品如图5-8所示。

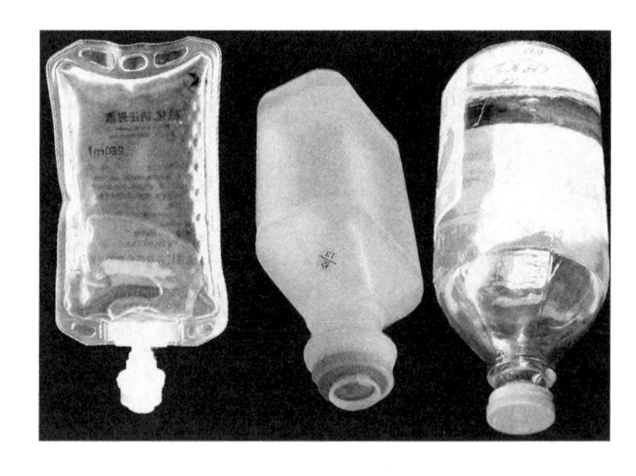

图5-8　输液剂成品

由于输液剂的给药方式和给药剂量与小剂量注射液不同，故其质量要求、包装容器、生产工艺等均有一定差异。

课堂活动

同学们请回忆下在生活中都见到过什么类型的输液剂。

（一）输液剂的种类

1. 电解质输液　用以补充体内的电解质、水分，纠正酸碱平衡等。如氯化钠注射液、碳酸氢钠注射液、复方乳酸钠注射液等。

2. 营养输液　营养输液又分为糖类及多元醇类注射液、氨基酸注射液、静脉注射脂肪乳剂、维生素和微量元素类注射液等。糖类及多元醇类注射液主要用于供给机体热量、补充体液，如葡萄糖注射液、甘露醇注射液等。氨基酸注射液主要用于维持危重患者的营养，补充体内的蛋白质，如各种复方氨基酸注射液等。静脉注射脂肪乳剂为一种高能输液，对不能口服食物而缺乏营养的患者可提供大量热量和补充机体必需的脂肪酸。

3. 血浆代用液　多为胶体溶液，由于胶体溶液中的高分子物质不易透过血管壁，可使水分较长时间地保持在循环系统内，增加血容量和维持血压，防止休克；但不能代替全血。如右旋糖酐注射液、羟乙基淀粉注射液等。

4. 含药输液　目前各种药物的输液剂已在临床广泛应用，如甲硝唑注射液、环丙沙星注射液、洛美沙星注射液等。

（二）输液剂的质量要求

输液剂的质量要求与注射剂基本一致，这类产品注射量大，故在无菌、无热原及可见异物这三项要求更加严格；输液剂的渗透压尽可能与血液等渗；输液剂的pH应力求接近人体血液的pH，不得添加任何抑菌剂，输入人体后不应引起血象的异常变化。

二、输液剂的制备

（一）输液剂的生产工艺流程

包装材料的清洁处理→输液剂的配制→输液剂的滤过→输液剂的灌封→输液剂的灭菌检查→包装，见图5-9至图5-11。

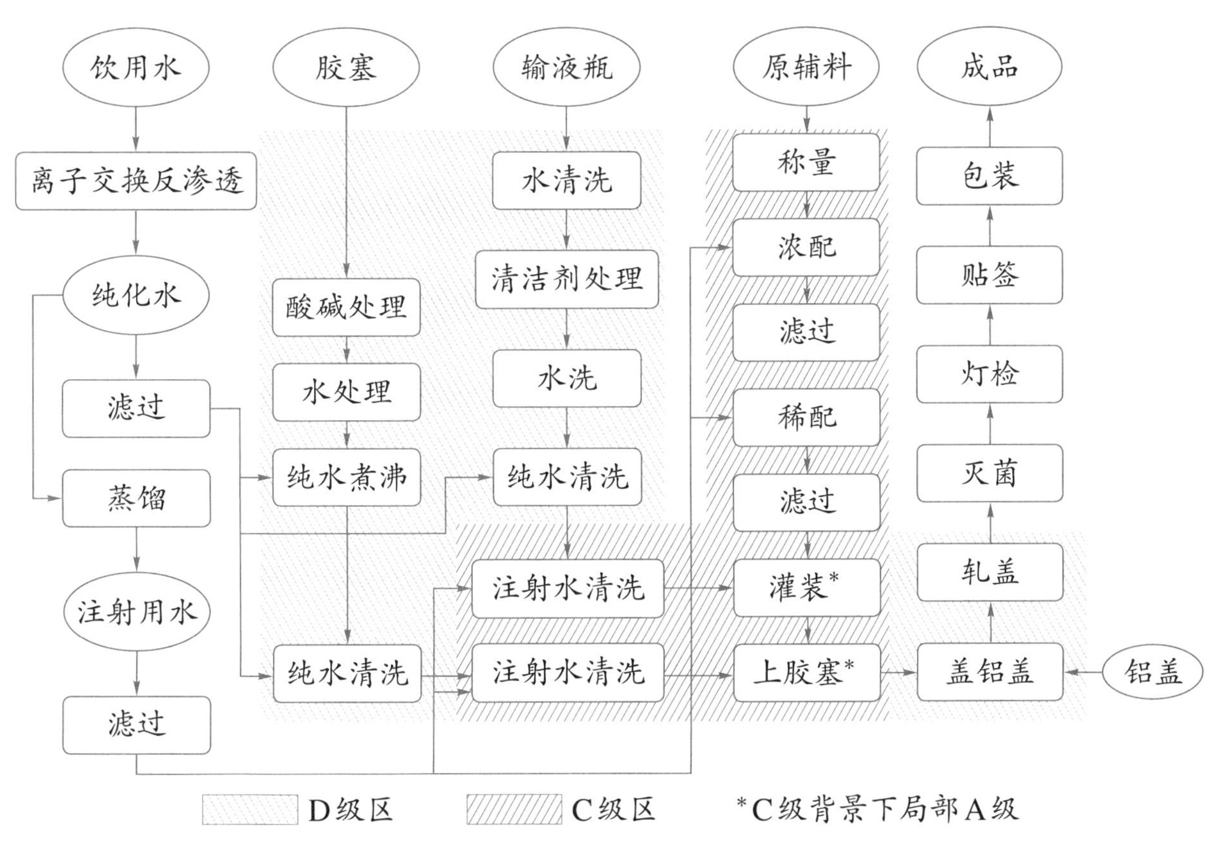

图5-9　玻璃瓶装输液的制备工艺流程及环境区域划分示意图

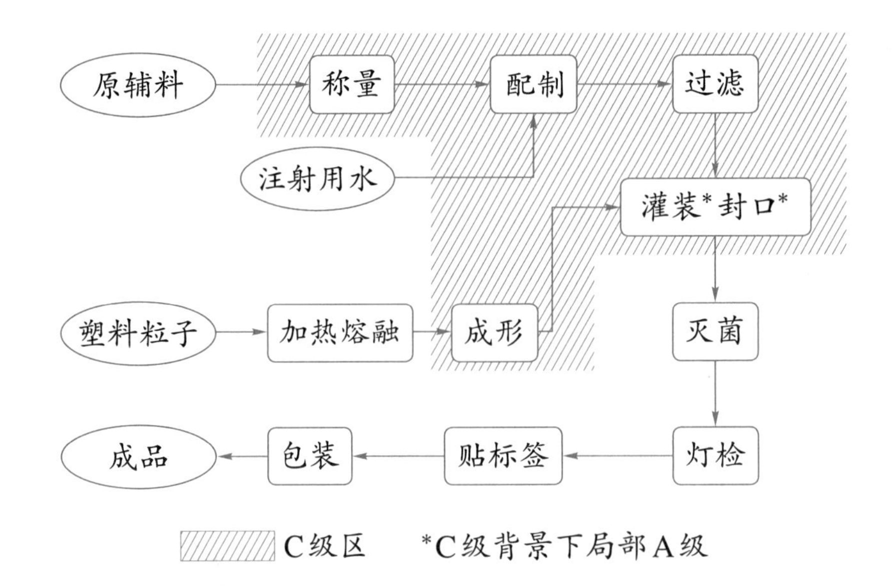

图5-10　塑料瓶装输液的制备工艺流程及环境区域划分示意图

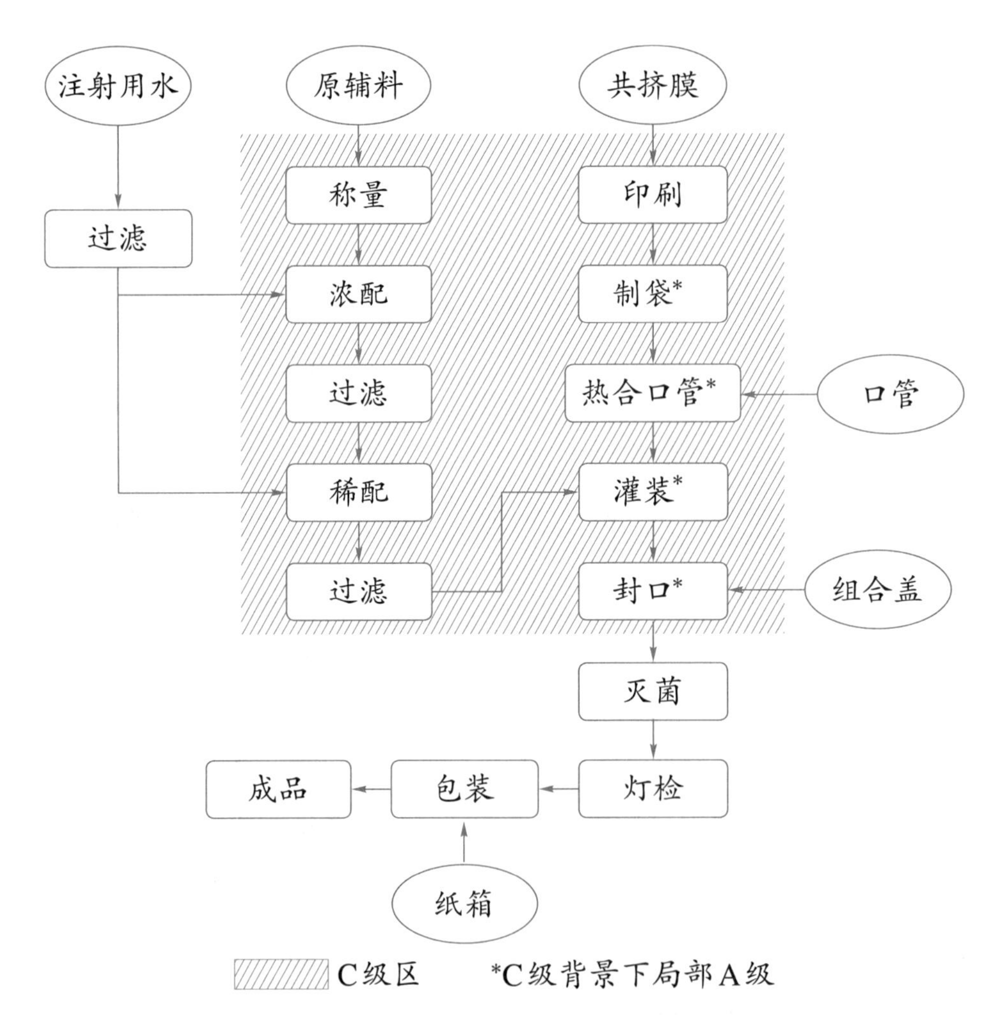

图5-11　塑料软袋装输液的制备工艺流程及环境区域划分示意图

（二）包装材料的质量要求及清洁处理

包装材料主要包括玻璃输液瓶、丁基胶塞、铝塑盖（图5-12）等。目前已大量使用塑料瓶或塑料袋包装。直接接触药物的包装材料，选用时要先进行包装材料与药物的相容性试验，应选择与药物相适应的包装材料。包装材料的选择、质量及清洁处理，均会影响输液剂的质量。

图5-12　输液瓶、丁基胶塞、铝塑盖

1. 玻璃输液瓶的质量要求与清洁处理　玻璃输液瓶由硬质中性玻璃制成，其外形、规格、理化性能、外观质量、清洁度均应符合国家有关标准。

（1）清洁处理：输液瓶的处理常用碱洗法。碱洗法操作方便，易组织生产流水线，也能清除细菌与热原。步骤如下：

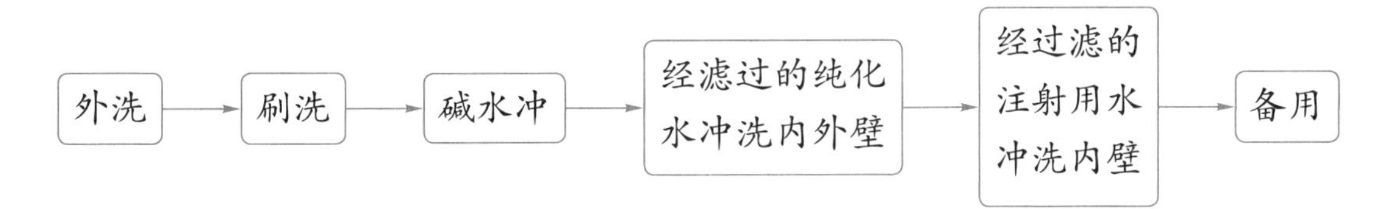

洗瓶设备有滚筒式清洗机、履带行列式箱式洗瓶机等。滚筒式清洗机（图5-13）的粗洗段处于控制区，碱水冲洗，用毛刷刷洗，再用过滤的纯化水冲洗；然后由输送带送入精洗段，精洗段处于洁净区，用过滤的注射用水冲洗，设备基本与粗洗段相同，只是没有毛刷。

（2）操作要点：①碱水常用3%碳酸钠溶液或1%~2%氢氧化钠溶液；②水温为40~60℃；③冲洗时间应控制好，由于碱对玻璃有腐蚀作用，故碱液与玻璃接触的时间不宜过长（间歇冲喷4~5次，每次数秒钟）；④精洗段的空气洁净度必须符合GMP要求，用过滤的注射用水精洗。

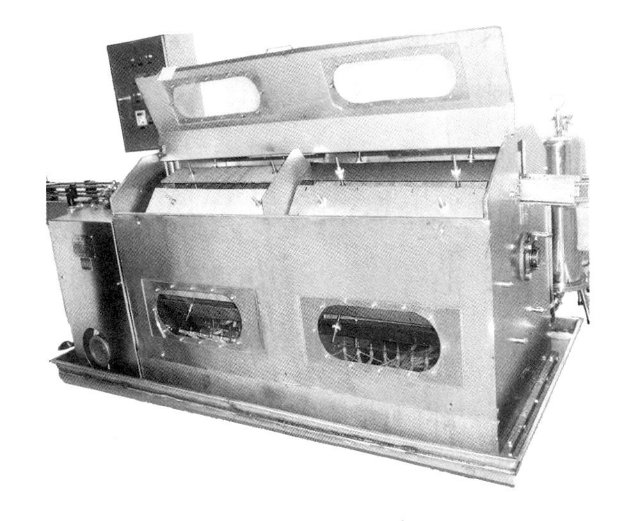
图5-13　滚筒式清洗机

另外，也有厂家用输液剂超声波洗瓶机进行输液瓶的处理，如图5-14所示。

2. 丁基胶塞的质量要求与处理　胶塞是药品包装中瓶装密封材料的重要组成部分，因丁基胶塞有优良的气密性和化学稳定性而被广泛使用。生产丁基胶塞的原料卤化丁基橡胶是一种含有反应活性氯原子或溴原子的弹性异丁烯-异戊二烯共聚物，在生产时再加入硫化剂、填充剂等几种材料，经切胶、密炼、混炼、预成型或出条、进入模具硫化、冲切边、清洗、硅化、干燥等一系列工序后才能制成药用氯化丁基橡胶塞或药用溴化丁基橡胶塞。

图5-14 输液剂超声波洗瓶机

（1）质量要求：①富于弹性及柔韧性；②针头刺入和拔出后应立即闭合，能耐受多次穿刺而无碎屑脱落；③具耐溶性，不致增加药液中的杂质；④可耐受高温灭菌；⑤有高度化学稳定性；⑥对药液中药物或附加剂的吸附作用应达最低限度；⑦无毒，无溶血作用。

（2）丁基胶塞的选择：丁基胶塞在使用前应先做药物品种与其相容性的试验，根据试验结果，选择与药物相适应，与玻璃瓶、铝塑盖尺寸相匹配的丁基胶塞。

（3）丁基胶塞的清洗处理：丁基胶塞出厂时已经清洗，使用前，仅需清除运输、储存过程中摩擦产生的微粒、胶屑，通常用注射用水漂洗多次即可（也有的质量可靠，可直接应用，即免洗丁基胶塞）。另外，可以在漂洗水中添加清洗剂（清洗剂的牌号、用量由胶塞供应商提供），清洗完后采用温度≤121℃的热空气吹干。

清洗方法：洁净区域内打开内包装，在A级环境下且符合GMP要求的清洗容器中，用注射用水漂洗2~3次，每次10~15分钟，均匀缓慢搅动，至漂洗水可见异物检查合格，放置备用。

丁基胶塞厂家多采用专业的清洗机清洗：粗洗5分钟（40℃）→水洗1~2次，每次10分钟（40℃），转速3~4r/min→注射用水洗1~2次（85℃），每次10分钟→检查漂洗水的可见异物→可见异物检查合格后烘干3~5分钟（70℃），转速0.5r/min→冷却7~10分钟（65℃），转速0.5r/min。注意在烘干和冷却两个过程中，转动应为间歇式的，避免干摩擦产生胶丝胶屑。目前，采用超声波清洗和水、气交替喷射冲洗相结合，具有很好的清洗效果。

3. 塑料容器　输液剂所用的塑料容器有半硬性塑料瓶与软塑料袋两种，已大量用于葡萄糖注射液、氯化钠注射液、腹膜透析液等理化性质稳定的产品。塑料容器最早用聚氯乙烯（PVC）制成，以后采用聚丙烯（PP）、聚乙烯（PE）、聚酯（PET）、乙烯-醋酸乙烯共聚物（EVA）等，这些聚合物无毒，但应注意其中的增塑剂、稳定剂与润滑剂等与药物的相容性的问题。

输液剂塑料容器有以下优点：①生产工艺简单，可免去对输液瓶、橡胶塞的处理；②设备、人员、能源、三废污染等均较玻璃瓶装者少；③成品具有重量轻、耐震、耐压、运输和使用方便等特点。此外，软塑料袋还有容器柔软、针刺阻力小，混加药液方便，不用通气针即可滴注，系统密闭、药液不接触外界空气从而避免污染等优点。输液剂塑料容器也有如下缺点：①透明度、耐热性较差，以及具有透气性和透水性；②影响可见异物监测和影响贮藏期的质量；③灭菌时必须降低温度、延长时间。

塑料输液瓶和输液袋经检查合格后，可直接应用，或采用通过0.22μm孔径滤膜的滤过空气清洗。

（三）输液剂的配制

课堂活动

注射剂的配制方法有几种？活性炭在注射剂配制中发挥什么作用？

输液剂配制多用浓配法，先用新鲜的注射用水配成浓溶液，一般均需加适量的活性炭处理，经滤过脱炭后再加新鲜的注射用水稀释至所需浓度，利于去除杂质。如葡萄糖注射液，先配制成50%的浓溶液，然后再加新鲜的注射用水稀释至所需浓度。

知识链接

活性炭使用注意事项

1. 活性炭应符合《中国药典》（2020年版）四部的标准，用量为浓配总量的0.1%~1%。

2. 调节溶液的pH呈酸性，在酸性溶液中（pH 3~5）活性炭的吸附力强，在碱性溶液中少数品种会出现胶溶现象，造成滤过困难。

3. 吸附时间以20~30分钟为宜。

4. 通常加热煮沸后冷却至45~50℃（临界吸附温度）时再进行滤过除炭。

5. 一般分次吸附比一次吸附效果好。

（四）输液剂的滤过

输液剂的滤过与一般注射剂基本相同，生产时常用加压滤过装置。一般先粗滤，然后再精滤。

滤过操作应注意以下几点。

（1）高浓度的药液可采用保温滤过，以提高滤过效率。如葡萄糖浓配液可在40~50℃时粗滤，右旋糖酐浓配液需在70~80℃时粗滤。

（2）初滤液可见异物检查不符合要求时，可进行回滤。

（3）药液脱炭过滤用钛滤器效果好，但成本较高。

（4）精滤常采用圆盘式或筒式微孔滤膜过滤器，以减少输液中的微粒数，保证滤过质量。

（5）精滤后进行半成品的质量检查，合格后方可开始灌装。

（五）输液剂的灌封

输液剂的灌封由灌注、压丁基胶塞、铝塑盖三步组成。灌封区域的洁净度必须达到C级背景下的局部A级。

灌封操作可分别由旋转式自动灌封机、自动压塞机、自动落盖轧口机联动完成整个灌封过程；灌封后应进行检查，剔除轧口松动的产品再进行灭菌处理。旋转式自动灌封机如图5-15所示，输液剂自动压塞机如图5-16所示。

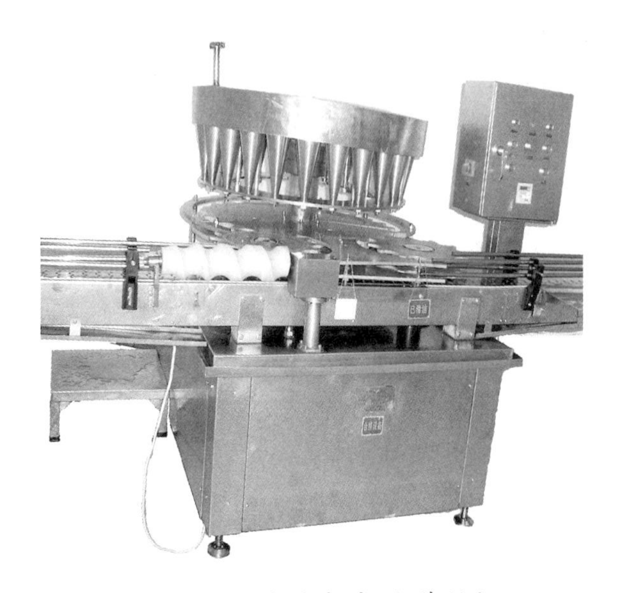

图5-15　旋转式自动灌封机

图5-16　输液剂自动压塞机

（六）输液剂的灭菌

输液剂灌封后，应立即进行热压灭菌。从配液到灭菌，以不超过4小时为宜。灭菌操作注意以下几点。

（1）先预热：玻璃瓶包装的输液，容易内外受热不均匀，输液剂的灭菌操作开始时应逐渐升温，一般预热20~30分钟，如果骤然升温，易引起输液瓶爆炸的危险。

（2）灭菌条件：玻璃瓶包装的输液剂灭菌条件一般为115.5℃热压灭菌30分钟，塑料包装的输液剂常采用109℃热压灭菌45分钟，并应有加压措施防止输液袋膨胀破裂。

（3）到达灭菌时间，停止加热，放出柜内蒸汽，使其压力下降到零，待柜内压力与外界大气压相等后，才能缓缓打开灭菌柜门，否则易发生危险事故。

三、输液剂生产中存在的问题及解决方法

（一）可见异物与不溶性微粒

1. 微粒的危害　大量可见与不可见微粒可造成局部循环障碍、血管栓塞、组织缺氧而产生水肿和静脉炎、引起肉芽肿等。此外，微粒还可引起过敏反应、热原样反应。

2. 微粒的来源及解决方法

（1）来自生产过程：如输液瓶、丁基胶塞洗涤不净，工作服质量不好，滤器选择不当，管道处理不合格，灌封室空气洁净度差，灌封操作不合要求等。

（2）来自使用过程：输液时与加入的药物发生配伍变化，针刺胶塞时产生新的微粒污染等。因此应合理配伍用药，采用0.8μm的薄膜作为终端滤过的一次性输液器。

（3）来自原辅料：原料药存在着天然的低分子量胶体，在滤过时未被滤除，可导致在贮藏时聚集成可见的或不可见的不溶性微粒，如葡萄糖注射液中未完全水解的糊精在灭菌后析出不溶性微粒。活性炭如果杂质含量多，也会带来不溶性微粒，导致制剂可见异物检查不合格。

（4）来自容器与丁基胶塞：注射剂容器在高温灭菌以及贮藏过程中，也会产生新的微粒污染，而丁基胶塞则是微粒污染的主要来源，常造成制剂可见异物检查不合格。

（二）热原反应与细菌污染

输液剂染菌后可出现雾团、浑浊、产气等现象，有些药液染菌后外观无变化，但一旦输入体内可立即产生严重后果，如脓毒血症、败血症等。输液剂染菌的主要原因有生产过程中严重污染、灭菌不彻底、瓶塞不严（松动、漏气）等。严重染菌的输液剂即使经过灭菌，大量细菌尸体分解仍会导致热原增多，故解决方法是减少制备过程中的污染，严格灭菌、严密包装。

四、输液剂的质量检查

输液剂的质量检查项目与一般注射液基本相同，其含量、pH、可见异物、无菌检查以及各产品的特殊检查项目，均应符合药品标准。并应检查以下项目。

1. 细菌内毒素或热原检查 《中国药典》(2020年版)规定，除另有规定外，静脉用注射剂按各品种项下的规定，照细菌内毒素检查法(通则1143)或热原检查法(通则1142)检查，应符合规定。

2. 不溶性微粒检查 除另有规定外，溶液型静脉用注射液、注射用无菌粉末及注射用浓溶液照不溶性微粒检查法《中国药典》(2020年版)四部(通则0903)检查，应符合规定。输液剂标示装量100ml或100ml以上的静脉用注射液，除另有规定外，每1ml中含有10μm及10μm以上的微粒不得超过12粒，含25μm以上的微粒不得超过2粒；100ml以下的静脉用注射液、注射用无菌粉末及注射用浓溶液，除另有规定外，每个供试品容器中含有10μm以上的微粒不得超过3 000粒，含25μm以上的微粒不得超过300粒。

在可见异物检查过程中，同时挑出崩盖、歪盖、松盖、漏气的产品。质量检查合格后，贴签、包装、入库。

五、实例分析

实例1：5%葡萄糖注射液

【处方】葡萄糖　　　　50g

1%盐酸　　　　适量

注射用水　　加至 1 000ml

【制法】

(1)取注射用水适量，加热煮沸，加入葡萄糖搅拌溶解，使成50%~60%的浓溶液；加1%盐酸溶液调节pH至3.8~4.0；加入浓配量0.1%~1%(g/ml)的活性炭，搅匀，加热煮沸约30分钟，于45~50℃滤过脱炭；滤液加注射用水稀释至全量，测定pH及含量，合格后精滤至澄明，灌封。

(2)115.5℃热压灭菌30分钟，即得。

【作用与用途】临床常用的营养药，可维持体液平衡，能增加人体能量，具有解毒、利尿作用。其高渗溶液常用于利尿、降低颅内压及眼压、补充血糖等。

【用法与用量】静脉推注或静脉滴注，用量视病情而定。

分析：

(1)本品为葡萄糖或无水葡萄糖的灭菌水溶液。含葡萄糖($C_6H_{12}O_6 \cdot H_2O$)应为标示量的95.0%~105.0%。

(2)葡萄糖注射液有时可产生云雾状沉淀，主要是未完全糖化的糊精或少量杂质引起的。解决办法是采用浓配法，用1%盐酸溶液调节pH以中和胶粒上的电荷或加热煮沸使糊精水解、蛋白质凝聚，同时加入活性炭吸附，滤过除去。

（3）葡萄糖注射液加热温度过高、加热时间过长均会产生5-羟甲基糠醛，5-羟甲基糠醛再分解为乙酰丙酸和甲酸，同时形成一种有色物质（一般认为是5-羟甲基糠醛的聚合物）。因此，为避免溶液变色，要严格控制灭菌温度与时间，同时pH应控制在3.2~6.5。

（4）该制剂收载于《中国药典》（2020年版）二部。

实例2：氯化钠注射液

【处方】氯化钠　　　　9g

　　　　注射用水　　　加至1 000ml

【制法】

（1）取氯化钠加适量注射用水，配成20%~30%浓溶液；加入0.1%~0.5%的活性炭，搅匀，煮沸20~30分钟，滤除药用炭；加注射用水至1 000ml，测定pH。必要时用0.1mol/L氢氧化钠或盐酸溶液调整pH至5.4~5.6，测定含量；合格后精滤至澄明，灌封。

（2）于115.5℃热压灭菌30分钟，即得。

【作用与用途】为电解质补充药，用于调节体内水与电解质的平衡，亦可作注射用无菌粉末的溶剂或分散剂。

【用法与用量】静脉滴注，用量视病情而定。心功能或肾功能不全者慎用本品。

分析：

（1）本品为氯化钠的等渗灭菌水溶液。含氯化钠应为0.85%~0.95%（g/ml）。

（2）《中国药典》（2020年版）规定本品的pH为4.5~7.0。半成品最好控制pH为5.4~5.6，对可见异物的控制有利。

（3）本品对玻璃有侵蚀作用，常在灭菌或久置之后产生白点或闪光薄片，故应贮藏于中性硬质玻璃瓶中，如贮藏时间过久应再进行可见异物检查。

（4）该制剂收载于《中国药典》（2020年版）二部。

实例3：静脉注射脂肪乳剂

【处方】注射用大豆油　　100g

　　　　精制卵磷脂　　　12g

　　　　注射用甘油　　　22.5g

　　　　注射用水　　　加至1 000ml

【制法】

（1）取适量注射用水放置于配液罐中，加热至55℃，在氮气流下加卵磷脂并搅拌分散。

（2）将甘油与稳定剂用注射用水溶解，用0.2μm微孔滤膜滤过后加入配液罐中。

（3）大豆油经0.2μm微孔滤膜滤过后加入配液罐中，在氮气流下搅拌均匀，制成初乳。

（4）分散均匀的初乳液，在氮气流下用40μm微孔滤膜滤过，然后经高压乳匀机进行两次乳化。在搅拌下加水至足量，调节pH。检查半成品质量，合格后再经10μm滤膜滤过、灌装、充氮气、塞橡胶塞、轧铝盖。用旋转高压灭菌器在121℃、F_0值为20分钟的条件下灭菌。灭菌完毕后，冲热水逐渐冷却即得。

知识链接

D值与Z值、F与F_0值等参数

D值：指在一定温度下杀灭微生物90%或残存率为10%时所需的灭菌时间（分钟）。D越大，微生物耐热强。

Z值：为灭菌温度系数，降低一个lg$D$值所需升高的温度值（℃），即灭菌时间减少到原来的1/10所需升高的温度。

F值（干热灭菌）：在一定灭菌温度（T）下给定的Z值所产生的灭菌效果与在参比温度（T_0）下给定的Z值所产生的灭菌效果相同时所相当的时间（分钟）。

F_0值（湿热灭菌）：为标准灭菌时间，在一定灭菌温度（T）、Z值为10℃所产生的灭菌效果与121℃、Z值为10℃所产生的灭菌效果相同时所相当的时间（分钟）。

F_0值可作为灭菌过程的比较参数，单位是时间，但不是“时间”的量值。

【作用与用途】本品属于营养输液剂。适用于需要高热量的患者（如肿瘤及其他恶性疾病）、肾损害患者、禁用蛋白质的患者，以及由于某种原因不能经胃肠道摄取营养的患者，以补充适当热量和必需脂肪酸。

【用法与用量】成人：静脉滴注，按脂肪量计，每天最大推荐剂量为3g（甘油三酯）/kg。500ml 10%脂肪乳注射液和500ml 20%脂肪乳注射液的输注时间不少于5小时；30%脂肪乳注射液250ml的输注时间不少于4小时。新生儿和婴儿：10%脂肪乳注射

液和20%脂肪乳注射液的每天使用剂量为0.5~4g（甘油三酯）/kg，输注速度不超过0.17g/（kg·h）。每天最大用量不应超过4g/kg。

分析：

（1）静脉注射脂肪乳剂是以植物油为主要成分，加乳化剂与注射用水制成的水包油型乳剂，静脉注射后能完全被机体代谢与利用，体积小、能量高、对静脉无刺激，是一种浓缩的高能量肠外营养液。1L 20%的静脉注射脂肪乳剂相当于10L 5%葡萄糖注射液的热量，与氨基酸输液、维生素、电解质适当配合，是比较理想的静脉注射营养剂。

（2）制备静脉注射脂肪乳剂的关键是选用高纯度原料，乳化能力强、毒性低的乳化剂，采用合格的处方、严格的制备工艺和必要的设备。原料一般选用植物油，如大豆油等，必须通过精制来提高纯度，减少副作用，并符合注射用质量控制标准，例如碘值、酸值、皂化值、黏度等；此外，还要检查农药残留量。乳化剂常用精制的卵磷脂、大豆磷脂及泊洛沙姆188等，卵磷脂最好，国内多用大豆磷脂。稳定剂常用油酸钠，甘油为等渗调节剂。为保证产品质量的稳定，整个操作过程应在氮气流下进行。

（3）质量要求：注射用乳剂除应符合注射剂各项规定外，还必须符合下列条件。①分散相90%的液滴粒径应在1μm以下，大小均匀；不得有大于5μm的液滴。②成品耐高压灭菌，在储存期内乳剂稳定，成分不变。③无副作用，无抗原性，无降血压作用与溶血作用。④无热原。

（4）本品需储存在2~25℃环境下，不可冰冻，否则油滴会变大。

（5）该制剂收载于《中国药典》（2020年版）二部。

实例4：右旋糖酐40氯化钠注射液

【处方】右旋糖酐40　　60g

氯化钠　　9g

注射用水　　加至1 000ml

【制法】

（1）取注射用水适量加热至沸，加入处方量右旋糖酐，搅拌使溶解，配制成12%~15%的浓溶液，加入1.5%的注射用活性炭，保持微沸1~2小时，加热滤过脱炭，再加注射用水稀释成6%的溶液，然后加入氯化钠，搅拌使溶，冷却至室温，取样，测定含量和pH，pH宜控制在4.4~4.9。

（2）再加0.5%的注射用活性炭，搅拌，加热至70~80℃，滤过至药液澄明后灌装、封口，112℃热压灭菌30分钟。

【作用与用途】本品为血液代用液。用于治疗低血容量性休克，如外伤出血性休克。

【用法与用量】静脉滴注，用量视病情而定，成人常用量一次250~500ml。

分析：

（1）本品为无色、稍带黏性的澄明液体，有时显轻微的乳光。

（2）右旋糖酐是用蔗糖经特定细菌发酵后生成的葡萄糖聚合物，易夹杂热原，因此活性炭用量较大。同时因本品黏度高，需在较高温度下滤过。本品灭菌一次，其分子量下降3 000~5 000，故受热时间不能过长，以免产品变黄。

（3）本品在储存过程中易析出片状结晶，主要与储存温度和分子量有关。右旋糖酐按分子量不同分为中分子量（4.5万~7万）、低分子量（2.5万~4.5万）和小分子量（1万~2.5万）三种。分子量越大，排泄越慢，一般中分子右旋糖酐24小时排出50%左右，而低分子则排出约70%。中分子右旋糖酐与血浆有相似的胶体特性，可提高血浆渗透压，增加血容量，维持血压。

（4）该制剂收载于《中国药典》（2020年版）二部。

实例5：甲硝唑注射液

【处方】甲硝唑　　5g

氯化钠　　8.12g

注射用水　　加至1 000ml

【制法】

（1）取甲硝唑、氯化钠溶于适量的热注射用水中；加入0.02%~0.05%的药用炭，搅拌，静置15分钟，过滤。

（2）加注射用水至全量，测定pH及含量；合格后精滤至澄明，灌封。

（3）115.5℃热压灭菌30分钟，即得。

【作用与用途】本品为抗厌氧菌药。用于治疗革兰氏阳性和阴性厌氧菌感染，亦用于外科及妇产科手术后预防厌氧菌感染。

【用法与用量】静脉滴注：首次剂量15mg/kg，维持量7.5mg/kg，每8小时1次；12岁以下儿童7.5mg/kg，或遵医嘱。

分析：

（1）本品为甲硝唑的灭菌水溶液。含甲硝唑（$C_6H_9N_3O_3$）应为标示量的93.0%~107.0%。

（2）甲硝唑为白色或微黄色结晶或结晶性粉末，在乙醇中略溶，在水中微溶，故注射液的浓度一般为0.2%~0.5%，配制时用热水溶解。

（3）处方中的氯化钠为等渗调节剂。

（4）《中国药典》（2020年版）规定pH为4.5~7.0。另外，还应进行2-甲基-5-

硝基咪唑、细菌内毒素、氯化物、无菌等检查，应符合规定。

（5）该注射剂收载于《中国药典》（2020年版）二部。

点滴积累

1. 输液剂可分为电解质输液、营养输液、血浆代用液、含药输液等。
2. 输液剂的包装材料主要有玻璃输液瓶、塑料瓶、塑料袋、丁基胶塞等。
3. 输液剂的制备工艺流程为原辅料的准备→配液→滤过→灌装→压胶塞→压铝塑盖→灭菌→质检→贴签包装→成品入库。
4. 输液剂的质量检查项目包括含量、pH、可见异物、无菌、热原等。
5. 输液剂的制备中可存在可见异物、不溶性微粒、热原、染菌等问题；可采取的解决办法有减少制备过程中的污染，严格灭菌、严密包装、严格质检等。

任务六　注射用无菌粉末

课堂活动

你见过青霉素注射液吗？注射用的青霉素是以什么形式存在的？凡遇热不稳定或在水溶液中不稳定的药物该如何制备成注射剂呢？

一、概述

注射用无菌粉末系指药物制成的供临用前用适宜的无菌溶液配制成澄清溶液或均匀混悬液的无菌粉末或无菌块状物。可用适宜的注射用溶剂配制后注射，也可用静脉输液配制后静脉滴注。注射用无菌粉末成品如图5-17所示。无菌粉末用溶剂结晶法、喷雾干燥法或冷冻干燥法等制得。

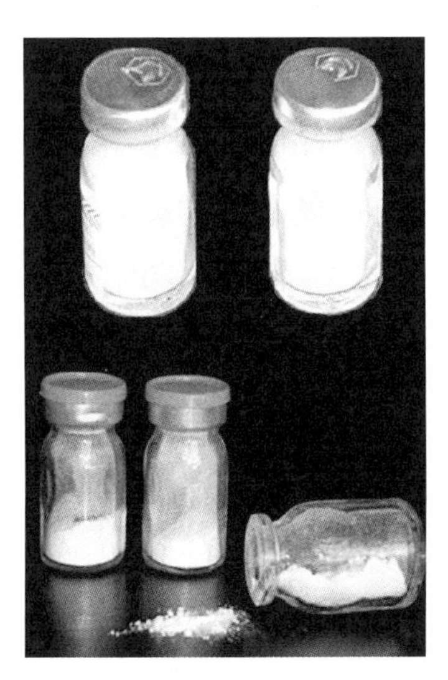

图5-17　注射用无菌粉末成品

根据生产工艺条件不同，注射用无菌粉末可分为两种：注射用无菌分装制品和注射用冷冻干燥制品。注射用无菌分装制品是将原料药精制成无菌粉末直接进行无菌分装制得，常见于抗生素药品，如青霉素；注射用冷冻干燥制品是将药物配制成无菌溶液或混悬液，无菌分装后，再进行冷冻干燥制得的，常见于生物制品，如辅酶类。

二、注射用无菌粉末的制备

（一）注射用无菌分装制品

注射用无菌分装制品系将药物的无菌粉末采用无菌操作法，直接分装于洁净灭菌的西林瓶或安瓿中密封制成的粉针剂。

1. 生产工艺　注射用无菌分装制品的工艺流程如下：

原材料准备→分装→灭菌和异物检查→印字、贴签与包装

2. 包装材料　注射用无菌粉末的包装材料有安瓿或西林瓶、丁基胶塞和铝塑盖。西林瓶用自来水内外洗刷干净后，再用纯化水、新鲜滤过的注射用水内外淋洗干净，其干燥与灭菌工艺与安瓿相同。丁基胶塞的要求与处理方法见本项目“任务五　输液剂”，不同的是使用前需经过125℃干热灭菌2.5小时。

3. 无菌分装操作程序与注意事项

（1）药物粉末精制：待分装的药物原料经过无菌滤过、无菌结晶或喷雾干燥，必要时可进行粉碎、过筛等，精制成无菌粉末。

（2）分装：药物粉末精制后，符合无菌注射用规格的可进行分装。若分装室过于干燥，粉末易带电荷，流动性降低；若湿度过高，粉末吸湿后易粘连也不易分装均匀。分装机械有插管分装机、螺旋自动分装机与真空吸粉分装机等。

（3）分装后的西林瓶立即压丁基胶塞、轧铝塑盖密封；根据GMP附录“非最终灭菌产品的无菌生产操作示例”，无菌药品分装、轧丁基胶塞必须在B级背景下局部A级洁净度的环境下进行。

（4）质检、印字和包装。

4. 无菌分装工艺中存在的问题及解决方法

（1）装量差异问题：物料的流动性是导致装量差异的主要因素，药粉的物理性质如吸潮、药粉晶形、粒度、堆密度及机械设备性能等均会导致装量差异。应根据具体情况采取相应的措施。

（2）可见异物或不溶性微粒问题：由于药物粉末经过一系列处理，污染机会增加，溶解后出现纤毛、小点等，以致可见异物不合要求。应严格控制原料质量及处理方法和环境。

（3）无菌问题：由于产品是无菌操作制备的，稍有不慎就有可能受到污染，而且微生物在固体粉末中繁殖慢，不易被肉眼所见，危险性更大。为解决此问题应该注意生产的各个环节，包括无菌室的洁净环境。

（4）吸潮变质问题：瓶装无菌粉末此问题时有发生，原因多为橡胶塞透气和铝盖松动，因此橡胶塞要进行密封防潮性能测定，铝盖压紧密封后瓶口烫蜡，防止水汽透入。

（二）注射用冷冻干燥制品

1. 冷冻干燥技术　冷冻干燥也称升华干燥，是将需要干燥的药物水溶液分装在容器中，预先冻结为固体，然后在低温低压条件下，水分由冻结状态不经过液态而直接升华除去的一种干燥方法。凡是对热敏感、在水溶液中不稳定的药物，可采用此法制备。

冷冻干燥的原理可用水的三相图（图5-18）加以说明，图中O点为冰、水、汽三相平衡点，该点温度为0.01℃，压力为610.38Pa。在三相平衡点以下的条件下，升高温度或降低压力都可使物料中的水分从冰不经过液相而直接升华为水汽。

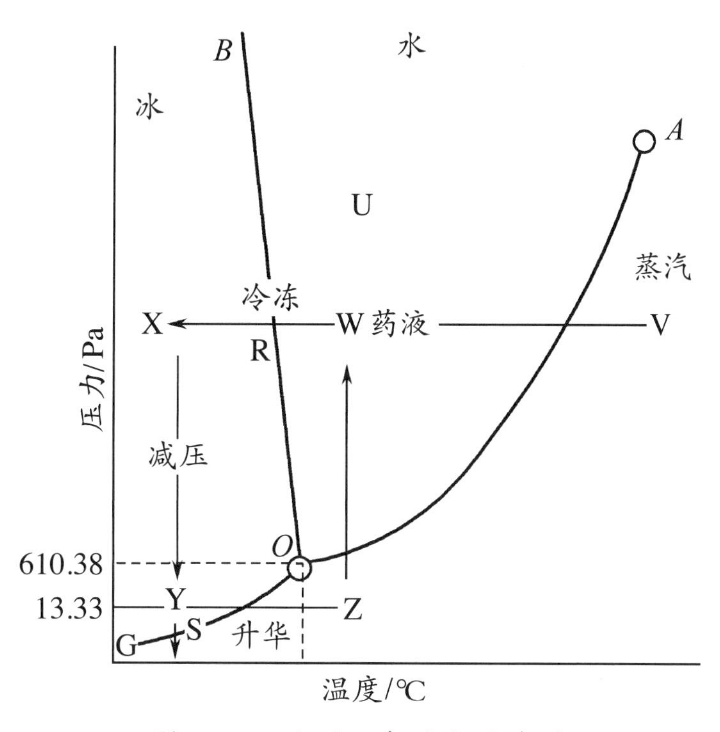

图5-18　水的三相平衡曲线图

冷冻干燥的设备为冷冻干燥机，其由制冷系统、真空系统、加热系统、电器仪表控制系统所组成。主要部件分为冻干箱、凝结器、冷冻机组、真空泵、加热/冷却装置等。物料经前处理后，被送入速冻仓冻结，在送入干燥仓升华脱水，之后在后处理车间包装。真空系统为升华干燥仓建立低气压条件，加热系统向物料提供升华潜热，制冷系统向冷冻仓和干燥室提供所需的冷量。

2. 冷冻干燥制品的特点　注射用冷冻干燥制品是将药物制成无菌水溶液，进行无菌过滤（混悬型除外）、分装，再经冷冻干燥，在无菌条件下封口制成的粉针剂。其优点是：①受热影响小，特别适合对热不稳定的药物；②药液经过除菌过滤，杂质微粒少；③由液体定量分装，剂量准确；④含水量低，经真空干燥、密封，稳定性好；⑤产品质地疏松，溶解性好。主要的缺点有：①设备造价高；②工艺过程时间长（典型的干燥过程，周期需要20小时左右）；③能源消耗大；④工艺控制的要求高。

3. 生产工艺　注射用冷冻干燥制品的工艺流程，见图5-19。

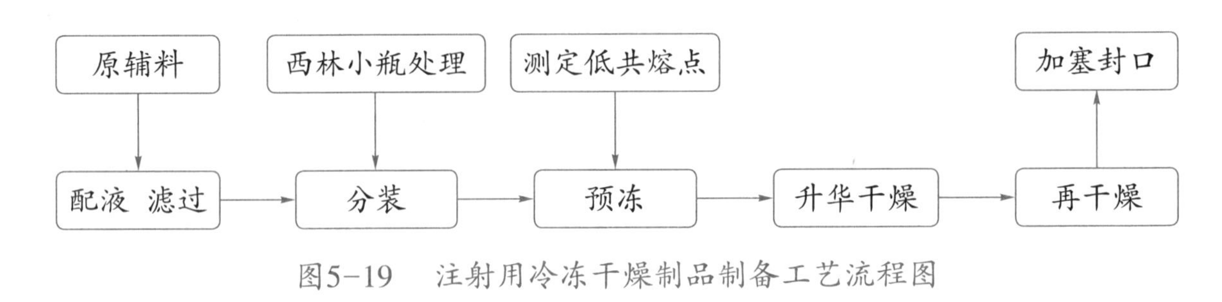

图5-19　注射用冷冻干燥制品制备工艺流程图

（1）测定产品低共熔点：新产品冻干时，先应预测出其低共熔点，然后控制冷冻温度在低共熔点以下，以保证按照冷冻干燥的顺利进行。低共熔点是在水溶液冷却过程中，冰和溶质同时析出结晶混合物（低共溶混合物）时的温度。

（2）配液、滤过和分装：冻干前的原辅料、西林瓶需按适宜的方法处理，然后进行配液、无菌过滤和分装，其制备应在A级或B级背景下A级的洁净条件下操作。当药物剂量和体积较小时，需加适宜稀释剂（例如甘露醇、乳糖、山梨醇、右旋糖酐、牛白蛋白、明胶、氯化钠和磷酸钠等）以增加容积。溶液经无菌滤过（0.22μm微孔滤膜）后分装在灭菌西林瓶内，容器的余留空间应较水性注射液大，一般分装容器的液面深度为1~2cm，最深不超过容器深度的二分之一。

（3）预冻：预冻是恒压降温过程，随着温度下降，药液形成固体，一般应将温度降至低于共熔点以下约10~20℃，以保证冷冻彻底，无液体存在。预冻方法包括速冻法和慢冻法。速冻法降温速度快，易形成细微冰晶，制得产品疏松易溶，且对生物活性物质如酶类、活菌、活病毒等破坏小，但可能出现冻结不实；慢冻法降温速度慢，冻结较实，但形成的结晶较粗。在实际工作中应按药液性质采用不同的冷冻方法。

（4）升华干燥：首先将冷冻体系进行恒温减压，至一定真空度后关闭冷冻机，缓缓加热，以供给制品在升华过程中所需的热量，使体系中的水分基本被除尽，进行再干燥。针对结构较复杂、黏度大及熔点低的制品，如蜂蜜、蜂王浆等，可采用反复预冻升华法。

（5）再干燥：升华完成后使体系温度提高，具体温度根据制品的性质确定，如

0℃或25℃，保持一定的时间使残留的水分与水蒸气被进一步抽尽。

（6）加塞、封口：冷冻干燥完毕，从冷冻机中取出分装瓶，加塞、封口。国外有些设备已设计自动加塞装置，西林小瓶从冻干机中取出之前，能自动压塞，避免污染。为此还有专门设计的橡皮塞，在分装液体后，橡皮塞被放置瓶口上，因橡皮塞下部分有一些缺口，可使水分升华逸出。

4. 冷冻干燥工艺中存在的问题及解决方法

（1）含水量偏高：装入容器的药液过厚，升华干燥过程中供热不足，冷凝器温度偏高或真空度不够，均可能导致含水量偏高。可采用旋转冷冻机及其他相应的措施去解决。

（2）喷瓶：如果供热太快，受热不匀或预冻不完全，则易在升华过程中使制品部分液化，在真空减压条件下产生喷瓶。为防止喷瓶，必须控制预冻温度在共熔点以下10~20℃，同时加热升华，温度不宜超过共熔点。

（3）产品外形不饱满或萎缩：一些黏稠药液由于其结构过于致密，在冻干过程中内部水蒸气会逸出不完全，冻干结束后，制品因潮解而萎缩。可在处方中加入适量甘露醇、氯化钠等填充剂，并采取反复预冻法，以改善制品的通气性，产品外观即可得到改善。

（三）注射用无菌粉末的质量检查

注射用无菌粉末除应符合注射剂项下有关规定外，还应进行可见异物、装量差异、细菌内毒素等检查，另外还有颜色、水分、酸碱度等检查。

1. 可见异物　注射用无菌粉末溶液的可见异物检查（混悬型除外），按《中国药典》（2020年版）可见异物检查法（通则0904）中规定的方法检查，应符合规定。

2. 装量差异　注射用无菌粉末的装量差异为一重要质量指标，按《中国药典》（2020年版）装量差异（通则0102）的规定检查，应符合规定（表5-6）。

凡规定检查含量均匀度的注射用无菌粉末，一般不再进行装量差异检查。

表5-6　注射用无菌粉末的装量差异限度

平均装量	装量差异限度
0.05g及0.05g以下	±15%
0.05g以上至0.15g	±10%
0.15g以上至0.5g	±7%
0.5g以上	±5%

三、实例分析

实例：注射用细胞色素C

【处方】细胞色素C　15mg
　　　　葡萄糖　15mg
　　　　亚硫酸钠　2.5mg
　　　　亚硫酸氢钠　2.5mg
　　　　注射用水　0.7ml

【制法】

（1）在无菌操作室中，称取细胞色素C、葡萄糖，置适当的容器中，加注射用水，在氮气流下加热（75℃以下），搅拌使溶解。

（2）再加入亚硫酸钠与亚硫酸氢钠使溶解，用2mol/L NaOH溶液调节pH至7.0~7.2。

（3）然后加配制量0.1%~0.2%的药用炭，搅拌数分钟，过滤。

（4）测定含量与pH，合格后精滤，分装。

（5）低温冷冻干燥约34小时，压丁基胶塞、轧铝塑盖即得。

【作用与用途】细胞代谢改善药。用于各种组织缺氧急救的辅助治疗。

【用法与用量】静脉推注或滴注：一次15~30mg，视病情轻重一日1~2次，每日30~60mg。静脉推注时，加25%葡萄糖溶液20ml混匀后缓慢注射。也可用5%~10%葡萄糖溶液或0.9%氯化钠注射液稀释后静脉滴注。

分析：

（1）本品系用细胞色素C加适宜的赋形剂与抗氧剂，经冷冻干燥制得的无菌制品。为桃红色的冻干块状物，易溶于水。含细胞色素C应为标示量的90.0%~115.0%。《中国药典》（2020年版）规定本品应做酸碱度、无菌、细菌内毒素与过敏试验、活力等检查，应符合规定。

（2）本处方测得的最低共熔点为−27℃。

（3）细胞色素C为含卟啉铁的结合蛋白质，溶于水，易溶于酸性溶液，其氧化型水溶液呈深红色，其还原型水溶液呈桃红色。

（4）密闭，在凉暗处保存。

（5）本品收载于《中国药典》（2020年版）二部。

点滴积累

1. 注射用无菌粉末系指药物制成的供临用前用适宜的无菌溶液配制成澄清溶液或均匀混悬液的无菌粉末或无菌块状物。

2. 根据生产工艺条件不同，注射用无菌粉末可分为注射用无菌分装制品和注射用冷冻干燥制品。

3. 冷冻干燥的优点有①受热影响小，特别适合对热不稳定的药物；②药液经过除菌过滤，杂质微粒少；③由液体定量分装，剂量准确；④含水量低，经真空干燥、密封，稳定性好；⑤产品质地疏松，溶解性好。

4. 冷冻干燥主要的缺点有①设备造价高；②工艺过程时间长（典型的干燥过程，周期需要20小时左右）；③能源消耗大；④工艺控制的要求高。

任务七　眼用液体制剂

课堂活动

同学们都知道眼睛是心灵的窗户，保护好眼睛是很有必要的。而如今大多数同学都近视，需配戴眼镜或是隐形眼镜，当眼部不舒服时，你是如何护理眼睛的？用过什么药呢？注射剂呢？

一、概述

眼用液体制剂是指供洗眼、滴眼或眼内注射用以治疗或诊断眼部疾病的液体制剂，分为滴眼剂、洗眼剂和眼内注射液三类。

滴眼剂系指由药物与适宜的辅料制成的无菌水性、油性澄明溶液、混悬液或乳状液，供滴入的眼用液体制剂。亦可将药物以粉末、颗粒、块状或片状物的形式包装，另备有溶剂，临用前用溶剂溶解成澄明的溶液或混悬液的制剂。滴眼剂成品如图5-20所示。

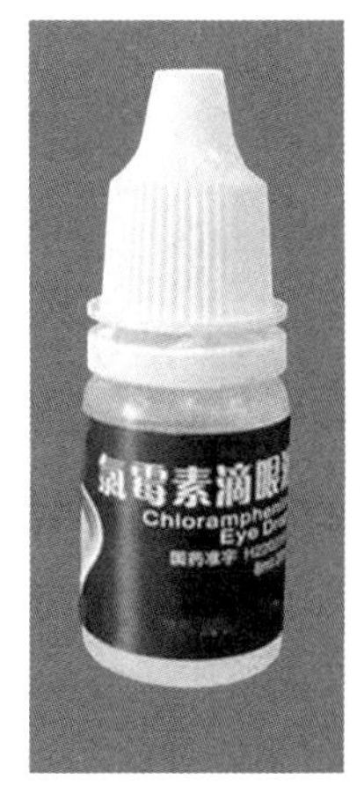

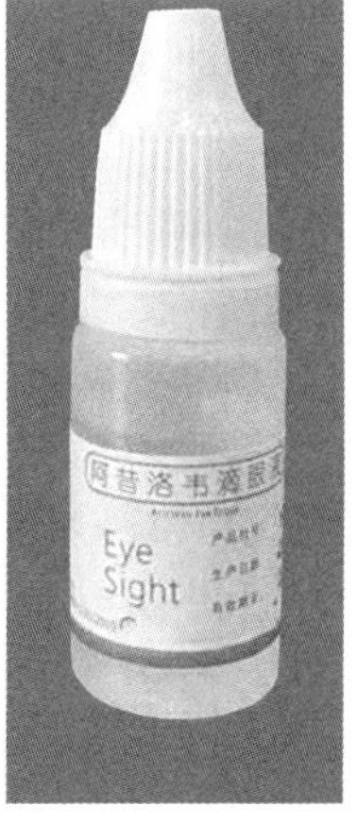

图5-20　滴眼剂成品

滴眼剂一般作为杀菌、消炎、收敛、散瞳、缩瞳、局部麻醉或诊断之用，也可用作润滑或代替泪液等。

洗眼剂是指由药物制成的无菌澄明水溶液，供冲洗眼部异物或分泌液、中和外来化学物质的眼用液体制剂。

眼内注射溶液系指药物和适宜辅料制成的无菌澄明溶液，供眼周围组织（包括球结膜下、筋膜下及球后）或眼内注射（包括前房注射、前房冲洗、玻璃体内注射、玻璃体内灌注等）的无菌眼用液体制剂。

眼用液体制剂在生产和贮藏期间应符合下列规定。

1. 滴眼剂中可加入调节渗透压、pH、黏度以及增加原料药物溶解度和制剂稳定的辅料，所用辅料不应降低药效或产生局部刺激。

2. 除另有规定外，滴眼剂应与泪液等渗。混悬型滴眼剂的沉降物不应结块或聚集，经振摇应易再分散，并应检查沉降体积比。除另有规定外，每个容器的装量应不超过10ml。

3. 洗眼剂属用量较大的眼用制剂，应尽可能与泪液等渗并具有相近的pH。除另有规定外，每个容器的装量应不超过200ml。

4. 多剂量眼用制剂一般应加适当抑菌剂，尽量选用安全风险小的抑菌剂，产品标签应标明抑菌剂种类和标示量。除另有规定外，在制剂确定处方时，该处方的抑菌效力应符合抑菌效力检查法（通则1121）的规定。

5. 眼内注射溶液、眼内插入剂、供外科手术用和急救用的眼用制剂，均不得加抑菌剂或抗氧剂或不适当的附加剂，且应采用一次性使用包装。

6. 眼用液体制剂包装容器应无菌、不易破裂，其透明度应不影响可见异物检查。

7. 除另有规定外，眼用液体制剂应遮光密封贮存。在启用后最多可使用4周。

知识链接

滴眼剂的质量要求

1. pH　pH应控制在5~9之间。因pH不当引起的刺激性，可增加泪液分泌，导致药物流失，甚至损伤角膜。pH在6~8时眼球无不适感，小于5.0和大于11.4均有明显的不适感。

2. 渗透压　除另有规定外，滴眼剂应与泪液等渗。眼球能适应的渗透压范围相当于浓度为0.6%~1.5%的氯化钠溶液。

3. 无菌　用于眼外伤的滴眼剂、眼内注射溶液以及眼部手术后应用的滴眼剂要求绝对无菌，且不得添加抑菌剂与抗氧剂，需采用单剂量包装。一般滴眼剂要求无致病菌，尤其不得有铜绿假单胞菌和金黄色葡萄球菌，可酌情加入抑菌剂。

4. 可见异物与混悬微粒细度　溶液型滴眼剂应澄明，混悬液型滴眼剂应均匀、细腻。

5. 黏度　一般在4.0~5.0mPa·s之间。适当增加滴眼剂的黏度，可使药物在眼内的停留时间延长、刺激性减少，有利于增强药物的作用。

6. 装量　多剂量装滴眼剂除另有规定外，应不超过10ml。其包装容器应能连续滴状给药。

二、滴眼剂中药物的吸收

滴眼剂有的作用于眼球外部，有的作用于眼球内部。作用在眼球内部的滴眼剂，要求主药能透入眼球内。滴眼剂滴入结膜囊内主要经角膜和结膜两条途径吸收。进入眼内的药物约有90%是经角膜吸收的，而结膜因有许多血管，从结膜吸收的药物可经结膜血管网进入体液循环，不能在眼球内达到有效浓度，有些药效较强的药物还有可能引起全身性不良反应。

影响滴眼剂药物吸收的因素如下。

1. 药物的亲水亲油性　角膜厚度为0.5~1mm，按其化学组成可分为脂肪－水－脂肪三层。药物必须具有适宜的亲水亲油性才能透过角膜。完全解离或不解离的药物不能透过完整的角膜。

2. 泪液的影响　泪液能稀释药液并导致药液流失而减少药物的吸收，但泪液的缓冲作用也能减少药物的刺激性、改变药物的pH而有利于药物的吸收。如大多数生物碱类药物，常配成生物碱盐的水溶液，以增大稳定性和溶解度，滴眼后经泪液改变其pH至近7.4左右时，可形成足够的游离生物碱，从而有利于药物透过角膜。

3. 其他　尽量减少药物的刺激性、降低药液的表面张力、适当增加药液黏度等，均有利于药物的吸收。

三、眼用液体制剂的附加剂

眼用液体制剂中常含有调节张力、黏度、渗透压、pH以及提高药物溶解度、使制剂稳定等附加剂，并可加适量的抑菌剂。这些附加剂不应降低药效或产生局部刺激性。

（一）pH调节剂

正常人泪液的pH在7.3~7.5之间，眼用液体制剂pH的选择，应综合考虑药物的溶解度、稳定性、药效以及生理适应性，一般控制pH在5~9之间。为操作方便，常在pH不同的缓冲溶液中加入抑菌剂，配成贮备液作为滴眼剂的溶剂使用。

1. 硼酸缓冲液　为1.9%的硼酸溶液，pH为5。适用于盐酸可卡因、盐酸丁卡因、盐酸普鲁卡因、盐酸乙基吗啡、水杨酸毒扁豆碱、硫酸锌等药物的滴眼剂。

2. 硼酸盐缓冲液　用1.24%的硼酸溶液和1.91%的硼砂溶液，按不同比例配合，可得pH为6.7~9.1的缓冲液。硼酸盐缓冲液能使磺胺类药物的钠盐溶液稳定而不析出结晶。

3. 磷酸盐缓冲液　用0.8%的磷酸二氢钠溶液和0.947%的磷酸氢二钠溶液按不同比例配合，可得pH为5.9~8.0的缓冲液。适用于阿托品、麻黄碱、后马托品、毛果芸香碱、东莨菪碱等药物的滴眼剂。

常用的缓冲液见表5-7和表5-8。

表5-7　硼酸盐缓冲液

pH	1.24%的硼酸溶液/ml	1.91%的硼砂溶液/ml	使100ml溶液等渗应加的氯化钠克数/g
6.77	97.0	3.0	0.22
7.09	94.0	6.0	0.22
7.36	90.0	10.0	0.22
7.60	85.0	15.0	0.23
7.87	80.0	20.0	0.24
7.94	75.0	25.0	0.24
8.08	70.0	30.0	0.25
8.20	65.0	35.0	0.25
8.41	55.0	45.0	0.26
8.60	45.0	55.0	0.27
8.69	40.0	60.0	0.27
8.84	30.0	70.0	0.28
8.98	20.0	80.0	0.29
9.11	10.0	90.0	0.30

表 5-8 磷酸盐缓冲液

pH	0.8% 的磷酸二氢钠溶液 /ml	0.947 1% 的磷酸氢二钠溶液 /ml	使 100ml 溶液等渗应加的氯化钠克数 /g
5.91	90	10	0.479
6.24	80	20	0.472
6.47	70	30	0.465
6.64	60	40	0.459
6.81	50	50	0.452
6.98	40	60	0.446
7.17	30	70	0.439
7.38	20	80	0.432
7.73	10	90	0.425
8.04	5	95	0.422

（二）渗透压调节剂

眼用液体制剂应与泪液等渗，渗透压过高或过低对眼睛都有刺激性。常用的渗透压调整剂有氯化钠、硼砂、葡萄糖、硝酸钠等。因治疗需要有时也用高渗溶液，如30%磺胺醋酰钠滴眼剂，因眼泪能使滴眼剂浓度下降，所以刺激是短暂的。

（三）抑菌剂

一般滴眼剂为多剂量包装，虽在配制时采用无菌操作或经过灭菌，但在使用过程中无法始终保持无菌。被污染的药液不仅会变质、失效，而且还会引起患者眼部的继发性感染，甚至丧失视力。因此，选用安全、有效的抑菌剂是十分重要的。滴眼剂的抑菌剂不但要求抑菌效力确切，还要求作用迅速，能在患者两次滴眼的间隔时间内发挥抑菌效果。实验室条件下要求在1小时内，能将铜绿假单胞菌和金黄色葡萄球菌杀灭。

常用的抑菌剂见表5-9。

表 5-9　滴眼剂常用的抑菌剂

种类	品种	常用浓度	应用	附注
有机汞类	硝酸苯汞、醋酸苯汞、硫柳汞	0.002%~0.005%	pH 6.0~7.5时作用最强，与氯化钠、碘化物、溴化物等有配伍禁忌	有汞沉积于晶状体的病例，对需长期使用的滴眼剂不宜选用此类
季铵盐类	苯扎氯铵、苯扎溴铵、消毒净以及氯己定	0.001%~0.002%	最常用的是苯扎氯铵，对硝酸根离子、碳酸根离子、磺胺类的钠盐、荧光素钠等有配伍禁忌	抑菌力很强，也很稳定，但配伍禁忌很多，在pH<5时作用减弱，遇阴离子型表面活性剂或阴离子胶体化合物失效
醇类	三氯叔丁醇、苯氧乙醇和苯乙醇	0.35%~0.5%	苯氧乙醇对铜绿假单胞菌有特殊的抑菌力；苯乙醇的配伍禁忌很少，很少单独使用，与其他类抑菌剂有良好的协同作用	与碱性药物有配伍禁忌；三氯叔丁醇在弱酸中作用好
酸类	山梨酸	0.15%~0.2%	对真菌有较好的抑菌力	适用于含有聚山梨酯的滴眼剂
羟苯酯类	羟苯甲、乙、丙酯三种	乙酯0.03%~0.06%；甲酯、丙酯混合，其浓度为0.16%及0.02%	对真菌有较好的抑菌力，但不宜与聚山梨酯配伍。对铜绿假单胞菌的抑菌效果差	在弱酸中作用力强，但某些患者感觉有刺激性

（四）增稠剂

可适当增加滴眼剂的稠度，降低滴眼剂的刺激性，延长药物在眼内的滞留时间且减少流失量，从而提高疗效。常用的增稠剂有甲基纤维素（MC）、聚乙烯醇（PVA）、聚维酮（PVP）、羟丙甲纤维素（HPMC）等。甲基纤维素与某些抑菌剂有配伍禁忌，如羟苯酯类、氯化十六烷基吡啶等，但与酚类、有机汞类、苯扎氯铵无配伍禁忌；聚乙烯醇的透光性好，热压灭菌后无凝结现象且与药物的配伍禁忌少。

眼用液体制剂根据需要，还可以添加抗氧剂、增溶剂、助溶剂等附加剂。

四、滴眼剂的制备

滴眼剂一般应在无菌环境下配制，各种器具均须用适当的方法清洗干净，必要时进行灭菌。

（一）容器的处理

滴眼剂的包装容器应无毒并清洗干净，灭菌后备用，不应与药物或辅料发生理化作用，容器壁要有一定的厚度且均匀，其透明度应不影响可见异物检查。

目前，滴眼剂的包装材料主要采用塑料瓶包装，也有玻璃滴眼瓶。因塑料瓶可能会吸附抑菌剂和某些药物，影响抑菌效果，使含量降低；塑料中的增塑剂或其他成分也会溶入药液中，导致药液不纯。因此，要根据与药物的相容性试验结果选择包装材料。

（二）生产工艺

滴眼剂的制备工艺流程如图5-21所示。

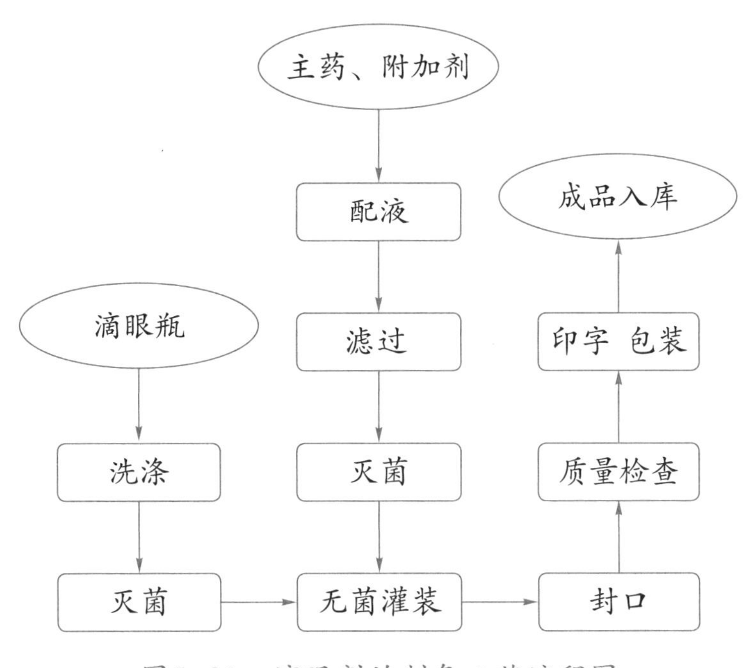

图5-21　滴眼剂的制备工艺流程图

滴眼剂的生产工艺与注射剂基本相同，若小量配制，可在层流洁净工作台上进行。根据使用的要求与药物的性质，其要求如下。

（1）用于眼外伤的滴眼剂：按注射剂的生产工艺制备，分装于单剂量容器中密封或熔封，最后灭菌，不得加抑菌剂与抗氧剂。主药性质不稳定者，以严格的无菌操作法制备。

（2）一般滴眼剂：药物性质稳定者，可在配液后以大瓶包装，于100℃流通蒸汽灭菌30分钟，然后在无菌操作条件下分装；主药性质不稳定者，按无菌操作法制备，可加入抑菌剂。一般滴眼剂每个容器的装量不超过10ml。

（三）质量检查

除pH、含量等检查应符合规定外，眼用液体制剂还需进行以下质量检查。

1. 可见异物　除另有规定外，滴眼剂按照《中国药典》（2020年版）四部可见异物检查法（通则0904）中滴眼剂项下的方法检查，应符合规定；眼内注射溶液按照可见异物检查法（通则0904）中注射剂项下的方法检查，应符合规定。

2. 粒度　混悬滴眼剂的检查法：除另有规定外，混悬型眼用制剂按照下述方法检查粒度，应符合规定。

取供试品强力振摇，立即用微量移液管吸取适量（相当于主药10μg），置于载玻片上，按照《中国药典》（2020年版）四部粒度和粒度分布测定法（通则0982）检查，大于50μm的粒子不得多于2个，且不得检出大于90μm的粒子。

3. 沉降容积比　混悬液型滴眼剂应进行沉降容积比检查，按照《中国药典》（2020年版）四部沉降容积比检查法（通则0105）检查，应不低于0.90，其沉淀物经振摇应易再分散。

4. 装量检查　除另有规定外，按照《中国药典》（2020年版）四部最低装量检查法（通则0942）检查，应符合规定。

5. 无菌检查　供角膜穿通伤、手术用的滴眼剂或眼内注射溶液，按照《中国药典》（2020年版）四部无菌检查法（通则1101）检查，应符合规定。

五、实例分析

实例1：氯霉素滴眼液

【处方】氯霉素　2.5g
硼酸　19g
硼砂　0.38g
硫柳汞　0.04g
注射用水　加至1 000ml

【制法】

（1）取注射用水约900ml，加热至沸，加入硼酸、硼砂使之溶解。

（2）待冷至约40℃，加入氯霉素、硫柳汞搅拌使溶，加注射用水至1 000ml。

（3）精滤至澄明后，100℃流通蒸汽灭菌30分钟。

（4）无菌分装，即得。

【作用与用途】本品为抗生素类药。用于沙眼、急性或慢性结膜炎、角膜炎、眼睑缘炎等。

【用法与用量】滴入眼睑内，一次1~2滴，一日3~5次。

分析：

（1）本品含氯霉素不得少于标示量的85.0%。

（2）氯霉素在水中的溶解度为1∶400，处方中的用量已达饱和，故需加热溶解。若配高浓度时可加入适量吐温-80作增溶剂。

（3）《中国药典》（2020年版）规定本品的pH为6.0~7.0，本处方选用硼酸缓冲液调整pH。不宜使用磷酸盐缓冲液，因磷酸盐、枸橼酸盐和醋酸盐都会催化氯霉素的水解。

（4）有关物质检查照《中国药典》（2020年版）氯霉素滴眼液有关物质检查项下的方法检查氯霉素二醇物及对硝基苯甲醛的限量，应符合规定。

（5）氯霉素滴眼液在贮藏过程中，效价常逐渐降低。故在大量生产时可适当增加投料量至115%~120%。

（6）本品应避光、密闭，在凉暗处保存。

（7）本品收载于《中国药典》（2020年版）二部。

实例2：硝酸毛果芸香碱滴眼液

【处方】硝酸毛果芸香碱　　10g

氯化钠　　6.0g

羟苯乙酯　　0.3g

注射用水　　加至1 000ml

【制法】

（1）取羟苯乙酯溶于适量的热注射用水中，稍冷后，加入硝酸毛果芸香碱和氯化钠，使其溶解。

（2）滤过，添加注射用水至1 000ml，搅匀。

（3）于100℃流通蒸汽灭菌30分钟。

（4）无菌分装，即得。

【作用与用途】本品为缩瞳药。本品能兴奋胆碱能神经M受体，使瞳孔缩小，降低眼压。用于治疗青光眼及作为阿托品的拮抗剂。

【用法与用量】滴眼：一次1~2滴，一日2~3次；或遵医嘱。

分析：

（1）本品含硝酸毛果芸香碱应为标示量的90.0%~110.0%。

（2）硝酸毛果芸香碱为毒性药，操作时应予注意。

（3）本品在碱性溶液中不稳定，《中国药典》（2020年版）规定本品的pH为4.0~6.0。

（4）毛果芸香碱遇光或高温亦能分解。本品应遮光、密闭，在凉暗处保存。

（5）本品收载于《中国药典》（2020年版）二部。

实例3：磺胺醋酰钠滴眼液

【处方】磺胺醋酰钠　　300g

硫代硫酸钠　　1g

羟苯乙酯　　0.25g

注射用水　　加至1 000ml

【制法】

（1）将羟苯乙酯溶于适量煮沸的注射用水中。

（2）另取磺胺醋酰钠及硫代硫酸钠溶于煮沸放冷的注射用水中。

（3）将两液合并，加水至足量，滤过，分装。

（4）于100℃流通蒸汽灭菌30分钟即得。

【作用与用途】本品为磺胺类药。用于眼部感染。

【用法与用量】滴眼：一次1~2滴，一日2~3次；或遵医嘱。

分析：

（1）本品含磺胺醋酰钠应为标示量的90.0%~110.0%。

（2）《中国药典》（2020年版）规定本品的pH为8.0~9.8。

（3）磺胺醋酰钠和硫代硫酸钠都能与水中溶解的二氧化碳作用而析出沉淀，所以需将水煮沸以驱除二氧化碳。硫代硫酸钠为抗氧剂，能防止磺胺醋酰钠氧化变色，其变色反应受光线、金属离子的影响而加速，最好加0.01%依地酸二钠及用棕色瓶包装。

（4）磺胺醋酰钠的3.85%水溶液为等渗，10%~30%溶液为高渗。水溶液加热能水解成氨苯磺胺而析出结晶。本品应遮光、密闭，在凉暗处保存。

（5）本品收载于《中国药典》（2020年版）二部。

点滴积累

1. 眼用液体制剂是指供洗眼、滴眼或眼内注射用以治疗或诊断眼部疾病的液体制剂，分为滴眼剂、洗眼剂和眼内注射液三类。

2. 滴眼剂常用的附加剂有pH调节剂、渗透压调节剂、抑菌剂、增稠剂、延效剂、抗氧剂等。

3. 滴眼剂的生物利用度较低，药物的吸收途径有经角膜和经结膜两种。角膜吸收进入眼内起治疗作用，结膜吸收引起全身毒副作用。

4. 滴眼剂的质量检查项目有pH检查、混悬微粒粒度、无菌检查、可见异物、装量检查等。

项目小结

1. 《中国药典》（2020年版）将注射剂分为注射液、注射用无菌粉末与注射用浓溶液三类。注射剂的质量要求包括“三无”（无菌、无热原、无可见异物）、pH（4~9）、渗透压（尽可能等渗）、安全性、稳定性以及其他（有效成分含量、杂质限度和装量差异限度检查等），这些项目均应符合药品标准。
2. 热原是指由微生物产生的代谢产物，能引起恒温动物体温异常升高的致热物质。检查热原的方法主要有热原检查法（家兔试验法）、细菌内毒素检查法（鲎试剂法）。
3. 注射用溶剂包括注射用水、注射用油及其他注射用溶剂；注射剂的附加剂有抑菌剂、pH调节剂、渗透压调节剂、抗氧剂、金属络合剂与惰性气体增溶剂、助溶剂、乳化剂、助悬剂、局部止痛剂等。调节等渗的计算方法有冰点数据降低法和氯化钠等渗当量法。
4. 注射剂的生产工艺流程为原辅料的准备→配液→过滤→灌封→灭菌与检漏→质检→印字与包装→成品入库。
5. 输液剂可分为电解质输液、营养输液、血浆代用液、含药输液等。
6. 注射用无菌粉末可分为注射用无菌分装制品和注射用冷冻干燥制品。
7. 眼用液体制剂分为滴眼剂、洗眼剂和眼内注射液三类。

思考题

一、填空题

1. 《中国药典》(2020年版)将注射剂分为______、______和______。
2. 注射用溶剂包括______、______及______。
3. 热原的性质主要有______、______、______、______、______，以及可被强碱、强酸、氧化剂等破坏。
4. 检查热原的方法有____________和____________。
5. 调节等渗的计算方法有____________和____________。
6. 注射剂配制药液的方法有____________和____________。
7. 输液剂可分为__________、__________、__________和__________。
8. 根据生产工艺的不同，注射用无菌粉末可分为____________和____________。
9. 滴眼剂一般经____________和____________两个途径吸收。

二、名词解释

1. 注射剂
2. 热原
3. 等渗溶液
4. 注射液
5. 输液剂
6. 注射用无菌粉
7. 滴眼剂
8. 氯化钠等渗当量

三、简答题

1. 注射剂的质量要求有哪些?
2. 注射剂生产过程中应如何避免污染热原?
3. 简述常用的注射用水的制备流程。
4. 简述输液剂的种类并举例。
5. 简述注射剂的制备工艺流程。
6. 简述冷冻干燥的三个阶段。

四、实例分析

1. 下列为维生素C注射液的处方组成，分析处方中各成分的作用，简述其配制要点。

【处方】维生素C　　104g
碳酸氢钠　　49g
依地酸二钠　　0.05g
亚硫酸氢钠　　2g
注射用水　　加至1 000ml

2. 下列为注射用细胞色素C的处方组成，分析处方中各成分的作用，简述其配制要点。

【处方】细胞色素C　　15mg
葡萄糖　　15mg
亚硫酸钠　　2.5mg
亚硫酸氢钠　　2.5mg
注射用水　　0.7ml

3. 下列为醋酸可的松滴眼液（混悬液）的处方组成，分析处方中各成分的作用，简述其配制要点。

【处方】醋酸可的松（微晶）　5g
硼酸　　20g
硝酸苯汞　　0.02g
羧甲基纤维素钠　　2g
吐温-80　　0.8g
注射用水　　加至1 000ml

五、计算题

1. 配制含1%氢溴酸后马托品的等渗滴眼液100ml，应加入多少克氯化钠才能调至等渗？（已知1g溴酸后马托品的氯化钠等渗当量为0.17）
2. 配制2%盐酸普鲁卡因注射液150ml，需加多少克氯化钠才能成为等渗溶液？（已知1%盐酸普鲁卡因溶液的冰点降低度为0.122℃，1%氯化钠溶液的冰点降低度为0.58℃）
3. 配制氯化钠等渗溶液1 000ml，应加入多少克氯化钠？

实训 5-1　微孔滤膜、垂熔滤球使用前处理方法

一、实训目的

1. 熟练掌握微孔滤膜、垂熔滤球等滤器的安装及操作。

2. 熟悉有关滤器的安全操作注意事项。

3. 学会对滤器进行预处理与清洁保养。

二、实训药品与器材

1. 药品　重铬酸钾－硫酸洗液或硝酸钠－硫酸洗液、注射用水等。

2. 器材　微孔滤膜、垂熔滤球。

三、实训指导

微孔滤膜、垂熔滤球等滤器是注射剂与滴眼剂制备中常用的滤器，合格的滤器是合格产品的必要保障，使用前要对微孔滤膜、垂熔滤球进行前处理。

四、实训内容

（一）微孔滤膜起泡点的测定及使用前处理

1. 微孔滤膜起泡点的测定　①将待测试的微孔滤膜或滤芯用注射用水完全润湿，安装到罐装的输液管路系统中向装滤膜或滤芯的不锈钢圆盘过滤器或套筒中加入适量的注射用水浸没滤膜或滤芯。②从不锈钢圆盘过滤器或套筒的进料端缓慢通入压缩空气，注意压力应按仪器要求。③一般仪器可按说明操作，手工测试则需缓慢加大压缩空气至一定压力不同孔径的滤膜或滤芯都有固定的最小泡点值，注意观察在最小泡点值时，注射于用水出口是否有气泡冒出。④判定标准：如仪器测试则可自动给出结果是否合格，手工测试则有气泡冒出时的压力值必须等于或大于厂家的最小起泡点值。若不合格，需查找原因，是否管路有泄漏，否则此滤膜不符合生产要求，应更换微孔滤膜，并重新进行此实验，直至滤膜符合生产要求。

2. 微孔滤膜使用前处理　①检查微孔滤膜有无气泡、针孔、破损情况。②将滤膜浸泡在注射用水中12~24小时，使滤孔充分胀开。③煮沸并保持微沸30分钟，从水中取出即可安装到微孔滤膜器上备用。

（二）垂熔滤球的使用

1. 使用前先用水冲洗，即用重铬酸钾－硫酸洗液浸泡处理或用1%~2%硝酸钠－硫酸洗液浸泡处理，最后用水冲洗除去洗液，并用注射用水洗至中性。

2. 将滤球与管道连接，检查密闭性，控制压力值在正常范围。

3. 使用后需将滤球中积存的药物及杂质冲洗干净。

五、思考题

1. 微孔滤膜、垂熔滤球分别在注射剂滤过中起什么作用?

2. 微孔滤膜为什么要进行起泡点的测定？

3. 微孔滤膜、垂熔滤球等在安装过程中应注意哪些问题？

实训 5-2 热原的检查

一、实训目的

1. 掌握热原检查的方法，学会热原检查的基本操作。

2. 能够正确判断热原检查的结果。

二、实训药品与器材

1. 药品 细菌内毒素检查用水、细菌内毒素工作标准品、鲎试剂、供试品。

2. 器材 注射器及针头、肛温计、体温计、家兔固定夹、试管、安瓿管、恒温器。

3. 实验动物 家兔。

三、实训指导

1. 热原检查法的基本原理 本法系将一定剂量的供试品，静脉注入家兔体内，在规定时间内，观察家兔体温升高的情况，以判定供试品中所含热原的限度是否符合规定。

2. 细菌内毒素检查法的基本原理 本法系利用鲎试剂来检测或量化由革兰氏阴性细菌产生的细菌内毒素，以判断供试品中细菌内毒素的限量是否符合规定。

细菌内毒素检查包括凝胶法和光度测定法，后者包括浊度法和显色基质法。供试品检测时，可使用其中任何一种方法进行试验。当测定结果有争议时，除另有规定外，以凝胶法的结果为准。

细菌内毒素国家标准品系自大肠埃希菌提取精制而成，用于标定、复核、仲裁鲎试剂的灵敏度和标定细菌内毒素工作标准品的效价。

细菌内毒素工作标准品系以细菌内毒素国家标准品为基准标定其效价，用于试验中的鲎试剂灵敏度复核、干扰试验及各种阳性对照。

细菌内毒素检查用水系指内毒素含量<0.015EU/ml（用于凝胶法）或0.005EU/ml（用于光度测定法）且对内毒素试验无干扰作用的灭菌注射用水。

供试品对细菌内毒素检查法是否有干扰，可进行供试品干扰试验。若有干扰，可使用更灵敏的鲎试剂以及对供试品进行更大倍数的稀释或采用其他适合排除干扰作用的方法。

四、实训内容

1. 热原检查法

（1）家兔的选择：供试品用家兔应健康合格，体重为1.7~3.0kg，雌兔应无孕。预测体温前7日即应用同一饲料饲养，在此期间内，体重应不减轻，精神、食欲、排泄等不得有异常现象。未曾用于热原检查的家兔；或供试品判定为符合规定，但组内升温达0.6℃的家兔；或3周内未曾使用的家兔，均应在检查供试品前3~7日内预测体温，进行挑选。

挑选试验的条件与检查供试品时相同，仅不注射药液，每隔30分钟测量体温1次，共测8次，8次体温均在38.0~39.6℃的范围内，且最高与最低体温的差不超过0.4℃的家兔，方可供热原检查用。用于热原检查后的家兔，如供试品判定为符合规定，至少应休息48小时方可再供检查用。如供试品判定为不符合规定，则组内的全部家兔不再使用。每一家兔的使用次数，用于一般药品的检查，不应超过10次。

（2）试验前的准备：在进行热原检查前1~2日，供试用家兔应尽可能处于同一温度的环境中，实验室和饲养室的温度相差不得大于3℃，且应控制在17~25℃；在试验的全部过程中，实验室的温度变化不得大于3℃，应防止动物骚动并避免噪声干扰。家兔在试验前至少1小时开始停止给食，并置于宽松适宜的装置中，直至试验完毕。测量家兔体温应使用精密度为±0.1℃的肛温计，或其他同样精确的测温装置。肛温计插入肛门的深度和时间各兔应相同，深度一般约为6cm，时间不得少于1.5分钟，每隔30分钟测量体温1次，一般测量2次，两次体温之差不得超过0.2℃，以此两次体温的平均值作为该兔的正常体温。当日使用的家兔，正常体温应在38.0~39.6℃的范围内，且同组的兔间正常体温相差不得超过1℃。

试验用的注射器、针头及一切与供试品溶液接触的器皿，应无菌、无热原。可以置烘箱中用250℃加热30分钟，也可用其他适宜的方法除去热原。

（3）检查法：取适用的家兔3只，测定其正常体温后15分钟以内，自耳静脉缓缓注入规定剂量并温热至约38℃的供试品溶液，然后每隔30分钟按前法测量其体温1次，共测6次，以6次体温中最高的一次减去正常体温，即为该兔体温的升高温度（℃）。如3只家兔中有1只体温升高0.6℃或高于0.6℃，或3只家兔体温升高均低于0.6℃，但体温升高的总和达1.3℃或高于1.3℃以上，应另取5只家兔复试，检查方法同上。

（4）结果判断：在初试的3只家兔中，体温升高均低于0.6℃，并且3只家兔体温升高的总和低于1.3℃；或在复试的5只家兔中，体温升高0.6℃或0.6℃以上的兔数不超过1只，并且初试、复试合并8只家兔的体温升高总和为3.5℃或低于3.5℃，均判定供试品的热原检查符合规定。

在初试的3只家兔中，体温升高0.6℃或高于0.6℃的家兔超过1只；或在复试的5只家兔中，体温升高0.6℃或高于0.6℃的家兔超过1只；或在初试、复试合并8只家兔的体温升高总和超过3.5℃，均判定供试品的热原检查不符合规定。

当家兔升温为负值时，均以0计。将实验结果记录于实训表5-1中。

实训表5-1　热原检查法（家兔法）结果记录

品名：　　　　批号：　　　　试验日期：

家兔编号	体重/kg	正常体温/℃			注射后体温/℃						升高体温/℃
		1	2	平均值	1	2	3	4	5	6	
1											
2											
3											

2. 细菌内毒素检查法　《中国药典》（2020年版）中细菌内毒素检查法为凝胶法，系通过鲎试剂与内毒素产生凝集反应的原理来检测或半定量内毒素的方法。

（1）试验准备：试验所用器皿需经处理，除去可能存在的外源性内毒素。试验操作过程应防止微生物和内毒素的污染。

（2）凝胶限度试验：按实训表5-2制备溶液A、B、C和D。使用最大有效稀释倍数（是指在试验中供试品溶液被允许达到稀释的最大倍数，应在不超过此稀释倍数的浓度下进行内毒素限值的检测），并且已经排除干扰的供试品溶液来制备溶液A和B。按鲎试剂灵敏度复核试验项下操作。

实训表5-2　凝胶限度试验溶液的制备

编号	内毒素浓度/被加入内毒素的溶液	平行管数
A（供试品溶液）	无/供试品溶液	2
B（供试品阳性对照）	2λ/供试品溶液	2
C（阳性对照）	2λ/检查用水	2
D（阴性对照）	无/检查用水	2

注：λ为在凝胶法中鲎试剂的标示灵敏度（EU/ml），或是在光度测定法中所使用的标准曲线上最低的内毒素浓度。

（3）结果判断：保温（60±2）分钟后观察结果。若阳性对照管为（-）或供试品阳性对照管为（-）或阴性对照管为（+），则试验无效。将试管从恒温器中轻轻取出，缓缓倒转180°时，管内凝胶不变形，不从管壁滑脱者为阳性，记录为（+）；凝胶不能保持完整并从管壁滑脱者为阴性，记录为（-）。2支供试品管A均为（-），应认为符合规定；如2支均为（+），应认为不符合规定；如2支中1支为（+）、1支为（-），需进行复试。复试时，供试品溶液A需做4支平行管，若所有平行管均为阴性，判定供试品符合规定；否则判定供试品不符合规定。将实验结果记录于实训表5-3中。

实训表5-3 细菌内毒素检查法结果

品名： 批号： 试验日期：

平行管号数	A（供试品溶液）	B（供试品阳性对照）	C（阳性对照）	D（阴性对照）
1				
2				

五、思考题

1. 家兔热原检查法中对家兔有什么要求？
2. 在使用肛温计时应注意哪些操作要点？
3. 影响细菌内毒素检查结果的因素有哪些？

实训5-3 安瓿剂维生素C注射液的制备

一、实训目的

1. 掌握空安瓿与垂熔玻璃滤器的处理方法。
2. 掌握注射液的配制、滤过、灌封、灭菌等基本操作。
3. 熟悉安瓿剂漏气检查和可见异物检查的方法。

二、实训药品与器材

1. 药品注射用水、维生素C、碳酸氢钠、亚硫酸氢钠、依地酸二钠等。

2. 器材　pH计（试纸）、灌注器、垂熔玻璃滤器、微孔滤膜器。

三、实训指导

1. 安瓿的处理　将纯化水灌入安瓿内，经100℃加热30分钟，趁热甩水，依次用滤清的纯化水、注射用水灌满安瓿，甩水，如此反复三次，以除去安瓿表面微量的游离碱、金属离子、灰尘和附着的砂粒等杂质。洗净的安瓿立即以120~140℃的温度烘干，备用。

2. 垂熔玻璃滤器的处理　将垂熔玻璃滤器用纯化水冲洗干净，用1%~2%硝酸钠硫酸液浸泡12~24小时，再用纯化水、注射用水反复抽洗至抽洗液呈中性且澄明，抽干，备用。

3. 配液　配液用器具按要求处理洁净干燥后使用。一般配液方法有两种：稀配法，即将原料药加入溶剂中，一次配成所需的浓度；浓配法，即将原料药加入部分溶剂中，配成浓溶液，加热滤过，必要时可加药用炭处理，也可冷藏后再过滤，然后稀释到所需浓度。

4. 滤过　过滤方法有加压滤过、减压滤过和高位静压滤过等。滤器的种类也较多，以供粗滤、预滤和精滤。按实验室条件，安装好滤过装置。

5. 灌封　将滤清的药液立即灌封。根据药液性质和注射剂规格，按照《中国药典》（2020年版）要求适当增加灌装量，确保剂量准确。药液不沾安瓿颈壁。易氧化的药物，在灌装过程中可通惰性气体。

6. 灭菌与检漏　安瓿熔封后按规定及时灭菌。灭菌完毕，趁热取出放入冷的有色溶液中检漏。

四、实训内容

维生素C注射液的制备

【处方】维生素C　　104g

碳酸氢钠　　49g

亚硫酸氢钠　　2g

依地酸二钠　　0.05g

注射用水　　加至1 000ml

【制法】

（1）取配制总量80%的注射用水约800ml，通二氧化碳（或氮气）饱和，加入维生素C溶解后，分次缓慢加入碳酸氢钠，搅拌使完全溶解。

（2）另将亚硫酸氢钠和依地酸二钠溶于适量注射用水中。

（3）将上述（1）（2）两液合并，搅匀，调节pH为5.0~7.0，添加二氧化碳（或氮气）饱和的注射用水至足量，取样测定含量合格后，滤过至澄明，在二氧化碳（或氮气）气流下灌封，100℃流通蒸汽灭菌15分钟，即可。

（4）质检，印字，包装。

【附注】

（1）维生素C成品分解后呈黄色。影响本品稳定性的因素主要是空气中的氧、溶液的pH和金属离子，因此生产上采取通惰性气体、调节药液pH、加抗氧剂和金属离子螯合剂等措施。

（2）本品的稳定性与温度有关。实验证明用100℃灭菌30分钟，含量减少3%，而100℃灭菌15分钟只减少2%，故以100℃灭菌15分钟为好。

（3）维生素C的酸性强，注射时刺激性大，故可加入碳酸氢钠使之中和成盐，以减少注射疼痛。同时碳酸氢钠起调节pH的作用。

【质量检查】

（1）漏气检查：将灭菌后的安瓿趁热置于1%亚甲蓝溶液中，稍冷取出,剔除被染色的安瓿，并记录漏气支数。

（2）可见异物检查：除另有规定外，取供试品20支（瓶），将安瓿外壁擦干净，每次检查可手持2支（瓶），于遮光板边缘处，在明视距离（指供试品至人眼的清晰观测距离，通常为25cm），分别在黑色和白色背景下，手持安瓿颈部使药液轻轻翻摇即用目检视，重复3次，总时限为20秒。要求不得检出金属屑、玻璃屑、长度或最大粒径超过2mm的纤毛和块状物等明显外来的可见异物，并在旋转时不得检出烟雾状微粒柱。微细可见异物（如2mm以下的短纤毛及点、块状物等）如有检出，除另有规定外，应分别符合相应规定。

（3）记录检查结果：将可见异物检查结果记录在实训表5-4中。

实训表5-4　维生素C注射液可见异物检查结果

不合格原因	漏气	玻璃屑	纤维	白点	白块	焦头	其他
总检支数							
废品支数							
正品合格率							

五、思考题

1. 易氧化药物的注射剂在生产上应注意什么问题？

2. 灭菌温度和灭菌时间对注射剂的质量有何影响？

实训5-4　10%葡萄糖注射液的制备

一、实训目的

1. 掌握输液剂制备的基本操作。

2. 学会高温干燥箱和净化工作台的使用。

3. 进一步熟悉无菌操作室的洁净处理、空气灭菌和无菌操作的要求及操作方法。

二、实训药品与器材

1. 药品　葡萄糖、注射用水、注射用活性炭、盐酸。

2. 器材　烧杯、pH计（试纸）、灌注器、G2垂熔玻璃滤器、微孔滤膜器。

三、实训指导

输液剂是指以静脉滴注的方式输入人体血液中的大剂量注射剂（除另有规定外，一般不小于100ml），又称静脉输液。输液剂药液的配制常采用浓配法。

四、实训内容

【处方】葡萄糖（注射用规格）　100g

盐酸　适量

注射用水　加至1 000ml

【制法】取注射用水适量，加热煮沸，分次加入葡萄糖，不断搅拌配成50%~70%浓溶液，用1%盐酸溶液调节pH至3.8~4.0，加入配液量0.1%~1.0%的注射用活性炭，在搅拌下煮沸30分钟，放冷至45~50℃时滤除活性炭，滤液中加注射用水至全量，测定pH及含量，精滤至澄明，灌封，于115℃热压灭菌30分钟。

【附注】

1. 葡萄糖溶液在灭菌后，常使pH下降，故经验认为，先调节pH至5左右后再加热灭菌较为稳定，变色较浅，且能使pH符合《中国药典》（2020年版）规定。

2. 灭菌温度超过120℃，时间超过30分钟，溶液变黄，故应注意灭菌温度和时间。灭菌完毕，要特别注意降温、降压后才能开启盖。

五、思考题

1. 本品用盐酸调节pH的作用是什么？

2. 为了防止葡萄糖注射液变黄，在整个操作过程中，应控制哪些工艺条件？

实训 5-5　滴眼剂的制备

一、实训目的

1. 掌握一般滴眼剂的制备方法。

2. 熟悉净化工作台的使用。

二、实训药品与器材

1. 药品　氯霉素、灭菌注射用水、硼酸、硼砂、硫柳汞。

2. 器材　滴眼瓶、烧杯、手提式热压灭菌器等。

三、实训指导

滴眼剂系指一种或多种药物制成供滴眼用的水性、油性澄明溶液、混悬液或乳剂，也包括眼内注射溶液。滴眼剂一般应在无菌环境下配制，眼部有无创伤是滴眼剂无菌要求严格程度的界限：用于外科手术、供角膜穿通伤用的滴眼剂及眼内注射溶液要求无菌，且不得加抑菌剂与抗氧剂，需采用单剂量包装；一般滴眼剂要求无致病菌，尤其不得有铜绿假单胞菌和金黄色葡萄球菌，可加入抑菌剂。

四、实训内容

1. 眼药管、帽、套的处理。

2. 氯霉素滴眼剂的制备

【处方】氯霉素　　0.25g

硼酸　　1.9g

硼砂　　0.038g

硫柳汞　　0.004g

注射用水　　90ml

全量　　100ml

【制法】取注射用水约90ml，加热至沸，加入硼酸、硼砂使之溶解，待冷至约40℃，加入氯霉素、硫柳汞搅拌使溶，加注射用水至100ml，精滤，滤液用250ml输液瓶收集，灌装，100℃ 30分钟灭菌。检查澄明度合格后，无菌分装。

【附注】

（1）氯霉素易水解，但其水溶液在弱酸性时较稳定，本品选用硼酸缓冲液来调整pH。

（2）氯霉素滴眼剂在贮藏过程中，效价常逐渐降低，故配液时适当提高投料量可使在有效贮藏期间，效价能保持在规定的含量以内。

五、思考题

1. 处方中的硼砂和硼酸起什么作用？试计算此处方是否与泪液等渗？

2. 滴眼剂中选用抑菌剂时应考虑哪些原则？本处方中的硫柳汞可改用何种抑菌剂？使用何浓度？

（于宗琴）

项目六
浸出制剂

项目六
数字内容

学习目标

知识目标：

- 掌握浸出制剂的概念与特点、常用的浸出方法、工艺流程、操作要点。
- 熟悉浸出制剂的类型、常用的浸出溶剂与浸出辅助剂。
- 了解浸出液的浓缩与干燥的方法与设备。

能力目标：

- 能够进行原药材的预处理、常用浸出制剂的制备操作。

素质目标：

- 学习古代名医“悬壶济世，医者仁心，大医精诚”的精神。

情境导入

情境描述：

“悬壶济世”讲述的是汉代的某年夏天，河南一带闹瘟疫，死了许多人，无法医治。有一天，一位神奇的老人来到这里，他在一条巷子里开了一个小小中药店，门前挂了一个药葫芦，里面盛了药丸，专治这种瘟疫。这位“壶翁”身怀绝技，乐善好施，凡是有人来求医，老人就从药葫芦里摸出一粒药丸，让患者用温开水冲服。喝了这位“壶翁”药的人，一个一个都好了起来。当时有汝南（今河南省平舆县射桥镇古城村）人费长房，见此老翁在人散后便跳入壶中，他觉得非常奇怪，于是就带了酒菜前去拜访，老翁便邀他同入壶中。费长房从此随其学道，壶翁尽授其“悬壶济世”之术。

虽然这个传说有些神话传奇色彩，但是他二人的医术、医德令人赞佩，也因为这个故事的流传，所以后人将行医爱称为悬壶，医师或诊所的贺词无一例外，都是悬壶济世，而悬挂的葫芦更成了中医的标志。

学前导语：

老人从药葫芦里摸出的药丸，就是中药制剂，称中成药，是以中草药为原料，经加工制成各种不同剂型的中药制品，包括丸、散、膏、丹各种剂型。是我国历代医药学家经过千百年医疗实践创造、总结的有效方剂的精华。是在中医药理论指导下，根据规定的处方，将中药加工或提取后制成具有一定规格，可以直接用于防病治病的一类药品。因能标本兼治、副作用小很受人们的欢迎。其制备工艺涉及原药材预处理、提取精制、制剂制备等技术操作。本章将带领大家学习常见浸出制剂的制备技术。

浸出制剂历史悠久，从商代伊尹创制汤剂到近几十年来运用现代科学技术和方法，经过几代医药先辈们的努力，研制和开发了许多中药新制剂，如中药口服液、片剂、注射剂、气雾剂等剂型，历经数千年，谱写了中华医药的光辉历史篇章，使浸出制剂的质量和疗效有了很大提高。

任务一　认识浸出药剂

汤剂是最古老的浸出制剂之一，尽管近年来现代中药制剂发展迅速，但汤剂因具有疗效快、能随症加减等独特优势，还不能完全被中成药所代替。

麻黄汤原药材如图6-1所示。方中麻黄、桂枝、甘草、苦杏仁为原药材；制得的麻黄汤为浸出制剂；纯化水为浸出溶剂；药材煎煮后的残渣称为药渣；整个制备过程叫作浸出或提取；生产汤剂的提取方法称为煎煮法；根据药材质地、所含成分不同，煎煮的时间也有区

图6-1　麻黄汤原药材图片

1. 麻黄；2. 桂枝；3. 苦杏仁；4. 甘草。

别，这就是入药顺序的问题。

一、浸出制剂的概念

浸出制剂系指用适当的溶剂和方法，从药材中浸出有效成分所制成的供内服或外用的一类药物制剂。浸出制剂可直接用于临床，亦可用作其他制剂的原料。

二、浸出制剂的分类

浸出制剂因溶剂、浸出方法和制成剂型的不同，可分为以下四类。

1. 水性浸出制剂　水性浸出制剂系指在一定的加热条件下，药材用水浸出而制成一类制剂。如汤剂、中药合剂等。

2. 醇性浸出制剂　醇性浸出制剂系指在一定条件下，药材用适当浓度的乙醇或酒浸提制成的制剂。如酊剂、酒剂、流浸膏剂等。

3. 含糖浸出制剂　含糖浸出制剂一般系指在水性浸出制剂的基础上，经浓缩等处理后，加入适量蔗糖（蜂蜜）或其他辅料制成的制剂。如煎膏剂（膏滋）、颗粒剂等。

4. 精制浸出制剂　精制浸出制剂系指用适当溶剂浸出后，浸出液经过适当精制处理而制成的制剂。如中药注射剂、片剂、滴丸剂等。

三、浸出制剂的特点

浸出制剂的组成比较复杂，成品除含有效成分、辅助成分外，往往还含有一定量的无效成分或有害物质。一般具有以下特点。

1. 浸出制剂具有药材所含各种成分的综合作用，有利于发挥药材成分的多效性。浸出制剂与同一药材中提取的单体化合物相比，有着单体化合物所不具有的治疗效果。如以阿片为原料制成的阿片酊中含有多种生物碱，具有镇痛和止泻功能；但从阿片粉中提出的吗啡虽有强烈的镇痛作用，却无明显的止泻功效。

2. 浸出制剂的药效比较缓和持久，毒性较低。例如洋地黄中的强心苷是与鞣酸结合成盐存在的，其作用缓和且毒性较小；当将洋地黄制成浸出制剂后，强心苷仍以鞣酸结合成盐存在，故其作用也是缓和而毒性较小。但若经提取精制得到洋地黄毒苷单体化合物后，由于不再与鞣酸结合成盐，故作用较强烈、毒性大且维持药效时间较短。

3. 浸出制剂同原药材相比，由于除去了大部分药材组织及部分无效的成分，相应地提高了制剂中有效成分的浓度，减少了服药体积，可增加制剂的稳定性，有利于药效的发挥。

4. 浸出制剂中一般都含有一定量的高分子物质，如黏液质、多糖、酶类等无效成分，在贮藏过程中易产生沉淀或发生变质，影响制剂的质量和药效。特别是水性浸出制剂更易发生这种变化。

点滴积累

1. 浸出制剂系指用适当的溶剂和方法，从药材中浸出有效成分所制成的供内服或外用的一类药物制剂。分为水性浸出制剂、醇性浸出制剂、含糖浸出制剂和精制浸出制剂。

2. 浸出制剂的成分复杂，其作用为各成分的综合作用，不能用单一成分所代替。

3. 浸出制剂往往不稳定，在贮藏过程中易产生沉淀或发生变质，影响制剂的质量和药效。

任务二　浸出制剂的制备

一、中药材的预处理

中药材供浸出制剂应用前，一般须经净选、洗药、切制和炮制等过程，进行品种鉴定，去伪存真，进行挑选、整理，以除去杂质及不需要的部分。必要时可进行水洗、干燥、粉碎至适宜程度。制备中药汤剂等浸出制剂采用的药材须按照药典或方剂要求进行必要的炮制，如切片、蒸、炒、炙、煅等处理。

二、浸出溶剂的选择

浸出溶剂系指用于浸出药材中可溶性成分的液体。浸出后所得到的液体称浸出液，浸出后的残留物称药渣。在浸出过程中，浸出溶剂的选择特别重要，关系到药材中有效成分的浸出和制剂的稳定性、安全性、有效性及经济效益等。

常用的浸出溶剂按其极性不同可分为极性浸出溶剂（如水）、半极性浸出溶剂

（如乙醇、丙酮等）和非极性浸出溶剂（如乙醚、三氯甲烷、石油醚等）。常用的浸出溶剂特性及浸出范围见表6-1。此外，有时为了增加浸出功能和浸出成分的溶解度及制品的稳定性，并能除去或减少某些杂质，常在浸出溶剂中加入浸出辅助剂（如酸、碱、甘油、表面活性剂等）。制备浸出制剂时，应根据药材所含成分的特性和医疗要求，合理选用浸出溶剂以及浸出辅助剂。

知识链接

理想的浸出溶剂的要求

为了保证浸出制剂的质量，理想的浸出溶剂应达到以下要求：①应能最大限度地溶解和浸出有效成分，而尽量避免浸出无效成分或有害物质；②本身无药理作用；③不与药材中的有效成分发生不应有的化学反应，不影响含量测定；④经济、易得、使用安全等。

表6-1　常用的浸出溶剂特性及浸出范围

溶剂种类	举例	特性浸出范围
极性溶剂	水	水作为浸出溶剂经济易得，极性大，溶解范围广。药材中的生物碱盐类、苷类、苦味质、有机酸盐、鞣质、蛋白质、糖、树胶、色素、多糖类（果胶、黏液质、菊糖、淀粉等），以及酶和少量的挥发油都能被水浸出。其缺点是浸出范围广，选择性差，容易浸出大量无效成分，给制剂滤过带来困难，制剂色泽欠佳，易于霉变，不易贮存；另外可引起某些有效成分的水解，或促进某些化学变化
半极性溶剂	乙醇	一般乙醇含量高于90%时，适于浸提挥发油、有机酸、树脂、叶绿素等；乙醇含量在50%~70%时，适于浸提生物碱、苷类等；乙醇含量在50%以下时，适于浸提苦味质、蒽醌类化合物等；乙醇含量>40%时，能延缓许多药物，如酯类、苷类等成分的水解，增加制剂的稳定性；乙醇含量达20%以上时具有防腐作用。但乙醇具挥发性、易燃性，生产中应注意安全防护。此外，乙醇还具有一定的药理作用，价格较贵，故使用时乙醇的浓度以能浸出有效成分、稳定制备的目的为度

续表

溶剂种类	举例	特性浸出范围
非极性溶剂	乙醚	其溶解选择性较强，可溶解树脂、游离生物碱、脂肪、挥发油、某些苷类。乙醚有强烈的药理作用。沸点为34.5℃，极易燃烧，价格昂贵，一般仅用于有效成分的提纯精制
	三氯甲烷	三氯甲烷能溶解生物碱、苷类、挥发油、树脂等，不能溶解蛋白质、鞣质等。有防腐作用，常用其饱和水溶液作浸出溶剂。虽然不易燃烧，但有强烈的药理作用，故在浸出液中应尽量除去。其价格较贵，一般仅用于提纯精制有效成分

三、常用的浸出方法

（一）煎煮法

煎煮法是指药材加水煎煮，去渣取汁的一种方法。其工艺流程如下。

技能赛点

煎煮法操作

①取规定的药材，适当地粉碎成粗粉或饮片；②置适宜的煎煮器中，加适量冷水使浸没药材，浸泡15~30分钟；③加热至沸，保持微沸浸出一定时间，分离煎出液，药渣依次煎出2~3次；④合并各次煎出液，离心分离或沉降滤过后，低温浓缩至规定浓度，再制成规定的制剂。

煎煮法适用于有效成分能溶于水，且对湿、热均稳定的药材。此法简单易行，能煎煮出大部分有效成分。但煎出液中的杂质较多，容易霉变、腐败，一些不耐热及挥发性的成分在煎煮过程中易被破坏或挥发而损失。由于煎煮法符合中医用药的习惯，因而对于有效成分尚未清楚的中药材或方剂进行剂型改革时，仍采用煎煮法提取，然后将煎出液进一步精制。

小量生产常选用砂壶、砂锅等。药厂大量生产常用不锈钢或搪瓷等材料制成的多功能煎药锅。不能用铁器、铜器与铝器。铁器虽传热快，但其化学性质不稳定，易氧化，并能在煎制时与中药所含的多种化学成分发生化学反应。如与鞣质生成鞣酸铁，使汤液的色泽呈深褐、墨绿或紫黑色，并含有一定量的铁离子。砂壶、砂锅见图6-2。

现在医院、诊所开展了汤药代煎服务，可方便患者。中药自动煎药机可多剂汤药一起煎煮，并随即分开包装，放入冰箱冷藏，服用前拿一包温热后服用即可。自动煎药机如图6-3。

a

b

图6-2　砂壶、砂锅

a.砂壶；b.砂锅。

图6-3　煎煮器具-自动煎药机

边做边学

自动煎药机的使用（以麻黄汤为例）

1. 第一步　检查总阀门和清洗阀门均处于关闭状态。

2. 第二步　用冷水浸泡药材：将桂枝置烧杯内，加水浸泡。将甘草置烧杯内，加水浸泡。将麻黄放入药袋中，置自动煎药机内，加水浸泡10分钟。

3. 第三步　先煎麻黄：因麻黄中的麻黄碱多存在于茎中心的髓部，故宜酌情先煎。

通入电源，机器通电后，数码管显示默认50分钟，根据加药量对时间进行调整，煎煮麻黄15分钟。

4. 第四步　放置其他药材：将浸泡好的甘草加入药袋中。将苦杏仁加入药袋中煎煮，为减少酶解导致的苦杏仁苷分解，苦杏仁宜于煮沸后下药。

5. 第五步　头煎：按开停键开始煎药，调整煎药时间，机器默认先为武火状态，根据加药量自动转换为文火，于煎闭前10分钟加入浸泡好的桂枝，因桂枝含挥发性成分，宜后下。当机器到最后30秒时会自动发出蜂鸣声，代表煎药即将结束。

打开上方总阀门，转动阀门将药液放出，过滤药液。

6. 第六步　二煎：加水浸没药材，煎煮15分钟，控药，转动阀门将药液放出，关闭上方总阀门，过滤药液。

7. 第七步　合并两次煎液。

8. 第八步　包装：①因热合预热温度为120℃，所以每次包装前提前20分钟将热合键打开。②预热完成后，按开启键，下一个空袋子，折叠检查药袋包装的密闭性是否完好。③包装良好，将上方阀门打开，按开启键，按灌装键进行包装，包装完成。

9. 第九步　关闭：先按灌装键，再按开启键，冲洗机器，关闭机器电源。

（二）浸渍法

浸渍法是将药材用适当的溶剂在常温或温热条件下浸泡，使其所含的有效成分浸出的一种方法。其工艺流程如下：

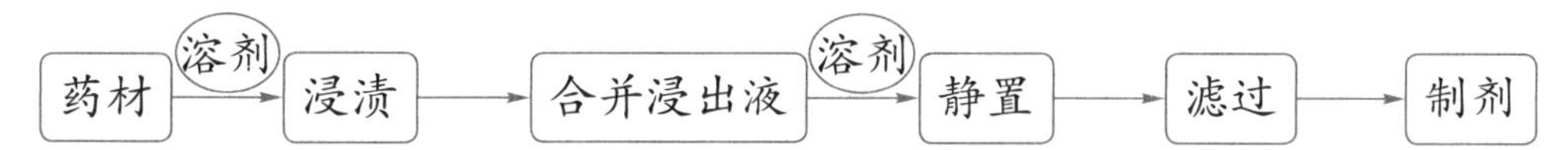

根据药材性质不同，所需的浸渍温度、时间及次数也不同。药酒浸渍时间较长，在常温下浸渍多在14天以上；热浸渍（40~60℃）时间可缩短，一般为3~7天。有时为提高浸出效果，克服因药材吸液而引起的成分损失，可采用多次浸渍法（即重浸渍法）。系将全部浸出溶剂分成几份，药材用第一份溶剂浸出后，滤取药渣；将药渣再以第二份溶剂浸渍，如此重复2~3次，最后将各份浸出液合并处理即得。

浸渍法适宜于带黏性的药材、无组织结构的药材、新鲜及易于膨胀的药材的浸取，尤其适用于有效成分遇热易挥发或易破坏的药材。但操作时间较长，浸出溶剂的用量较大且往往浸出效率差，有效成分不易完全浸出等。故不适用于贵重药材和有效成分含量低的药材的浸出以及浓度较高的制剂的制备。

（三）渗漉法

渗漉法是将药材粉末装于渗漉器内，浸出溶剂从渗漉器上部添加，溶剂渗过药粉层往下流动过程中浸出的方法。流出的浸出液称为“渗漉液”。其工艺流程如下：

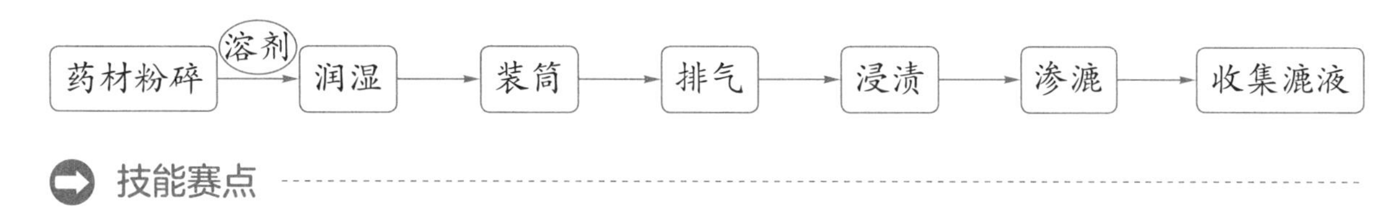

技能赛点

渗漉法操作

①药材粉末置有盖容器内，加入规定量的浸出溶剂均匀润湿后密闭，放置一定时间，使药材充分膨胀；溶剂用量一般为1∶0.8~1∶0.6，放置30~60分钟。②取适量脱脂棉，用溶剂润湿后，轻轻垫铺在渗漉器底部。③将已润湿的药粉分次均匀装入渗

漉器中（一般不超过容积的2/3），每次投入后均匀压平。④装完后，用滤纸或纱布覆盖上面，并加一些清洁的玻璃珠或碎瓷片之类的重物，以防加溶剂时药粉浮起。⑤打开渗漉器下部浸出液出口的活塞，从上部缓缓加入溶剂，尽量排出药材间隙的空气，待气体排尽，漉液自出口流出时，关闭活塞。⑥继续加溶剂至高出药粉面数厘米，加盖放置浸渍24~48小时，使溶剂充分渗透扩散。⑦打开渗漉器出口进行渗漉，渗漉时因制剂种类不同，其渗漉液的收集与处理亦不同。制备高浓度浸出制剂如流浸膏剂时，收集药材量85%的初漉液另器保存，续漉液经低温浓缩后与初漉液合并，调整至规定标准，静置，取上清液分装；制备低浓度酊剂时，直接收集渗漉液至规定量，即可停止渗漉，静置，滤过，即得。

渗漉时需控制渗漉速度，流速太快，则有效成分来不及浸出及扩散，渗出液浓度低，耗用溶剂多；流速太慢，则影响设备利用率与产量。一般渗漉液的流出速度以1 000g药材计算，慢渗以1~3ml/min为宜，快渗以3~5ml/min为宜。渗漉过程中需随时补充溶剂，使药粉中的有效成分充分浸出。浸出溶剂的用量一般为药材量的4~8倍。

由于渗漉法溶剂渗入药材细胞中溶解大量的可溶性成分后，浓度升高，相对密度增大而向下流动，而上层的浸出溶剂置换其位置，形成良好的浓度差，使扩散较好地自动连续进行。故浸出效果优于浸渍法，提取也较完全，而且省去了分离浸出液的时间和操作。该法适用于毒性药材、有效成分含量较低或贵重药材的浸出，以及高浓度浸出制剂的制备。

渗漉法适用于药厂生产。例如药酒的生产，先将中药材粉碎成粗末，加入适量的白酒浸润2~4小时，使药材粗粉充分膨胀，分次均匀地装入底部垫有脱脂棉的渗漉器中，每次装好后用木棒压紧。装完中药材，上面盖上纱布，并压上一层洗净的小石子，以免加入白酒后使药粉浮起。然后打开渗漉器下口的开关，再慢慢地从渗漉器上部加进白酒，当液体自下口流出时关闭开关，流出的液体倒入渗漉器内，继续加入白酒至高出药粉面数厘米为止，然后加盖，放置24~48小时后打开下口开关，使渗漉液缓缓流出。按规定量收集渗漉液，加入矫味剂搅匀，溶解后密封，静置数日后滤出药液，再添加白酒至规定量，即得药酒。

四、浸出液的浓缩与干燥

药材经过适当方法浸提与分离后常得到大量浓度较低的浸出液，既不能直接应用，亦不利于制备其他剂型。因此，通过蒸馏、蒸发与干燥等过程可获得浓缩液或固体产物。如制备流浸膏剂或浸膏剂时，必须将浸出液除去部分或全部的溶剂。

（一）蒸馏

1. 概述　蒸馏系指加热使液体气化，再经冷凝为液体的过程。有机溶剂（如乙醇、氯仿、乙醚等）有气化的特性，因此可通过蒸馏回收该溶剂。

2. 常用的蒸馏方法

（1）常压蒸馏：系指在常压下进行的蒸馏。此法具有设备简单、易于操作等特点。主要用于对热较稳定的浸出液中的溶剂的回收和精制。一般常压蒸馏装置主要由蒸馏器、冷凝器和接收器构成。

（2）减压蒸馏：系指在减压的条件下，使蒸馏液在较低的温度下蒸馏的方法。此法具有温度低、效率高和速率快的特点。适用于有效成分不耐热的浸出液中的溶剂的回收和浓缩。一般减压蒸馏装置由蒸馏器、冷凝器、接收器和真空泵构成。

（3）精馏（分段蒸馏）：是指多次气化与冷凝同时进行的蒸馏。制剂生产中常用此法来提高回收溶剂（如乙醇）的浓度，以便重复使用。

（二）蒸发

1. 概述　蒸发系指借加热作用使溶液中的溶剂气化并除去，从而提高溶液浓度的工艺操作。由于溶液中的溶质通常是具有不挥发性的，所以蒸发是一种挥发性的溶剂与不挥发性的溶质分离的过程。该过程中要不断地向溶液供给热能，并不断地去除所产生的溶剂蒸气。

蒸发操作可分为自然蒸发和沸腾蒸发两种。自然蒸发时，溶剂在低于沸点的情况下气化；沸腾蒸发时，溶液的溶剂在沸腾条件下气化。由于沸腾蒸发的速率远远超过自然蒸发的速率，因此生产中多采用沸腾蒸发。

知识链接

影响蒸发的因素

（1）传热温差：传热温差是指热源的加热蒸汽与溶液的沸点之差。溶剂的气化是由于分子受热后振动能力超过分子间的内聚力而产生的。因此，要提高蒸发速率，则加热速率要快，即要求加热蒸汽温度与溶液温度有一定的温度差，从而使溶剂分子获得足够的热能而不断气化。

（2）传热系数：提高传热系数是提高蒸发效率的主要因素。增大传热系数的主要途径是减小热阻，可加强溶液层循环或搅拌。

（3）溶液的蒸发面积：在一定温度下，单位时间内溶剂的蒸发量与蒸发面积成正比，面积越大蒸发越快。故常压蒸发时多采用直径大、锅底浅的广口蒸发锅。

（4）蒸气浓度：在湿度、液面压力、蒸发面积等因素相同的条件下，蒸发速率与蒸发时液面上大气中的蒸气浓度成反比。蒸气浓度大，分子不易逸出，蒸发速率慢；反之加快。故在浓缩、蒸发车间使用电扇、排风扇等通风设备及时排出液面的蒸气，以加速蒸发的顺利进行。

（5）液体表面的压力：液体表面压越大，蒸发速率越慢。因此采用减压蒸发可提高蒸发效率。

2. 常用的蒸发方法

（1）常压蒸发：指溶液在1个大气压下进行蒸发的操作。适于有效成分耐热的溶液的蒸发，溶剂为水。多用夹套式蒸发锅，可旋转倾倒，以便出料。

（2）减压蒸发：指在密闭的蒸发器中，通过抽真空降低其内部压力，使溶液沸点降低的蒸发操作。由于溶液的沸点降低，能防止和减少热敏性物料的分解，蒸发效率高。故适用于有效成分不耐热的浸出液的蒸发，在制剂生产中应用较广泛。

（3）薄膜蒸发：指使液体形成薄膜状态而快速进行蒸发的操作。薄膜蒸发具有极大的气化表面，热的传播快而均匀，没有液体静压的影响，药液蒸发温度低、时间短、蒸发速率快，能较好地避免药物的过热现象，可连续操作并可缩短生产周期，故适用于热敏性物料的处理。

薄膜蒸发有两种方式：①使液膜快速流过加热面而蒸发；②使液体剧烈沸腾产生大量泡沫而蒸发。根据物料在蒸发器内的流动方向和成膜方式的不同，分为升膜式蒸发器、降膜式蒸发器、刮板式蒸发器、离心薄膜蒸发器等。

（三）干燥

1. 概述　干燥是借助热能使物料中的湿分（水分或其他溶剂）除去，从而获得干燥产品的操作。干燥的目的在于使物料便于加工、运输、贮藏和使用，保证药品的质量和提高药物的稳定性。因此，干燥常应用于药物的除湿，新鲜药材的除水，以及丸剂、颗粒剂、散剂、提取物等的干燥生产。然而物料的形状、空气的温度、干燥的方法、干燥的湿度与压力等因素都会影响干燥过程。

2. 常用的干燥方法　常用的干燥方法、特点及应用见表6-2。

表6-2 常用的干燥方法、特点及应用

干燥方法	特点	应用
常压干燥	常压干燥包括接触干燥和空气干燥。该方法简单易行，但干燥时间长，温度较高，易因过热引起成分破坏，且干燥物较难粉碎	主要用于药材提取物以及丸剂、散剂、片剂、颗粒剂的干燥。亦常用于新鲜中药材的干燥
减压干燥	又称真空干燥，是指在密闭的容器中抽去空气后进行干燥的方法。减压干燥的温度低，干燥速度较快，被干燥的物料疏松易于粉碎，由于抽去空气，减少了药物与空气接触的机会，从而保证产品的质量	常用于不耐高温的药物以及易氧化的药物的干燥。减压干燥器主要由干燥箱、冷凝器、冷凝液接收器及真空泵组成。减压干燥的效果取决于负压的高低（真空度）和被干燥物料的堆积厚度
喷雾干燥	系直接将浸出液喷雾于干燥室内的热气流中，使水分迅速蒸发以制成粉末状或颗粒状的方法。该法具有瞬间干燥的特点，物料的干燥温度低（约为50℃），干燥后物料多为松脆的空心颗粒，溶解性能好	喷雾干燥技术在药剂生产中应用广泛，特别适用于热敏性物料以及片剂颗粒、颗粒剂等湿粒的干燥等
冷冻干燥	系指在低温低压条件下，利用水的升华性能而进行的一种干燥方法	即在干燥器中将药液完全冻结，并抽气减压至一定真空度，使水分由冰直接升华而与药物分开，使药物得到干燥

此外，还有沸腾干燥、微波干燥、红外线干燥等。

点滴积累

1. 浸出制剂的制备方法有煎煮法、浸渍法和渗漉法。
2. 浸出液处理蒸馏有常压蒸馏、减压蒸馏和精馏等；蒸发有常压蒸发、减压蒸发和薄膜蒸发等。
3. 湿物料的干燥方法有常压干燥、减压干燥、喷雾干燥和冷冻干燥等。

任务三　常用的浸出制剂

一、汤剂

（一）概述

汤剂系指饮片加水煎煮一定时间后，去渣取汁制成的液体制剂。主要供内服，少数外用作洗浴、熏蒸、含漱用。它是我国使用最早、应用最广泛的一种剂型，其制备简单、吸收快、能迅速发挥药效。汤剂多为复方，有利于发挥药材成分的多效性和综合作用。汤剂适应中医辨证论治、随症加减的原则。但汤剂使用时需临时煎煮，存在口服体积大、味苦、儿童难以服用、久贮易发霉或发酵等缺点。

（二）制备方法

汤剂主要采用煎煮法制备。

1. 汤剂一般是小剂量制备，其操作要点是：①取处方规定加工的药材饮片，盛于砂锅（或不锈钢锅）中，加冷水浸过药面1~2cm，浸泡15~30分钟。②沸前用武火，沸后用文火，一般至少煎煮两次，第一次煮沸20~30分钟，第二次煮沸15~20分钟。如系滋补剂，煮沸时间应延长10~45分钟，煎煮2~3次，以利于有效成分尽量浸取出来；解表剂的煮沸时间应缩短5~10分钟，以减少挥发性成分的损失。③两次煎出液合并为200~300ml，分两次服用；亦可每次的煎出液分别服用。

2. 为了提高汤剂的质量，确保疗效，制备汤剂时，除认真掌握煎煮时间外，尚需根据药材的特性进行特殊的入药处理（表6-3）。

表6-3　汤剂制备时药材的特殊入药处理

类型	方法	品种
先煎	某些药材先煎一定时间，再加其他药物共煎的方法	①如石膏、牡蛎、鳖甲等质地坚硬，水不能渗入细胞组织内，有效成分不易煎出的药材；②生川乌、生半夏等毒性药材；③党参、黄芪等滋补性药材；④火麻仁、天竺黄、石斛等药材只有先煎才有效
后下	在其他药材煎毕前加入某些药物的方法	①薄荷、砂仁等含挥发性成分的药材；②大黄、麦芽、鸡内金等不宜久煎的药材
包煎	某些药材需装入袋中与其他药材共煎的方法	①青黛、蒲黄、紫苏子、葶苈子等易浮于水面的药材；②车前子等含淀粉、黏液质较高的药材；③旋覆花等附绒毛的药材

续表

类型	方法	品种
另煎	单独煎煮，其汁再与煎出液混合的方法	人参、鹿茸等贵重药材
烊化	熔化后，与煎液混合的方法	①阿胶、龟甲胶等胶类药材；②糖、蜂蜜及芒硝等易溶性矿物药
冲服	制成细粉，用其他煎液冲服的方法	麝香、羚羊角、马宝、雄黄、三七、人参、珍珠、沉香等贵重药材，挥发性极强或不溶性药材

（三）实例分析

实例1：旋覆代赭汤

【处方】旋覆花（包煎）9g　赭石（先煎）15g　干姜12g　制半夏9g
党参12g　甘草（炙）5g　大枣4枚

【制法】先将赭石置煎器内，加水350ml，煎煮1小时；再将旋覆花用布包好，同其余5味药置煎器内，共煎30分钟，滤取滤液；再加水200ml，煎煮20分钟，滤取滤液，将两次煎液合并即得。

【功能与主治】降逆化痰，益气和胃。主治胃虚痰阻气逆证。胃脘痞闷或胀满，按之不痛，频频嗳气，或见纳差、呃逆、恶心，甚或呕吐，舌苔白腻，脉缓或滑。

【用法与用量】口服，分两次温服。

分析：

（1）旋覆花有绒毛，若绒毛进入汤药中会刺激咽喉，所以应包煎。

（2）赭石为矿物类药材，质地坚硬，应先煎。

（3）半夏有毒，应选姜制半夏。

旋覆花、赭石、半夏、党参等原药材见图6-4。

图6-4　旋覆花、赭石、半夏、党参等原药材

1. 旋覆花；2.赭石；3.姜半夏；4.甘草；5.党参；6.大枣；7.干姜。

实例2：清肺排毒汤

【处方】			
麻黄9g	炙甘草6g	苦杏仁9g	生石膏15~30g（先煎）
桂枝9g	泽泻9g	猪苓9g	白术9g
茯苓15g	柴胡16g	黄芩6g	姜半夏9g
生姜9g	紫菀9g	款冬花9g	射干9g
细辛6g	山药12g	枳实6g	陈皮6g
藿香9g			

【制法】传统中药饮片，水煎服。

如有条件，每次服完药可加服大米汤半碗，舌干津液亏虚者可多服至一碗（注：如患者不发热则生石膏的用量要小，发热或壮热可加大生石膏用量）。若症状好转而未痊愈则服用第二个疗程，若患者有特殊情况或其他基础疾病，第二个疗程可以根据实际情况修改处方，症状消失则停药。

【功能与主治】结合多地医师临床观察，此方适用于轻型、普通型、重型新型冠状病毒肺炎患者，在危重型患者救治中可结合患者实际情况合理使用。

【用法与用量】每天一付，口服，分两次温服。早晚两次（饭后40分钟），温服，三付一个疗程。

分析：

（1）清肺排毒汤是源自《伤寒论》的五个经典方剂融合组成的，清肺排毒汤是国家《新型冠状病毒肺炎诊疗方案》中推荐的通用方剂。

（2）生石膏为矿物类药材应先煎。

（3）桂枝、藿香、陈皮、紫菀含挥发性成分应后下。

知识链接

君臣佐使的含义

君药：针对主病或主证或主因起主要治疗作用的药物，在方剂组成中不可缺少。

臣药：①协助君药加强治疗作用的药物；②针对重要的兼病或兼证起主要治疗作用的药物。

佐药：①佐助药，即配合君、臣药以加强治疗作用，或直接治疗次要兼症的药物；②佐制药，即用以消除或减弱君、臣药的毒性，或制约其峻烈之性的药物；③反佐药，与君药性味相反而又能在治疗中起相成作用的药物。

使药：①引经药，即能引导方中诸药达到病所的药物；②调和药，即能调和方中诸药作用的药物。

上文示例中的“君臣佐使”药物分析如下。

君：旋覆花，苦辛性温，下气化痰，降逆止噫。

臣：赭石，甘寒质重，降逆下气，助旋覆花降逆化痰而止呕噫；半夏，祛痰散结，降逆和胃；生姜，温胃化痰，散寒止呕。

佐：党参，益气补虚；大枣，养胃补脾；甘草，益气和中。

使：甘草，调和诸药。

边学边练

结合已学知识，动手制作麻黄汤，请见实训6-1浸出制剂的制备。

二、中药口服液

（一）概述

中药口服液是指饮片经过适当方法的提取、纯化，加入适宜的添加剂制成的一种口服液体制剂。中药口服液是在汤剂、合剂的基础上发展起来的一种新型液体制剂（单剂量灌装者称“口服液”）。口服液的服用剂量小，吸收迅速，质量相对稳定，携带、贮存、服用方便，安全、卫生，适合于大规模生产。双黄连口服液的原药材及成品［《中国药典》（2020年版）一部］见图6-5。

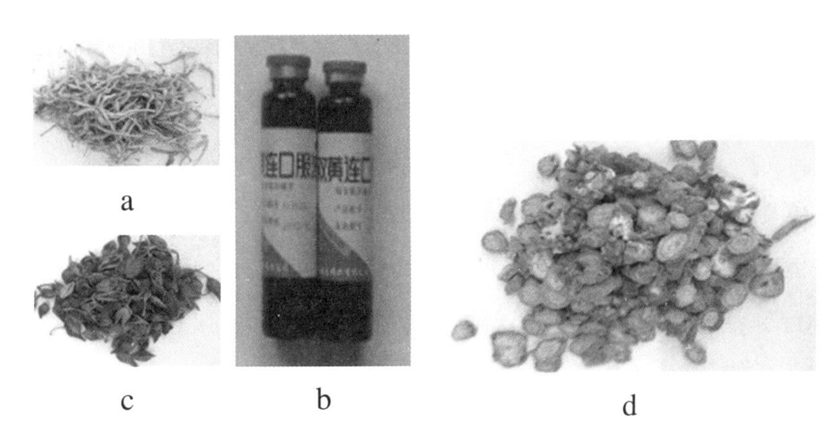

图6-5　双黄连口服液原药材及成品

a.金银花；b.口服液成品；c.连翘；d.黄芩。

（二）制备方法

中药口服液的制备结合了中药注射剂的工艺特点，将汤剂进一步精制、浓缩、灌封、灭菌等，制备工艺流程如下：

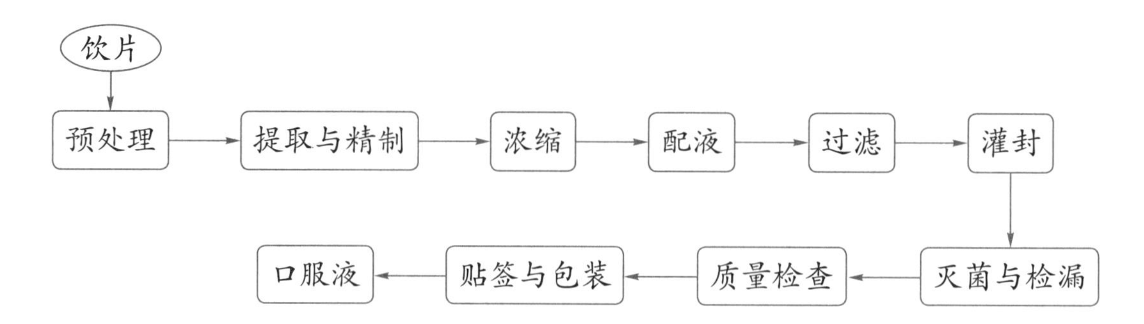

口服液的提取一般用煎煮法。先将煎液适当浓缩后加入一定比例的乙醇，以沉淀水溶性杂质，或以醇提水沉法除去脂溶性杂质，然后加入适宜的附加剂（常用的有矫味剂、抑菌剂、抗氧化剂、着色剂等），溶解混匀，滤过澄清，按注射剂工艺要求，灌封于安瓿或易拉盖瓶中，灭菌即得。药液一般要求澄清，因此将提取液浓缩后，一般都采用热处理、冷藏等办法，过滤以除去杂质。由于药液浓度较大，一般都用板框压滤机、微孔滤器或中空纤维超滤设备过滤，以保证澄明度。

（三）实例分析

实例1：清热解毒口服液

【处方】石膏670g　　金银花134g　　玄参107g
　　　　地黄80g　　连翘67g　　栀子67g
　　　　甜地丁67g　　黄芩67g　　龙胆67g
　　　　板蓝根67g　　知母54g　　麦冬54g

【制法】

（1）处方中除金银花、黄芩外，其余生石膏等10味药需先加水温浸1小时，煎煮两次（待沸腾后，稍冷加金银花与黄芩），第一次1小时，第二次40分钟，滤过，合并滤液。

（2）滤液浓缩至相对密度约为1.17（80℃），加入乙醇，使含醇量达65%~70%，冷藏48小时，滤过，滤液回收乙醇，加矫味剂适量。

（3）加入0.5%活性炭，加热30分钟，滤过，加水至1 000ml，滤过。

（4）灌封，灭菌，即得。

【功能与主治】清热解毒。用于热毒壅盛所致的发热面赤、烦躁口渴、咽喉肿痛等症；流行性感冒（简称流感）、上呼吸道感染见上述证候者。

【用法与用量】口服，一次10~20ml，一日3次，或遵医嘱。

分析：

（1）本品为棕红色液体，味甜、微苦。

（2）本品的pH应为4.5~6.5。

（3）本品用高效液相色谱法进行“含量测定”，每支含黄芩按黄芩苷（$C_{21}H_{18}O_{11}$）计，不得少于10.0mg。

（4）该口服液收载于《中国药典》（2020年版）一部。

【检查】pH应为4.5~6.5（通则0631）。其他应符合合剂项下有关的各项规定（通则0181）。

实例2：清喉咽合剂

【处方】地黄180g　　麦冬160g　　玄参260g

　　　　连翘315g　　黄芩315g

【制法】以上5味，粉碎成粗粉，按渗漉法，用57%乙醇作溶剂，浸渍24小时后，以每分钟约1ml的速度缓缓渗漉，收集漉液约6 000ml，减压回收乙醇，并浓缩至约1 400ml，取出，加水800ml，煮沸30分钟，静置48小时，滤过，滤渣用少量水洗涤，洗液并入滤液中，减压浓缩至约1 000ml，加苯甲酸钠3g，搅匀，静置24小时，滤过，加水使成1 000ml，搅匀，即得。

【功能与主治】养阴清肺，利咽解毒。用于阴虚燥热、火毒内蕴所致的咽部肿痛、咽干少津、咽部白腐有苔膜、喉核肿大；局限性的咽白喉、轻度中毒型白喉、急性扁桃体炎、咽峡炎见上述证候者。

【用法与用量】口服，第一次20ml，以后每次10~15ml，一日4次；小儿酌减。

分析：

（1）本品系为棕褐色的澄清液体，味苦。

（2）本品的相对密度应在1.02~1.10（四部通则），pH应为4.0~6.0（四部通则）。

（3）该制剂收载于《中国药典》（2020年版）一部。

（4）其他应符合合剂项下有关的各项规定（四部通则）。

知识链接

中药配方颗粒

中药配方颗粒是以传统中药饮片为原料，采用现代科学技术，经过工业化提取、分离、浓缩、干燥、制粒等生产工艺，加工制成的一种统一规格、统一质量的新型配方用药。它由单味中药饮片制成，保持了传统中药饮片的应用特点，能够满足医师进行辨证施治、随证加减的需要，又不需要患者煎煮而直接冲服。相对于传统的中药汤剂，患者用药的顺应性好，成分提取完全，疗效确切稳定，安全卫生，携带、保存方便。中药配方颗粒又称为免煎颗粒、中药浓缩颗粒、颗粒饮片、免煎中药饮片、新饮片、精制饮片、饮料型饮片、科学中药等。

实例3：生脉饮

【处方】红参100g　　麦冬200g　　五味子100g

【制法】以上三味粉碎成粗粉，用65%乙醇作溶剂，浸渍24小时后进行渗漉，收集渗漉液约4 500ml，减压浓缩至约250ml，放冷，加水400ml稀释，滤过，另加60%糖浆300ml及适量防腐剂，并调节pH至规定范围，加水至1 000ml，搅匀，静置，滤过，灌封，灭菌，即得。

【性状】本品为黄棕色至红棕色的澄清液体；气香，味酸甜、微苦。

【功能与主治】益气复脉，养阴生津。用于气阴两亏，心悸气短，脉微自汗。

【用法与用量】口服，一次10ml，一日3次。

分析：

（1）本品系灌封于安瓿内，灭菌后供口服用。服用时，应避免将玻璃碎片混入药液，同时亦不得与注射用安瓿剂相混淆。

（2）处方收载于《中国药典》（2020年版）一部。

（3）生脉饮有党参生脉饮和人参生脉饮两种，各有千秋。党参具有补中益气、健脾益肺之功效；红参有补气、滋阴、益血、生津、强心、健胃、镇静等作用。

【检查】相对密度应不低1.08（四部通则）。pH应为4.5~7.0（四部通则）。其他应符合合剂项下有关的各项规定（四部通则）。

技能赛点

1. GMP和《药品生产质量管理规范实施指南》将口服液制剂列入非无菌药品类，对其生产环境的要求是中药提取、浓缩、收膏工序宜采用密闭系统进行操作，并在线进行清洁，以防止污染和交叉污染。非创伤面外用中药制剂及其他特殊的中药制剂可在非洁净厂房内生产，但必须进行有效的控制与管理。

2. 口服液瓶灭菌干燥的工艺控制：一般认为口服液瓶（消毒）灭菌干燥的温度时间为250℃持续5分钟即可。

3. 口服液灌轧机是对经过滤检验合格后的药液定量灌装于口服液瓶后立即扣盖轧边，其质量要求装量准确、轧盖严密不渗漏。

4. 对大部分口服液剂产品来说，皆以最终灭菌型为主，最终经煮沸灭菌、水蒸气灭菌或热压灭菌并检漏。

5. 最后质量检查、印字包装即得成品。

三、酒剂

（一）概述

酒剂系指饮片用蒸馏酒浸提制成的澄清液体制剂，习惯上称为药酒。酒剂多供内服，少数作外用。多数酒剂含有一定的糖或蜂蜜。

酒剂的处方多数是由中医成方或民间验方经长期医疗实践逐渐修改而成的复方，药味繁多。酒剂因含醇量高，可久贮不变质。酒本身具有行血通络，易于吸收、发散和助长药效的特性，故酒剂尤其适用于治疗风寒湿痹、跌打损伤、血瘀作痛之症，但不适于儿童、孕妇、心脏病患者及高血压患者服用。酒剂成品见图6-6。

图6-6　酒剂成品

知识链接

蒸馏酒的选择

生产酒剂所用的蒸馏酒应符合国家关于蒸馏酒质量标准的规定。内服酒剂以谷类酒为原料。酒的浓度一般以乙醇的百分含量（体积比）来表示，通常用“度”来代替，如含乙醇60%（ml/ml）的酒，即为60度（60°）的酒。蒸馏酒的浓度和用量应符合具体品种项下的要求。

（二）制备方法

药材原材料经预处理后，选择适当的蒸馏酒，一般可用浸渍法、渗漉法或其他适宜方法制备。

1. 浸渍法　可用常温浸渍法和加热浸渍法。

（1）常温浸渍法：取药材碎末或粗粉，置适宜的容器中，加规定量的蒸馏酒密闭浸泡。如无特殊规定一般浸渍14日以上，然后吸取上清液，再将药渣压榨，压出液与上清液合并，滤过。亦可采用多次浸渍法。

（2）加热浸渍法：将药材置适宜的容器中，加规定量的蒸馏酒密闭；或将药材装于布袋中，悬于酒的上部，密闭，置水浴上低温浸取一定时间，或回流浸取。

2. 渗漉法　以蒸馏酒为溶剂，用渗漉法缓缓渗漉，收集渗漉液，静置，滤过，即得。

由于酒剂中往往含有一些胶类物质与酶类等，需要较长的时间才能形成沉淀，故酒剂一般均放置数月或半年后，分取其上清液再进行分装，使成品贮藏期间保持澄清。

（三）实例分析

实例1：三两半药酒

【处方】当归100g　　炙黄芪（蜜炙）100g

牛膝100g　　防风50g

【制法】

（1）以上4味，粉碎成粗粉，按渗漉法，用白酒2 400ml与黄酒8 000ml的混合液作溶剂，浸渍48小时后，缓缓渗漉，收集渗漉液。

（2）在渗漉液中加入蔗糖840g搅拌溶解后，静置，滤过，即得。

【功能与主治】益气活血，祛风通络。用于气血不和、感受风湿所致的痹病，症见四肢疼痛、筋脉拘挛。

【用法与用量】口服，一次30~60ml，一日3次。高血压患者慎用，孕妇忌服。

分析：

（1）本品为黄棕色的澄清液体；气香，味微甜、微辛。

（2）乙醇量应为20%~25%（四部通则）。总固体不得少于1.0 %（四部通则）。其他应符合酒剂项下有关的各项规定（四部通则）。

（3）药厂生产采用溶剂套用的方法，收集初漉液制成成品，续漉液作为下一批的浸出溶剂。

（4）收载于《中国药典》（2020年版）一部。

实例2：舒筋活络酒

【处方】木瓜45g　　桑寄生75g　　玉竹240g　　续断30g

川牛膝90g　　当归45g　　川芎60g　　红花45g

独活30g　　羌活30g　　防风60g　　白术90g

蚕沙60g　　红曲180g　　甘草30g

【制法】以上15味，除红曲外，其余木瓜等14味粉碎成粗粉，然后加入红曲；另取红糖555g，溶解于白酒11 100g中，照下文流浸膏剂与浸膏剂项下的渗漉法，用红糖酒作溶剂，浸渍48小时后，以1~3ml/min的速度缓缓渗漉，收集漉液，静置，滤过，即得。

【功能与主治】祛风除湿，活血通络，养阴生津。用于风湿阻络、血脉瘀阻兼有阴虚所致的痹病，症见关节疼痛、屈伸不利、四肢麻木。

【用法与用量】口服，一次20~30ml，一日2次。孕妇慎用。

分析：

（1）本品为棕红色的澄清液体；气香，味微甜、略苦。

（2）收载于《中国药典》（2020年版）一部。

【检查】乙醇量应为50%~57%（四部通则）。总固体取本品适量，依法（四部通则）检查。遗留残渣不得少于1.1%（g/ml）。其他应符合酒剂项下有关的各项规定（四部通则）。

四、酊剂

（一）概述

酊剂系指原料药物用规定浓度的乙醇提取或溶解制成的澄清液体制剂，亦可用流浸膏稀释制成，或用浸膏溶解制成。除另有规定外，含有毒性药的酊剂每100ml相当于原饮片10g，其有效成分明确者，应根据其半成品的含量加以调整，使符合各酊剂项下的规定；其他酊剂，每100ml相当于原饮片20g。制备酊剂时，应根据有效成分的溶解性能选用适宜浓度的乙醇，以减少酊剂中杂质的含量，缩小剂量，便于服用。酊剂久贮会产生沉淀，可过滤除去，再测定乙醇含量，并调整乙醇至规定浓度，仍可使用。酊剂应置避光容器内密闭，阴凉处贮藏。

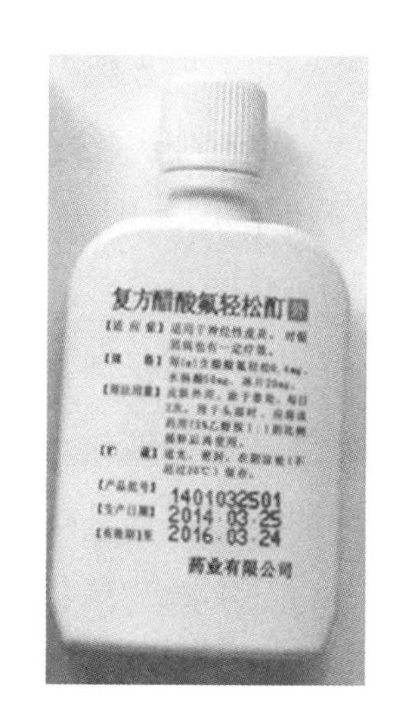

图6-7　酊剂成品

酊剂成品见图6-7所示。

（二）制备方法

酊剂可用稀释法、溶解法、浸渍法和渗漉法制备。

1. 稀释法　取流浸膏加入规定浓度的乙醇稀释至需要量，静置，必要时滤过，即得。当流浸膏被稀释时，往往呈现部分沉淀，此沉淀一般属于无效物质，因此在稀释后应静置一定时间，使沉淀完全后滤除。稀释法制备酊剂时所用乙醇的浓度一般应与制备流浸膏剂时所用乙醇的浓度接近或相同，以避免或减少因乙醇浓度改变而发生沉淀。

2. 溶解法　将药物直接溶解于规定浓度的乙醇中制成，适用于化学药物及提纯品酊剂的制备。

3. 浸渍法　本法主要用于一般药材、无细胞组织或与浸出溶剂易形成糊状物而不易渗漉的药材的酊剂。所制备的酊剂一般放置24小时，滤过，分装。

4. 渗漉法　毒性药材、贵重药材及不易引起渗漉障碍的药材制备酊剂时，多采用渗漉法。收集渗漉液达规定量后，停止渗漉，静置，滤过，即得。

（三）实例分析

实例1：碘酊（碘酒）

【处方】碘　　2g

碘化钾　　1.5g

乙醇　　50ml

纯化水　　适量

共制　　100ml

【制法】

（1）取碘化钾，加纯化水2ml溶解。

（2）加入碘搅拌使其完全溶解后，再加乙醇稀释。

（3）加纯化水使成100ml，搅匀，即得。

【作用与用途】消毒防腐药。用于皮肤感染和消毒。

分析：

（1）碘化钾与碘作用生成络合物，使碘易溶于水中。配制时的关键在于先将碘化钾溶于少量纯化水中，使成饱和或近饱和溶液（碘化钾在水中的溶解度为1∶0.7），然后加碘搅拌促进碘的溶解，有利于络合物的生成。

（2）碘与碘化钾形成络合物后，能使碘在溶液中更稳定，不易挥发损失；能有效地防止或延缓碘与水、乙醇发生化学反应。碘与水、乙醇的化学反应受光线的催化，故碘酊应置棕色瓶内，于冷暗处保存。

（3）碘酊忌与升汞溶液同用，以免生成碘化汞钾，增加毒性。对碘有过敏反应的患者忌用本品。

（4）本品为红棕色的澄清液体，有碘与乙醇的特臭。

（5）本品收载于《中国药典》（2020年版）二部。

【检查】应符合涂剂项下有关的各项规定（四部通则）。

实例2：复方土槿皮酊

【处方】土槿皮　　20g

水杨酸　　6g

苯甲酸　　12g

75%乙醇　　适量

共制　　200ml

【制法】

（1）取土槿皮粗粉，加75%乙醇90ml，浸渍3~5日。

（2）滤过，残渣压榨，滤液与压榨液合并，静置24小时。

（3）滤过，自滤器上添加75%乙醇，搅匀，将水杨酸及苯甲酸加入滤液中溶解。

（4）最后加入适量75%乙醇使成200ml，搅匀，滤过，即得。

【功能与主治】具有软化角质、杀菌、治疗癣症的作用，可用于汗疱型、糜烂型的手足癣及体股癣等。湿疹起泡或糜烂的急性炎症期忌用。

【用法与用量】将患处洗净擦干后，涂于患处，一日1~2次。儿童、孕妇禁用。

分析：

（1）外用品禁口服。每瓶装30ml（每1ml的总酸量为187.5mg）。

（2）化学药物水杨酸及苯甲酸加入滤液中溶解，所以制备方法是浸渍法结合溶解法。

（3）参见《中华人民共和国卫生部药品标准中药成方制剂》第十七册。

边做边学

结合已学知识，动手制作碘酊、复方土槿皮酊，请见实训6-1 浸出制剂的制备。

实例3：十滴水

【处方】樟脑25g　　干姜25g

大黄20g　　肉桂10g

小茴香10g　　辣椒5g

桉油12.5ml

70%乙醇　加至1 000ml

【制法】以上7味，除樟脑和桉油外，其余干姜等五味粉碎成粗粉，混匀，用70%乙醇作溶剂，浸渍24小时后进行渗漉，收集渗漉液约750ml，加入樟脑和桉油，搅拌使完全溶解，再继续收集渗漉液至1 000ml，搅匀，即得。

【性状】本品为棕红色至棕褐色的澄清液体；气芳香，味辛辣。

【功能与主治】健胃，祛暑。用于因中暑引起的头晕、恶心、腹痛、胃肠不适。

【用法与用量】口服：一次2~5ml；儿童酌减。孕妇忌服。驾驶员和高空作业者慎用。

分析：

（1）该处方属于酊剂，用渗漉法制备。

（2）处方收载于《中国药典》（2020年版）一部。

【检查】相对密度应为0.87~0.92（通则0601），乙醇含量应为60%~70%（通则0711），总固体精密量取本品上清液10ml，置已干燥至恒重的蒸发皿中，置水浴上蒸干，在105℃干燥3小时，置干燥器中冷却30分钟，迅速精密称定重量。遗留残渣不得少于0.12g，其他应符合酊剂项下有关的各项规定（通则0120）。

五、流浸膏剂

（一）概述

流浸膏剂系指饮片用适宜的溶剂浸出有效成分，蒸去部分溶剂，调整浓度至规定标准而制成的制剂。除另有规定外，1ml流浸膏剂相当于原药材1g。流浸膏剂大多作为配制酊剂、合剂、糖浆剂、颗粒剂等剂型的原料。

流浸膏剂多以不同浓度的乙醇为溶剂，少数以水为溶剂，或加有防腐剂，便于贮存。流浸膏剂与酊剂同以醇为溶剂，但比酊剂的有效成分含量高。流浸膏剂需除去一部分溶剂时，要经过加热浓缩处理，对热不稳定的有效成分可能受到破坏，所以凡有效成分加热易破坏的药材，不宜制成流浸膏剂，可制成酊剂。

（二）制备方法

除另有规定外，流浸膏剂一般都以不同浓度的乙醇为溶剂，用渗漉法制备，亦可用浸膏剂加规定溶剂稀释制成。按渗漉法制备流浸膏剂时，其制备工艺流程如下：

流浸膏剂渗漉后，在浓缩过程中进行有效成分与乙醇的含量测定，调整到符合规定的标准，静置24小时，滤过，即得。未规定含量测定的制品，一般浓缩至1ml相当于原饮片1g即可。

知识链接

流浸膏剂沉淀时的处理方法

1. 流浸膏剂在放置过程中如发生沉淀，可以滤过除去，测定含量并作适当调整后，如符合规定标准的可使用。

2. 如果发生沉淀的原因是乙醇含量降低，应先调整醇的含量，然后按上述方法处理。

由于流浸膏剂的浓度较高，用一般渗漉法难以达到要求的浓度，因而常需蒸发除去部分溶剂。浸渍法有时也用于制备流浸膏剂，但因浸出液浓度低，需将全部浸出液低温浓缩后调整至规定的标准，故仅适用于有效成分对热稳定的药材。某些以水为溶剂的药材制备流浸膏剂时，也可用煎煮法制备，如益母草流浸膏剂。此外，也可用浸膏按溶解法制备流浸膏，如甘草流浸膏。

（三）实例分析

实例：大黄流浸膏

【处方】大黄（最粗粉）　1 000g
乙醇（60%）　适量
共制　1 000ml

【制法】

（1）取大黄（最粗粉）1 000g，按渗漉法，用60%乙醇作溶剂，浸渍24小时。

（2）以1~3ml/min的速率缓缓渗漉，收集初漉液850ml，另器保存。

（3）继续渗漉，至渗漉液色淡为止，收集续漉液，浓缩至稠膏状。

（4）加入初漉液，混合后，用60%乙醇稀释至1 000ml，静置，滤过，即得。

（5）处方收载于《中国药典》（2020年版）一部。

【功能与主治】刺激性泻药，苦味健胃药。用于便秘及食欲缺乏。

【用法与用量】口服，一次0.5~1ml，一日1~3ml。

分析：本品为棕色的液体，味苦而涩，乙醇含量应为40%~50%；本品1g的总固体量应不得少于30.0%。

六、浸膏剂

（一）概述

浸膏剂系指饮片用适宜溶剂浸出有效成分，除去大部分或全部溶剂，调整浓度至规定标准所制成的膏状或粉状的固体制剂。除另有规定以外，1g浸膏剂相当于2~5g原饮片。若含有生物碱或其他有效成分的浸膏剂，皆需经过含量测定，再用稀释剂调整至规定的标准。浸膏剂除少数直接用于临床外，多用作散剂、颗粒剂、片剂、丸剂、栓剂、软膏剂等的原料。

浸膏剂为原料制成胶囊剂，如维U颠茄铝胶囊，见图6-8。

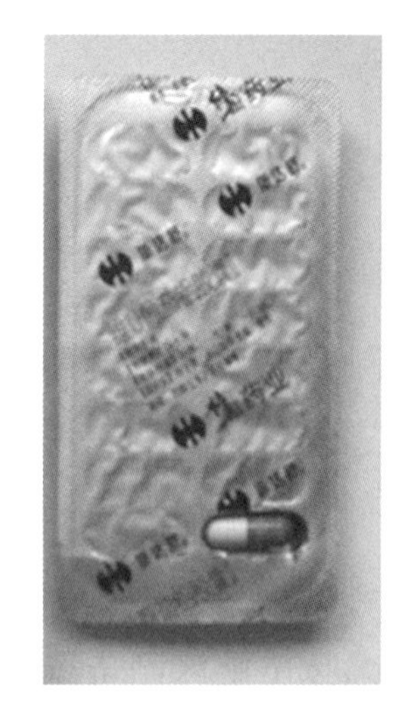

图6-8　维U颠茄铝胶囊

浸膏剂按干燥程度分稠浸膏剂（为半固体稠厚膏状，具黏性，含溶剂量为15%~20%）和干浸膏剂（为干燥的粉状制品，含溶剂量约5%）。干浸膏剂中含有稀释剂或不含稀释剂，常用的稀释剂有淀粉、乳糖或蔗糖、药渣，此外尚有一些理化性质比较稳定的不溶性无机物如氧化镁、碳酸镁、磷酸钙等。

浸膏剂具有以下特点。

1. 有效成分含量高而且较稳定，药效确实。

2. 制剂中不含或含极少量溶剂，体积小，但易吸湿或失水硬化。

3. 由于经过较长时间的浓缩和干燥，有效成分挥发损失或受热破坏的可能性要大于流浸膏剂。

4. 浸膏剂可以是单味制剂，也可以是多味药的复方制剂。

（二）制备方法

除另有规定外，浸膏剂用煎煮法或渗漉法制备。其制备工艺流程如下：

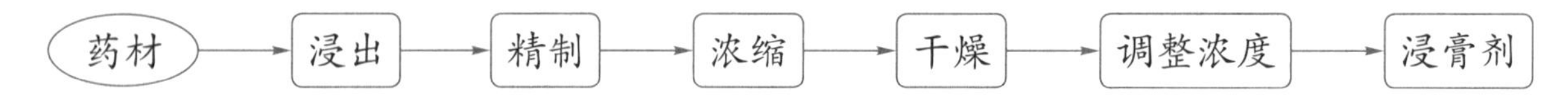

1. 浸出　一般按煎煮法、渗漉法浸出，有时也采用浸渍法或回流法。实际工作中应根据具体条件，选用浸出效果好、能制得较浓浸出液的方法，便于蒸发浓缩。

2. 精制　一般根据药材中所含成分的特性及所用溶剂的特点，采取适当的精制方法。常用的精制方法有：①加热煮沸，使蛋白质等物质凝固，放冷后滤过除去；②加入适量的乙醇，放置一定时间，使醇不溶物（蛋白质、黏液质、糖等）沉淀，滤过除去。

3. 浓缩　精制后的浸出液，先蒸馏回收溶剂，然后根据有效成分对热的稳定程度，选用常压或减压蒸发法浓缩至所需要的稠度。

4. 干燥　浸出液浓缩至稠膏状后，有的可直接用于制备其他剂型，有的还需干燥制成粉状制剂。其干燥方法可根据有效成分对热的稳定性，加以选择。为了促进干燥，有的浓缩至稠膏状后，加入适量的干燥淀粉等吸收部分水分，并使成一薄层铺于盘中，置于适宜温度的干燥器中进行干燥。

5. 调整浓度　浸膏剂应将制品进行含量测定后，酌加稀释剂，使其含量符合标准；如不经含量测定，可直接加入稀释剂至需要量，研匀，过筛，混合，即得。

课堂活动

试分析流浸膏剂和浸膏剂的异同点。

（三）实例分析

实例1：颠茄浸膏

【处方】颠茄草（粗粉）　　1 000g

稀释剂　　适量

85%乙醇　　适量

【制法】

（1）取颠茄粗粉1 000g，按渗漉法，用85%乙醇作溶剂，浸渍48小时。

（2）以1~3ml/min的速率缓缓渗漉，收集初漉液850ml，另器保存。

（3）继续渗漉，待生物碱完全漉出，续漉液作为下一次渗漉的溶剂用。

（4）初漉液在60℃减压回收乙醇，放冷至室温，分离除去叶绿素，滤过。

（5）滤液在60~70℃蒸发至稠膏状，加10倍量的乙醇，搅拌均匀，静置。

（6）待沉淀完全，吸取上清液，在60℃减压回收乙醇后，浓缩至稠膏状。

（7）取出约3g，测定生物碱的含量，加稀释剂适量，使生物碱的含量符合规定，低温干燥，研细，过4号筛，即得。

（8）处方收载于《中国药典》（2020年版）一部。

【功能与主治】抗胆碱药，解除平滑肌痉挛，抑制腺体分泌。用于胃及十二指肠溃疡，胃肠道、肾、胆绞痛等。

【用法与用量】口服，常用量，一次10~30mg，一日30~90mg；极量，一次50mg，一日150mg。

分析：

（1）本品为灰绿色的粉末，含生物碱以莨菪碱（$C_{17}H_{23}NO_3$）计，应为0.95%~1.05%。

（2）本品用85%乙醇作溶剂进行渗漉。

（3）本品一般不直接服用，常作制备片剂、散剂、丸剂等的原料。

（4）本品大量生产时，可用颠茄叶细粉经测定生物碱含量后作稀释剂，用以调节浸膏中生物碱的含量。

实例2：刺五加浸膏

【处方】刺五加粗粉　　1 000g

75%乙醇　　适量

【制法】取刺五加1 000g，粉碎成粗粉，加7倍量的75%乙醇，连续回流提取12小时，滤过，滤液回收乙醇，浓缩成浸膏50g，即得。

该制剂收载于《中国药典》(2020年版)一部。

【性状】为黑褐色的稠膏状物；气香，味微苦、涩。

【功能与主治】益气健脾，补肾安神。用于脾肾阳虚、体虚乏力、食欲缺乏、腰膝酸痛、失眠多梦。

【用法与用量】口服，一次0.3~0.45g，一日3次。

实例3：甘草浸膏

【制法】取甘草，润透，切片，加水煎煮3次，每次2小时，合并煎液放置过夜使沉淀，取上清液浓缩至稠膏状，取出适量，照《中国药典》(2020年版)含量测定法(高效液相色谱法)测定甘草酸的含量，调节至规定标准，即得。或干燥成粉末状，即得。

分析：

(1)该制剂收载于《中国药典》(2020年版)一部。

(2)本品按干燥品计算，含甘草苷不得少于0.5%，甘草酸7.0%。

七、煎膏剂

(一)概述

煎膏剂又称膏滋。系指饮片用水煎煮，去渣浓缩后，加炼糖或炼蜜制成的半流体制剂，供内服。煎膏剂的药效以滋补为主，兼有缓慢的治疗作用(如调经、止咳等)。如莱阳梨膏、蜜炼川贝枇杷膏等，见图6-9所示。

A　　B

图6-9　煎膏剂成品

A.莱阳梨膏；B.蜜炼川贝枇杷膏。

煎膏剂因经浓缩，具有浓度高、体积小、便于服用等优点。由于煎膏剂需要经过较长时间的加热浓缩过程，因此凡受热易变质及含挥发性有效成分的中药材，不宜制成煎膏，或采用其他形式如研末或提取挥发油，待收膏时加入。煎膏剂应置密闭阴凉干燥处保存，防止发霉变质。

(二)制备方法

煎膏剂的一般制备工艺流程如下：

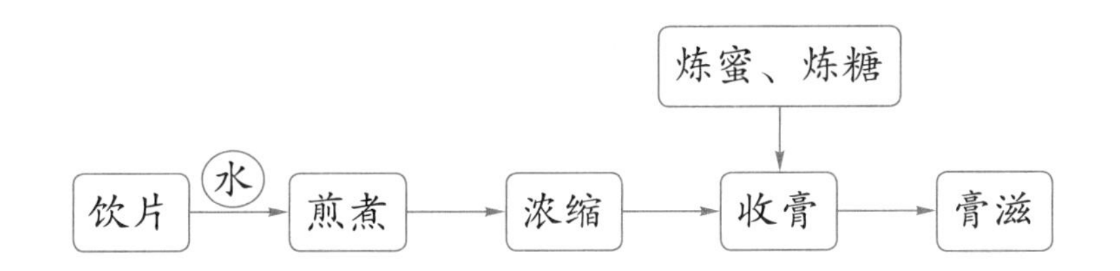

1. 浓缩　一般采用煎煮法制备，过滤后的煎液，再采用适当的方法与设备进行浓缩，特别注意在浓缩过程中随时除去浮沫（习称膏花），并根据要求进行浓缩至规定的密度，即得清膏。

2. 糖及蜜的炼制　用糖、蜂蜜等制备煎膏剂时，必须经过炼制。其目的在于去除水分，净化杂质，破坏酶的作用及达到灭菌；而且蔗糖经过炼制后，大部分成为转化糖，避免煎膏剂在贮存中析出结晶而影响质量。炼蜜根据炼制程度的不同分为嫩蜜、中蜜和老蜜三种规格。炼糖的原料常用蔗糖、冰糖、红糖、饴糖等，采用传统炒糖法或转化糖法来炼制。

知识链接

糖的炼制

传统炒糖法：将蔗糖置锅内，直火加热，不断炒拌，直至糖全部熔融，色转黄，开始发泡冒清烟即可。

转化糖法：将蔗糖置夹层锅内，加20%~50%水溶解，蒸汽加热煮沸半小时，加入糖量的0.1%酒石酸或0.3%枸橼酸，搅拌均匀，保持温度110~115℃、2小时转化，至糖液金黄色、透明清亮，冷却至70℃，加入0.36%碳酸氢钠中和。

3. 收膏　取清膏1~3倍量的炼蜜或炼糖加入清膏中，边加边搅拌，并减弱火候，以防焦化，待膏汁用棒挑起呈薄片状流下（习称挂大旗）时，即可出锅。若用阿胶、鹿角胶等胶类收膏，亦需烊化后兑入，否则也会焦化。

4. 包装贮存　将冷却至室温的煎膏分装于洁净干燥的大口玻璃瓶中，盖严，贴签，切勿在热时加盖，以免水蒸气冷凝回流于膏剂的表面，含水量高易产生霉败现象。

（三）实例分析

实例1：益母草膏

【处方】益母草　　1 000g

【制法】

（1）将益母草切碎，加水煎煮2次，每次2小时，合并煎液，滤过。

（2）滤液浓缩至相对密度为1.21~1.25（80℃）的清膏。

（3）每100g清膏加红糖200g，加热熔化，混匀，浓缩至规定的相对密度，即得。

【功能与主治】活血调经。用于血瘀所致的月经不调、产后恶露不绝，症见月经量少、淋漓不净、产后出血时间过长；产后子宫复旧不全见上述证候者。

【用法与用量】口服。一次10g，一日2~3次。孕妇禁用。

分析：

（1）本品为棕黑色稠厚的半流体；气微，味苦、甜。

（2）本品收载于《中国药典》（2020年版）一部。

实例2：二冬膏

【处方】天冬500g　　麦冬500g

【制法】取以上2味，加水煎煮3次（第一次3小时，以后每次各2小时），合并煎液，滤过，滤液浓缩成相对密度为1.21~1.25（80~85℃）的清膏，每100g清膏加炼蜜50g，混匀，即得。

【功能与主治】养阴润肺。用于肺阴不足引起的燥咳痰少、痰中带血、鼻干咽痛。

【用法与用量】口服。一次9~15g，一日2次。

【性状】本品为黄棕色稠厚的半流体；味甜、微苦。

【检查】应符合煎膏剂项下有关的各项规定（四部通则）。

分析：

（1）本品系养阴润肺滋补药，故需多次提取。

（2）浓缩时，注意防止煳化。

（3）本品收载于《中国药典》（2020年版）一部。

实例3：枇杷叶膏

【处方】枇杷叶　　250g

炼蜜或蔗糖　　适量

【制法】取枇杷叶，刷洗，加水煎煮3次，滤过，滤液浓缩成相对密度为1.21~1.25（80~85℃）的清膏，每100g清膏加炼蜜或蔗糖200g，加热溶化，混匀，浓缩至规定相对密度，即得。

【功能与主治】清肺润燥，止咳化痰。用于肺热燥咳、痰少咽干。

【用法与用量】口服。一次9~15g，一日2次。

【性状】本品为黑褐色稠厚的半流体；味甜、微涩。

【检查】相对密度应1.42~1.46（四部通则）。其他应符合煎膏剂项下有关的各项规定（四部通则）。

分析：

（1）制备过程中，药材必须刷洗除去茸毛，过滤时可用80目筛力求除尽茸毛。

（2）本品收载于《中国药典》（2020年版）一部。

点滴积累

1. 汤剂的入药顺序有先煎、后下、包煎、烊化、另煎和冲服。

2. 中药口服液是在汤剂、合剂的基础上发展起来的一种新型液体制剂（单剂量灌装者称“口服液”）。其制备工艺包括浸出制剂与注射剂工艺。

3. 酒剂系指药材用蒸馏酒浸提制成的澄清液体制剂，习惯上称为药酒。制备主要有浸渍法，少数用渗漉法。

4. 酊剂除另有规定外，100ml含有毒性药的酊剂相当于10g原药材；其他酊剂每100ml相当于20g原药材。制备除浸渍法、渗漉法以外，还有溶解法、稀释法。

5. 流浸膏剂系指药材用适宜的溶剂浸出有效成分，蒸去部分溶剂，调整浓度至规定的标准而制成的制剂。除另有规定外，1ml流浸膏剂相当于1g原药材。

6. 浸膏剂系指药材用适宜溶剂浸出有效成分，除去大部分或全部溶剂，调整浓度至规定的标准所制成的膏状或粉状的固体制剂。除另有规定以外，1g浸膏剂相当于2~5g原药材。

7. 煎膏剂又称膏滋。系指药材用水煎煮，去渣浓缩后，加炼糖或炼蜜制成的半流体制剂，供内服。

任务四　浸出制剂的质量控制

浸出制剂的质量不仅关系到其本身的质量，而且还影响以浸出制剂为原料的其他制剂，如片剂、胶囊剂、颗粒剂等。浸出制剂的质量与药材的质量、制备方法等密切相关；但由于药材成分的复杂性，浸出制剂的质量控制是一个极其复杂的问题。目前主要从以下几个方面进行控制。

一、药材的来源、品种与规格

药材的来源、品种与规格是浸出制剂质量控制的基础，药材的来源、规格不稳定往往会导致每批制剂的质量不稳定。我国幅员广阔，由于产地不同，常常存在同物异名或同名异物的现象。因此，制备浸出制剂必须严格控制药材的质量，其药材的来源、品种与规格应严格遵循国家药品标准。特别是在目前大多数浸出制剂尚无含量测定方法的情况下，认真控制药材的质量，具有重要的现实意义。

二、制法规范

制备方法和浸出制剂的质量密切相关，如解表方剂用传统的煎煮法制备，至今仍在采用，但具有解表作用的挥发性成分将有所损失；若用蒸馏法提取挥发性成分后，再加到煎煮液中，则能提高解表方剂的疗效。不同性质的药材制法不同，煎煮时的入药顺序也因药材性质而异，如先煎、后下、包煎等，均有一定的科学道理。如用相同的原料人参，分别用浸渍、渗漉、煎煮、回流等方法制得的制剂，其色泽、有效成分和总皂苷含量均有明显差异。因此制备方法和工艺上的改革必然给制剂质量带来一定影响。

三、理化标准

（一）含量控制

含量控制是保证药效的最重要的手段。

1. 化学测定法　凡有效成分已明确者，都应采用化学测定法控制其有效成分的含量。

2. 生物测定法　系利用药材浸出成分对动物机体或离体组织所发生的反应，以确定其含量标准的方法。此方法适用于尚无适当化学测定方法的毒性药材制剂的含量测定。这种方法比化学测定法复杂，且测定结果的差异大，须进行多次试验才能得到结果。

3. 药材比量法　系指浸出制剂若干容量或重量相当于原药材多少重量的测定方法。凡不能用化学或生物测定方法控制含量的浸出制剂，多采用这种传统的方法。

知识链接

中药指纹图谱

以指纹图谱作为中药材及中药制剂的质量控制方法，已成为目前的国际共识。中药指纹图谱是指中药材及其制剂经适当处理后，采用一定的分析手段，得到的能够标示该中药特性的共有峰的图谱。在一定范围内，中药指纹图谱能基本反映中药全貌，使其质控指标由原有对单一成分含量的测定上升为对整个中药内在品质的检测。实现对中药及制剂内在质量的综合评价，使中药及制剂质量达到稳定、可控，确保临床疗效的稳定。

有的学者将其称之为“中药及中药制剂质量控制的里程碑”。

（二）含醇量测定

大多数的浸出制剂是用不同浓度的乙醇制备的，含醇量的恒定往往可将浸出制剂的质量稳定在一定水平上，因此含醇制剂均要求进行含醇量测定。

（三）其他检查

浸出制剂还应有水分、挥发性残渣、相对密度、灰分、酸碱度等检查，以控制制剂的质量。

四、卫生学标准

卫生学标准是指微生物限度标准，检查微生物限度也是控制浸出制剂质量的手段之一。微生物限度检查是检查浸出制剂受微生物污染的程度，检查项目包括细菌数、霉菌数、酵母菌数及控制菌检查。检验全过程必须严格遵守无菌操作，防止再污染。具体依据《中国药典》（2020年版）四部（通则1101）中的无菌检查法进行检查，应符合规定的标准。

点滴积累

浸出制剂的质量应该从药材的来源、品种与规格，制法规范，理化标准，卫生学标准等四个方面控制。

项目小结

1. 浸出制剂系指用适当的溶剂和方法，从药材中浸出有效成分所制成的供内服或外用的一类药物制剂。分为四类：水性浸出制剂、醇性浸出制剂、含糖浸出制剂和精制浸出制剂。浸出制剂的成分复杂，其作用为综合作用，不能用单一成分所代替。浸出制剂往往不稳定，在贮藏过程中易产生沉淀、变质，影响制剂的质量和药效。
2. 浸出制剂的制备方法有煎煮法、浸渍法和渗漉法。浸出液处理蒸馏有常压蒸馏、减压蒸馏和精馏等；蒸发有常压蒸发、减压蒸发和薄膜蒸发等。湿物料的干燥方法有常压干燥、减压干燥、喷雾干燥和冷冻干燥等。
3. 汤剂的入药顺序有先煎、后下、包煎、烊化、另煎和冲服。中药口服液是在汤剂、合剂的基础上发展起来的一种新型液体制剂，单剂量灌装者称口服液。其制备工艺包括浸出制剂与注射剂工艺。
4. 酒剂系指药材用蒸馏酒浸提制成的澄清液体制剂,习惯上称为药酒。制备主要有浸渍法，少数用渗漉法。酊剂除另有规定外，100ml含有毒性药的酊剂相当于10g原药材；其他酊剂每100ml相当于20g原药材。制备除浸渍法、渗漉法以外，还有溶解法、稀释法。
5. 流浸膏剂系指药材用适宜的溶剂浸出有效成分，蒸去部分溶剂，调整浓度至规定的标准而制成的制剂。除另有规定外，1ml流浸膏剂相当于1g原药材。浸膏剂系指药材用适宜溶剂浸出有效成分，除去大部分或全部溶剂，调整浓度至规定的标准所制成的膏状或粉状的固体制剂。除另有规定以外，1g浸膏剂相当于2~5g原药材。
6. 煎膏剂又称膏滋。系指药材用水煎煮，去渣浓缩后，加炼糖或炼蜜制成的半流体制剂，供内服。
7. 浸出制剂的质量应该从药材的来源、品种与规格，制法规范，理化标准，卫生学标准等四个方面控制。

思考题

一、填空题

1. 浸出制剂因溶剂、浸出方法的不同，可分为______、______、______、______四类。
2. 常用的浸出方法有______、______和______。
3. 对______、______或______的浸出以及______的制备多采用渗漉法。

4. 酊剂的制备方法有______、______、______和______。

5. 为了提高汤剂的质量，常依据药材特性进行特别处理，如阿胶类入汤时应______，薄荷入汤时应______，石膏、牡蛎等入汤时应______。

6. 除另有规定外，1ml流浸膏剂相当于______g原药材；1g浸膏剂相当于______g原药材。

二、 名词解释

1. 浸出制剂
2. 浸渍法
3. 渗漉法
4. 流浸膏剂
5. 煎膏剂

三、 简答题

1. 浸渍法制备浸出制剂应注意的问题有哪些？
2. 酒剂与酊剂的异同点有哪些？
3. 进行渗漉时，对药材粉末的粗细有何要求？为什么？

实训 6-1　浸出制剂的制备

一、实训目的

1. 掌握汤剂、浓煎剂、口服液、酊剂的制备原则和方法；用渗漉法制备流浸膏、浸膏的操作方法；用浸渍法、溶解法及稀释法配制酊剂的操作方法。

2. 了解煎煮法制备煎膏剂的操作方法；影响浸出的各种因素。

二、实训指导

汤剂是药材加水煎煮一定时间后，去渣取汁制成的液体剂型。它是我国使用最早、应用最广泛的一种剂型，目前仍是中医临床上应用的重要剂型之一。汤剂是用煎煮法制备而成的。

中药合剂是在汤剂应用的基础上改进和发展起来的一种新剂型。中药合剂的制法与汤剂基本相似，不同的是药材煎煮滤过后需要净化、浓缩，并添加附加剂，可成批生产。其制备工艺流程分为浸出、净化、浓缩、分装、灭菌等。

酒剂系指药材用蒸馏酒浸提制成的澄清液体制剂。酒剂多供内服，也有兼供内服和外用的。酒剂一般多用浸渍法制备，少数采用渗漉法。

酊剂系指药物用规定浓度的乙醇提取或溶解而制成的澄清液体制剂。但也有依习惯或医疗需要按成方配制者，如碘酊等。亦可用流浸膏稀释后制成，故制备酊剂可用浸渍法、渗漉法、溶解法、稀释法。制备方法的选用应根据药物的特性而定。

流浸膏剂或浸膏剂系指药材用适宜的溶剂提取，蒸去部分或全部溶剂，调整浓度至规定的标准而制成的制剂。而含有生物碱或其他有效成分的浸膏剂，皆需经过含量测定以稀释剂调整至规定的规格标准或继续浓缩至规定的量。流浸膏剂除特殊规定外，一般都以不同浓度的乙醇为溶剂，用渗漉法制备，有时也用浸渍法和煎煮法制备，亦可用浸膏剂加规定的溶剂稀释制成。

三、实训内容

（一）汤剂的制备

麻黄汤的制备

【处方】麻黄 9g　　　桂枝 6g

　　　　苦杏仁 9g　　甘草 3g

【制法】将桂枝、苦杏仁、甘草加水 200ml 浸泡，另将麻黄置砂锅内，加水 600ml 浸泡 10 分钟，煎煮 15 分钟后，加上述 3 味药煎煮至 150~300ml，滤过去渣，即得。

【功能与主治】用于辛温发表，治风寒感冒、风寒发热无汗、咳嗽、气喘等症。

【用法与用量】口服，每日1剂，分2次温服。

分析：

（1）药材在煎煮前需用冷水浸泡。

（2）麻黄中麻黄碱多存在于茎中心的髓部，故宜酌情先煎。苦杏仁宜于煮沸后下药，可减少因酶解致使苦杏仁苷的分解。桂枝含挥发性成分，宜后下。

（二）酒剂、酊剂的制备

1. 碘酊的制备

【处方】碘　　2g

碘化钾　　1.5g

乙醇　　50ml

纯化水　　适量

共制　　100ml

【制法】取碘化钾，加热纯化水2ml溶解，加碘溶解完全后，再加乙醇及适量纯化水使成100ml，搅匀即得。

【附注】

（1）碘具强氧化性、腐蚀性、挥发性。注意不与皮肤接触，忌用纸称取。

（2）碘化钾宜先配成浓溶液，然后加碘，能很快促进溶解。

（3）碘与碘化钾形成络合物后，能使碘在溶液中更稳定，不易挥发损失；能防止或延缓碘与水、乙醇发生化学变化产生碘化氢，使游离碘的含量减少，使消毒力下降，刺激性增强。

（4）碘在乙醇中的溶解度为1∶13，在该处方中不加碘化钾，碘可完全溶解在乙醇中。但切不可将碘直接溶于乙醇后再加碘化钾，否则失去加碘化钾的络合作用。

（5）投药瓶用软木塞密塞时，应加一层蜡纸，以防软木塞中的鞣酸使碘沉淀。大量配制时宜用棕色玻璃磨口瓶盛装，冷暗处保存。

（6）碘酊忌与升汞溶液同用，以免生成碘化汞钾，增加毒性。

【思考题】

（1）本处方中的碘化钾起什么作用？

（2）为什么溶解碘化钾的蒸馏水不能太多？

2. 复方土槿皮酊的制备

【处方】土槿皮　　6g

苯甲酸　　1.8g

水杨酸　　0.9g

乙醇　　　　　　加至30ml

【制法】取切碎的土槿皮6g，加入乙醇25ml浸渍3~5天，滤取浸出液，残渣用力压榨，压榨液与滤液合并，静置滤过。另取苯甲酸与水杨酸加入上述土槿皮乙醇浸出液中，搅拌溶解，并添加乙醇使成30ml，即得。

【附注】

（1）本处方中的水杨酸遇铁器易氧化变色，故忌与铁器接触。

（2）药渣经压榨后，因细胞破裂，不溶性成分进入浸出液中，故最好放置一昼夜或更长时间后滤过，除去沉淀，使成品澄清。

【思考题】浸渍法有何优缺点?

3. 橙皮酊的制备

【处方】橙皮　　　　　　10g

乙醇（60%）　　适量

共制　　　　　　100ml

【制法】取橙皮，加60%乙醇90ml，浸渍3~5天，滤过，压榨残渣，合并滤液与压榨液，静置24小时，滤过，加溶媒至全量，搅匀即得。

【附注】

（1）干橙皮与鲜橙皮的含油量差异极大，本品规定用干橙皮。如用鲜品应取250g，以75%乙醇作溶媒，制成100ml。

（2）乙醇浓度不宜更高，以防橙皮中的树脂、黏胶质过多浸出，久贮沉淀可滤除。

（3）本品亦可用两次浸渍或渗漉法制备。

【思考题】写出浸渍法制备橙皮酊的工艺流程。

（三）流浸膏、浸膏及煎膏的制备

1. 甘草流浸膏的制备

【处方】甘草（粗粉）　50.0g

氨溶液　　　　　适量

乙醇　　　　　　适量

【制法】50g甘草粗粉中加1∶200氨水50ml，湿润15分钟，装筒，排气，浸渍24小时；快速渗漉（3~5ml/min），滤液（为药材的4~8倍或至无甜味）煮沸5分钟，倾泻过滤，水浴浓缩至约35ml，冷后加浓氨水适量至显著氨臭，测定含量，加乙醇与蒸馏水至50ml，静置，滤过，即得。

【附注】

（1）一般药材用粗粉为原料，太细易堵塞滤孔。

（2）已湿润的药粉装筒时，压力要均匀，松紧要合适，装筒后要排气，再进行浸渍，以免影响渗漉完全。

（3）本品含甘草酸不得少于7%，含乙醇量为20%~25%。

【思考题】

（1）甘草流浸膏中的有效成分是什么？

（2）制备过程中为何用稀氨溶液作溶媒？最后成品至显著氨臭的目的是什么？加乙醇的目的是什么？

（3）渗漉液为何加热煮沸后过滤？

2. 益母草膏的制备

【处方】益母草　　250g

红糖　　75g

【制法】取益母草切碎、加水煎煮2次，每次2小时，合并煎液，滤过，滤液浓缩成相对密度为1.21~1.25（80~85℃热测）的清膏，每10g清膏加红糖20g，加热溶化，混匀，浓缩至规定的相对密度，即得。

【附注】

（1）收膏时稠度增加，火力应减小，并不断搅拌和捞去泡沫。

（2）收膏稠度视季节气候而定，但成品不宜含水过多，否则易发霉变质。

【思考题】

（1）煎膏剂有何优点？

（2）煎膏剂与流浸膏、浸膏剂有何区别？

（解玉岭）

项目七
外用膏剂

项目七
数字内容

学习目标

- 外用膏剂是指药物与适宜的基质混合，采用适宜的工艺流程与方法，制成的一类专供外用的半固体制剂。外用膏剂广泛应用于皮肤科、外科等，可对皮肤和黏膜起保护作用和局部治疗作用，也可透过皮肤或黏膜起全身治疗作用。外用膏剂包括软膏剂、膏药、橡胶膏等剂型。

知识目标：

- 掌握软膏剂、乳膏剂常用的基质及制备方法。
- 熟悉软膏剂、乳膏剂的概念、种类和常用水性凝胶基质的种类。
- 了解眼膏剂、贴膏剂的概念、特点及制备。

能力目标：

- 掌握软膏剂的制备方法，能进行简单的软膏制备；能区别不同种类的软膏剂。

素质目标：

- 学习敬业、精益、专注、创新的“工匠精神”，坚定提高患者生命质量和献身人类健康事业的决心。

情境导入

情境描述：

周末天气晴朗，小冲和几位同学相邀到野外郊游，其中有几位同学接触了疑似漆树的植物后，手臂和腿部皮肤出现大面积的潮红、瘙痒难耐，甚至出现了丘疹。小冲求助学药学的哥哥，哥哥在仔细观察症状后，用清水清洗干净几位同学的患处皮肤，然后涂上氢化可的松软膏，症状逐渐消退，瘙痒得到平复。

学前导语：

软膏剂是我们日常生活中很常用的外用剂型，对皮炎和皮肤过敏等皮肤科疾病有奇效，能快速缓解症状。本章将带领大家认识不同种类的软膏，及其在制备过程中所用到的材料与制备方法。

外用膏剂是指药物与适宜的基质混合，采用适宜的工艺流程与方法，制成的一类专供外用的半固体制剂。外用膏剂广泛应用于皮肤科与外科等，可对皮肤和黏膜起保护作用和局部治疗作用，也可透过皮肤或黏膜起全身治疗作用。外用膏剂包括软膏剂、膏药、橡胶膏等剂型。

任务一 认识软膏剂

一、软膏剂、乳膏剂、糊剂的含义、特点与分类

软膏剂是指药物与油脂性或水溶性基质混合制成的均匀的半固体外用制剂。广义的软膏剂按照所属的分散系统可将软膏剂分为溶液型、混悬型和乳剂型三类，其中溶液型软膏剂为药物溶解（或共熔）于基质或基质组分中制成，混悬型软膏剂为药物细粉均匀分散于基质中制成；按所用基质的性质和特殊用途可分为油膏剂、乳膏剂、凝胶剂、糊剂和眼膏剂等（如图7-1、图7-2）。

图7-1 马应龙痔疮膏

图7-2 维A酸乳膏

乳膏剂是指药物溶解或分散于乳状液型基质中形成均匀的半固体外用制剂，又称乳剂型软膏剂。乳膏剂由于基质不同，可分为水包油型乳膏剂与油包水型乳膏剂。

糊剂是指大量的药物固体粉末（一般含固体粉末25%以上）均匀地分散在适宜的基质中所组成的半固体外用制剂。糊剂可分为含水凝胶性糊剂和脂肪糊剂。

软膏剂主要起保护、润滑和局部治疗作用，某些药物透皮吸收后，也能产生全身作用。近年来，随着透皮吸收理论与技术研究的深入，利用皮肤给药方便、可随时终止这一特点，通过皮肤给药而达到全身治疗作用的制剂日趋增多。

二、软膏剂的质量要求

软膏剂的质量应符合下列要求。

1. 有良好的外观，且均匀、细腻，涂于皮肤上无粗糙感觉。

2. 具有适当的黏稠性，易于涂布且不融化，黏稠性应很少受外部环境变化的影响。

3. 性质稳定，无酸败、异臭、变色、变硬等现象，乳膏剂不得有油水分离及胀气现象，能保持活性成分的疗效。

4. 有良好的安全性，不引起皮肤刺激反应、过敏反应及其他不良反应，并符合卫生学要求。

5. 用于大面积烧伤及严重损伤的皮肤的软膏剂应无菌。软膏剂、乳膏剂用于烧伤治疗如为非无菌制剂的，应做到以下几点：①在标签上标明“非无菌制剂”；②产品说明书中注明“本品为非无菌制剂”；③说明书适应证下应明确“用于程度较轻的烧伤（Ⅰ°或浅Ⅱ°）”；④说明书注意事项下规定“应遵医嘱使用”。

点滴积累

1. 软膏剂是指药物与油脂性或水溶性基质混合制成的均匀的半固体外用制剂。

2. 软膏剂按照分散系统可将软膏剂分为溶液型、混悬型和乳剂型三类；按所用基质的性质和特殊用途可分为油膏剂、乳膏剂、凝胶剂、糊剂和眼膏剂等。

任务二　软膏剂的基质

一、软膏基质的选择

软膏剂由药物和基质两部分组成，基质有非常重要的作用，它不仅是软膏剂的赋形剂，而且还直接影响软膏剂的质量及药物的释放和吸收。

理想的软膏基质应符合下列要求：①性质稳定，不与主药或附加剂等其他物质发生配伍变化；②无生理活性、刺激性和过敏性；③有适宜的稠度，易涂布；④有一定的吸水性，能吸收伤口分泌物；⑤不妨碍皮肤的正常功能，释药性能好；⑥容易洗除，不污染皮肤和衣物等。目前还没有哪种单一基质能满足全部的这些要求，实际使用时应根据药物和基质的性质及用药目的具体分析，合理选择。

二、软膏基质分类

常用的基质可分为油脂性基质、水溶性基质和乳剂型基质三类。

（一）油脂性基质

油脂性基质属于强疏水性物质，包括烃类、类脂类及动、植物油脂等。此类基质的特点是润滑、无刺激性，涂于皮肤上能形成封闭性油膜，促进皮肤的水合作用，对皮肤有保护、软化作用，不易长菌；较稳定，可与多种药物配伍。但释药性能差，不适用有渗出液的创面，不易用水洗除。主要用于遇水不稳定的药物，如红霉素、金霉素等某些抗生素类药物。

1. 烃类　此类基质主要是从石油中得到的各种烃类与固体烃类的混合物，多数为饱和烃。常见的烃类基质见表7-1。

表7-1　常见的烃类基质

常见品种	特点与作用
凡士林	有黄、白两种，后者由前者漂白而得。无臭味和刺激性，有适宜的黏稠性和涂布性，可单独用作软膏基质。性质稳定，尤适用于遇水不稳定的药物（如抗生素类）。但对皮肤的穿透性和吸水性差，仅适用于皮肤表面病变，不适用于急性炎症和有多量渗出液的患处。凡士林常与羊毛脂合用，可改善凡士林的吸水性
固体石蜡和液状石蜡	主要用于调节其他基质的稠度
硅酮	常用的液体硅酮俗称硅油或二甲基硅油。其化学性质稳定，疏水性强。对皮肤无毒性和刺激性，润滑、易涂布，不妨碍皮肤的正常功能，不污染衣物，是一种较理想的疏水性基质。本品成本较高，对眼有刺激性，不宜作眼膏基质

2. 类脂类　此类基质是高级脂肪酸与高级脂肪醇化合而成的酯及其混合物，有类似于脂肪的物理性质，但化学性质比脂肪稳定，多与油脂性基质合用，可增加油脂性基质的吸水性。如羊毛脂、蜂蜡、鲸蜡，见表7-2。

表7-2　常见的类脂类基质

常见品种	特点与作用
羊毛脂	一般是指无水羊毛脂，为淡棕黄色的黏稠的半固体。吸水性强，不易酸败，其性质接近皮脂，有利于药物的透皮吸收，为优良的软膏剂基质。因过于黏稠，很少单独用作基质，常与凡士林合用
蜂蜡与鲸蜡	蜂蜡有黄、白之分，后者由前者精制而成。蜂蜡和鲸蜡均为弱的W/O型乳化剂，可在O/W型乳剂基质中起增加稳定性的作用，常用于调节稠度或增加稳定性

知识链接

单软膏

植物油常与熔点较高的蜡类等固体油脂性基质熔合，得到适宜稠度的基质。如花生油或棉籽油670g与蜂蜡330g加热熔合而成“单软膏”。植物油可作为乳剂型基质中油相的重要组成部分。

3. 油脂类　此类基质是来源于动、植物的高级脂肪酸甘油酯及其混合物，如花生油、麻油、豚脂等。因其分子结构中存在不饱和键，贮存中易受温度、光线、空气中的氧等因素的影响而氧化和酸败，将植物油催化加氢制得的饱和或近饱和的氢化植物油稳定性好，亦可用作软膏基质。

（二）水溶性基质

水溶性基质是天然或合成的水溶性高分子物质胶溶在水中形成的半固体状的凝胶。目前最常用的是聚乙二醇类。水溶性基质的释药速度快，无油腻性，易涂布，能与水溶液混合，能吸收组织渗出液，多用于湿润、糜烂的创面，有利于分泌物的排出，也常用于腔道黏膜，常作为防油保护性软膏的基质。但其润滑性差，不稳定，易霉败，水分易蒸发，一般要求加入防腐剂和保湿剂。常见的水溶性基质见表7-3。

表 7-3 常见的水溶性基质

常见品种	特点与作用
甘油明胶	本品温热后易涂布，涂后形成一层保护膜，因具有弹性，故使用时较舒适；特别适合于含维生素类的营养性软膏
纤维素衍生物类	常用的有甲基纤维素（MC）和羧甲基纤维素钠（CMC-Na）。羧甲基纤维素钠在冷、热水中均溶，浓度高时呈凝胶状
聚乙二醇（PEG）类	本类物质为高分子聚合物，易溶于水，能与渗出液混合，易洗除，化学性质稳定，不易霉败。但对皮肤的润滑、保护作用差，长期使用可引起皮肤干燥。常将不同分子量的聚乙二醇按适当比例混合以得到稠度适宜的基质

（三）乳剂型基质

乳剂型基质又称乳状液型基质，是油相和水相借助乳化剂作用在一定温度下混合乳化，最后在室温下形成半固体的基质。其组成与乳剂相似，也是由油相、水相和乳化剂三部分组成的，分为O/W型和W/O型。

课堂活动

乳剂类型主要是由哪两点决定的？

1. 油相　主要是油脂性的固体和半固体物质，如硬脂酸、石蜡、高级醇（十八醇）、凡士林及亲油性乳化剂等。有时为了调节稠度，可加入一定量的液体，如液状石蜡、植物油等，形成适宜的半固体状物。

2. 水相　主要是纯化水、保湿剂（5%~20%甘油、丙二醇、山梨醇等）、防腐剂（羟苯甲酯类、三氯叔丁醇、山梨酸等）以及亲水性乳化剂等。

3. 乳化剂　对形成的乳剂型基质的类型起主要作用。常用的乳化剂有以下几类。

（1）肥皂类

1）一价皂：为O/W型乳剂基质。是一价金属离子钠、钾、氨的氢氧化物或三乙醇胺等有机碱与脂肪酸作用生成的新生皂，其HLB值在15~18之间。硬脂酸是常用的脂肪酸，一般用量为基质总量的15%~25%与碱反应生成肥皂，大部分未皂化的硬脂酸作为油相被乳化分散了，同时还可调节基质的稠度。用硬脂酸制成的O/W型基质油腻感小，水分蒸发后皮肤上留有一层硬脂酸薄膜有保护作用。

2）多价皂：是由二、三价的金属（钙、镁、锌、铝）氢氧化物与脂肪酸作用形成的多价皂，其HLB值<6，为W/O型乳剂基质。新生多价皂较容易生成，且W/O型基质中油相的比例大，故其稳定性比用一价皂为乳化剂制成的乳剂型基质要高。

（2）硫酸化物类：常用的是十二烷基硫酸钠（又称月桂醇硫酸钠），为优良的阴离子型乳化剂，用于配制O/W型乳剂基质，常用量为0.5%~2%，对皮肤的刺激性小。不宜与阳离子型表面活性剂配伍，以免形成沉淀而失效。本品中常加入一些W/O型乳化剂作为辅助乳化剂，以调节HLB值，常用的有十六醇、十八醇、单甘油酯和脂肪酸山梨坦等。

（3）高级脂肪醇及多元醇酯类

1）十六醇及十八醇：属弱的W/O型乳化剂，起辅助乳化和稳定的作用。

2）硬脂酸甘油酯：是单、双硬脂酸甘油酯的混合物，不溶于水，可溶于热乙醇及液状石蜡、脂肪油中，为白色固体，是一种较弱的W/O型乳化剂，与一价皂或十二烷基硫酸钠等较强的O/W型乳化剂合用时，可增加稳定性。

3）脂肪酸山梨坦与聚山梨酯类：均属于非离子型表面活性剂。脂肪酸山梨坦类即司盘类，HLB值在1.8~8.6之间，为W/O型乳化剂；聚山梨酯类即吐温类，HLB值在9.6~16.7之间，为O/W型乳化剂。两者可单独使用，也可按不同比例与其他乳化剂合用以调节适宜的HLB值，增加乳剂型基质的稳定性。

（4）聚氧乙烯醚衍生物类：常用的有平平加O及乳化剂OP，均属非离子型表面活性剂，前者HLB值为15.9，后者HLB值为14.5，两者均属O/W型乳化剂。

知识链接

不同的乳化剂乳剂基质特点

以新生钠皂为乳化剂制成的乳剂型基质较硬；以钾皂为乳化剂制成的则较软；以三乙醇胺生成的有机铵皂为乳化剂制成的乳化剂型基质细腻、有光泽。新生皂作为乳化剂制成的基质应避免应用于酸、碱类药物，特别是忌与含钙、镁离子类的药物配伍，以免形成不溶性皂类而破坏其乳化作用。

（四）基质的举例

实例1：含聚乙二醇类的水溶性基质

【处方】			
【处方】	聚乙二醇4000	400g	500g
	聚乙二醇400	600g	500g

【制法】将聚乙二醇4000与聚乙二醇400加热至65℃左右，混合均匀，搅拌至冷

凝即得。

分析：聚乙二醇4000为蜡状固体，熔点为54~58℃，聚乙二醇400为黏稠液体，两种成分用量比例不同可调节软膏的稠度，以适应不同气候的季节的需要；由于其水溶性大，与水溶液配伍时易引起稠度的改变，若需与6%~25%的水溶液配伍时，可取50g硬脂醇代替等量的聚乙二醇4000。

实例2：以十二烷基硫酸钠为乳化剂的乳剂型基质

【处方】硬脂醇　　220g

十二烷基硫酸钠　　15g

白凡士林　　250g

羟苯甲酯　　0.25g

羟苯丙酯　　0.15g

丙二醇　　120g

纯化水　　加至1 000g

【制法】取硬脂酸醇与白凡士林加热至70~80℃使其熔化为油相，加入预先溶在水中并加热至70~80℃的其他成分（形成水相），搅拌至冷凝。

分析：

（1）本品为O/W型乳剂基质。

（2）十二烷基硫酸钠为O/W型乳化剂，为主要乳化剂；硬脂醇为辅助乳化剂，并可提高基质的稳定性；凡士林有利于皮肤角质层的水合而产生润滑作用；丙二醇为保湿剂；羟苯甲、丙酯为防腐剂。

实例3：含聚山梨酯类的乳剂型基质

【处方】硬脂酸　　60g

液状石蜡　　90g

白凡士林　　60g

油酸山梨坦　　16g

甘油　　100g

吐温-80　　44g

硬脂醇　　60g

山梨酸　　2g

纯化水　　加至1 000g

【制法】将油相成分（硬脂酸、油酸山梨坦、硬脂醇、液状石蜡及凡士林）与水相成分（吐温-80、甘油、山梨酸及纯化水）分别加热至70~80℃，然后两相混合搅拌至冷凝，即得。

分析：

（1）本品为O/W型乳剂型基质。

（2）处方中的吐温-80为O/W型乳化剂，为主要乳化剂。

（3）硬脂醇为增稠剂，且可使制得的乳剂型基质光亮细腻；甘油为保湿剂；山梨酸为防腐剂。

点滴积累

1. 软膏的常用基质可分为油脂性基质、水溶性基质和乳剂型基质三类。

2. 常用的油脂性基质有凡士林、石蜡、液状石蜡、硅酮、羊毛脂、蜂蜡等。

3. 常的水溶性基质是聚乙二醇（PEG）类。

4. 乳剂型基质分为O/W型和W/O型。常用的O/W型乳化剂有一价皂、十二烷基硫酸钠和聚山梨酯类等；W/O型乳化剂有多价皂、脂肪酸山梨坦类等。

任务三　软膏剂的制备与实例分析

课堂活动

日常生活中经常使用的各种护肤品，如润肤霜、护手霜等，按其形态分类大多属于半固体制剂，同学们知道它们是如何制备而成的吗？

软膏剂的制备方法有研和法、熔和法和乳化法三种，应根据药物与基质的性质、制备量及设备条件选择不同的方法。一般来说，溶液型或混悬型软膏剂多采用研和法和熔和法，乳膏剂则采用乳化法。

一、基质的处理

主要是针对油脂性基质，若质地纯净可直接取用，若混有机械性异物或工厂大量生产时，都要进行加热滤过及灭菌的处理。具体的方法是将基质加热熔融，用细布或七号筛趁热过滤，继续加热至150℃约1小时。忌用直火加热以防起火，多用蒸汽夹层锅加热。

二、药物加入方法

1. 可溶性药物的加入　先用适宜的溶剂溶解，再与相应的基质混匀；若药物能溶于基质中，可用熔化的基质将药物溶解。

2. 不溶于基质的药物的加入　在加入基质前，须将药物粉碎成能通过六号筛。若用研和法配制，可先取少量基质或基质中的液体成分（如液状石蜡、植物油等）与药粉研成糊状，再递加剩余的基质混匀。

3. 半固体黏稠性药物的加入　如鱼石脂，有一定的极性，不易与凡士林混匀，可先与等量蓖麻油或羊毛脂混合，再加入到凡士林等油脂性基质中。

4. 共熔组分的加入　如樟脑、薄荷脑、麝香草酚等，可先研磨使其共熔后，再与冷却至40℃左右的基质混匀。

5. 中药浸出液的加入　可先浓缩至稠膏状，再加入基质中。如为固体浸膏，则可加少量水或稀乙醇等研成糊状后，再与基质混匀。

6. 受热易破坏或挥发性药物的加入　应在基质冷却降温至40℃左右再混合，以减少药物的破坏或损失。

三、制备方法与设备

（一）研和法

研和法是将基质的各组分与药物在常温下均匀混合的方法。主要用于基质熔点和状态相近的。由于研和法制备过程中不加热，适用于不耐热的药物。其制备流程如下：

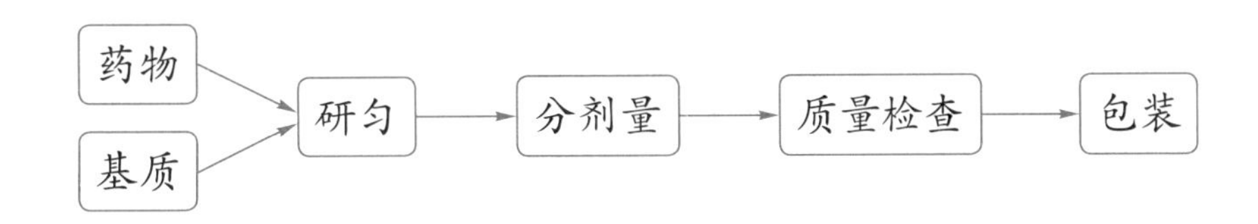

操作方法：先取适量的基质与药物粉末研和成糊状，再按等量递加的原则与其余基质混匀，至涂于手背上无颗粒感为止。有液体组分，可用乳钵研和法；大量生产时用机械研和法，多采用三滚筒研磨机。

（二）熔和法

熔和法用于基质熔点不同，基质的各组分及药物在常温下不能均匀混合，特别是含有固体基质，是大量生产油脂性基质软膏剂常采用的方法。其制备流程如下：

1. 操作方法　先将熔点最高的基质加热熔化，再按熔点高低的顺序逐渐加入其余的基质（加热温度可适当降低）。当基质全部熔化混匀后，加入药物使其溶解或混悬于基质中，并不断搅拌直至冷凝（以免不溶性药粉下沉使其分散不匀）。

2. 注意事项　①冷凝速度不可过快，以防止基质中的高熔点组分呈块状析出；②冷凝为膏状后应停止搅拌，以免带入过多气泡；③挥发性成分应等冷凝至室温时加入；④如含不溶性药物时，搅拌、混合后若不够均匀细腻，则可通过研磨机进一步研匀。常用三滚筒研磨机，其中主要起研磨作用的部分由三个平行的滚筒和传动装置组成，滚筒间的距离可以调节。操作时将软膏从加料斗加入，开动机器后，滚筒如图7-3所示的方向转动，因它们的转速不同，故软膏通过滚筒间隙时被滚碾研磨，固体药物被研细且与基质混合。

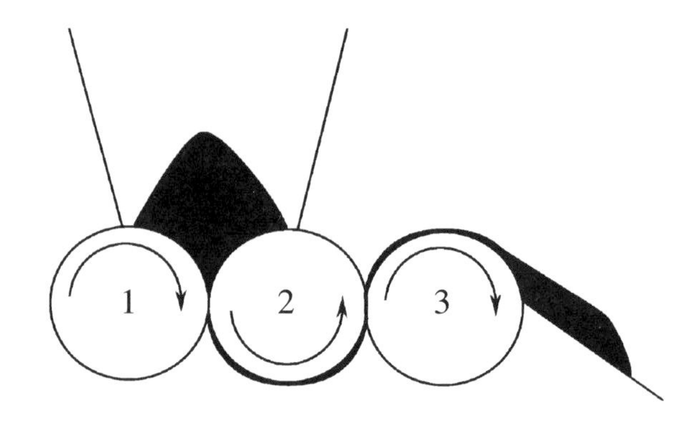

图7-3　三滚筒研磨机旋转方向示意图

（三）乳化法

乳化法是专门用于制备乳膏剂的方法。其制备流程如下：

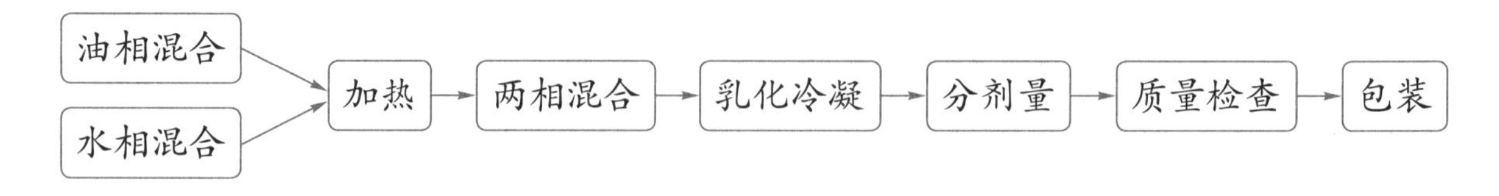

1. 操作方法　将处方中的油脂性组分合并加热熔化成液体，作为油相，保持油相温度在70~80℃；另将水溶性组分溶于水中，并加热至与油相同温度或略高于油相温度（可防止两相混合时油相中的组分过早凝结），混合油、水两相并不断搅拌，直至乳化完全，并冷凝成膏状物即得。

2. 注意事项

（1）乳化法中油、水两相的混合方法有三种：①分散相逐渐加入连续相中，适用于含少量分散相的乳剂系统。②连续相逐渐加到分散相中，适用于多数乳剂系统。此种混合方法的最大特点是混合过程中乳剂会发生转型，从而使分散相粒子更细微。③两相同时加入，不分先后，适用于机械化大批量生产。

（2）将油、水两相中均不溶解的组分粉碎过筛，最后加入混匀。

（3）两相混合后沿同一方向搅拌至乳化。

（4）控制好加热温度。尤其是以新生皂为乳化剂的乳膏剂，温度过高，制成的乳膏较粗糙不细腻；温度过低，反应不完全，所得的乳膏不稳定。制药厂常用的乳化设备见图7-4。

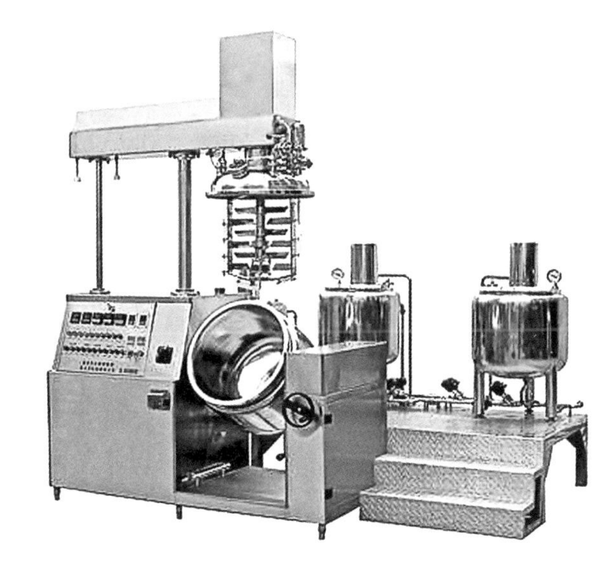

图7-4　标准真空乳化机

四、实例分析

1. 油脂性基质软膏实例

醋酸氯己定软膏

【处方】醋酸氯己定　　5g

　　　　无水羊毛脂　　40g

　　　　冰片　　5g

　　　　白凡士林　　901g

　　　　乙醇　　加至1 000g

【制法】取醋酸氯己定、冰片溶解于适量乙醇中，加入无水羊毛脂吸收混合，最后加入白凡士林混合均匀，即得。

【作用与用途】本品用于疖肿，小面积烧伤、烫伤、创伤感染和脓疱疮。

分析：

（1）醋酸氯己定微溶于水，在乙醇中溶解。

（2）冰片在水中几乎不溶，在乙醇中易溶，故先将其制成乙醇溶液再用无水羊毛脂吸收。

（3）白凡士林为油脂性基质，起润滑、保护作用。

2. 乳剂型基质软膏实例

醋酸氟轻松乳膏

【处方】醋酸氟轻松　　0.25g

甘油　　50g

羊毛脂　　20g

羟苯乙酯　　1g

三乙醇胺　　20g

硬脂酸　　150g

白凡士林　　250g

纯化水　　加至1 000g

【制法】

（1）将醋酸氟轻松研细后过六号筛，备用。

（2）取三乙醇胺、甘油、羟苯乙酯溶于水中，并加热至70~80℃使其溶解为水相。

（3）另取硬脂酸、羊毛脂和白凡士林加热至熔化为油相，并保持在70~80℃。

（4）在相同温度下，将两相混合，搅拌至凝固呈膏状。

（5）将已粉碎的醋酸氟轻松加入上述基质中，搅拌混合使分散均匀。

【作用与用途】本品用于治疗萎缩性皮炎和接触性、脂溢性、神经性皮炎及湿疹等。

分析：

（1）醋酸氟轻松不溶于水，微溶于乙醇，也不能溶于处方中的油相成分，故需先粉碎，待乳膏基质制好后分散于其中，由于其含量低，应混合均匀。

（2）本品为O/W型乳剂基质，部分硬脂酸与三乙醇胺发生皂化反应生成三乙醇胺皂作为O/W型乳化剂，剩余的部分硬脂酸作为油相起增稠和稳定作用。

（3）白士林用以调节稠度、增加润滑性，羊毛脂可增加油相的吸水性和药物的穿透性。

（4）羟苯乙酯为防腐剂，甘油为保湿剂。

点滴积累

1. 软膏剂的制备主要有研和法、熔和法和乳化法三种方法。

2. 研和法适用于基质各组分及药物在常温下能均匀混合的，也适用于不耐热药物的制备。

3. 熔和法适用于常温下不易混匀的含固体成分的基质，是大量生产油脂性基质软膏剂常采用的方法。

4. 乳化法适用于乳剂型基质软膏的制备。

任务四　软膏剂的质量检查与包装

一、质量检查

《中国药典》(2020年版)在“制剂通则”中规定，软膏剂应进行粒度、装量、无菌和微生物限度等项目的检查。另外，软膏剂的质量评价还包括软膏的主药含量、物理性质、刺激性、稳定性的检测和软膏剂中药物的释放、穿透及吸收等项目的评定。

1. 粒度　除另有规定外，混悬型软膏剂、含饮片细粉的软膏剂取适量的供试品，涂成薄层，薄层面积相当于盖玻片面积，共涂三片，按照《中国药典》(2020年版)(四部通则0982)第一法检查，均不得检出大于180μm的粒子。

2. 装量　按照最低装量检查法[《中国药典》(2020年版)(四部通则0942)]检查，应符合规定。

3. 无菌　用于烧伤[除程度较轻的烧伤(Ⅰ°或浅Ⅱ°外)]、严重创伤或临床必须无菌的软膏剂与乳膏剂，按照无菌检查法[《中国药典》(2020年版)(四部通则1101)]检查，应符合规定。

4. 微生物限度　除另有规定外，按照非无菌产品微生物限度检查：微生物计数法[《中国药典》(2020年版)(四部通则1105)]和控制菌检查法[《中国药典》(2020年版)(四部通则1106)]及非无菌药品微生物限度标准[《中国药典》(2020年版)(四部通则1107)]检查，应符合规定。

5. 主药含量　测定方法多采用适宜的溶媒将药物从基质中溶解提取，再进行含量测定。对于药品标准中收载的品种，按照《中国药典》(2020年版)的有关规定进行。由于基质特别是油脂性基质和乳剂型基质的存在，对药物的含量测定造成一定的干扰，必须选择简便准确的定量分析方法对该类药物进行质量控制。

二、包装与贮存

软膏剂常用的包装材料有金属盒、塑料盒等，大量生产时多采用锡、铝或塑料制的软膏管。包装材料不能与药物或基质发生理化作用，包装的密闭性好。

除另有规定外，软膏剂应遮光密闭储存；乳膏剂应遮光密封、置25℃以下储存，不得冷冻。储存中不得有酸败、异臭、变色、变硬现象，乳膏剂不得有油水分离及胀气现象，以免影响制剂的均匀性及疗效。

点滴积累

1. 软膏剂的检查项目包括粒度检查、装量检查、无菌检查、微生物限度检查及主药含量测定等。
2. 软膏剂应遮光密闭贮存；乳膏剂应遮光密封、置25℃以下贮存，不得冷冻。

任务五　眼膏剂

一、概述

眼膏剂是指由药物与适宜基质均匀混合，制成溶液型或混悬型膏状的无菌眼用半固体制剂。

眼膏剂较一般滴眼剂在用药部位滞留时间长，疗效持久，能减轻眼睑对眼球的摩擦，有助于角膜损伤的愈合；眼膏剂所用的基质刺激性小，不含水，更适合遇水不稳定的药物。但使用后有油腻感，并在一定程度上造成视力模糊，所以多以睡觉前使用为主。

知识链接

眼用制剂

眼用制剂系指直接用于眼部发挥治疗作用的无菌制剂。眼用制剂可分为眼用液体制剂（滴眼剂、洗眼剂、眼内注射溶液等）、眼用半固体制剂（眼膏剂、眼用乳膏剂、眼用凝胶剂等）、眼用固体制剂（眼膜剂、眼丸剂、眼内插入剂等）。眼用液体制剂也可以固态形式包装，另备溶剂，在临用前配成溶液或混悬液。

滴眼剂系指由原料药物与适宜辅料制成的供滴入眼内的无菌液体制剂。可分为溶液、混悬液或乳状液。

洗眼剂系指由原料药物制成的无菌澄明水溶液，供冲洗眼部异物或分泌液、中和外来化学物质的眼用液体制剂。

眼内注射溶液系指由原料药物与适宜辅料制成的无菌液体，供眼周围组织（包括球结膜下、筋膜下及球后）或眼内注射（包括前房注射、前房冲洗、玻璃体内注射、玻璃体内灌注等）的无菌眼用液体制剂。

眼膏剂系指由原料药物与适宜基质均匀混合，制成溶液型或混悬型膏状的无菌眼用半固体制剂。

眼用乳膏剂系指由原料药物与适宜基质均匀混合，制成乳膏状的无菌眼用半固体制剂。

眼用凝胶剂系指原料药物与适宜辅料制成的凝胶状无菌眼用半固体制剂。

眼膜剂系指原料药物与高分子聚合物制成的无菌药膜，可置于结膜囊内缓慢释放药物的眼用固体制剂。

眼丸剂系指原料药物与适宜辅料制成的球形、类球形的无菌眼用固体制剂。

眼内插入剂系指原料药物与适宜辅料制成的适当大小和形状、供插入结膜囊内缓慢释放药物的无菌眼用固体制剂。

二、眼膏剂的基质

眼膏剂的基质应纯净、细腻、对眼部无刺激性。常用的基质由黄凡士林、羊毛脂和液状石蜡按比例8∶1∶1混合而成，根据季节与气温不同，可调整液状石蜡的用量，以调节软硬度。基质应加热熔化后用适当的滤材保温滤过，并在150℃干热灭菌1~2小时，放冷备用，也可将各组分分别灭菌后再混合。

三、眼膏剂的制备与实例分析

眼膏剂的制法与一般软膏剂的制法相同，但配制、灌装的暴露工序必须在C级的洁净区环境中进行。所用的基质、药物、器械与包装材料等均应严格灭菌处理：配制容器、乳化罐等用具需经热水、洗涤剂、纯化水反复清洗，最后用75%乙醇喷雾擦拭；包装用软膏管出厂时均需灭菌密封，使用时除去外包装后，对内包装袋可采用适当的方法灭菌处理。

眼膏剂的制备流程如下：

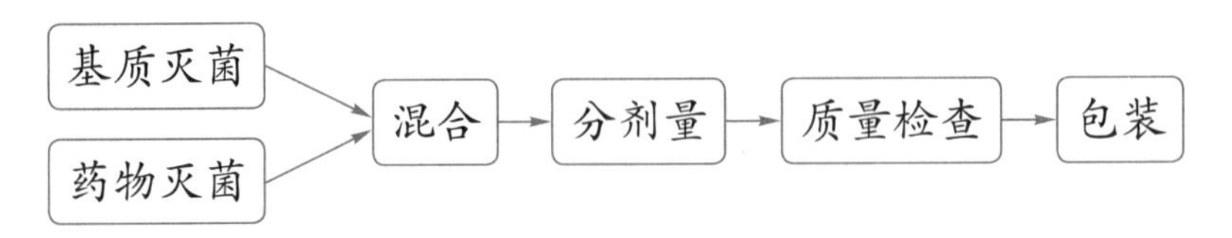

眼膏配制时，当药物不溶于基质时，应将其粉碎成能通过九号筛的极细粉，以减轻对眼睛的刺激性。

实例：红霉素眼膏

【处方】红霉素　　50万U

液状石蜡　　适量

眼膏基质　　适量

共制　　100g

【制法】

（1）取红霉素置灭菌乳钵中研细，加入少量灭菌的液状石蜡，研成细腻的糊状物。

（2）加入少量灭菌的眼膏基质研匀，再分次加入其余的基质，研匀即得。

【作用与用途】本品用于治疗由葡萄球菌、肺炎球菌、链球菌感染所致的眼炎及砂眼等。

分析：红霉素不耐热，温度达60℃时即分解，故应待眼膏基质冷却后再加入。

四、眼膏剂的质量检查

（一）眼膏剂的质量检查

《中国药典》（2020年版）规定，眼膏剂应进行金属性异物、装量、无菌的检查。

除另有规定外，混悬型眼膏剂照下述方法检查粒度，应符合规定。

取3个容器的半固体型供试品，将内容物全部挤于适宜的容器中，搅拌均匀，取适量（或相当于主药10μg）置于载玻片上，涂成薄层，薄层面积相当于盖玻片面积，共涂3片；按照粒度和粒度分布测定法［《中国药典》（2020年版）（四部通则0982）第一法］测定，每个涂片中大于50μm的粒子不得过2个，且不得检出大于90μm的粒子。

（二）眼膏剂的贮存

眼膏剂应遮光密封贮存，眼用制剂在启用后最多可使用4周。

点滴积累

1. 眼膏剂是指由药物与适宜基质均匀混合，制成溶液型或混悬型膏状的无菌眼用半固体制剂。

2. 眼膏剂常用的基质由黄凡士林、羊毛脂和液状石蜡按比例8∶1∶1混合而成。

3. 用于眼部创伤及手术的眼膏剂应进行无菌检查。

任务六　凝胶剂

一、概述

凝胶剂是指药物与能形成凝胶的辅料制成的具凝胶特性的稠厚液体或半固体制剂。主要供外用，局部用于皮肤及体腔如鼻腔、阴道、直肠。

按分散系统，可将凝胶剂分为双相凝胶和单相凝胶。双相凝胶是小分子无机物胶体微粒以网状结构存在于液体中，具有触变性，属两相分散体系，也称混悬型凝胶剂，如氢氧化铝凝胶。此外，乳状液型凝胶剂又称乳胶剂，也属于双相凝胶。单相凝胶，属单相分散体系，可分为水性凝胶和油性凝胶，两者所用的基质不同，临床应用的多是以水性凝胶为基质的凝胶剂。

二、水性凝胶基质

大多数水性凝胶基质在水中溶胀形成水性凝胶而不溶解。此类基质的特点是不油腻，易涂布和洗除，能吸收组织渗出液，不妨碍皮肤的正常功能，黏滞度小，故有利于药物（特别是水溶性药物）的释放。但润滑性较差，易失水和霉变，需加入保湿剂和防腐剂加以克服。最常用的水性凝胶基质有以下几种：

1. 卡波姆　是丙烯酸与丙烯基蔗糖交联的高分子聚合物，是一种引湿性很强的白色松散粉末，在水中能迅速溶胀，但不溶解。因分子结构中的羧酸基团而使其水分散液呈酸性，1%的水分散液pH约为3.11，黏度较低；当用碱中和时，随大分子的不断溶解，黏度会逐渐上升，在低浓度时形成澄明溶液，浓度较大时形成半透明状凝胶，pH为6~11时黏度和稠度最大。本品制成的基质无油腻感，使用时润滑舒适，特别适于治疗脂溢性皮肤病的凝胶剂的制备。卡波姆不能与盐类电解质、碱土金属离子、阳离子聚合物、强酸等配伍，因为这些成分会使卡波姆降低或失去黏性。

2. 纤维素衍生物　常用的是甲基纤维素和羧甲基纤维素钠。这类基质涂布于皮肤时附着性较强，易失水，干燥时会有不适感，易霉败，通常都需要加保湿剂（10%~15%的甘油）和防腐剂（0.2%~0.5%的羟苯乙酯）。

3. 其他水性凝胶基质　交联型聚丙烯酸钠（SDB-L-400）、西黄蓍胶、明胶、淀粉、聚羧乙烯、海藻酸钠等。

三、水性凝胶剂的制备

水性凝胶剂的一般制备方法：水溶性药物先溶于部分水或甘油中，必要时加热以加速溶解；基质与水混合制成水性凝胶基质；将药物溶液与水性凝胶基质混合，并加水至全量即得。对于不溶于水的药物，可先用少量水或甘油研细、分散后，再加入基质中混匀即得。

水性凝胶剂的制备流程如下：

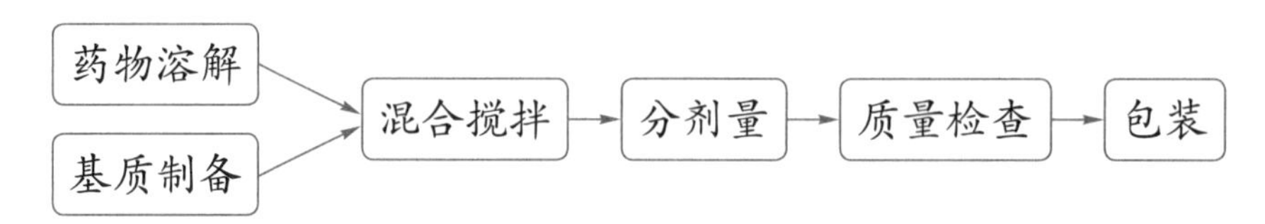

实例：卡波姆水性凝胶基质的制备

【处方】卡波姆940　10g

乙醇　50g

甘油　50g

吐温-80　20g

羟苯乙酯　1g

氢氧化钠　4g

纯化水　加至1 000g

【制法】

（1）将卡波姆与吐温-80及300ml纯化水混合，氢氧化钠溶于100ml水后加入上液搅匀。

（2）将羟苯乙酯溶于乙醇后逐渐加入上液搅匀，加纯化水至全量，搅拌均匀，即得。

分析：

（1）加入氢氧化钠提高黏度。

（2）甘油为保湿剂，羟苯乙酯为防腐剂。

四、凝胶剂的质量检查

（一）质量检查

《中国药典》（2020年版）规定，凝胶剂需进行粒度、装量、无菌及微生物限度等检查，均应符合规定。方法及标准参照软膏剂。

（二）包装与贮存

凝胶剂所用的内包装材料不应与药物或基质发生理化作用。除另有规定外，凝胶剂应置于避光密闭的容器中，于25℃以下的阴凉处贮存，应防止结冰。

点滴积累

1. 凝胶剂是指药物与能形成凝胶的辅料制成的具凝胶特性的稠厚液体或半固体制剂。常用的凝胶剂多以水性凝胶为基质。
2. 常用的水性凝胶基质是卡波姆和纤维素类衍生物。

任务七　贴膏剂

一、概述

贴膏剂是指将药物与适宜的基质制成膏状物、涂布于背衬材料上供皮肤贴敷、可产生全身性或局部作用的一种薄片状柔性制剂。贴膏剂包括橡胶膏剂、凝胶膏剂（原巴布膏剂）和贴剂。

橡胶膏剂是指药材提取物和/或化学药物与橡胶等基质混匀后涂布于背衬材料上制成的贴膏剂。橡胶膏剂的化学性质稳定，可直接贴在皮肤上使用，不需预热软化。由于其膏料层较薄，因此药效维持时间较短。橡胶膏剂一般起保护、封闭和治疗作用，不含药的橡胶膏剂（胶布）可在皮肤上起固定敷料、保护创面的作用；含有药物的橡胶膏通常用于治疗疮、疖及跌打损伤、风湿痹痛等。

凝胶膏剂是指药材提取物、饮片和/或化学药物与适宜的亲水性基质混匀后，涂布于背衬材料上制成的贴膏剂。常用的基质有聚丙烯酸钠、羧甲基纤维素钠、明胶、甘油和微粉硅胶等。

贴剂是指药物与适宜的材料制成的供贴敷在皮肤上的，可产生全身性或局部作用的一种薄片状柔性制剂。该制型有背衬层、有（或无）控释膜的药物贮库、粘贴层以及临用前需除去的保护层。贴剂可用于完整的皮肤表面，也可用于有疾患或者不完整的皮肤表面。其中用于完整的皮肤表面，能将药物输送透过皮肤进入血液循环系统的贴剂称为透皮贴剂。常用的基质有乙烯－醋酸乙烯共聚物、硅橡胶和聚乙二醇等。

贴膏剂常用的背衬材料有棉布、无纺布、纸等，贴膏剂表面需覆上盖衬材料，用以避免相互粘连及防止挥发性药物的挥散。常用的盖衬材料有防黏纸、塑料薄膜、铝箔－聚乙烯复合膜、硬质纱布等。

贴膏剂在生产与储存期间应符合下列有关规定：①药材提取物应按各品种项下规定的方法进行提取，固体药物应预先粉碎成细粉或溶于适宜的溶剂中；②必要时可加入表面活性剂、保湿剂、抑菌剂或抗氧剂等；③膏料应涂布均匀，膏面应光洁，无脱膏、失黏现象，背衬面应平整、洁净、无漏膏现象；④涂布中若使用有机溶剂的，必要时应检查残留溶剂；⑤根据原料药物和制剂的特性，除来源于动、植物多组分且难以建立测定方法的贴膏剂外，贴膏剂的含量均匀度、释放度、黏附力等应符合要求；⑥除另有规定外，贴膏剂应密封贮存。

本任务主要以橡胶膏剂为例介绍贴膏剂的一般制备方法。

二、橡胶膏剂的制备

（一）橡胶膏剂的基质

橡胶膏剂常用的基质组成包括：①橡胶或热可塑性橡胶（主要成分）；②增黏剂，如松香及松香衍生物；③填充剂，如氧化锌；④软化剂，如凡士林、羊毛脂、液状石蜡等；⑤增塑剂，如苯二甲酸二丁酯、苯二甲酸二辛酯等；⑥透皮促进剂；⑦溶剂，如汽油、正己烷。

橡胶膏剂的膏料主要包括基质与药料，药料即药材提取物或化学药物。

（二）橡胶膏剂的制备

1. 溶剂法　此法制备橡胶膏剂的工艺流程如下：

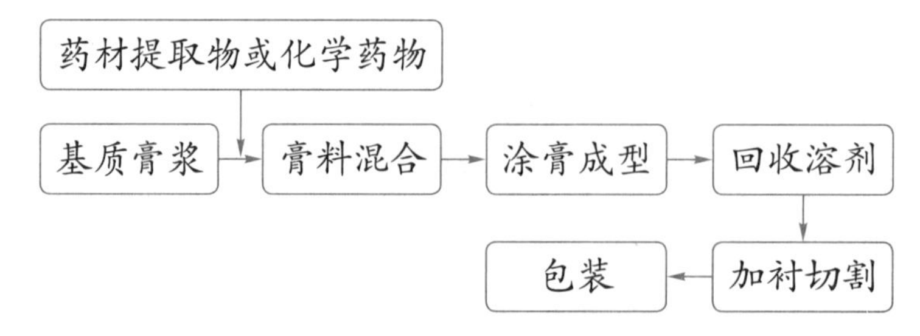

制备时应注意：①药材提取物应按各品种项下规定的方法进行提取，固体药物应

预先粉碎成细粉或溶于适宜的溶剂中。②基质膏浆的制备。可取生橡胶切成条状，用滚筒压胶机压成网状胶片（压胶），投入溶剂中浸渍溶胀18~24小时后（浸胶），移至打胶机中搅拌，再分次加入凡士林、羊毛脂、氧化锌、液状石蜡及松香等，搅拌打膏（3~4小时）制成均匀膏浆。

2. 热压法　橡胶膏剂的基质为热可塑性橡胶时宜采用此法。

三、贴膏剂的质量检查与贮存

（一）贴膏剂的质量检查

《中国药典》（2020年版）规定，贴膏剂需进行外观、含膏量、耐热性、赋形性、黏附力、含量均匀度、微生物限度等检查，均应符合规定。

（二）贴膏剂的贮存

除另有规定外，贴膏剂应密封贮存。

点滴积累

1. 贴膏剂是指将药物与适宜的基质制成膏状物、涂布于背衬材料上供皮肤贴敷、可产生全身性或局部作用的一种薄片状柔性制剂。

2. 贴膏剂包括橡胶膏剂、凝胶膏剂和贴剂。

3. 橡胶膏剂是指药材提取物和/或化学药物与橡胶等基质混匀后涂布于背衬材料上制成的贴膏剂。常用的制法有溶剂法和热压法。

项目小结

1. 软膏剂是指药物与油脂性或水溶性基质混合制成的均匀的半固体外用制剂。软膏剂按照分散系统可将软膏剂分为溶液型、混悬型和乳剂型三类；按所用基质的性质和特殊用途可分为油膏剂、乳膏剂、凝胶剂、糊剂和眼膏剂等。

2. 软膏的常用基质可分为油脂性基质、水溶性基质和乳剂型基质三类。常用的油脂性基质有凡士林、石蜡、液状石蜡、硅酮、羊毛脂、蜂蜡等；常的水溶性基质是聚乙二醇（PEG）类；乳剂型基质分为O/W型和W/O型。常用的O/W型乳化剂有一价皂、十二烷基硫酸钠和聚山梨酯类等；W/O型乳化剂有多价皂、脂肪酸山梨坦类等。

3. 软膏剂的制备主要有研和法、熔和法和乳化法三种方法。研和法适用于基质各组分及药物在常温下能均匀混合的，也适用于不耐热药物的制备；熔和法适用于常温下不易混匀的含固体成分的基质，是大量生产油脂性基质软膏剂常采用的方法；乳化法适用于乳剂型基质软膏的制备。
4. 软膏剂的检查项目包括粒度检查、装量检查、无菌检查、微生物限度检查及主药含量测定等。软膏剂应遮光密闭贮存；乳膏剂应遮光密封、置25℃以下贮存，不得冷冻。
5. 眼膏剂是指由药物与适宜基质均匀混合，制成溶液型或混悬型膏状的无菌眼用半固体制剂。眼膏剂常用的基质由黄凡士林、羊毛脂和液状石蜡按比例8∶1∶1混合而成。用于眼部创伤及手术的眼膏剂应进行无菌检查。
6. 凝胶剂是指药物与能形成凝胶的辅料制成的具凝胶特性的稠厚液体或半固体制剂。常用的凝胶剂多是以水性凝胶为基质。常用的水性凝胶基质是卡波姆和纤维素类衍生物。
7. 贴膏剂是指将药物与适宜的基质制成膏状物、涂布于背衬材料上供皮肤贴敷、可产生全身性或局部作用的一种薄片状柔性制剂。贴膏剂包括橡胶膏剂、凝胶膏剂和贴剂。橡胶膏剂是指药材提取物和/或化学药物与橡胶等基质混匀后涂布于背衬材料上制成的贴膏剂。常用的制法有溶剂法和热压法。

思考题

一、填空题

1. 凡士林的吸水性________，可与________________合用以改善。
2. 常用的眼膏的基质组成为________，各组成比例为________。并在________℃干热灭菌________小时，放冷备用。
3. 软膏剂处方中的羟苯甲酯为________剂，丙二醇为________剂。
4. 混悬型眼膏剂按照粒度和粒度分布测定法检查粒度，每个涂片中大于50μm的粒子不得超过__个，且不得检出大于________μm的粒子。

二、名词解释

1. 软膏剂

2. 乳膏剂

3. 眼膏剂

4. 凝胶剂

5. 贴膏剂

三、简答题

1. 软膏剂的基质分为哪几类？各有何特点？

2. 叙述制备软膏剂时药物的加入方法。

（邹　毅）

实训 7-1　软膏剂的制备

一、实训目的

1. 掌握研和法、熔和法和乳化法等软膏剂的制备方法，并根据基质类型及处方合理地选择制备方法。

2. 掌握药物加入的方法。

二、实训药品与器材

1. 药品　水杨酸、羧甲基纤维素钠、苯甲酸钠、凡士林、单硬脂酸甘油酯、液状石蜡、甘油、十二烷基硫酸钠、羟苯乙酯、纯化水。

2. 器材　天平、乳钵、插入度计、玻璃棒。

三、实训指导

软膏剂的制法有研和法、熔和法、乳化法，制备时应按所用基质的类型、制备量及设备条件等合理地选择制法。

1. 采用熔和法时，高熔点的基质应先熔化，然后加入低熔点的基质。

2. 不溶性药物粉碎过筛后，以等量递加法与基质混匀，若采用熔和法或乳化法，则应不断搅拌至冷凝，以防止因药物沉降而使其分散不均匀，冷凝后应停止搅拌，以免带入空气而影响质量。

3. 采用熔和法、乳化法时，若处方中含有挥发性药物或不耐热的药物，则应在基质冷却至40℃以后加入。

4. 根据含药量以及季节的不同，可以向基质中酌加蜂蜡、石蜡、液状石蜡、植物油等以调节软硬程度。

5. 乳化法中油、水两相的温度多控制在80℃左右，并应注意两相的混合方法。

6. 含水杨酸、苯甲酸、鞣酸及汞盐等药物的软膏剂，制备时应避免与金属器具接触，以防变色。

四、实训内容

1. 油脂性基质的水杨酸软膏剂的制备

【处方】水杨酸　　0.5g

液状石蜡　　适量

凡士林　　加至10g

【制法】

（1）取水杨酸置于研钵中，加入适量液状石蜡研成糊状。

（2）分次加入凡士林混合研匀即得。

【质量检查】

（1）物理外观：软膏应色泽均匀一致，质地细腻，无污物，无粗糙感。

（2）刺激性检查：将软膏剂涂于皮肤或黏膜时不得引起疼痛、红肿或产生斑疹等。

（3）稠度检查：用插入度计测定稠度。

【注意事项】

（1）应采用等量递加法将药物与基质混匀。

（2）制备过程中应避免与金属器具接触，以防水杨酸变色。

2. 水溶性基质的水杨酸软膏剂的制备

【处方】水杨酸　　0.5g

羧甲基纤维素钠　　0.6g

甘油　　1.0g

苯甲酸钠　　0.05g

纯化水　　8.4ml

【制法】

（1）取羧甲基纤维素钠置研钵中，加入甘油研匀。

（2）边研边加入溶有苯甲酸钠的水溶液，待溶胀后研匀，即得水溶性基质。

（3）取水杨酸置于研钵中，分次加入制得的水溶性基质并研匀，制成10g。

【质量检查】

（1）物理外观：软膏应色泽均匀一致，质地细腻，无污物，无粗糙感。

（2）刺激性检查：将软膏剂涂于皮肤或黏膜时不得引起疼痛、红肿或产生斑疹等。

（3）稠度检查：用插入度计测定稠度。

【注意事项】

（1）应采用等量递加法将药物与基质混匀。

（2）制备过程中应避免与金属器具接触，以防水杨酸变色。

3. O/W型水杨酸乳膏的制备

【处方】水杨酸　　5g

液状石蜡　　10g

白凡士林　　12g

单硬脂酸甘油酯　　7g

甘油　　12g

十二烷基硫酸钠　　1g

羟苯乙酯　　　　0.1g

纯化水　　　　　48ml

【制法】

（1）称取水杨酸，研细后过六号筛，备用。

（2）取液状石蜡、白凡士林、硬脂酸甘油酯及硬脂酸置于烧杯中，加热至80℃使其熔化为油相。

（3）将纯化水、甘油加热至90℃，再加入十二烷基硫酸钠及羟苯乙酯溶解为水相。

（4）将水相以细流加到油相中，边加边搅拌至冷凝，即得O/W乳剂型基质。

（5）取水杨酸置研钵中，分次加入制得的O/W乳剂型基质研匀，即得水杨酸乳膏。

【质量检查】

（1）物理外观：软膏应色泽均匀一致，质地细腻，无污物，无粗糙感。

（2）刺激性检查：将软膏剂涂于皮肤或黏膜时不得引起疼痛、红肿或产生斑疹等。

（3）稠度检查：用插入度计测定稠度。

【注意事项】

（1）处方中采用十二烷基硫酸钠及单甘油酯作为混合乳化剂，制得稳定性较好O/W型乳膏剂。

（2）制备过程中应避免与金属器具接触，以防水杨酸变色。

五、思考题

1. 实验中软膏剂的制备分别用的是哪种方法？

2. 水杨酸为什么在乳膏制备中要冷凝后加入？

（邹　毅）

项目八
散剂、颗粒剂与胶囊剂

项目八
数字内容

学习目标

知识目标：

- 掌握散剂、颗粒剂与胶囊剂的制备工艺流程与制备方法。
- 熟悉散剂、颗粒剂与胶囊剂的概念、特点与分类。
- 了解散剂、颗粒剂与胶囊剂的质量检查项目与方法。

能力目标：

- 能够制备散剂、颗粒剂与胶囊剂及进行相关项目的质量检查。

素质目标：

- 具有质量第一、依法生产、实事求是、科学严谨的职业道德和工作作风。

情境导入

情境描述：

就读于某卫校药剂专业二年级的小董同学由于恶心、呕吐、腹泻、腹胀、发热、头痛，到学校附近的药店买药。店员在询问了小董的症状后，从货架上拿出了不同厂家的几种药，有散剂、颗粒剂、胶囊剂等，小董问店员哪个厂家的质量好？用颗粒剂还是胶囊剂效果好？店员给小董做了详尽的讲解，并交代了注意事项。小董听后，感叹于店员丰富的医药专业知识和热忱的服务，并暗下决心一定要努力学习专业知识，提升自身素质。最后小董根据店员的介绍选好了药，用药后身体很快就恢复了健康。

学前导语：

散剂、颗粒剂和胶囊剂是临床常用的固体剂型，这几个剂型的制备过程有密切的联系，都要经过粉碎、过筛和混合操作，才能进一步加工成型。其中，将原辅料制成干燥均匀的粉末可得散剂；将粉末状物料进行制粒可得颗粒剂；将粉末或颗粒装入空心胶囊中可得胶囊剂。本项目我们将学习散剂、颗粒剂与胶囊剂的特点、质量要求与制备方法，制备出合格的制剂。

任务一　散剂

一、认识散剂

（一）散剂的概念与特点

散剂系指原料药物与适宜的辅料经粉碎、均匀混合制成的干燥粉末状制剂。可供内服或外用。散剂是我国中药传统剂型之一，早在古书《五十二病方》中即有散剂的记载，至今散剂仍是中医常用的剂型（见图8-1）。由于颗粒剂、胶囊剂、片剂的发展，化学药散剂的品种已日趋减少。

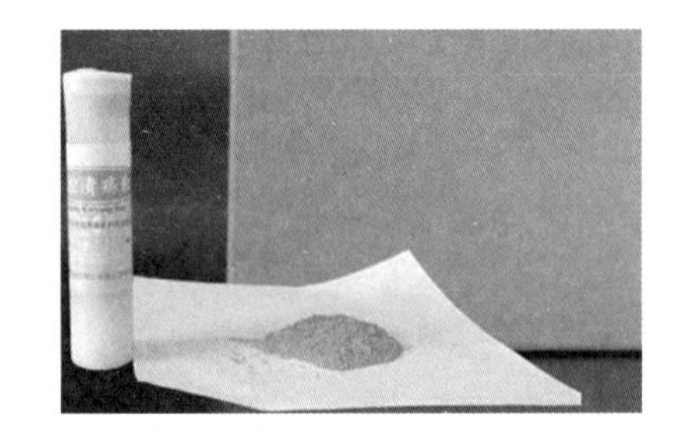

图8-1　散剂成品

散剂除作为药物剂型直接使用外，也可作为中间剂型，再进一步加工制成颗粒剂、胶囊剂、片剂、丸剂等，因此，制备散剂的操作技术与要求在制剂生产上具有普遍意义。

散剂的主要优点：①表面积大，易分散，药物溶出快，起效快；②便于分取剂量，剂量容易控制，尤其适宜儿童服用；③制法简单，运输、携带方便；④对溃疡、创伤可起到保护、吸收分泌物、促进凝血和愈合的作用。

散剂的主要缺点：①由于散剂中药物的表面积大，臭味、刺激性、吸湿性及化学活性等相应增加，挥发性成分容易散失，因此一些腐蚀性较强，遇光、湿、热容易变色的药物一般不宜制成散剂；②剂量较大的散剂不如片剂、胶囊剂、丸剂等容易服用。

（二）散剂的分类

1. 按用途分类　可分为口服散剂和局部用散剂。

2. 按组成分类　可分为单散剂和复方散剂。单散剂系由一种药物组成；复方散剂系由两种或两种以上药物组成。

3. 按使用剂量分类　可分为分剂量散剂和不分剂量散剂。分剂量散剂是按一次剂量分装，由患者按包使用，此类散剂口服者较多；不分剂量散剂以多次使用的总剂量包装，由患者按医嘱自己分取使用，此类散剂局部用者较多。

知识链接

散剂的应用方法

口服散剂：一般溶于或分散于水、稀释液或其他液体中服用，也可直接用温水送服，如蒙脱石散、益元散等，服用剂量过大时应分次服用以免引起呛咳，服药后不宜过多饮水，服药后半小时内不可进食，以免药物过度稀释导致药效降低。服用不便的中药散剂可加蜂蜜调和送服或装入胶囊吞服。对于温胃止痛的散剂不需用水送服，应直接吞服以利于延长药物在胃内的滞留时间。

局部用散剂：可供皮肤、口腔、咽喉、腔道等处应用。使用方法主要有撒敷法和调敷法。撒敷法是将散剂直接撒布于患处，如冰硼散；调敷法是用茶、黄酒、香油等液体将散剂调成糊状敷于患处，如九分散。

（三）散剂的质量要求

1. 供制散剂的原料药物均应粉碎。除另有规定外，口服用散剂为细粉，儿科用和局部用散剂应为最细粉。

2. 散剂应干燥、疏松、混合均匀、色泽一致，制备含毒性药、贵重药或药物剂量小的散剂时，应选用配研法混匀并过筛。

3. 散剂可单剂量包（分）装，多剂量包装者应附分剂量的用具。含有毒性药的口服散剂应单剂量包装。

二、散剂的制备

散剂的制备工艺流程如下：

粉碎 → 过筛 → 混合 → 分剂量 → 质量检查 → 包装

1. 粉碎与过筛　物料粉碎的粒度应视药物的性质、作用及给药途径而定。在口服散剂中，药物应粉碎成细粉。如果是难溶性的药物，为加速其溶解和吸收，应粉碎成最细粉或极细粉；用于治疗胃溃疡的不溶性药物，必须粉碎成最细粉，以利于发挥其保护作用及药效。用于皮肤或伤口的局部用散剂，应粉碎成最细粉，以减轻对组织或黏膜的机械刺激。

粉碎时根据药物的性质和粒度要求选择适宜的粉碎方法和设备，并及时过筛，保证产品的粒度和均匀性。有关内容详见“项目二 任务一 固体制剂的基本操作”。

2. 混合　混合是制备散剂的关键工序，其决定散剂的均匀度和剂量准确性。混合时要注意设备能力、加料顺序、混合时间等，保证混合效率。有关内容详见“项目二 任务一 固体制剂的基本操作”。

散剂中可含有或不含辅料。为防止胃酸对生物制品散剂中活性成分的破坏，散剂中可加入含中和胃酸成分的辅料。口服散剂需要时亦可加入矫味剂、芳香剂、着色剂等。

当散剂中含有特殊药物和共熔成分时，一般按以下方法处理。

（1）含有特殊药物的散剂：毒性药品、麻醉药品、精神药品等特殊药品，一般剂量小，称取、使用不方便，并且容易损耗。为了方便称取和使用，常添加一定比例量的稀释剂制成稀释散，又称倍散或贮备散。常用的稀释散有十倍散、百倍散和千倍散等。十倍散即1∶10的倍散，是由1份药物加9份稀释剂均匀混合制成的散剂。

稀释的倍数可根据药物的剂量而定，剂量0.01~0.1g可配成十倍散，剂量0.01~0.001g配成百倍散，0.001g以下配成千倍散。倍散配制时，应采用配研法将药物和稀释剂混合。常用的稀释剂有乳糖、淀粉、糊精、蔗糖粉、葡萄糖粉、沉降碳酸钙、沉降磷酸钙、碳酸镁等。为了便于观察倍散是否混合均匀，常加入一定量的着色剂如胭脂红等着色，十倍散着色应深一些，百倍散稍浅些，可以根据倍散的色泽深浅判别主药的浓度。

（2）含有共熔成分的散剂：若含形成低共熔混合物的组分时，是否可直接混合共熔，应根据共熔后对药理作用的影响及处方中含有其他固体组分的数量而定。若药物共熔后，药理作用较单独混合有利，则宜采用共熔法，例如氯霉素与尿素，灰黄霉素与聚乙二醇6000等。若药物共熔后影响溶解度和疗效，则禁用共熔法，如阿司匹林与对乙酰氨基酚、咖啡因共熔后影响疗效，则应分别处理。若药物共熔后，药理作用几无变化，且处方中其他固体组分较多时，可先将共熔组分进行共熔处理，再用其他组分吸收混合，使其分散均匀，如痱子粉中的薄荷脑、樟脑、麝香草酚的共熔。

知识链接

共熔

当两种或两种以上药物按一定比例混合后，产生熔点降低而出现湿润或液化的现象称为共熔，此混合物称为共熔混合物。共熔现象在研磨混合时通常出现较快，其他方式的混合一般需一段时间后才能出现。

一般在混合后检查粒度、外观均匀度、鉴别、含量、干燥失重等，合格后进行分剂量、包装。

3. 分剂量　分剂量是将混合均匀、质量检查合格的散剂按需要的剂量分成等重份数的过程。常用的分剂量方法有容量法和重量法。

（1）容量法：系用固定容量的容器进行分剂量的方法。操作时，用取料容器从药粉中量取高出其上平面的散剂，然后用刮板刮去多出部分，再装入瓶或袋内。容量法是目前制药企业机械化生产和药房大量配制散剂常用的方法。生产上采用散剂定量分装机进行分装。此法效率较高，但分剂量的准确性不如重量法，在操作过程中，要注意保持操作条件的一致性，并按规定时间抽检、记录装量变化情况，以减小装量差异。

（2）重量法：系用衡器逐份称重的方法。此法分剂量准确，但操作麻烦、效率低。主要用于含毒性药物和贵重药物的散剂。

4. 实例分析

实例1：口服补液盐散（Ⅰ）

【处方】氯化钠	1 750g	氯化钾	750g
碳酸氢钠	1 250g	葡萄糖	11 000g

【制法】

（1）取葡萄糖、氯化钠分别粉碎成细粉，过六号筛，取筛下部分，称取处方量，混合均匀，分装于大袋中。

（2）将氯化钾、碳酸氢钠分别粉碎成细粉，过六号筛，取筛下部分，称取处方量，混合均匀，分装于小袋中。

（3）将大、小袋同装一包，共制1 000包。

【作用与用途】电解质补充药。可调节水与电解质平衡。用于腹泻、呕吐等引起的轻度和中度脱水。

分析：

（1）制备时，先分别粉碎、过筛，再按处方量称重，确保各组分用量的准确。

（2）本品分开包装是因氯化钠、葡萄糖易吸湿，若混合包装，易造成溶解后碱性增大。

（3）必须加入规定量的凉开水（不得为沸水），溶解成溶液后服用。

（4）心力衰竭，高钾血症，急、慢性肾衰竭少尿患者禁用。

（5）本品易吸潮，应密封保存于干燥处。

实例2：硫酸阿托品百倍散

【处方】硫酸阿托品 1.0g

胭脂红乳糖（1%） 0.5g

乳糖 98.5g

【制法】

（1）取少量乳糖研磨使乳钵内壁饱和后倾出。

（2）将硫酸阿托品与胭脂红乳糖置乳钵中研和均匀。

（3）按配研法逐渐加入所需量的乳糖，充分研合，至全部色泽均匀，过六号筛，即得。

【作用与用途】胆碱受体拮抗药。可解除平滑肌痉挛，抑制腺体分泌，散大瞳孔。本品主要用于胃肠、肾、胆绞痛等。

分析：

（1）处方中乳糖为稀释剂，胭脂红乳糖为着色剂。

（2）制备时先用乳糖饱和乳钵内壁，减少硫酸阿托品被吸附损耗。

（3）1%胭脂红乳糖的制备方法：取胭脂红置于乳钵中，先加90%乙醇适量，研匀，加入少量乳糖研匀吸收，再按配研法加入全部乳糖混匀，于50~60℃干燥，过六号筛即得。

三、散剂的质量检查、包装与贮存

（一）散剂的质量检查

除另有规定外，散剂应进行以下相应检查。

1. 粒度　除另有规定外，化学药局部用散剂和用于烧伤或严重创伤的中药局部用散剂及儿科用散剂，按照下述方法检查，粒度应符合规定。

取供试品10g，精密称定，化学药散剂置规定号的药筛中（筛下配有密合的接收容器），筛上加盖。按水平方向旋转振摇至少3分钟，并不时在垂直方向轻叩筛。取筛下的粉末，称定重量，计算其所占百分比。化学药散剂通过七号筛（中药散剂通过六号筛）的粉末重量，不得少于95%。

2. 外观均匀度　取供试品适量，置光滑纸上，平铺面积约为$5cm^2$，将其表面压平，在明亮处观察，应色泽均匀，无花纹与色斑。

3. 干燥失重或水分　化学药和生物制品散剂照干燥失重测定法［《中国药典》（2020年版）四部通则0831］测定，在105℃干燥至恒重，减失重量不得过2.0%。中药散剂照水分测定法［《中国药典》（2020年版）四部通则0832］测定，不得过9.0%。

4. 装量差异　单剂量包装的散剂，照下述方法检查，应符合规定。

除另有规定外，取供试品10袋（瓶），分别精密称定每袋（瓶）内容物的重量，求出内容物的装量与平均装量。每袋（瓶）装量与平均装量比较［凡有标示装量的散剂，每袋（瓶）装量应与标示装量比较］，按表8-1中的规定，超出装量差异限度的散剂不得多于2袋（瓶），并不得有1袋（瓶）超出装量差异限度的1倍。

表8-1　单剂量包装散剂装量差异限度

平均装量或标示装量	装量差异限度（中药、化学药）	装量差异限度（生物制品）
0.1g及0.1g以下	±15%	±15%
0.1g以上至0.5g	±10%	±10%
0.5g以上至1.5g	±8%	±7.5%
1.5g以上至6.0g	±7%	±5%
6.0g以上	±5%	±3%

凡规定检查含量均匀度的化学药和生物制品散剂，一般不再进行装量差异的检查。

5. 装量　多剂量包装的散剂，照最低装量检查法［《中国药典》（2020年版）四部通则］检查，应符合规定。

除另有规定外，取供试品5个（50g以上者3个），除去外盖和标签，容器外壁用适宜的方法清洁并干燥，分别精密称定重量，除去内容物，容器用适宜的溶剂洗净并干燥，再分别精密称定空容器的重量，求出每个容器内容物的装量和平均装量，均应符合表8-2的有关规定。如有1个容器装量不符合规定，则另取5个（50g以上者3个）复试，应全部符合规定。

表 8-2　多剂量包装散剂最低装量限度

标示装量	平均装量	每个容器的装量
20g 以下	不少于标示装量	不少于标示装量的 93%
20~50g	不少于标示装量	不少于标示装量的 95%
50g 以上	不少于标示装量	不少于标示装量的 97%

6. 无菌　用于烧伤［除程度较轻的烧伤（Ⅰ°或浅Ⅱ°外）］、严重创伤或临床必需无菌的局部用散剂，按照无菌检查法［《中国药典》（2020年版）四部通则］检查，应符合规定。

7. 微生物限度　按照非无菌产品微生物限度检查法［《中国药典》（2020年版）四部通则］检查，应符合规定。

（二）散剂的包装与贮存

由于散剂的分散度大，吸湿性和风化性都比较显著，故散剂包装贮存的重点在于防潮。若包装贮存不当而吸湿，则极易出现潮解、结块、变色、分解、霉变等一系列不稳定现象，严重影响散剂的质量及用药的安全性。因此，散剂的吸湿特性及防止吸湿的措施成为控制散剂质量的重要内容。包装贮存时应根据药物性质选择适宜的材料和方法。

散剂的包装材料主要有塑料复合袋、纸铝复合膜、铝塑复合膜、塑料瓶、玻璃瓶等。其中铝塑复合膜袋的防气、防湿性能较好，硬度较大，密封性、避光性好，应用广泛。分剂量散剂一般用袋包装，包装后需严密热封。不分剂量散剂多用瓶（管）包装，应将药物填满、压紧，避免在运输过程中因组分密度不同而分层，以致破坏散剂的均匀性。

散剂应密闭贮存，含挥发性原料药物或易吸潮原料药物的散剂应密封贮存。散剂应避免重压、撞击，以防包装破裂，造成漏粉。

知识链接

药包材

药包材是指直接接触药品的包装材料和容器。药包材必须符合药用要求，符合保障人体健康、安全的标准，并由药监部门在审批药品时一并审批。药包材分为以下三类。

Ⅰ类药包材：直接接触药品且直接使用的药包材、容器。如药品包装用PTP铝箔、药用塑料复合膜（袋）等。

Ⅱ类药包材：直接接触药品，经清洗后需要消毒灭菌的药包材、容器。如玻璃输液瓶、安瓿等。

Ⅲ类药包材：Ⅰ、Ⅱ类以外其他可能直接影响药品质量的药包材、容器。如输液瓶铝塑组合盖等。

点滴积累

1. 散剂具有制备工艺简单、剂量容易控制、起效快、对创伤作用好等优点。
2. 散剂的制备工艺流程包括粉碎→过筛→混合→分剂量→质检→包装。含小剂量药物的散剂可添加一定比例量的稀释剂制成倍散，以便于称取和服用。注意混合时的共熔现象。
3. 散剂的质量检查项目包括粒度、外观均匀度、干燥失重、装量差异或最低装量、无菌或微生物限度等。

任务二　颗粒剂

一、认识颗粒剂

（一）颗粒剂的概念与特点

颗粒剂系指原料药物与适宜的辅料混合制成具有一定粒度的干燥颗粒状制剂（图8-2）。颗粒剂可分散或溶解在水中或其他适宜的液体中服用，也可直接吞服。

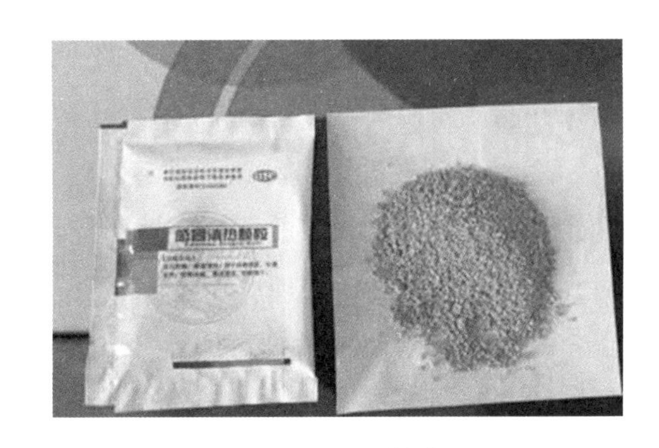

图8-2　颗粒剂成品

颗粒剂是在汤剂、散剂和糖浆剂等传统剂型的基础上发展起来的一种剂型，在临床上有着广泛的应用。颗粒剂的主要优点：①利于吸收，奏效快，携带、贮存方便。既保持了汤剂的特色，又克服了汤剂服用、携带、贮存不方便的缺点。②可根据需要加入着色剂、芳香剂、矫味剂等制成色、香、味俱全的颗粒剂，服用方便，尤其适合儿童。③颗粒剂可包衣，使其具有肠溶性和缓释性。

（二）颗粒剂的分类

颗粒剂可分为可溶颗粒（通称为颗粒）、混悬颗粒、泡腾颗粒、肠溶颗粒、缓释颗粒等。

1. 可溶颗粒　绝大多数为水溶性颗粒，用热水冲服，如感冒退热颗粒、板蓝根颗粒等；另外，有个别品种可用酒溶解，如野木瓜颗粒，有祛风止痛、舒筋活络的作用，可用少量饮用酒调服，效果更好。

2. 混悬颗粒　系指难溶性原料药物与适宜辅料混合制成的颗粒剂。临用前加水或其他适宜的液体振摇即可分散成混悬液，如小儿肝炎颗粒、头孢拉定颗粒等。

3. 泡腾颗粒　系指含有碳酸氢钠和有机酸，遇水可放出大量气体而呈泡腾状的颗粒剂。泡腾颗粒中的原料药物应是易溶性的，加水产生气泡后应能溶解。有机酸一般用枸橼酸、酒石酸等。泡腾颗粒一般不得直接吞服，应溶解或分散于水中后服用。如维生素C泡腾颗粒、小儿咳喘灵泡腾颗粒等。

4. 肠溶颗粒　系指采用肠溶材料包裹颗粒或其他适宜方法制成的颗粒剂。肠溶颗粒能耐胃酸而在肠液中释放出活性成分或控制药物在肠道内定位释放，可防止药物在胃内分解失效，避免对胃的刺激。如奥美拉唑肠溶颗粒等。

5. 缓释颗粒　系指在规定的释放介质中缓慢地非恒速释放药物的颗粒剂。缓释颗粒不得嚼碎。如布洛芬缓释颗粒等。

（三）颗粒剂的质量要求

1. 原料药物与辅料应均匀混合。含药量小或含毒性药物的颗粒剂，应根据原料药物的性质采用适宜方法使其分散均匀。

2. 除另有规定外，中药颗粒剂中的药材应按该品种项下规定的方法进行提取、纯化、浓缩成规定的清膏，采用适宜的方法干燥并制成细粉，加适宜辅料或饮片细粉，混匀并制成颗粒。也可将清膏加适量辅料或饮片细粉，混匀并制成颗粒。

3. 凡属挥发性原料药物或遇热不稳定的药物，在制备过程中应注意控制适宜的温度条件，凡遇光不稳定的药物应遮光操作。挥发油应均匀喷入干颗粒中，密闭至规定时间或用包合等技术处理后加入。

4. 根据需要，颗粒剂可加入适宜的辅料，如稀释剂、黏合剂、分散剂、着色剂以及矫味剂等。

5. 颗粒剂应干燥、色泽一致，无吸潮、软化、结块、潮解等现象。

二、颗粒剂的制备

颗粒剂的制备工艺流程为：

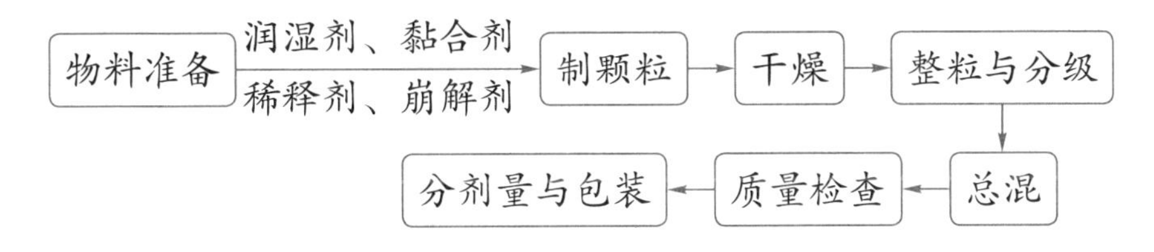

（一）物料准备

物料准备是按处方选用经检验合格的原辅料，进行制粒前的处理。包括对物料进行粉碎、过筛、混合，一般取用80~100目的粉末。药物与辅料应均匀混合。

（二）制颗粒

1. 制粒的目的

（1）增加流动性：粉末制成颗粒后，粒径增大，降低了粒子间的黏附性和聚集性，可大大增加粒子的流动性，从而满足制剂生产的需要。

（2）防止各组分分层：各组分的密度存在差异时，容易出现分层现象，制成颗粒后，能有效地防止各组分分层，使药物含量更加均匀。

（3）减少粉尘飞扬：粉末的飞散性较大，制成制粒后，可有效地减少粉尘飞扬，减少环境污染与物料损失，达到GMP的要求。

2. 制粒的方法　制粒的方法有湿法制粒法和干法制粒法。

（1）湿法制粒法：是在粉末中加入适宜的黏合剂或润湿剂，使粉末聚结在一起而制成颗粒的方法。湿法制粒法适用于对湿热稳定的药物的制粒。湿法制粒法包括挤压制粒法、高速混合制粒法、流化制粒法、喷雾制粒法等。

1）挤压制粒法：挤压制粒法是比较传统的制粒方法，是将药物粉末与适宜的黏合剂或润湿剂制成松紧适宜的软材后，再通过挤压方式使其通过筛网而制成颗粒的方法。此法对厂房设施的要求较低，设备比较简单，颗粒质量较好。但属于间断操作，生产效率较低。①制软材：将处方中的各组分粉末置混合机中，混合均匀后，再加入适量的黏合剂或润湿剂搅拌混合制成软硬适中的软材。软材的松硬直接影响颗粒的松硬，进一步影响产品的流动性、可压性、崩解性能等，因此软材的质量非常关键。软材的质量一般传统的参考标准以“手握成团、轻按即散”为度。影响软材松硬的主要因素包括黏合剂或润湿剂的浓度与用量、混合的时间。黏合剂的浓度越大，黏性越大，若用量又多，则制备出的颗粒黏性大而硬，所以要求黏合剂的浓度和用量与粉料量合理搭配，中药清膏作黏合剂时要注意和粉料的比例，一般为1∶2.5~1∶4；若用乙醇作湿润剂，则乙醇浓度大时颗粒较松，多用不同浓度的乙醇控制颗粒松硬，进一步调节颗粒的粒度和药物的溶解速度。一般湿混的时间越长则颗粒越硬，时间短则颗粒松，所以混合时间要合适。②挤压制粒：即通过设备挤压制得湿颗粒。软材利用摇摆式制粒机、旋转挤压制粒机等挤压通过14~20目筛网制得湿颗粒，可根据颗粒的性质和质量要求选择不同规格的筛网。摇摆式制粒机如图8-3、图8-4所示。把软材加于料斗中，料斗下部装有钝六角形棱柱状滚轴，紧贴滚轴下装有筛网，当滚轴连续不断地进行往复转动时，将软材挤压通过筛网制成湿颗粒。

图8-3　摇摆式制粒机设备图

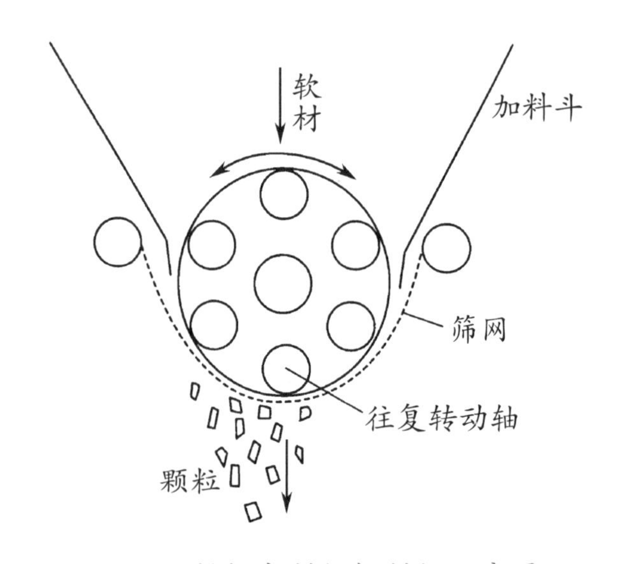

图8-4　摇摆式制粒机制粒示意图

操作过程的注意事项：①随时检查筛网是否破坏、是否松动；②随时检查颗粒是否被油污污染；③注意安全，切忌在机器转动时伸手触摸机器。

通常软材通过筛网1次即可制成湿颗粒，但对有色的或黏性较强的原辅料，或者黏合剂用量过大导致有条状物产生时，一次挤压过筛不能得到色泽均匀或粗细松紧适宜的颗粒，可采用多次挤压制粒，一般先用较粗（8~10目）的筛网制粒1~2次，再用较细的筛网（12~14目）制粒1次，这样制得的颗粒质量更好。

2）高速混合制粒法：是通过控制混合筒内制粒刀和搅拌桨的旋转时间，完成原辅料的干混、制软材、制湿粒的操作过程。此法在同一密闭容器内完成混合、制软材、制粒过程，避免了粉尘飞扬和交叉污染，混合制粒时间短，生产效率高。但对厂房设施的要求较高，颗粒质量不如传统法稳定。常用设备为高速混合制粒机，如图8-5、图8-6所示。

高速混合制粒机制备颗粒的步骤如下。①投料：首先检查原辅料的质量，确认符合要求后，依次加入制粒机中，一般先加辅料，后加原料，防止原料黏壁造成损耗。②干混：盖上盖子，开机进行干混，控制干混时间以及搅拌桨和制粒刀的速度。一般干混时选择低速搅拌2~10分钟。根据物料是否容易混匀，通过实验确定混合时间。③加黏合剂：取适量黏合剂，在搅拌状态下加入。④混合、制粒：控制湿混时间、搅拌桨和制粒刀的速度，进行混合、制粒。到达时间后，停机开盖检查湿粒的质量，使湿粒松硬合适，即达到“握之成团、轻按即散”，在手中轻掂仍成型，有颗粒感。⑤放料：若松硬合适，打开出料阀，将湿料放入沸腾干燥器的干燥室中或干燥箱的干燥盘中进行干燥。

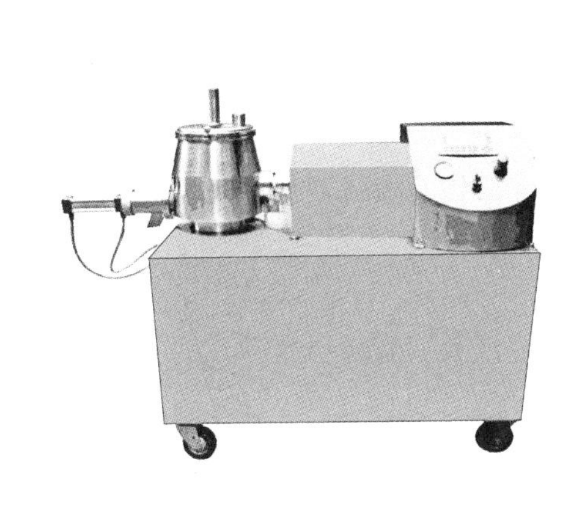

图8-5　高速混合制粒机设备图

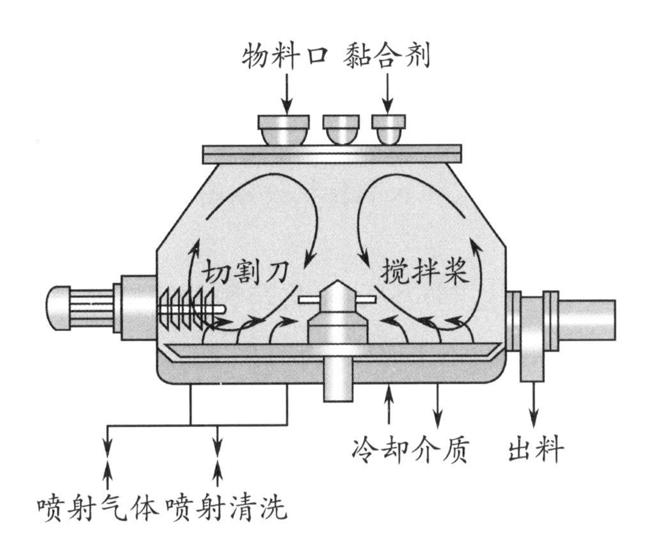

图8-6　高速混合制粒机工作示意图

3）流化制粒法：是将物料的混合、黏结成粒及干燥在同一设备内一次完成的制粒方法，又称“一步制粒法”。所用设备为流化床制粒机，如图8-7、图8-8所示，将物料置于设备的流化室内，通入滤过的加热空气，使药物粉末预热干燥并处于沸腾状态，再将经预热处理的润湿剂或黏合剂（或药材浸膏）以雾状喷入，使药物粉末被润湿而凝结成颗粒，继续流化干燥至颗粒中含水量适宜，即得干颗粒。

该法既简化了工序和设备，又节省了厂房和人力，同时制得的颗粒大小均匀、外观圆整，流动性好，是一种较为先进的制粒方法。但动力消耗较大，另外处方中含有密度差别较大的多种组分时，可能会造成含量不均匀。

4）喷雾制粒法：是将药物溶液或混悬液喷雾于干燥室内，在热气流的作用下使雾滴中的水分迅速蒸发获得干燥细颗粒的方法。此法进一步简化了操作，成粒过程只有几秒到几十秒，速度较快、效率较高。但设备成本高、能耗大，黏性较大的料液易黏壁。

图8-7　流化床制粒机设备图

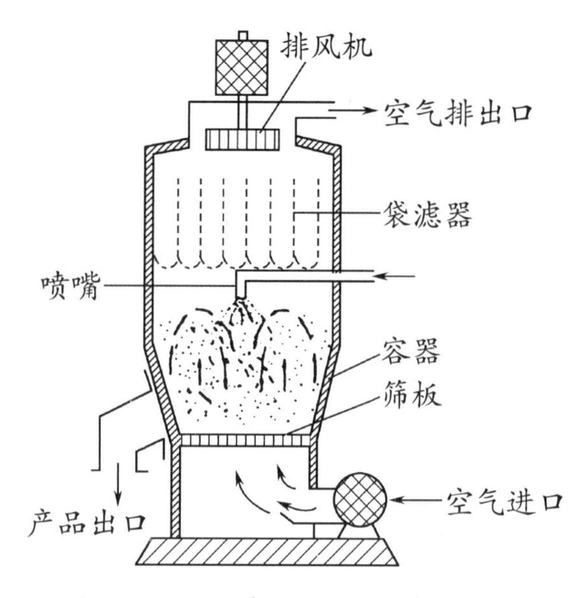

图8-8　流化床制粒机工作示意图

（2）干法制粒法：是将药物与辅料混合均匀后，通过特殊的设备压成块状或大片状，再将其粉碎成所需大小的颗粒的方法。该法省工省时，特别适用于对湿热敏感药物的制粒。干法制粒法又分为滚压法和重压法。

1）滚压法：是将药物与辅料混匀后，通过滚压机将其压成硬度适宜的薄片，再碾碎成颗粒的方法。干法制粒机如图8-9所示，是利用转速相同的两个滚动圆筒之间的缝隙，将物料滚压成薄片，然后破碎成一定大小颗粒的方法。

2）重压法：又称大片法，是利用重型压片机将物料粉末压制成直径为20~25mm的胚片，然后破碎成一定大小的颗粒。本法设备操作简单、工序少，但生产效率低，因压力较大易导致冲模等机械的损耗。

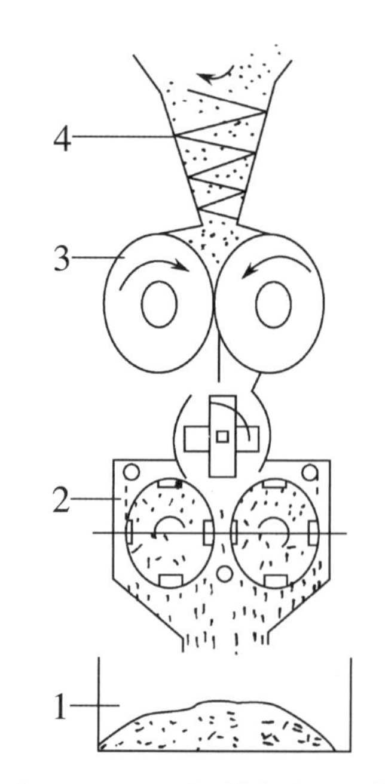

图8-9　干法制粒机工作示意图

1. 颗粒容器；2. 粉碎机；3. 挤压轮；4. 送料螺杆。

（三）干燥

干燥是指除去湿颗粒中过多的液体成分获得干燥颗粒的操作。制成的湿颗粒应立即干燥，以免受压变形或结块。干燥的温度应根据原料性质而定，一般为50~80℃。对湿热稳定的药物，干燥温度可适当提高到80~100℃。颗粒的干燥程度也因药物而异，一般含水量控制在3%左右。

常用的干燥方法有常压干燥、减压干燥、沸腾干燥、喷雾干燥、红外线干燥等。

颗粒剂生产常用的干燥方法有常压箱式干燥和沸腾干燥。

1. 常压箱式干燥　是将湿颗粒平铺于箱式干燥器的干燥盘内，置于隔板上，利用热的干燥气流使湿粒中的水分汽化分离进行干燥的方法。干燥盘内湿粒厚度应适度，一般不超过10cm。干燥过程中温度应逐渐升高，如果干燥速度过快，物料表面水分迅速蒸发，内部水分未能及时扩散至物料表面，造成外干内湿的状态，形成假干燥现象。干燥过程中，要定时翻动物料，但不能过勤，以免影响颗粒粒度。

2. 沸腾干燥　又称流化床干燥，是利用热空气流使湿颗粒悬浮呈流态化，似"沸腾状"，热空气在湿颗粒间通过，在动态下进行热交换带走水气而达到干燥目的的一种方法。常用设备为流化床干燥器，基本结构与流化床制粒机相似，见图8-7、图8-8。将待干燥的湿颗粒置于流化室内，高压热空气从底部进入，湿颗粒在高压热空气的吹动下上下翻腾，处于沸腾状态，湿颗粒与热气流得到最充分的接触，从而迅速干燥。本法干燥速度快、效率高、干燥均匀、产量大，干燥时不需要翻料、且能自动出料，设备占地面积小，适用于大规模生产。但热能消耗大，设备清洁较麻烦。

（四）整粒与分级

湿颗粒在干燥过程中，由于颗粒可能发生粘连，甚至结块，所以必须对干燥后的颗粒给予整理，使粘连、结块的颗粒分散开，获得具有一定粒度范围的均匀颗粒。干燥的颗粒一般用摇摆式制粒机整粒，筛网可用14~20目，若细粉太多，可用振荡筛筛去细粉，以符合颗粒剂对粒度的要求。筛出的细粉可用于下批生产中调节软材的松紧度。

（五）总混

为保证颗粒的均匀性，可将制得的颗粒置于混合筒中混合，从而得到一批均匀的颗粒。混合时也可以同时加入崩解剂和润滑剂。挥发性成分一般先溶于适量的95%乙醇中，雾化喷洒在干颗粒中，混合，密闭放置数小时，使挥发性成分渗入颗粒中。

（六）分剂量与包装

将制得的颗粒进行粒度、含量等检查，合格后按剂量分装入适宜的袋中，密封包装。

（七）实例分析

实例1：感冒退热颗粒

【处方】大青叶435g　板蓝根435g　连翘217g　拳参217g

制成干颗粒1 000g

【制法】

（1）以上四味，加水煎煮2次，每次1.5小时，合并煎液，滤过。

（2）滤液浓缩至相对密度约为1.08（90~95℃）的清膏，待冷至室温，加等量的乙醇使沉淀，静置。

（3）取上清液浓缩至相对密度为1.20（60℃）的清膏，加等量的水，搅拌，静置8小时。

（4）取上清液浓缩成相对密度为1.38~1.40（60℃）的稠膏。

（5）加蔗糖粉、糊精及乙醇适量，制成颗粒，干燥，制成1 000g。包装，每袋装18g。

【功能与主治】清热解毒，疏风解表。用于上呼吸道感染、急性扁桃体炎、咽喉炎属外感风热、热毒壅盛证，症见发热、咽喉肿痛。

【用法与用量】开水冲服。一次1~2袋，一日3次。

分析：本品也可制成无糖颗粒。取上清液浓缩成相对密度为1.09~1.11（60℃）的清膏，加糊精、矫味剂适量，混匀，喷雾干燥，可制成无糖颗粒250g，每袋装4.5g。

实例2：复方锌布颗粒

【处方】葡萄糖酸锌1 000g　　布洛芬1 500g　　马来酸氯苯那敏20g

甜菊糖50g　　蔗糖500g

羟丙甲纤维素水溶液（2%）约500g

奶油香精 适量

【制法】

（1）取马来酸氯苯那敏和甜菊糖与蔗糖按等量递加法混合均匀后，再与葡萄糖酸锌混合均匀。

（2）将混合细粉加入羟丙甲纤维素水溶液混合制湿颗粒。

（3）湿颗粒于50℃干燥。

（4）整粒分级。

（5）奶油香精用少量乙醇溶解，喷入筛出的细粉中，再与其他颗粒混合均匀，密闭数小时，即得。

【作用与用途】用于普通感冒和流行感冒引起的发热、头痛、鼻塞等症状的对症治疗。

分析：

（1）布洛芬的熔点为74.5~77.5℃，干燥温度过高可导致其熔化、挥发，影响产品质量；蔗糖在温度过高时易黏结，所以干燥温度不宜过高。

（2）马来酸氯苯那敏和甜菊糖的用量较少，注意混合的均匀性。

三、颗粒剂的质量检查、包装与贮存

（一）颗粒剂的质量检查

1. 粒度　除另有规定外，按照粒度和粒度分布测定法的第二法的双筛分法［《中国药典》（2020年版）四部通则］测定，应符合规定。

取单剂量包装的颗粒剂5袋或多剂量包装的颗粒剂1袋，称定重量，置五号筛中（一号筛下配有密合的接收器），保持水平状态过筛，左右往返，边筛动边拍打3分钟。不能通过一号筛与能通过五号筛的总和不得超过15%。

2. 干燥失重或水分　化学药品和生物制品颗粒剂按照干燥失重测定法［《中国药典》（2020年版）四部通则］测定，于105℃干燥（含糖颗粒应在80℃减压干燥）至恒重，减失重量不得超过2.0%。中药颗粒剂照水分测定法［《中国药典》（2020年版）四部通则］测定，水分不得超过8.0%。

3. 溶化性　除另有规定外，颗粒剂按照下述方法检查，溶化性应符合规定。含中药原粉的颗粒剂不进行溶化性检查。

（1）可溶颗粒检查法：取供试品10g（中药单剂量包装取一袋），加热水200ml，搅拌5分钟，立即观察，应全部溶化或轻微浑浊。

（2）泡腾颗粒检查法：取供试品3袋，将内容物分别转移至盛有200ml水的烧杯中，水温为15~25℃，应迅速产生气体而呈泡腾状，5分钟内颗粒均应全部分散或溶解在水中。

颗粒剂按上述方法检查，均不得有异物，中药颗粒不得有焦屑。

混悬颗粒以及已规定检查溶出度或释放度的颗粒剂可不进行溶化性检查。

4. 装量差异　单剂量颗粒剂的检查方法同散剂，装量差异限度应符合表8-3的规定。

表8-3　颗粒剂的装量差异限度

平均装量或标示装量	装量差异限度
1.0g及1.0g以下	±10%
1.0g以上至1.5g	±8%
1.5g以上至6g	±7%
6g以上	±5%

5. 装量　多剂量包装的颗粒剂按照最低装量检查法［《中国药典》（2020年版）四部通则］检查，应符合规定。

6. 微生物限度　以动物、植物、矿物来源的非单体成分制成的颗粒剂，生物制品颗粒剂，按照非无菌产品微生物限度检查，应符合规定。

（二）颗粒剂的包装与贮存

颗粒剂易吸潮，一般塑料包装材料有透湿、透气性，可选用质地较厚的塑料薄膜袋包装，或铝塑复合膜袋包装。为了解决颗粒剂易吸潮的问题，也可先包衣后包装。颗粒剂宜密封、置干燥处贮存，防止受潮。

点滴积累

1. 颗粒剂包括可溶颗粒、混悬颗粒、泡腾颗粒、肠溶颗粒、缓释颗粒。
2. 颗粒剂制备的工艺流程包括：物料准备→制颗粒→干燥→整粒与分级→总混→质检→分剂量与包装。
3. 制粒的方法有湿法制粒法和干法制粒法。湿法制粒法包括挤压制粒法、高速混合制粒法、流化制粒法、喷雾制粒法等；干法制粒有滚压法和重压法。
4. 颗粒剂的质量检查项目主要有粒度、干燥失重或水分、溶化性、装量差异等。

任务三　胶囊剂

一、认识胶囊剂

（一）胶囊剂的概念与特点

胶囊剂系指原料药物或与适宜辅料充填于空心胶囊或密封于软质囊材中制成的固体制剂。

胶囊剂是临床常用的剂型之一，其品种数仅次于片剂和注射剂。胶囊剂不仅整洁美观、便于识别，还具有下列特点：①可掩盖药物的不良臭味。②可提高药物的稳定性。保护药物不受湿气、空气中氧和光线的影响。③药物的生物利用度较高。相对于片剂、丸剂来说，胶囊剂在胃肠中溶出快、吸收好、生物利用度较高。④可弥补其他固体剂型的不足。如含油量高或油性液态药物，可制成软胶囊。⑤可延缓或定位释放药物。药物用不同释放速度的包衣材料进行包衣或制成微囊后装入胶囊，达到缓释的目的，或用肠溶材料包衣制成肠溶胶囊，达到定位释放的目的。

胶囊剂的内容物无论是药物还是辅料，均不应造成胶囊壳的变质。因此下列药物不宜制成胶囊剂：①药物的水溶液或稀乙醇溶液；②易溶于水的药物，如维生素C、溴化物、氯化物等以及小剂量的刺激性药物；③易风化的药物；④吸湿性强的药物。

（二）胶囊剂的分类

胶囊剂可分为硬胶囊与软胶囊。按释放特性不同还有缓释胶囊、控释胶囊、肠溶胶囊等。

1. 硬胶囊　通称为胶囊，系指采用适宜的制剂技术，将原料药物或加适宜辅料制成的均匀粉末、颗粒、小片、小丸、半固体或液体等，充填于空心胶囊中的胶囊剂。如阿莫西林胶囊、颈复康胶囊等（图8-10）。

2. 软胶囊　又称胶丸，系指将一定量的液体原料药物直接密封，或将固体原料药物溶解或分散在适宜的辅料中制备成溶液、混悬液、乳状液或半固体，密封于软质囊材中的胶囊剂。如维生素A软胶囊、维生素E软胶囊、藿香正气软胶囊等（图8-11）。

3. 缓释胶囊　系指在规定的释放介质中缓慢地非恒速释放药物的胶囊剂。如布洛芬缓释胶囊、盐酸氨溴索缓释胶囊等。

4. 控释胶囊　系指在规定的释放介质中缓慢地恒速释放药物的胶囊剂。如盐酸地尔硫䓬控释胶囊、盐酸沙丁胺醇控释胶囊等。

5. 肠溶胶囊　系指用肠溶材料包衣的颗粒或小丸充填于胶囊而制成的硬胶囊，或用适宜的肠溶材料制备而得的硬胶囊或软胶囊。如奥美拉唑肠溶胶囊、双氯芬酸钠肠溶胶囊、酮洛芬肠溶胶囊等。

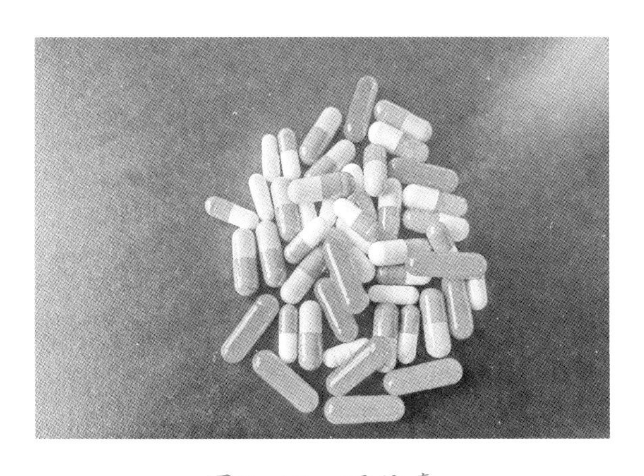

图8-10　硬胶囊

图8-11　软胶囊

（三）胶囊剂的一般质量要求

胶囊剂应整洁，不得有黏结、变形、渗漏或囊壳破裂等现象，并应无异臭；胶囊剂囊壳不应变质；符合《中国药典》（2020年版）四部通则中胶囊剂的各项要求及各品种项下的检查规定。

二、胶囊剂的制备

（一）硬胶囊剂的制备

硬胶囊剂是由空心胶囊和内容物组成的。制备硬胶囊剂的一般工艺流程为：

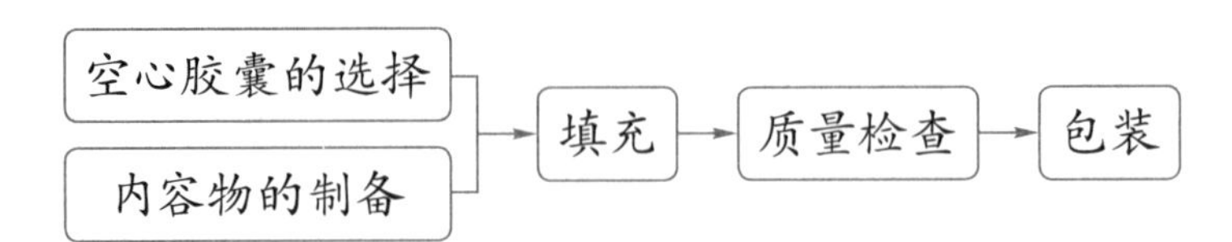

1. 空心胶囊的选择　空心胶囊是由可套合和锁合的囊帽和囊体两节组成的质硬且有弹性的空囊。空心胶囊的主要成分为明胶，也可用羟丙甲纤维素、羟丙基淀粉等制备。由于主要成分的性质并不完全符合空心胶囊的要求，为了改善空心胶囊的性能，可适当加入增塑剂如山梨醇、甘油等增加韧性与可塑性；加入遮光剂如二氧化钛可制成不透光的胶囊，增加药物稳定性；加入蔗糖或蜂蜜可增加硬度和矫味；加入色素可增加美观和便于识别；加入羟苯酯类可防腐等。空心胶囊应符合《中国药典》（2020年版）四部药用辅料中该品种项下各项规定。

知识链接

明胶空心胶囊

明胶空心胶囊是由胶囊用明胶加辅料制成的空心硬胶囊。胶囊用明胶是用动物的皮、骨、腱与韧带中胶原蛋白不完全酸水解、碱水解或酶降解后纯化得到的制品。或为上述三种不同明胶制品的混合物。

明胶空心胶囊生产企业必须取得"药品生产许可证"，空心胶囊应由企业质量管理部门检验合格后才能出厂销售。药品生产企业必须从具有"药品生产许可证"的企业采购明胶空心胶囊，经检验合格后方可使用。

空心胶囊分为透明（两节均不含遮光剂）、半透明（仅一节含遮光剂）及不透明（两节均含遮光剂）三种。空心胶囊由上下两节圆筒组成，分别称为囊帽和囊体，囊帽和囊体有闭合用槽圈，套合后不易松开，以保证硬胶囊剂在生产、运输和贮存过程中不易漏粉。

空心胶囊的大小规格用号码表示，共有八种规格，即000号、00号、0号、1号、2号、3号、4号和5号，其中000号最大、5号最小，常用的是0号、1号和2号。由于药物填充多用容积控制，而各种药物的密度、晶型、粒度以及剂量不同，所占的体积也不同，故必须选用适宜大小的空心胶囊。空心胶囊可通过试装后选用适当的规格。

2. 内容物的制备　可根据药物性质和临床需要制成不同形式的内容物。粉末和颗粒是常见的胶囊内容物，颗粒的粒度比一般颗粒剂细，一般为小于40目的颗粒；也可将药物制成普通小丸、速释小丸、缓释小丸、控释小丸或肠溶小丸，单独充填或混合后充填；也可利用制剂新技术将药物制成固体分散体、包合物等充填。

3. 充填　胶囊剂的工业化生产已全部采用全自动胶囊充填机充填药物，如图8-12。将空心胶囊和内容物分别从各自的加料口进入相应的轨道，充填枪从料槽中取料后放入囊体，再自动套合，由出口出囊。充填好的胶囊可使用胶囊抛光机，连接吸尘器进行抛光，抛光机的毛刷刷掉黏附在胶囊外壁上的细粉，由吸尘器吸走，使胶囊光洁。

小量试制或实验室制备可用胶囊充填板充填药物，如图8-13。操作时先将囊体摆在胶囊充填板上，调节螺丝使囊体上口与板面平齐，将内容物撒到充填板上并均匀填满囊体，调低充填板以露出囊体，扣上囊帽并压紧，使囊体与囊帽完全锁合，取下胶囊。填充好的胶囊可用洁净的纱布包起，轻轻搓滚，以拭去胶囊外面黏附的药粉。如在纱布上喷少量液状石蜡，滚搓后可使胶囊光亮。

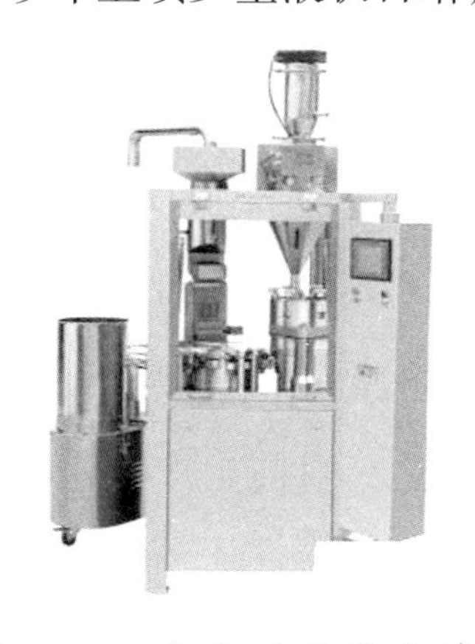

图8-12　全自动胶囊充填机

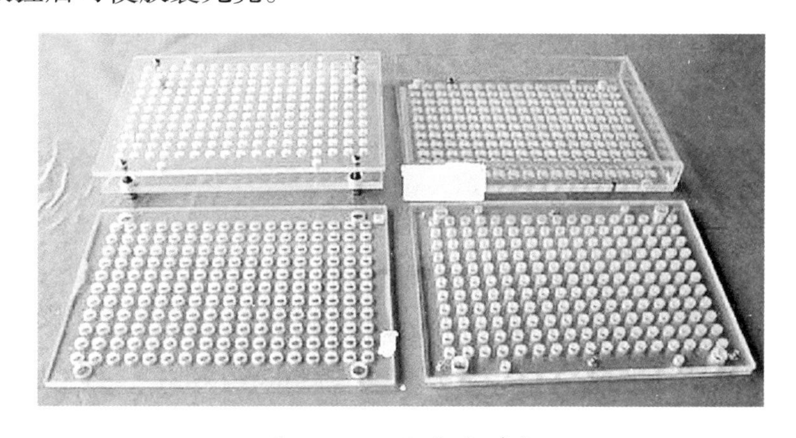

图8-13　胶囊充填板

4. 实例分析　吲哚美辛胶囊

【处方】吲哚美辛　250g

淀粉　适量（约2 050g，根据空心胶囊的充填量适当调整）

共制　1万粒（每粒含吲哚美辛25mg）

【制法】

（1）将淀粉过七号筛，于105℃下干燥至水分约为8.0%。

（2）吲哚美辛与干淀粉混合均匀，过七号筛两次。

（3）充填于空心胶囊中，质检。

（4）质检，包装，即得。

【作用与用途】非甾体抗炎药。具有抗炎、解热及镇痛作用。用于关节炎、软组织损伤和炎症、解热，也用于治疗偏头痛、痛经、手术后痛、创伤后痛等。

分析：

（1）本品的不良反应较多，包括胃肠道、神经系统等的反应，14岁以下儿童一般不宜用此药，如必须应用应密切观察，以防止发生严重不良反应。

（2）本品不需制粒，以粉末状装胶囊，流动性可满足充填要求。

（3）淀粉用量可根据所选的空心胶囊和充填方法进行调整。

（二）软胶囊剂的制备

1. 对囊材及内容物的要求

（1）囊材：软胶囊的囊壳是由明胶、增塑剂、着色剂、防腐剂等组成的，明胶、增塑剂、水三者的比例应适宜，保证软胶囊具有可塑性强、弹性大的特点。增塑剂常用甘油，甘油的用量与软胶囊成品的软硬度有关，甘油比例大则成品较柔软，反之就会变得坚硬，通常是明胶∶水∶甘油＝1∶1.2∶（0.5~0.7）。配制时，将按比例称好的囊材物料置于适当的容器中，使明胶充分溶胀，混匀后加热至70~80℃，搅拌溶解，保温静置1~2小时，待泡沫上浮后，除去容器中的气泡，滤过，保温备用。

（2）内容物：软胶囊中可填装各种油类、对明胶无溶解作用的液体药物及药物溶液，液体药物含水量不应超过5%，也可填装药物混悬液、半固体和固体。

2. 制备方法

（1）压制法：系用明胶与甘油、水等溶解后的胶液制成厚薄均匀的胶带，再将药物置于两块胶带之间，用钢板模或旋转模压制成软胶囊的方法。目前生产上主要采用自动旋转轧丸机，如图8-14所示。药液由贮液槽经导管流入楔形注入器，两条由机器自动制成的胶带由两侧送料轴自相反方向传送过来，相对地进入两个轮状模子的夹缝处，两胶带部分被加压黏合，此时药液借填充泵的推动，经导管定量进入两胶带间，由于旋转的轮模连续转动，将胶带与药液压入两模的凹槽中，胶带全部轧压结合，使胶带将药液包裹成一个球形或椭圆形或其他形状的囊状物，多余的胶带被切割分离。制出的胶丸铺摊于浅盘内，用石油醚洗涤后，送入干燥隧道中，在相对湿度20%~30%、温度21~24℃鼓风条件下进行干燥即得。压制法制成的软胶囊中间有缝，故又称有缝胶丸，此法具有产量大、自动化程度高、成品率高、剂量准确的优点。

（2）滴制法：滴制法制备软胶囊剂的工艺流程如下。

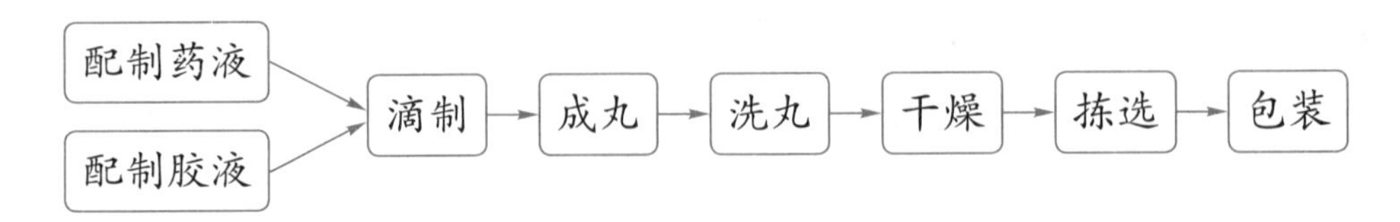

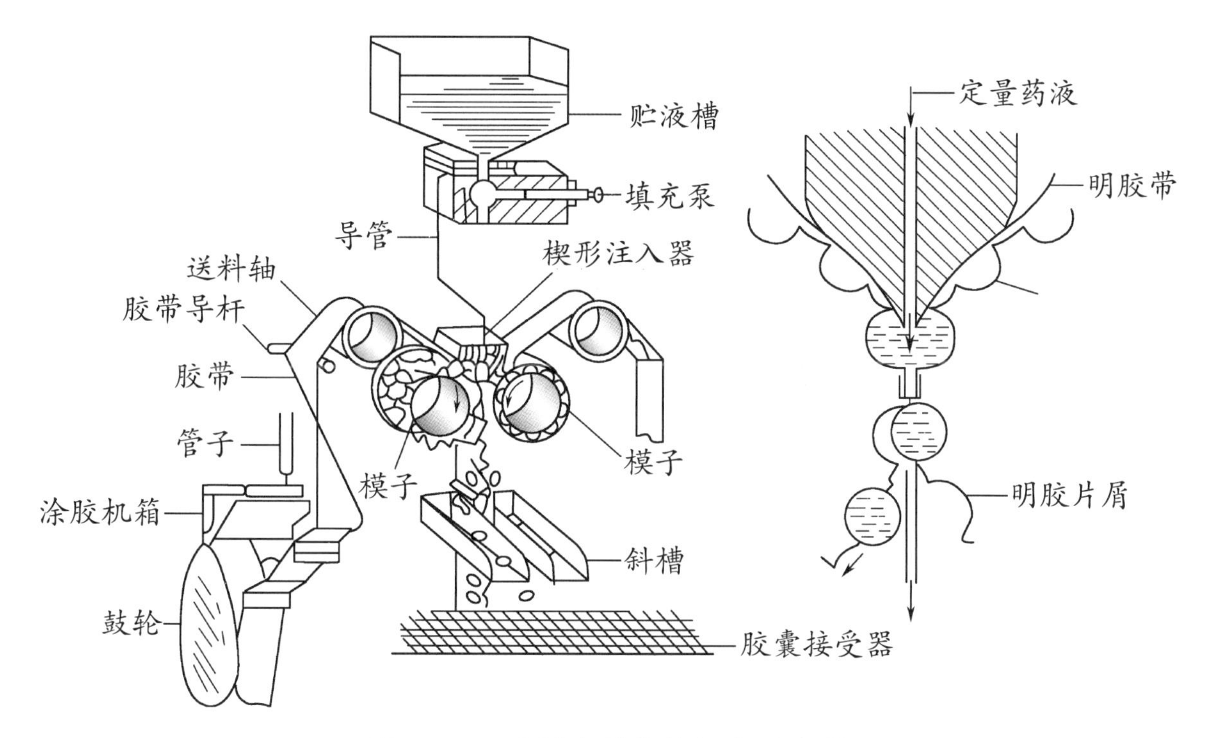

图8-14　压制法制备软胶囊示意图

滴制法制备软胶囊剂的滴丸机如图8-15所示，是由两套贮槽和定量控制器、双层喷头、冷却器等部分组成。制备时，将明胶液与药液分别置于两个贮液槽内，经定量控制器将定量的胶液和药液通过双层喷头（外层通入胶液，内层通入药液），并使两相按不同的速度喷出，使胶液将药液包裹，滴入液状石蜡冷却液中，胶液遇冷却液后，由于表面张力的作用收缩成球状并逐渐凝固成胶丸，收集胶丸，用纱布拭去附着的液状石蜡，再用石油醚、乙醇先后各洗涤两次以除净液状石蜡，于25~35℃烘干即得软胶囊。

影响滴丸质量的因素有胶液的黏度、胶液贮槽的温度、喷头的温度以及冷却液的温度等。一般胶液与药液的温度应保持60℃，喷头处的温度应为75~80℃，冷却液应为13~17℃，干燥的温度为25~35℃，且配合鼓风的条件。

实例分析：维生素AD软胶囊

【处方】维生素A　300万U　　维生素D　30万U

鱼肝油（或精炼植物油）50g　　明胶　50g

甘油　22g　　纯化水　50g

共制1 000粒

【制法】

（1）将维生素A、维生素D溶于鱼肝油或植物油中（鱼肝油或植物油先在0℃左右脱去固体脂肪），备用。

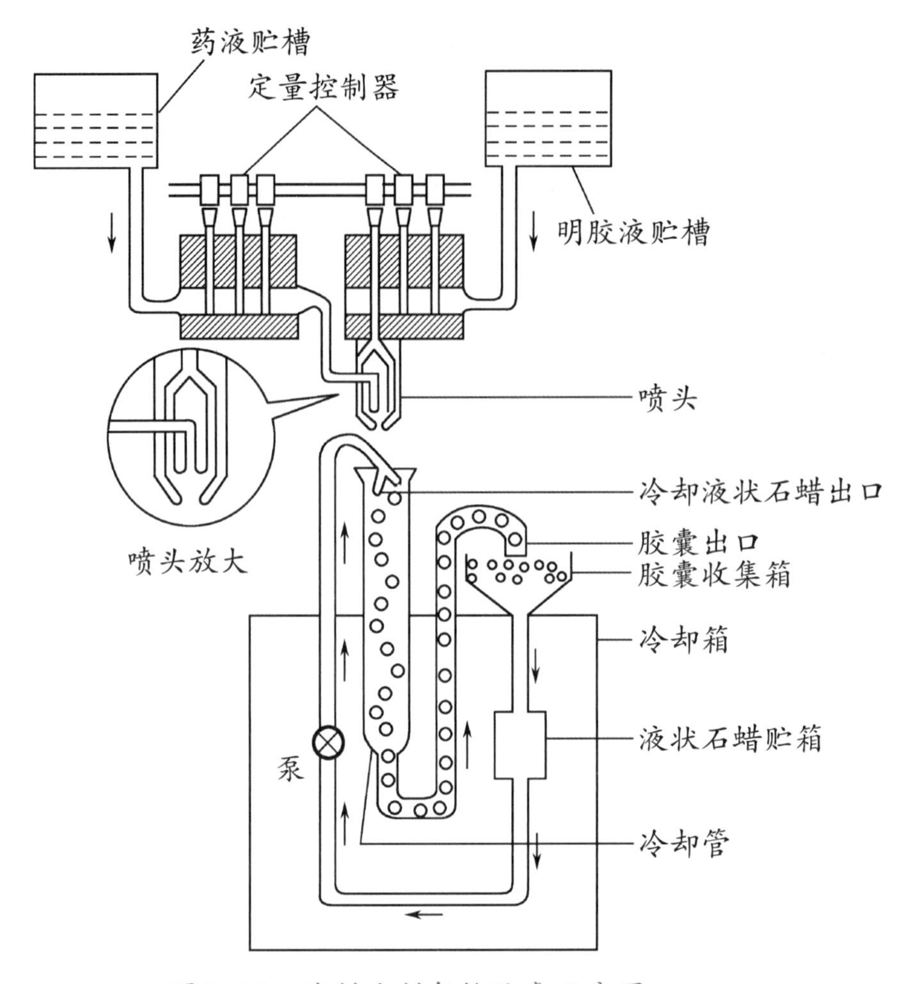

图8-15　滴制法制备软胶囊示意图

（2）取明胶、甘油、水按处方比例制成胶浆，温度保持70~80℃，除泡，滤过。

（3）以液状石蜡为冷却液，用滴制法制备，收集冷凝的胶丸。

（4）用纱布拭去冷却液，室温下冷风吹4小时，在25~35℃干燥4小时，再经石油醚洗2次（每次3~5分钟），除去胶丸外层的液状石蜡，再用乙醇洗1次，最后经30~35℃干燥约2小时，筛选。

（5）质检，包装即得。

【作用与用途】维生素类药。防治夜盲、角膜软化、干燥、表皮角化及佝偻病、软骨病等。

分析：维生素D为维生素D_2或维生素D_3，溶解后呈黄色至深黄色的油状液。注意选择适合大小的滴管，保证主药标示量的合格。

三、胶囊剂的质量检查、包装与贮存

（一）胶囊剂的质量检查

除另有规定外，胶囊剂应进行以下相应检查。

1. 水分　中药硬胶囊剂应进行水分检查。取供试品内容物，按照水分测定法［《中国药典》（2020年版）四部通则］检查，不得超过9.0%。

2. 装量差异　除另有规定外，取供试品20粒（中药取10粒），分别精密称定重量，倾出内容物（不得损失囊壳），硬胶囊囊壳用小刷或其他适宜的用具拭净；软胶囊或内容物为半固体或液体的硬胶囊囊壳用乙醚等易挥发性溶剂洗净，置通风处使溶剂自然挥尽，再分别精密称定囊壳重量，求出每粒内容物的装量与平均装量。每粒的装量与平均装量相比较（有标示装量的胶囊剂，每粒装量应与标示装量相比较），按表8-4规定，超出装量差异限度的不得多于2粒，并不得有1粒超出限度1倍。

表8-4　胶囊剂装量差异限度

平均装量或标示装量	装量差异限度
0.30g以下	±10%
0.30g及0.30g以上	±7.5%（中药±10%）

凡规定检查含量均匀度的胶囊剂，一般不再进行装量差异的检查。

3. 崩解时限　按照《中国药典》（2020年版）四部通则规定的崩解时限检查法检查，取供试品6粒，分别置崩解仪吊篮的玻璃管中（化药胶囊如漂浮于液面，可加挡板；中药胶囊加挡板），启动崩解仪进行检查，硬胶囊应在30分钟内全部崩解，软胶囊应在1小时内全部崩解。以明胶为基质的软胶囊可改在人工胃液中进行检查。如有1粒不能完全崩解，应另取6粒复试，均应符合规定。

对于肠溶胶囊剂，除另有规定外，取供试品6粒，用上述装置与方法，先在盐酸溶液（9→1 000）中不加挡板检查2小时，每粒的囊壳均不得有裂缝或崩解现象；继而将吊篮取出，用少量水洗涤后，每管加入挡板，再按上述方法，改在人工肠液中进行检查，1小时内应全部崩解。如有1粒不能完全崩解，应另取6粒复试，均应符合规定。

凡规定检查溶出度或释放度的胶囊剂，一般不再进行崩解时限的检查。

知识链接

崩解时限检查中的术语

1. 挡板　为透明的塑料块，上面有5个孔，做崩解时可置于玻璃管的上部，防止胶囊漂浮于液面上。

2. 人工胃液　取稀盐酸16.4ml加水约800ml稀释，加胃蛋白酶10g，溶解后，加水稀释至1 000ml，即得。

3. 人工肠液　取磷酸二氢钾6.8g加水500ml使溶解，用0.4%氢氧化钠溶液调节pH至6.8；另取胰酶10g，加水适量使溶解。将两液混合后，加水稀释至1 000ml，即得。

4. 其他　溶出度、释放度、微生物限度等应符合规定。

（二）胶囊剂的包装与贮存

胶囊剂应选用透湿系数较小的泡罩式包装或玻璃等容器包装。除另有规定外，胶囊剂应密封贮存，其存放环境温度不高于30℃，湿度应适宜，防止受潮、发霉、变质。

点滴积累

1. 胶囊剂具有掩味作用、生物利用度较高、增加稳定性、液态药物固态化、可定时定位释放药物等特点。不宜制成胶囊剂的药物有水性溶液、易溶的、小剂量刺激性强的、易风化及易吸湿的药物。
2. 胶囊剂可分为硬胶囊、软胶囊、缓释胶囊、控释胶囊、肠溶胶囊。
3. 软胶囊的制法有压制法和滴制法。

项目小结

1. 散剂可分为内服散剂和局部用散剂。颗粒剂可分为可溶颗粒、混悬颗粒、泡腾颗粒、肠溶颗粒、缓释颗粒。胶囊剂可分为硬胶囊、软胶囊，按释放特性不同可分为缓释胶囊、控释胶囊、肠溶胶囊。
2. 散剂的制备工艺流程包括粉碎、过筛、混合、分剂量、质检和包装。颗粒剂的制备工艺流程包括物料准备、制颗粒、干燥、整粒分级、总混、分剂量与包装。软胶囊的制备方法有滴制法和压制法。

3. 制粒方法有湿法制粒法和干法制粒。湿法制粒法包括挤压制粒法、高速混合制粒法、流化制粒法、喷雾制粒法等；干法制粒有滚压法和重压法。
4. 除另有规定外，口服用散剂为细粉，儿科用和局部用散剂应为最细粉。颗粒剂的粒度要求是不能通过一号筛和能通过五号筛的粗粒和细粉的总和不得超过15%。
5. 散剂的质量检查项目主要包括粒度、干燥失重或水分、装量差异或装量、无菌或微生物限度等。颗粒剂的质量检查项目主要有粒度、干燥失重或水分、溶化性、装量差异等。胶囊剂的质检项目主要包括水分、装量差异、崩解时限等。

思考题

一、填空题

1. 散剂按用途可以分为__________和__________。
2. 颗粒剂可分为__________、__________、__________、__________、__________。
3. 空心胶囊由可套合和锁合的__________和__________两节组成，分为__________、__________、__________三种。共有__________种规格。
4. 软胶囊的制备方法有__________、__________。

二、名词解释

1. 流化制粒法
2. 倍散

三、简答题

1. 制颗粒的方法有哪些？
2. 胶囊剂有何特点？哪些药物不宜制成胶囊剂？
3. 某公司生产的20211021批头孢氨苄胶囊，按要求进行装量差异检查，测得每粒内容物的装量分别为（单位为g）：0.315 0，0.302 1，0.317 5，0.308 6，0.356 0，0.318 0，0.285 0，0.299 6，0.335 2，0.312 0，0.315 5，0.302 6，0.318 5，0.318 6，0.326 0，0.318 5，0.289 1，0.299 0，0.332 2，0.312 8。

   请问该胶囊剂的装量差异是否合格？为什么？

实训 8-1　散剂的制备

一、实训目的

1. 掌握散剂制备的工艺流程。

2. 学会“配研法”和“打底套色法”混合操作。

3. 熟悉散剂的质量检查方法和分剂量方法。

二、实训指导

1. 称取　正确选择天平，掌握各种状态药品的称重方法。

2. 粉碎　根据药物的理化性质、使用要求，合理地选用粉碎工具及方法，粉碎前药物应干燥。

3. 过筛　根据要求选择筛目或筛号，观察其不同。过筛操作应注意不要挤压、以免筛线变形，振摇速度适宜。

4. 混合　混合均匀度是散剂质量的重要指标，特别是小剂量药物的散剂，为保证混合均匀，应采用配研法（等量递加法），对有颜色的药物应采用打底套色法，对含有少量挥发油及共熔成分的散剂可用处方中的其他成分吸收，再与其他成分混合。

5. 根据散剂中药物的性质，选择适宜的包装材料和包装方法，试用容量法分装散剂。实验室也可用四角包或五角包。

三、实训内容

1. 痱子粉的制备

【处方】薄荷脑　0.6g　　樟脑　0.6g

麝香草酚　0.6g　　薄荷油　0.6ml

水杨酸　1.1g　　硼酸　8.5g

升华硫　4g　　氧化锌　6g

淀粉　10g　　滑石粉　68g

共制　100g

【制法】

（1）制备粉料：将水杨酸、硼酸、升华硫、氧化锌、淀粉、滑石粉研细，过七号筛。

（2）共熔：取薄荷脑、樟脑、麝香草酚研磨至全部液化，并与薄荷油混匀。

（3）混合：将共熔混合物与混合细粉按配研法研磨混合均匀，过七号筛，即得。

【注意事项】

（1）水杨酸与硼酸均为结晶性物料，颗粒较大，应先研细，再与升华硫、氧化锌、淀粉研磨混合，最后与滑石粉按配研法研磨混合均匀。

（2）薄荷脑、樟脑、麝香草酚研磨混合时，可形成低共熔混合物，应完全液化再与粉料按配研法混合均匀。

2. 益元散的制备

【处方】滑石粉　54g　　甘草　9g　　朱砂　2.7g

【制法】

（1）将朱砂水飞粉碎成极细粉，过九号目筛，干燥备用。

（2）滑石粉、甘草分别粉碎成细粉，过六号筛，备用。

（3）先取少量滑石粉置乳钵中研磨，以饱和乳钵壁，将朱砂置乳钵中与滑石粉套研均匀。再将甘草与上述混合物配研，混合至色泽均匀。

（4）分剂量，应6g/包。

【质量检查】

（1）外观均匀度：取供试品适量，置光滑纸上，平铺约5cm^2，将其表面压平，在亮处观察，应呈现均匀的色泽、无花纹与色斑。

（2）装量差异：取散剂10包，除去包装，分别精密称定每包内容物的重量，求出内容物的装量，每包装量与标示装量（6g）相比较，应不超过±7%，若有超出限度的，不得多于2包，并不得有1包超出限度的1倍。列表记录称量结果，得出装量差异是否合格的结论。

【注意事项】打底套色法、配研法的规范操作。

四、思考题

1.《中国药典》（2020年版）对散剂的粒度有何要求？

2. 含共熔成分散剂根据共熔后的结果，制备时有哪些处理方法？

3. 什么是配研法？什么情况下用配研法？

4. 根据本次实训，说明研磨和过筛时应注意的问题。

实训 8-2 颗粒剂的制备

一、实训目的

1. 掌握湿法制颗粒的工艺过程。

2. 熟悉中药提取、精制的一般过程。

3. 熟悉颗粒剂的质量检查方法。

二、实训指导

板蓝根颗粒为中药颗粒，需经过提取、浓缩、精制等过程制得稠膏，再加蔗糖粉与糊精制得。

三、实训内容

板蓝根颗粒的制备

【处方】板蓝根　　　140g

【制法】

（1）煎煮：取板蓝根，加水煎煮两次，第一次2小时，第二次1小时，煎液滤过。

（2）浓缩：滤液浓缩至相对密度为1.20（50℃）清膏。

（3）醇沉精制：加乙醇使含醇量达60%，静置使沉淀。

（4）浓缩：取上清液，回收乙醇并浓缩至相对密度为1.30~1.33（80℃）的稠膏。

（5）制颗粒：加入适量的蔗糖粉和糊精，制成颗粒，干燥，整粒，制成100g，包装5g/袋，即得。

【质量检查】

（1）粒度：取单剂量包装的颗粒剂5包称定重量，分别置一号筛和五号筛中，左右往返过筛，边筛动边拍打3分钟。不能通过一号筛和能通过五号筛的总和不得超过15%。

（2）溶化性：取供试品1袋，加热水200ml，搅拌5分钟，立即观察，应全部溶化，允许有轻微浑浊，不得有焦屑等异物。

（3）装量差异：取供试品10包，除去包装，分别精密称定每包内容物的重量，每包装量与标示装量（5g）相比较，应不超过 ±7%，有超出限度的数量不得多于2包，并不得有1包超出限度的1倍。列表记录称量结果，得出装量差异是否合格的结论。

【注意事项】

1. 浓缩药液时应不断搅拌，药液过稠或快要浓缩成稠膏时应将火力减弱，并不断搅拌，以免稠膏底部因受热不匀而变糊。

2. 清膏与蔗糖粉、糊精混合制软材时，清膏的温度宜在40℃左右，温度过高可使蔗糖粉熔化，软材黏性太强，使颗粒坚硬。温度过低则难以混合均匀。

3. 制软材时，可根据膏的黏稠程度和辅料加入后的情况，加适量乙醇作润湿剂可调整软材的松紧度。

四、思考题

1. 制备板蓝根颗粒时应注意哪些问题?

2. 颗粒剂的质量检查项目有哪些?

实训 8-3　胶囊剂的制备

一、实训目的

1. 掌握胶囊剂制备的一般工艺过程。

2. 学会用胶囊充填板手工充填胶囊的方法。

3. 熟悉胶囊剂的质量检查方法。

二、实训指导

空心胶囊的规格与选择：由于药物充填多用容积控制，而各种药物的密度、晶型、细度以及剂量不同，所占的体积也不同，故必须选用适宜大小的空心胶囊。一般选0号、1号和2号胶囊较多，可通过调整辅料的用量来调整充填量。

三、实训内容

头孢拉定胶囊的制备

【处方】头孢拉定 25g　　　淀粉 10g　　　滑石粉 5g

【制法】

（1）预处理：淀粉于105℃干燥至含水量约8%，凉后备用；滑石粉过100目筛。

（2）混合：淀粉、滑石粉置器皿中混匀，加入头孢拉定混合均匀。

（3）充填：用胶囊充填板充填，0.4g/粒。

【质量检查】

（1）外观：观察是否圆整、光洁。

（2）装量差异：取供试品20粒，分别精密称定重量后，倾出内容物（不得损失囊壳），硬胶囊用小刷或其他适宜的用具拭净，再分别精密称定囊壳的重量，求出每粒内容物的装量与平均装量。每粒装量与平均装量相比较，超出装量差异限度的不得多于2粒，并不得有1粒超出限度的1倍。判断该产品是否合格。

（3）崩解时限：取胶囊6粒，置崩解仪吊篮的玻璃管中（如胶囊漂浮于液面，可加挡板），启动崩解仪进行检查，应在30分钟内全部崩解。如有1粒不能完全崩解，应另取6粒复试，均应符合规定。

【注意事项】

根据对乙酰氨基酚的剂量，选择合适规格的空胶囊进行填充，0.4g/粒。

四、思考题

1. 胶囊剂的内容物有哪些形式？

2. 充填硬胶囊时应注意哪些问题？

（李 梅）

项目九
片　剂

项目九
数字内容

学习目标

知识目标：

- 掌握片剂的概念与特点、工艺流程、操作要点、质量控制。
- 熟悉片剂的分类和常用辅料。
- 了解片剂包衣的方法与设备。

能力目标：

- 掌握颗粒药或粉末药压制片剂的制备操作。
- 掌握片剂包衣操作。
- 掌握片剂质量检查操作。

素质目标：

- 培养社会责任感、护佑生命健康的职业精神及工匠精神。

情境导入

情境描述：

2018年4月，国务院办公厅印发《关于改革完善仿制药供应保障及使用政策的意见》（以下简称《意见》）。《意见》指出，改革完善仿制药供应保障及使用政策，事关人民群众用药安全，事关医药行业健康发展。要围绕仿制药行业面临的突出问题，促进仿制药研发，提升质量疗效，完善支持政策，推动医药产业供给侧结构性改革，提高药品供应保障能力，降低全社会药品费用负担，保障广大人民群众用药需求，加快我国由制药大国向制药强国跨越，推进健康中国建设。2021年12月，经国家药品监督管理局仿制药质量和疗效一致性评价专家委员会审核确定，发布《仿制药参比制剂目录（第四十九批）》。

学前导语：

我国是全球最大的仿制药市场，结合当前国情，药品研发和创新存在短板，新药研发前景十分广阔。同学们应该多方获取信息了解我国医药行业的现状，提升自己对新药开发的兴趣，学好专业知识，将来能为我国制药行业的发展作出贡献。

片剂系指药物与适宜辅料均匀混合后经制粒或不经制粒压制而成的圆形片状或异型片状制剂。常见的异型片有三角形、菱形、椭圆形等。

任务一 认识片剂

课堂活动

大家服用的药片为什么形态各异、颜色不同，有苦有甜呢？让我们从本任务的学习中寻找答案吧！

片剂始创于19世纪40年代，到19世纪末，随着压片机械的出现和不断改进，片剂的生产和应用得到了迅速的发展。片剂生产技术与机械设备方面也有较大的发展，如沸腾制粒、全粉末直接压片、半薄膜包衣、新辅料、新工艺以及生产片剂的外观联动化等。目前片剂已成为品种多、产量大、用途广、使用和贮运方便，质量稳定的剂型之一。片剂在我国以及其他许多国家的药典所收藏的制剂中，均占1/3以上，可见其应用的广泛性。

一、片剂的概念和特点

（一）片剂的概念

片剂是指药物与适宜辅料均匀混合后经制粒或不经制粒压制而成的圆形片状或异型片状制剂，如图9-1。

（二）片剂的特点

片剂能成为使用广泛的剂型之一，因其主要具有如下优点。

1. 剂量准确　每片含量均匀、差异小，在药片上还可压上凹纹，便于分取较小剂量。

2. 质量稳定　片剂是干燥固体剂型，受外界空气、水分、光线等的影响小。必要时还可包衣保护。

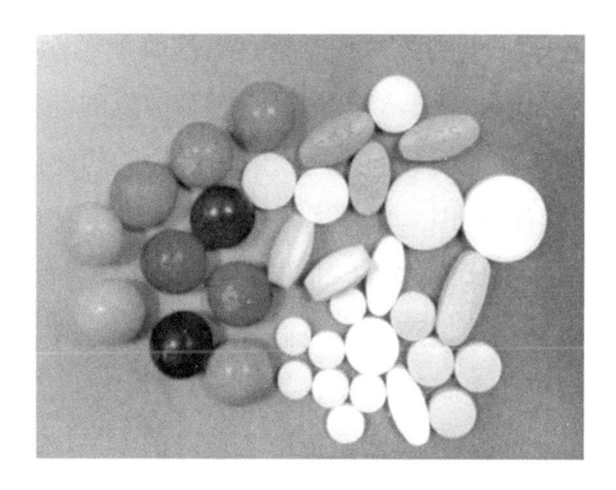

图9-1　片剂外观图片

3. 使用方便　为固体制剂，体积小，携带、运输和服用方便。

4. 便于识别　药片上可以压上主药名和含量的标记，也可以将片剂染上不同颜色，便于识别。

5. 成本低廉　生产机械化、自动化程度高、量大、成本较低。

6. 类型多样　能适应治疗与预防用药的多种要求。可通过各种制剂技术制成多类型的片剂，如包衣片、分散片、缓释片、控释片、多层片等，达到速效、长效、控释、肠溶等目的。

但片剂也有如下缺点。

1. 幼儿及昏迷患者不易吞服。
2. 压片时加入的辅料有时影响药物的溶出和生物利用度。
3. 片剂的制备较其他固体制剂有一定的难度，需要周密的处方设计。
4. 如含有挥发性成分，则不宜长期保存。

二、片剂的分类和质量要求

（一）片剂的分类

目前片剂一般都是用压片机压制而成。压制片按给药途径不同，主要可分为口服片剂、口腔用片及其他给药途径三大类型。

1. 口服片剂　指口服通过胃肠道吸收而发挥作用，是应用最广泛的一类片剂。口服片剂可细分为以下几种。

（1）普遍压制片：是指药物与辅料混合压制而成的未包衣的常释片剂。

（2）包衣片：是指压制片（常称片芯）外面包有衣膜的片剂。按照包衣物料或作用的不同，可分为糖衣片、薄膜衣片及肠溶衣片等。

（3）泡腾片：是指含有泡腾崩解剂的片剂。泡腾崩解剂是指碳酸氢钠与枸橼酸、酒石酸、富马酸等有机酸成对构成的混合物，遇水时两者反应产生大量的二氧化碳气体，从而使片剂迅速崩解。该片的药物应是水溶性的，应用时将片剂放入水杯中迅速崩解后饮用。非常适用于儿童、老年人及吞服药片有困难的患者。

（4）咀嚼片：是指在口中嚼碎后再咽下去的片剂。咀嚼片一般应选择甘露醇、山梨醇、蔗糖等水溶性辅料作填充剂和黏合剂，加入薄荷、食用香料等以调整口味，适用于儿童服用，对于崩解困难的药物制成咀嚼片可有利于吸收。咀嚼片的硬度应适宜。

（5）分散片：是指遇水可迅速崩解并均匀分散的片剂。药物应是难溶性的，如罗红霉素分散片。分散片可加水分散后口服，也可将分散片含于口中吮服或吞服。

（6）缓释片：是指在规定的释放介质中缓慢地非恒速释放药物的片剂。与相应的普通制剂相比具有服药次数少、治疗作用时间长等优点。

（7）控释片：是指在规定的释放介质中缓慢地恒速释放药物的片剂。与相应的缓释片相比，血药浓度更加平稳。如硝苯地平控释片。

（8）多层片：是指由两层或多层构成的片剂。一般由两次或多次加压而制成，每层含有不同的药物或辅料，这样可以避免复方制剂中不同药物之间的配伍变化，或者达到缓释、控释的效果。

（9）肠溶片：是指用肠溶性包衣材料进行包衣的片剂。为防止原料药物在胃内分解失效、对胃的刺激或控制原料药物在肠道内定位释放，可对片剂包肠溶衣；为治疗结肠部位疾病等，可对片剂包结肠定位肠溶衣。除说明书标注可掰开服用外，一般不得掰开服用。

2. 口腔用片　口腔用片可细分为口含片、舌下片、口腔崩解片和口腔黏附片。

（1）舌下片：是指专用于舌下或颊腔的片剂。舌下片中的原料药物应易于直接吸收，主要适用于急症的治疗。药物通过口腔黏膜的快速吸收而发挥速效作用，可避免肝脏对药物的首过作用。如硝酸甘油片。

（2）口含片：是指含在口腔内缓缓溶解而发挥局部或全身治疗作用的片剂。含片中的原料药物一般是易溶性的，主要起局部消炎、杀菌、收敛、止痛或局部麻醉等作用。如复方草珊瑚含片。

（3）口腔贴片：口腔贴片是指贴在口腔黏膜，药物直接由黏膜吸收，经黏膜吸收后起局部或全身作用的片剂。适用于肝脏首过效应较强的药物。

3. 外用片剂　如临用前加适量水溶解成溶液的溶液片、阴道内发挥局部作用的阴道片。

（1）可溶片：系指临床前能溶解于水的非包衣片。一般用于漱口、消毒、洗涤伤口等。如复方硼砂漱口片。

（2）阴道片与阴道泡腾片：系指置于阴道内发挥作用的片剂。形状应易置于阴道内，可借助器具将其送入阴道。阴道片在阴道内应易溶化、溶散或融化、崩解并释放药物，主要起局部消炎杀菌作用，也可给予性激素类药物。具有局部刺激性的药物，不得制成阴道片。

此外还有注射用片和植入片。注射用片系指临用前用用注射用水溶解后供注射用的无菌片剂，供皮下或肌内注射。因溶液不能保证完全无菌，现已少用。植入片系指用特殊注射器或手术埋植于皮下产生持久药效（数月或数年）的无菌片剂，适用于需要长期使用的药物。如避孕药制成植入片已获得较好效果。

知识链接

口腔速崩片

口腔速崩片（orall disintegrating tablet，ODT）是一种新型的口服剂型。它是用微囊包裹药物，再添加甘露醇、山梨醇等易溶性辅料制成口服释药系统。该类制剂可在无水的条件下（或仅有少量水存在）于口腔中快速崩解，随吞咽动作进入消化道，在口腔内无黏膜吸收，体内的吸收、代谢过程与普通片剂一致。ODT与普通制剂相比，有服用方便、吸收快、生物利用度高、对消化道黏膜的刺激性小等优点，受到广泛关注。一般适合于小剂量原料药物，常用于吞咽困难或不配合服药的患者，特别适合吞咽困难的患者、幼儿、老年人、卧床体位难变动和缺水条件下的患者用药。

口崩片应能在口腔内迅速崩解或溶解、口感良好、容易吞咽，对口腔黏膜无刺激性。

案例分析

案例：

泡腾片事件引发的深思

央视纪录片《见证》曾报道过这样一个事件：一个约18个月大的孩子，由于感冒发热，到医院就诊，医师为患儿开具了两盒药，一盒是贴有“口服”服用标签的“娃娃宁泡腾片”，另一盒是贴着“冲服”服用标签的“柴黄颗粒”。母亲将标明“口服”的“泡腾片”放进孩子嘴里，随后让其喝水咽下去。不料10秒钟后，患儿的手脚突然颤抖，接着剧烈地咳嗽，脸色开始发青。家长赶紧给孩子拍背、催吐，但并没有缓解，随后孩子立即被送往抢救室。不幸的是，孩子最终抢救无效死亡。

人们为这个不幸的孩子惋惜，同时也希望泡腾片的制备原理和使用方法被广而告之，以免悲剧重演。

分析：

泡腾片是一种特殊工艺制备的口服剂型，利用有机酸和碱式碳酸（氢）盐反应作泡腾崩解剂，置入水中，即刻发生泡腾反应，生成并释放大量的二氧化碳气体，状如沸腾，故名泡腾片。泡腾片体外崩解溶出药物，口服后液体在胃肠道大面积分布，约10~30分钟经胃肠吸收入血，降低了药物在胃肠道的局部刺激，从而副作用降低，达到速效、高效的效果。并且泡腾片口感好，患者依从性好，尤其适用于儿童、老年人以及吞服固体制剂困难的患者。

泡腾片如果被直接口服，会急剧产生大量二氧化碳，充斥气道导致窒息，非常危险。

泡腾片的正确服用方法是先取100~150ml凉开水或温开水，将一次用量的药片投入杯子中，等气泡完全消失、药物全部溶化后，再摇匀服下。

（二）片剂的质量要求

《中国药典》（2020年版）中片剂应符合下列质量要求：

1. 原料药与辅料混合均匀。含药量小或含毒、剧药物的片剂应采用适宜方法使药物分散均匀。

2. 凡属挥发性或对光、热不稳定的药物，在制片过程中应遮光、避热，以避免成分损失或失效。

3. 压片前的物料或颗粒应控制水分，以适应制片工艺的需要，防止片剂在贮存期间发霉、变质。

4. 含片、口腔贴片、咀嚼片、分散片、泡腾片等根据需要可加入矫味剂、芳香剂和着色剂等附加剂。

5. 为增加稳定性、掩盖药物不良嗅味、改善片剂外观等，可对片剂进行包衣。

6. 片剂的外观应完整光洁，色泽均匀，有适宜的硬度和耐磨性。除另有规定外，对于非包衣片，应符合片剂脆碎度检查法的要求，防止包装、运输过程中发生磨损或破碎。

7. 片剂的溶出度、释放度、含量均匀度、微生物限度等应符合要求。必要时，薄膜包衣片剂应检查残留溶剂。

8. 除另有规定外，片剂应密封贮存。

点滴积累

1. 片剂是指药物与适宜辅料均匀混合后经制粒或不经制粒压制而成的圆形片状或异型片状制剂。

2. 片剂具有剂量准确，质量稳定，携带、运输和服用方便，成本较低，能适应治疗与预防用药的多种要求等优点；具有婴幼儿和昏迷患者不宜吞服等缺点。

3. 片剂根据给药途径不同，分为口服片剂、口腔用片、阴道片、植入片等，可避免肝脏首过效应的片剂类型有舌下片、口腔黏附片、植入片等。

任务二　片剂的辅料

一、辅料的作用

片剂由药物和辅料两部分组成。辅料是指片剂中除药物以外的所有附加物料的总称，亦称赋形剂。其作用主要包括填充作用、黏合作用、崩解作用和润滑作用等；根据需要还可加入着色剂、矫味剂等，以提高患者的适应性。制片所用的辅料应无生理活性；其性质应稳定而不与药物发生反应；应不影响药物的含量测定。

二、辅料的分类和常用辅料

片剂的辅料有如下种类。

（一）稀释剂

稀释剂一般又称为填充剂，是指用来增加片剂的重量和体积，以利于片剂成型或分剂量的辅料。为了应用和生产方便，片剂的直径一般不小于6mm，每片重量一般不小于100mg，所以当药物的剂量<100mg时，常需加入稀释剂。如果片剂中的主药只有几毫克或几十毫克，不加入适当的填充剂将难以制成片剂。常用的填充剂见表9-1。

（二）润湿剂和黏合剂

1. 润湿剂　是指本身无黏性，但能诱发待制粒物料的黏性，以利于制粒的液体。常用润湿剂见表9-2。

表 9-1　常用的填充剂

名称	主要特点	应用
淀粉	稳定、吸水膨胀、不溶于水、可压缩性差，色泽好、美观	最常用辅料，常与糖粉、糊精等合用
预胶化淀粉	流动性、可压性、崩解性均好，并有自身润滑性和干黏合性	常用于粉末直接压片
糖粉	有矫味和黏合作用。但用量不能超过20%，否则引湿性大，使制粒与压片都发生困难	较适用于口含片，也用于口服溶液片。常与淀粉、糊精等合用
糊精	为淀粉不完全水解的产物，本品使用不当常影响药物的溶出度等	作填充剂，亦常作干黏合剂
甘露醇	稳定，无吸湿性，易溶于水，所制片剂光滑、美观。溶解时吸热，口感好	多用于咀嚼片
硫酸钙	稳定，制片外观好，硬度和崩解度均较理想	会干扰四环素类的吸收
乳糖	可溶于水，性质稳定，无吸湿性，压缩成型性和流动性较好，压成的片剂表面光亮美观，片剂的硬度较大，药物的溶出度较好	价贵，国内应用不多，但国外应用较广泛。既可用于湿法制粒，也可用于粉末直接压片
微晶纤维素（MCC）	可压性好，有较强的结合力，压成的片剂有较大的硬度，崩解性好	用于粉末直接压片

表 9-2　常用润湿剂

名称	主要特点	应用
纯化水	易被物料吸收，不宜单独使用；应注意制粒的湿度均匀性，以免结块，导致颗粒松紧不匀；在压片时易出现花斑和水印等现象	适于耐热、遇水不易水解的药物，常与淀粉（淀粉浆）及乙醇合用
乙醇	干燥温度低、速度快，制粒时宜迅速搅拌，立即制粒，以减少乙醇的挥发损失	适用于不耐湿热的药物。可以诱发黏性的物料。常用30%~70%的乙醇

2. 黏合剂　是指依靠本身所具有的黏性赋予无黏性或黏性不足的物料以适宜黏性的辅料。干燥黏合剂则是以固体状态直接应用。常用黏合剂见表9-3。

表9-3　常用黏合剂

名称	主要特点	应用
淀粉浆	具润湿和黏合作用，制成的片剂崩解性能好	适用于对湿热稳定的药物的制粒。常用浓度为8%~15%
糖粉和糖浆	黏性较强，可增加片剂硬度和片面光洁度	适用于质地疏松、纤维较多的中药材和易失去结晶水的药物的制粒。常用糖浆浓度为50%~70%（g/g）
胶浆	黏性很强	适用于质地疏松又不宜用淀粉浆作黏合剂的药物及含片的制粒。常用10%~25%的阿拉伯胶浆、10%~20%明胶胶浆等
糊精	淀粉分解的中间产物	常与淀粉浆混合作黏合剂用
微晶纤维素（MCC）	常作干燥黏合剂，但黏性较糖粉弱	适用于粉末直接压片
羟丙甲纤维素（HPMC）	干燥黏合剂，有良好的流动性和可压性	常用浓度为2%~5%，可作粉末直接压片的干黏合剂
聚维酮（PVP）	稳定性好，水中易溶胀，崩解快，溶出速度快，吸湿性强，可改善药物的润湿性而有利于药物溶出	常用3%~15%的醇溶液。常用于对水敏感的药物，也较适用于疏水性药物。制成的颗粒可压性好，且是一步制粒机制粒的良好黏合剂

（三）崩解剂

崩解剂是指能促进片剂在胃肠液中快速崩解成细小粒子的辅料。因为片剂的崩解是药物溶出的第一步，所以崩解时限为片剂质量控制的主要指标之一。除了缓控释片、口含片、咀嚼片、舌下片、植入片等有特殊要求的片剂外，一般均需加入崩解剂。崩解剂具有很强的吸水膨胀性，其主要作用是消除因黏合剂或高度压缩而产生的结合力，从而使片剂在水中瓦解，片剂的崩解过程见图9-2。常用崩解剂见表9-4。

表 9-4　常用的崩解剂

名称	主要特点	应用
干淀粉	吸水性较强，吸水膨胀率约为186%。有些药物如水杨酸钠、对氨基水杨酸钠可使淀粉胶化，故可影响其崩解作用	适用于水不溶性或微溶性药物。用量一般为配方总量的5%~20%。如用湿法制粒，应控制湿颗粒的干燥温度，以免淀粉胶化而影响其崩解作用
羧甲基淀粉钠（CMS-Na）	流动性、可压性好，其吸水后膨胀率为原体积的200~300倍，具有良好的崩解性能	既适用于不溶性药物，也适用于水溶性药物的片剂
低取代-羟丙纤维素（L-HPC）	崩解性能远优于淀粉，吸水膨胀率为500%~700%	作崩解剂的用量为2%~5%，用法同羧甲基淀粉钠
交联羧甲纤维素钠（CCNa）	水中溶胀不溶解，有较好的崩解性和流动性，引湿性较大	常用量为5%。当与羧甲基淀粉钠合用时崩解效果更好，但与干淀粉合用时崩解作用会降低
交联聚维酮（PVPP）	水中溶胀不溶解，无黏性，吸水速度快，崩解效果好，但引湿性较大	新型的优良崩解剂，片中用量较少，效果好
泡腾崩解剂	遇水产生二氧化碳气体，使片子迅速崩解，注意严格防水	最常用的是由碳酸氢钠与枸橼酸组成的混合物，泡腾片专用
表面活性剂	可改善疏水性片剂的润湿性，使水易于渗入片剂，加速片剂崩解	常与淀粉合用于疏水性药物

图9-2　片剂的崩解过程

崩解剂的加入方法与片剂的崩解特点如下。

（1）内加法：崩解剂在制粒前加入，片剂的崩解将发生在颗粒内部，有利于片剂崩解成粉末。

（2）外加法：崩解剂加入经整粒后的干颗粒中，崩解剂存在于颗粒之外、各颗粒之间，片剂的崩解将发生在颗粒之间，崩解迅速。

（3）内外加入法：将崩解剂分成两份，一份按内加法加入，另一份按外加法加入，内加50%~75%，外加25%~50%，内外加入法集中了前两种加入法的优点，片剂的崩解发生在颗粒之间和颗粒内部，从而达到良好的崩解效果。

（4）特殊加入法：①泡腾崩解剂的酸、碱性组分应分别与处方药料或其他辅料制成干颗粒后，临压片时混匀。在生产和贮存过程中，要严格控制水分，避免与潮气接触。②表面活性剂作辅助崩解剂的加入方法也有三种，即溶于黏合剂内；与崩解剂混合加入干颗粒中；制成醇溶液，喷入干颗粒中。

知识链接

崩解剂的作用机制

1. 毛细管作用　崩解剂在片剂中形成易于润湿的毛细管道，当片剂置于水中时，水能迅速地随毛细管进入片剂内部，使整个片剂润湿而瓦解。淀粉及其衍生物、纤维素衍生物属于此类崩解剂。

2. 膨胀作用　自身具有很强的吸水膨胀性，从而瓦解片剂的结合力。

3. 润湿热　有些药物在水中溶解时产生热，使片剂内部残存空气膨胀，促使片剂崩解。

4. 产气作用　由于化学反应产生气体的崩解剂。如在泡腾片中加入的枸橼酸或酒石酸与碳酸钠或碳酸氢钠遇水产生二氧化碳气体，借助气体的膨胀而使片剂崩解。

（四）润滑剂

1. 润滑剂是一个广义的概念，是以下三种辅料的总称。

（1）助流剂：降低颗粒之间的摩擦力，从而改善粉体流动性。

（2）抗黏剂：防止压片时物料黏着于冲头与冲模表面，以保证压片操作的顺利进行，以使片剂表面光洁。

（3）润滑剂：是狭义概念的润滑剂，是降低物料与冲模孔壁之间摩擦力的物质，保证压片和推出片时压力分布均匀，从模孔推片顺利。

理想的润滑剂应具有上述三种作用，目前能达到理想条件的润滑剂还很少，故通常将具有上述任何一种作用的辅料都称为润滑剂。

2. 常用的润滑剂　见表9-5。

表9-5　常用的润滑剂

名称	主要特点	应用
硬脂酸镁	疏水性润滑剂，附着性好，但助流性较差，用量大时片剂不易崩解或裂片	广泛应用，常用量为0.1%~1%。如使用不当，可影响片剂崩解和药物的溶出度
滑石粉	与多数药物不起作用，价廉，助流，质重，易分层	常与硬脂酸镁配合应用，常用量为0.1%~3%
聚乙二醇（PEG）	水溶性润滑剂	常用于溶液片、泡腾片、分散片等
十二烷基硫酸钠	水溶性润滑剂，并有崩解作用	常与硬脂酸镁合用改善片剂的润湿性
液状石蜡	单独使用时不易分布均匀，需与滑石粉合用	常用量为0.5%~1%
微粉硅胶	流动性好，亲水性强，对药物有吸附作用	常用于粉末直接压片

知识链接

粉末直接压片的常用辅料

粉末直接压片用辅料应有良好的流动性和压缩成型性。例如微晶纤维素、预胶化淀粉、喷雾干燥乳糖等；国外常用复合辅料，如“Ludipress”（乳糖、PVP、交联PVP）或“Emdex”（90%~92%的葡萄糖及2.25%的麦芽糖）等。

（五）色、香、味及其调节剂

为了改善口味和外观，提高患者的顺应性，在片剂中常常加入着色剂、矫味剂等。色素的最大用量一般不超过0.05%。香精的加入方法是将香精溶解于乙醇中，均匀喷洒在已经干燥的颗粒上。

点滴积累

1. 片剂辅料是指片剂中除药物以外的所有附加物料的总称，亦称赋形剂。

2. 片剂常用辅料的类型有填充剂、润湿剂、黏合剂、崩解剂、润滑剂等，应根据物料性质和制备工艺来选择适当的辅料。

3. 崩解剂常用的加入方法有内加法、外加法、内外加法等，常用种类有干淀粉、羧甲基纤维素钠、低取代羟丙基纤维素、交联聚乙烯比咯烷酮、交联羧甲基纤维素钠、泡腾崩解剂、表面活性剂等。

4. 润滑剂具有助流、抗黏和润滑作用，常用种类有硬脂酸镁、微粉硅胶、滑石粉、氢化植物油、聚乙二醇类、十二烷基硫酸钠等。

任务三　片剂的制备与举例

片剂是将粉状或颗粒状物料压缩而形成的一种剂型。

压片操作必须具备以下三大要素。

1. 流动性好　能使流动、充填等粉体操作顺利进行，可减少片重差异。

2. 压缩成型性好　不出现裂片、松片等不良现象。

3. 润滑性好　片剂不黏冲，可得到完整、光洁的片剂。

片剂的处方筛选和制备工艺的选择首先要考虑能否有利于压片。片剂的制备方法按制备工艺分为两大类四小类：

- 制法
  - 制粒压片法
    - 湿法制粒压片法
    - 干法制粒压片法
  - 直接压片法
    - 直接粉末（结晶）压片法
    - 半干式颗粒（空白颗粒）压片法

制粒压片的目的如下。

1. 改善物料的流动性、可压性　因物料流动性差时，不易均匀地填充于模孔中，易引起片重差异超限。

2. 增大物料的堆密度　因物料中含有很多的空气，在压片时部分空气不能及时逸出，易产生松片、裂片现象。

3. 减少各成分的分层　由于片剂中各成分的密度不同，易因机器振动而分层，致使主药含量不匀。

4. 避免粉末飞扬及粉末黏附　因细粉的飞扬性易造成损失和交叉污染，而黏性的粉末易黏附于冲头表面而产生黏冲、挂模等现象。

一、湿法制粒压片法

湿法制粒压片法是将物料湿法制粒干燥后进行压片的方法，是应用最为广泛的压片方法。适用于药物不能直接压片，对湿、热稳定的药物的制片。

湿法制粒压片的工艺流程如下：

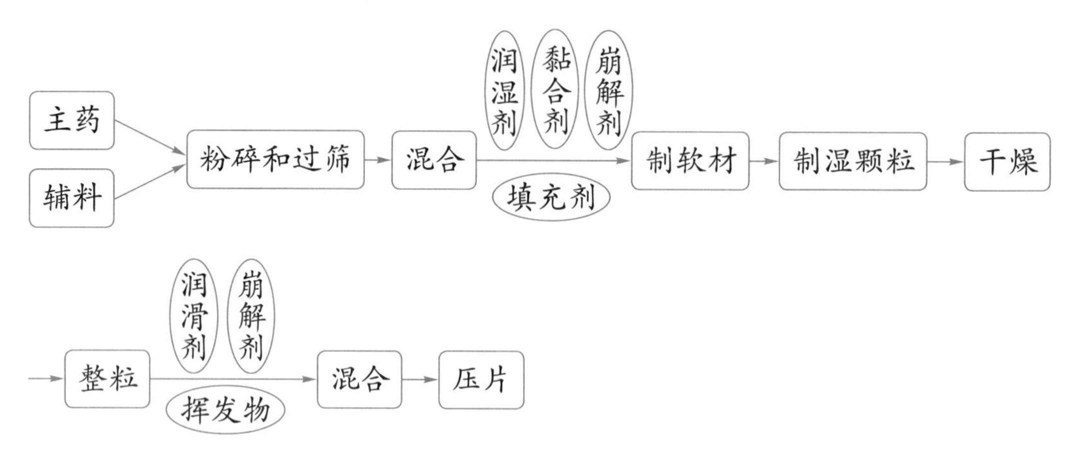

在颗粒剂中制粒要符合最终产品的质量要求；而在片剂中制粒是中间过程，不仅要求颗粒具有良好的流动性，而且要具有良好的压缩成型性。

（一）原、辅料的准备和处理

主药和辅料在投料前需要进行质量检查，鉴别和含量测定合格的物料经过干燥、粉碎、过筛，然后按照处方规定的量称取投料。

（二）制颗粒

详见项目八。

知识链接

干颗粒中水分的控制

颗粒中的含水量一般为1%~3%，具体品种的含水量应当根据药物性状，结合制剂与生产经验确定。生产中颗粒的含水量多凭经验掌握：用手紧握干粒，放松后，颗粒不应黏结成团，手掌也不应有细粉黏附；或以示指和拇指取干粒捻搓时应粉碎，无潮湿感即可。

（三）压片

压片是片剂生产独有的关键步骤。

课堂活动

同学们，你在生活中注意过月饼、饼干等食品的制作成型原理吗？食物与药品的制备有哪些相似之处呢？让我们一起来探讨吧。

1. 压片前干颗粒的处理

（1）过筛整粒：部分湿颗粒在干燥过程中会粘连结块，因此需过筛整粒，使颗粒均匀，便于压片。整粒常用的筛网一般为12~20目，片剂的重量、筛目与重量的关系见表9-6。

表9-6　片剂的重量、筛目与重量的关系

片重/mg	片径/mm	筛目数	
		湿粒	干粒
50	5~5.5	18	16~20
100	6~6.5	16	14~20
150	7~8	16	14~20
200	8~8.5	14	12~16
300	9~10.5	12	10~16
500	12	10	10~12

（2）加入挥发油或对湿热不稳定的药物：挥发油可加在润滑剂与颗粒混合后筛出的部分细粒中，或加入直接从干颗粒中筛出的部分细粉中，再与全部干颗粒混匀。若挥发性药物为固体（如薄荷脑）或量较少时，可用适量乙醇溶解，或与其他成分混合研磨共熔后喷入干颗粒中，混匀后，密闭数小时，使挥发性药物渗入颗粒中。有些

情况下，先制成不含药物的空白干颗粒或将稳定性的药物与辅料制颗粒，然后将剂量小、对湿热不稳定的主药加到整粒后的空白干颗粒中混匀。

（3）加入润滑剂和崩解剂：润滑剂常在整粒后用细筛筛到干颗粒中混匀。崩解剂应先干燥过筛，再加到干颗粒中（外加法）充分混匀，也可将崩解剂和润滑剂与干颗粒同时加到混合器中，一起进行总混合。然后抽样检查，测定主药含量，计算片重。

2. 片重的计算　片重的计算主要有以下两种方法。

（1）按主药含量计算片重：药物制成干颗粒时，由于经过了一系列的操作过程，原料药必将有所损耗，所以应对颗粒中主药的实际含量进行测定，然后按照式（9-1）计算片重。

$$\text{片重}=\frac{\text{每片主药含量（标示量）}}{\text{测得的颗粒中主药含量（\%）}} \qquad \text{式（9-1）}$$

例如，某片剂中主药每片含量为0.2g，测得颗粒中主药的百分含量为50%，则每片所需颗粒的重量应为0.2/0.5=0.4（g）。

即片重应为0.4g，若以片重的重量差异限度为5%计算，本品的片重上下限为0.38~0.42g。

（2）按干颗粒总重计算片重：生产中，已考虑到原料的损耗，因而增加了投料量，则片重的计算可按式（9-2）计算（成分复杂、没有含量测定方法的中草药片剂只能按此公式计算）。

$$\text{片重}=\frac{\text{干颗粒重}+\text{压片前加入的辅料量}}{\text{应压总片数}} \qquad \text{式（9-2）}$$

例：欲制备每片含四环素0.25g的片剂，今投料50万片，共制得干颗粒178.9kg，在压片前又加入润滑剂硬脂酸镁2.5kg，求片重应多少？

$$\text{片重}=\frac{178.9+2.5}{500\ 000}\times 1\ 000=0.36\text{（g）}$$

3. 压片机和压片过程　目前常用的压片机有撞击式单冲压片机和旋转式多冲压片机。此外还有二步（三步）压制压片机、多层片压片机和压制包衣机等。其压片过程基本相同，即填料、压片、出片。

（1）单冲压片机：单冲压片机的结构主要由加料器、调节装置、压缩部件三部分组成，见图9-3。

加料器由加料斗和饲粉器组成。

压缩部件由上冲、下冲、中模构成，是片剂成型部分，决定了片剂的大小和形状。冲和模需用优质钢材制成，有足够的机械强度和耐磨性能。通常一副冲模由上

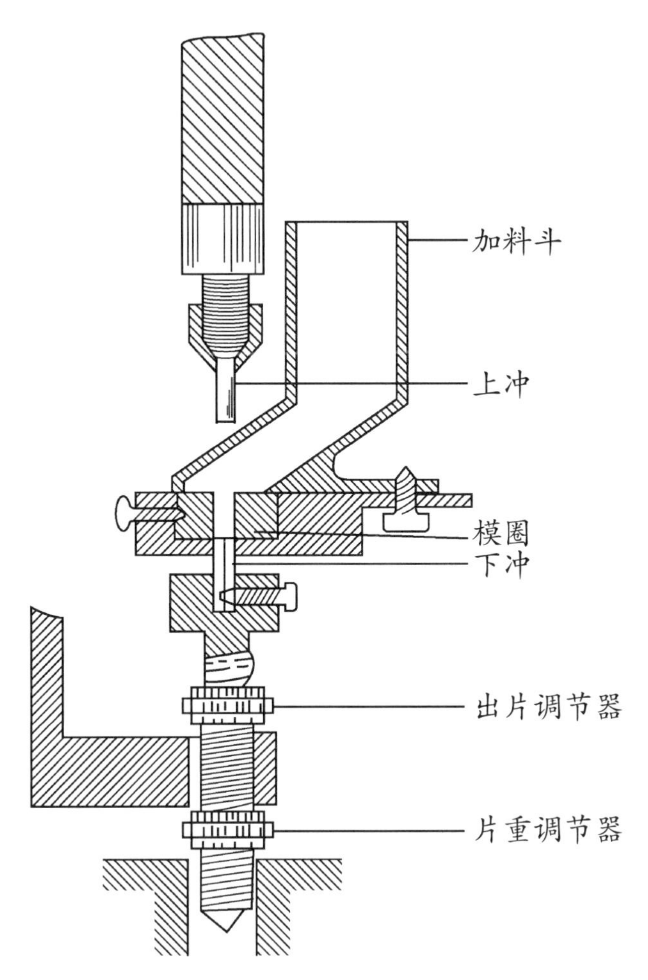

图9-3 单冲压片机的主要构造示意图

冲、下冲、中模三个部件组成，上、下冲的结构相似，冲头直径一致，只是下冲的冲头更长；冲头直径应与中模的模孔配合，要求冲头可在模孔中自由滑动，但与模孔径差不大于0.06m各冲头长度差不大于0.1mm。

冲模的结构形式有圆形、异形（如三角形、椭圆形、长胶囊形、卵形、球形等）。冲头的端面具有不同的弧度，如平面形、浅凹形、深凹形、圆柱形等，为了便于识别和服用，在冲头的端面上还可刻上药品名称、剂量、分剂量线等标志。

冲模的选择应根据制备工艺而定。如平面形用于压制扁平的片剂，浅凹形用于压制双凸面片剂等。

常见的冲头形状如图9-4所示。

调节装置主要有出片调节器、片重调节器和压力调节器组成。①出片调节器用以调节下冲推片时抬起的高度，使其恰与模圈的上缘相平。②片重调节器用于调节下冲下降的深度，从而调节模孔的容积而控制片重。③压力调节器是用于调节上冲下降的深度，下降深度大，上、下冲间的距离近，压力大；反之则小。

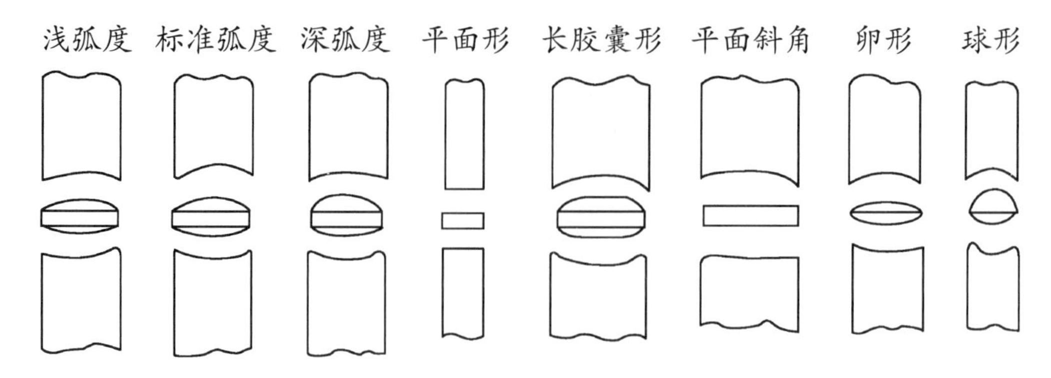

图9-4　不同弧度的冲头与不同形状的片剂

单冲压片机的操作过程见图9-5：①上冲抬起，饲粉器移动到模孔之上；②下冲下降到适宜深度，饲粉器在模上摆动，颗粒填满模孔；③饲粉器由模孔上移开，使模孔中的颗粒与模孔的上缘相平；④上冲下降并将颗粒压缩成片；⑤上冲抬起，下冲随之抬起到与模孔上缘相干，将药片由模孔中推出，饲粉器再次移动到模孔之上并将压成之片推开，同时进行第二次加粉，如此反复进行。

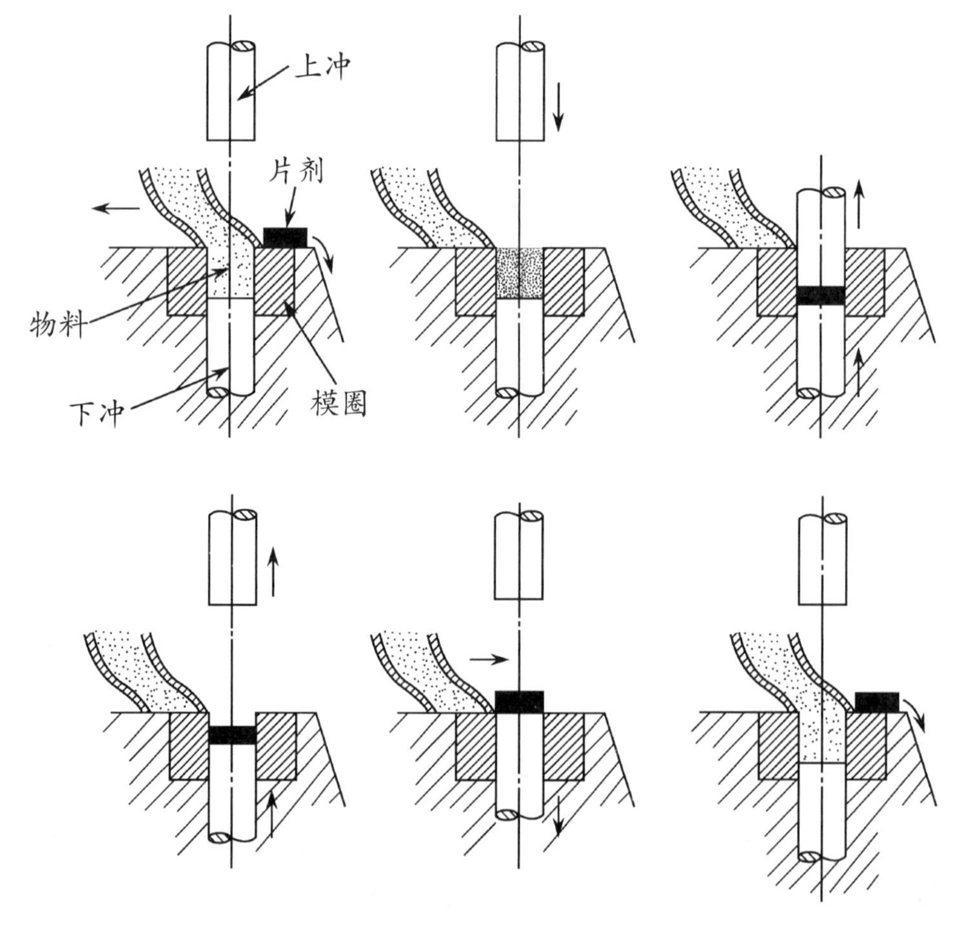

图9-5　单冲压片机的压片过程

单冲压片机压片时是由单侧加压，所以压力分布不均匀，存在易出现裂片或松片、片重差异大、震动大、噪声大等缺点，现在已经很少用于制剂生产，多用于新产品的试制和教学使用。

边学边练

进行单冲压片机的操作练习，详见实训9-1单冲压片机的使用。

知识链接

旋转压片机的分型

旋转压片机有多种型号，按冲数分，有16冲、19冲、27冲、33冲、55冲和75冲等；按流程来说，有单流程和双流程两种。单流程的仅有1套压轮（上、下压轮各1个），双流程者有2套压轮。另外饲粉器、刮粉器、片重调节器和压力调节器等各2套并均装于对称位置，中盘每转动1圈，每付冲压成2个药片。双流程压片机的生产效率高，而且压片时其载荷分布好，电机及传动机构处于更稳定的工作状态。

（2）旋转式压片机：旋转式多冲压片机是目前常用的压片机，主要由动力部分、传动部分和工作部分组成。全自动高速压片机设备见图9-6。

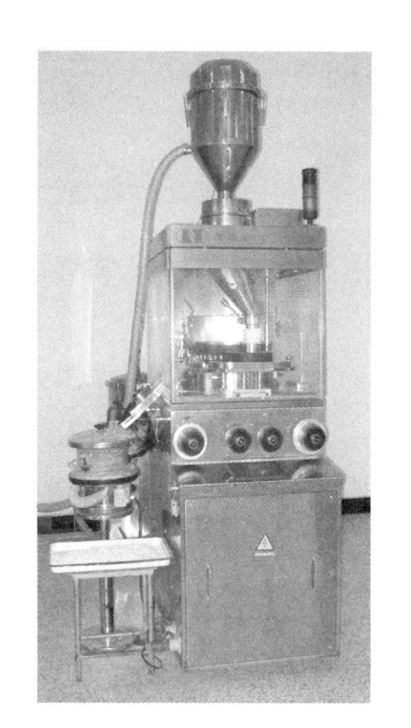
图9-6　全自动高速压片机

其工作部分有绕轴旋转的机台，机台分为三层，机台的上部装着上冲转盘，在中间为固定冲模的模盘，下部是下冲转盘；另有固定位置的上、下压轮，片重调节器，压力调节器，饲粉器，刮粉器，推片调节器，以及附属的吸尘器和防护装置。旋转压片机的结构与工作原理见图9-7。

机台转动，则上冲与下冲随转盘沿着固定的轨道有规律地上、下运动；当上、下冲经过上、下压轮时，被压轮推动使上冲向下、下冲向上运动，并对模孔中的颗粒加压；颗粒由固定位置的饲粉器不断地流入刮粉器中并由此流入模孔。压力调节器位于下压轮的下方，可调节压缩时下冲升起的高度，当上、下冲间的距离越近，压力越大。片重调节器装于下冲轨道上，用于调节下冲升降以改变

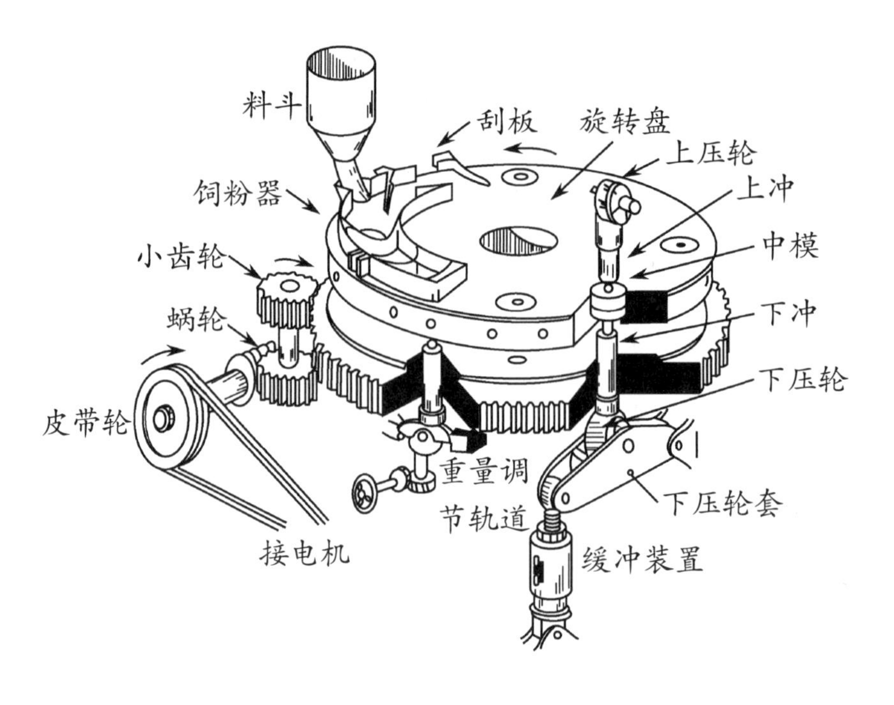

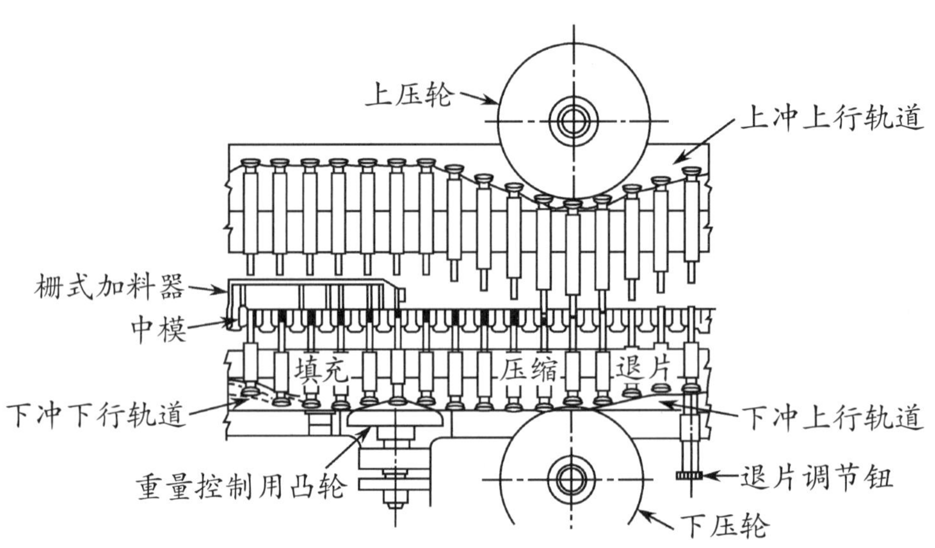

图9-7 旋转压片机的结构与工作原理示意图

模孔的容积，控制片重。

旋转式多冲压片机的压片过程与单冲压片机相同，分为填料、压片和出片三个步骤。①填料：下冲转到饲粉器下面时，颗粒填入模孔，当下冲继续运行到片中调节器时略有上升，经刮粉器将多余的颗粒刮去；②压片：当上冲和下冲运行至上下压轮上面时，两冲间的距离最近，将颗粒压缩成片；③出片：上冲和下冲抬起，下冲将模孔的片剂顶出模孔，药片经刮粉器推出，落入接收器中，如此反复进行。

旋转压片机的饲粉方式合理，片重差异小；由上、下两方加压，压力分布均匀；生产效率较高。

知识链接

旋转压片机冲模的安装

1. 中模的安装　将转台上中模紧定螺钉逐个旋出转台外沿，使中模装入时与紧定螺钉的头部不相碰为宜。中模平稳放置转台上，将打棒穿入上冲孔，向下锤击中模将其轻轻打入，使中模平面不高出转台平面后。然后将紧定螺钉固紧。

2. 上冲的安装　拆下上冲外罩、上平行盖板和嵌轨，将上冲杆插入模圈内，用左手大拇指和示指旋转冲杆，检查头部进入中模情况，上下滑动灵活，无卡阻现象，左手捻冲杆颈右手转动手轮，至冲杆颈部接触平行轨后放开左手，按此法安装其余上冲杆，装完最后一个上冲后，将嵌轨、上平行盖板、上冲外罩装上。

3. 下冲的安装　打开机器正面、侧面的不锈钢面罩，将下冲平行轨盖板移出，用手指保护下冲头，小心将下冲送入盖板孔将下冲送至下冲孔内后，摇动手轮将下冲送至平行轨上，按此法安装其余下冲，安装完最后一个下冲后将盖板盖好并锁紧确保与平行轨相平，摇动手柄确保顺畅旋转1~2周，合上手柄，盖好不锈钢面罩。

注：一般冲头和冲模的安装顺序为中模→上冲→下冲，拆冲头和冲模的顺序为下冲→上中→中模；主要是确保在拆装过程中上、下冲头不接触；安装异形冲头和冲模时应将上冲套在中模孔中一起放入中模转盘再固定中模。

当前对压片机进行了很多改进，例如精度高、封闭式、除尘设备好、增加预压机构等。已有半自动及自动压片机。半自动压片机可根据压力变化而自动剔除片重不合格的药片，其原理是测定压片机的部件的应变以测定压制药片的压力，上、下冲间的距离相同时，压力过大或过小，该片的片重必过大或过小，根据压力信号由一个自动机构将片重不合格的药片剔出。自动压片机则由压力变化信号指挥，由自动机构调节片重。

知识链接

其他压片机

1. 多层片压片机　把组分不同的片剂物料按二层或三层堆积起来压缩成型的片剂称多层片或积层片，生产此种片剂的压片机被称为多层片压片机或积层片压片机。常见的有二层片和三层片。

2. 二次（三次）压缩压片机　适用于粉末直接压片法。粉末直接压片时，一次压制存在成型性差、转速慢等缺点。二次、三次压缩压片机，以及把压缩轮安装成倾斜型的压片机压片时，物料经过一次压缩轮或预压轮（初压轮）适当的压力压缩后，移到二次压缩轮再进行压缩。由于经过两次压缩，受压时间延长，成型性增加，压成的片剂密度均匀，减少顶裂现象。

二、干法制粒压片法

干法制粒压片法是将药物和辅料混合均匀后，用适宜的设备压成块状、片状，然后再粉碎成适当大小的干颗粒的方法。对湿热敏感、遇水易分解、有吸湿性或采用直接压片法流动性差的药物，多采用干法制粒压片。制备方法有滚压法和重压法。其工艺流程如下：

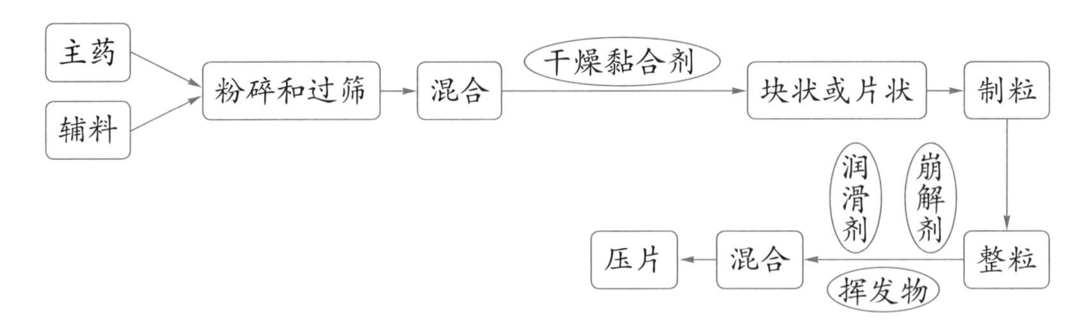

（一）滚压法

滚压法是将药物与辅料混匀后，通过滚压机或特殊的重压设备将其压成硬度适宜的薄片，再碾碎、整粒，加入润滑剂混合后即可压片。目前国内已有滚压、碾碎、整粒的整体设备可供选用。

（二）重压法

重压法又称大片法。系利用重型压片机将物料粉末压制成直径为20~25mm的胚片，然后破碎成一定大小颗粒再压片的方法。本法设备操作简单、工序少，但生产效率低，冲模等因压力较大易导致机械的损耗。

三、直接压片法

（一）直接粉末（结晶）压片法

直接粉末（结晶）压片法是将药物的细粉（结晶）与适宜的辅料混匀后，不制粒而直接压制成片的方法。

本法工艺简单，有利于片剂生产的连续化和自动化，具有生产工序少、设备简单、辅料用量少、产品崩解或溶出较快等优点。适用于对湿热不稳定的药物。粉末直接压片法的工艺流程如下：

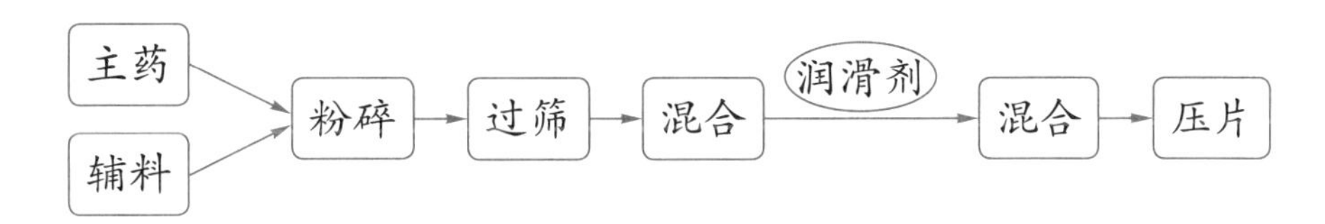

粉末压片的辅料应具有良好的流动性和可压性，常用的有微粉硅胶、可压性淀粉、微晶纤维素、喷雾干燥乳糖、磷酸氢钙二水合物、甘露醇、山梨醇等。粉末直接压片还需要有优良的助流剂，微粉硅胶是常用的优良的助流剂。

某些结晶性或颗粒性药物具有适宜的流动性和可压性，只需经粉碎、过筛选用适宜大小的颗粒，再加入适量干燥黏合剂、崩解剂和润滑剂混合均匀，即可直接压片。如氯化钾、溴化钾、硫酸亚铁等无机盐和维生素C等有机药物，均可直接压片。多数药物粉末或辅料不具备良好的流动性和可压性，所以在一定程度上限制了粉末直接压片法的应用。

（二）半干式颗粒（空白颗粒）压片法

半干式颗粒压片法是将药物粉末和预先制好的辅料颗粒（空白颗粒）混合进行压片的方法。其工艺流程如下：

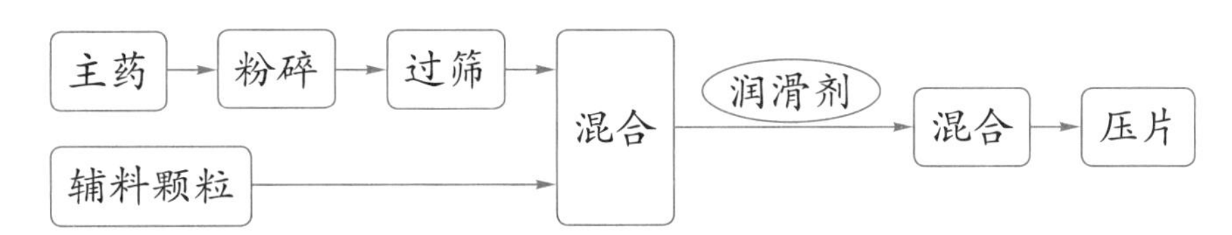

该法适合于对湿热敏感不宜制粒，而且压缩成型性差的药物；也可用于含药较少的物料。这类药物可借助辅料的优良压缩特性而制成片剂。

课堂活动

请同学们归纳一下各种制片方法的特点和适用的药物。

四、中药片剂的制备

中药片剂系指将药材细粉或药材提取物加药材细粉或辅料压制而成的片状中药制剂。可分为药材全粉末片、浸膏片、半浸膏片和有效成分片等。中药片剂的制备方法有一定的特殊性。为了确保疗效，减少服用剂量，一般均需经过提取、分离、精制等过程。

（一）原材料处理的一般原则

1. 含水溶性有效成分，或含纤维较多、黏性较大、质地泡松或坚硬的药材，以水煎煮，浓缩成稠膏。必要时采用纯化方法去除杂质，再制成稠膏或干浸膏。

2. 含淀粉较多的药材、贵重药、毒性药、树脂类药及受热有效成分易破坏的药材等，一般粉碎成100目左右的细粉，用适当方法灭菌后备用。

3. 含挥发性成分较多的药材宜用双提法，先提取挥发性成分备用，药渣再与余药加水煎煮，并与蒸馏后的药液共制成稠膏或干浸膏粉。

4. 含脂溶性有效部位的药材，可用适宜浓度的乙醇或其他溶剂以适当的方法提取，再浓缩成稠膏。

5. 有效成分明确的药材，采用特定的方法和溶剂提取后制片。

（二）制备方法

1. 制颗粒　中药片剂一般均采用湿法制粒。由于中药片剂的种类不同，则制粒方法也有所差异。

（1）全粉末片：将全部的中药材细粉，混合均匀，加适量的黏合剂或润湿剂制成适宜的软材，再通过适宜的筛网制粒。此法适用于服用量较小的贵重药材以及对湿热敏感的中药材的制粒。

（2）半浸膏片：将部分药材制成浸膏，部分药材粉碎成细粉，两者混合制粒。其中浸膏可作为黏合剂，细粉可作为填充剂、崩解剂等。一般稠膏与粉末的比例以1∶3.5~1∶4为宜。

（3）全浸膏片：全部药材制浸膏，再制粒。常见的制备方法有以下几种。①如制得的干浸膏有一定黏性，可粉碎成20~40目大小的颗粒，必要时加入挥发油或其他辅料即可压片。此法所制的颗粒较粗且硬，压成的片剂常有麻点、斑点、色泽不匀等现象。②将浸膏粉碎成细粉（80~100目），用乙醇作为润湿剂迅速搅拌和制粒。此法制得的颗粒较细，制成的片剂外表也美观。③如浸膏黏性太强或量多，先须加入部分稀释剂或药材细粉混合均匀，烘干后直接粉碎成颗粒。④将水煎液浓缩到一定密度后，用喷雾干燥法制备干浸膏，再制粒压片。

（4）有效成分片：提取的有效成分混合物或单体经含量测定后，再加入辅料混合制粒。

2. 颗粒的干燥与整粒　湿粒的干燥温度一般为60~80℃，以免颗粒软化而黏结成块，同时能防止淀粉受到湿热的作用而糊化，失去崩解作用；含有芳香性、挥发性以及含有苷类成分的湿粒的干燥温度要控制在60℃以下，以免有效成分的散失。干粒中的含水量宜控制在3%~5%之间。

中药材干颗粒一般选用14~22目筛整粒。但全浸膏片中的颗粒较硬，可用40目筛整粒。

3. 计算片重　除有效成分片按一般片剂计算片重外，大多数中药片均按投料量计算片重。

4. 压片　中药片剂的压片方法与一般片剂相同，但压力要求更大些，否则易出现松片、裂片现象。同时在增加压力的同时，还需选择适宜的黏合剂、崩解剂和润滑剂等。

知识链接

中药片剂存在的问题和解决办法

1. 吸湿受潮的问题　中药片在贮存和使用过程中易吸湿受潮、变软、黏结和霉变，尤其是全浸膏片。一般可采用乙醇沉淀法以除去引湿性杂质、加入防潮性赋形剂、包不透湿的薄膜衣层、改用防湿包装等办法来解决。

2. 服用量过大的问题　一般可采用提取、去杂或精制等方法，以除去大量无效的物质，使服用量缩小。

3. 质量不稳定的问题　应严格控制中药材的质量，辨别真伪、区别优劣，按照《中国药典》(2020年版)规定的方法进行加工炮制、合理提取、去杂或精制，以确保中药片剂的质量。

五、片剂制备过程中可能出现的问题和解决方法

(一) 裂片

压成的片剂从模内推出时，有时会发生裂片现象。如果开裂的位置发生在药片的顶部称为顶裂，在片中间产生就称腰裂。产生裂片的原因很多，如黏合剂选择不当或用量不足、细粉过多、压力过大、冲头与冲模圈不符等。解决裂片的主要措施是选用弹性小、塑性大的辅料，选用适宜的制粒方法，选用适宜的压片机和操作参数等整体上提高物料的压缩成型性，降低弹性复原率。

(二) 松片

由于片剂的硬度不够，受振动易出现松散破碎的现象。主要的原因是药物的弹性回复大、可压性差。可通过选用黏性强的黏合剂、增大压片机的压力等方法来解决。

（三）黏冲

片剂表面被冲头黏去，造成片面粗糙不平或有凹痕的现象称黏冲。刻有文字或横线的冲头更易发生黏冲现象。主要的原因有颗粒含水量过多、润滑剂使用不当、冲头表面粗糙和工作场所湿度太高等。应根据实际情况查找原因予以解决。

（四）崩解迟缓

片剂超过了《中国药典》(2020年版）规定的崩解时限，即称崩解超限或崩解迟缓。其原因有崩解剂用量不足、黏合剂黏性太强或用量过多、压片时压力过大、疏水润滑剂用量过多等。应根据实际情况查找原因予以解决。

（五）片重差异超限

片重差异超限是指片重差异超过《中国药典》(2020年版）规定的限度。其主要原因是颗粒大小不均或流动性差、下冲升降不灵活、加料斗装量时多时少等，需及时处理解决。

（六）溶出超限

片剂在规定的时间内未能溶出规定量的药物，即为溶出超限或称为溶出度不合格，这将使片剂难以发挥其应有的疗效。因为片剂口服后，必须经过崩解、溶出、吸收等几个过程，其中任何一个环节发生问题都将影响药物的实际疗效。上述几个过程图解如下：

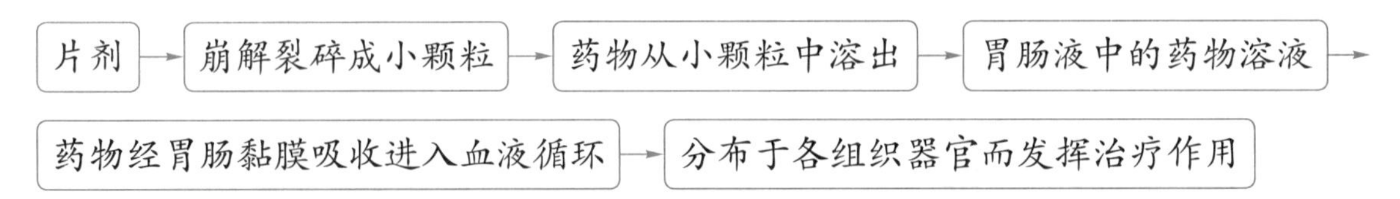

影响药物溶出度的主要原因是片剂不崩解、颗粒过硬、药物的溶解度差等。改善的办法有：①用适宜的崩解剂；②药物微粉化，增加表面积；③制备研磨混合物，疏水性药物与大量水溶性辅料共同研磨，防止疏水性药物粒子聚集；④制成固体分散物，使难溶性药物以分子或离子形式分散在易溶性的高分子载体中；⑤吸附于载体后压片。

（七）含量不均匀

片重差异超限皆可造成药物含量的不均匀。另外，药物的混合度差或可溶性成分在干燥时表面迁移等也会造成含量不均匀。

片剂制备中可能发生的问题及解决方法见表9-7。

表 9-7　片剂制备中可能发生的问题及解决方法

现象	主要原因	解决方法
松片	①黏合剂或润滑剂用量不足或黏性差、颗粒松、细粉多；②颗粒的含水量过多、结晶水失去多	①选择适当黏合剂，重新制粒；②喷入适量稀乙醇或和含水量多的颗粒掺合压片
裂片	①黏合剂用量不足或黏性差、颗粒不均匀、细粉过多；②颗粒中的油类成分多，降低黏合力；③颗粒的含水量过多、结晶水失去多；④药物本身具弹性；⑤压力过大、车速过快	①选择适当的黏合剂，重新制粒；②加吸收剂；③喷入适量稀乙醇或和含水量多的颗粒掺合压片；④加糖粉增加黏性、降低弹性；⑤减低压力、减慢车速
黏冲	①颗粒的含水量过多、车间湿度过大；②润滑剂的用量不足或混合不匀；③冲头粗糙或不净	①继续干燥、降低空间湿度；②加大润滑剂的用量，充分混匀；③更换冲头
崩解迟缓	①崩解剂的用量不足；②润滑剂的用量过大；③黏合剂的黏性过强，颗粒太硬；④压力过大	①加大崩解剂的用量；②减少用量或换用；③减低黏合剂的用量或换用；④减低压力
片重差异超限	①颗粒的流动性不好、大小不匀；②冲头与模孔的吻合性不好；③加料斗的装量时多时少	①重新制粒；②更换冲头、模圈；③停车、检修
溶出超限	①剂不崩解；②颗粒过硬；③药物溶解度较差	①用适宜的崩解剂；②药物微粉化，增加表面积；③疏水性药物与大量水溶性辅料研磨混合；④难溶性药物以分子或离子形式分散在易溶性的高分子载体中；⑤吸附于载体后压片
含量不均匀	①片重差异超限；②药物的混合度差；溶性成分在干燥时表面迁移	①制片重差异；②改良制备工艺

技能赛点

压片技术实操

1. 按照片型要求更换压片机冲头冲模。
2. 取颗粒物料加入适宜辅料。
3. 压片机压片操作。
4. 检查片剂外观、硬度、崩解度等合格与否，按需调节压片机。

点滴积累

1. 片剂的制备方法按制备工艺分为四小类，即湿法制粒压片法、干法制粒压片法、直接粉末（结晶）压片法、半干式颗粒（空白颗粒）压片法。

2. 最广泛应用的制片方法是湿法制粒压片法，适用于对湿热稳定的药物。

3. 压片过程中常出现的质量问题有裂片、黏冲、溶出超限、松片、崩解迟缓、片重差异超限、含量不均匀等。

任务四　片剂的包衣

一、概述

片剂包衣是指在片剂表面包裹适宜材料的操作。被包的片剂称“片芯”，包衣的材料称“衣料”，包成的片剂称“包衣片”。根据衣料不同分为糖衣片和薄膜衣片。糖衣片以蔗糖为主要包衣材料；薄膜衣以高分子成膜材料为主要包衣材料。

（一）包衣的目的

1. 提高美观度　包衣层中可着色，最后抛光，可显著改善片剂的外观。

2. 避光、防潮，以提高药物的稳定性。

3. 掩盖药物不良臭味　具有苦味、腥味的药物可包糖衣，如盐酸小檗碱片、氯霉素片等。

4. 控制药物释放部位　易在胃液中因酸性或胃酶破坏，以及对胃有刺激性并影响食欲，甚至引起呕吐的药物都可包肠溶衣，使在胃中不溶，而在肠中溶解。另外还有利用包衣法定位给药，例如结肠给药。

5. 避免药物的配伍变化　使有配伍变化的药物隔离，可将两种有化学性配伍禁忌的药物分别置于片芯和衣层，或制成多层片等。

6. 控制药物的释放速度。可制成药物的缓释片等。

7. 采用不同颜色的包衣，增加药物的识别能力，提高用药的安全性。

（二）包衣的质量要求

待包衣的片芯或素片的外形应具有适宜的弧度，以利于边缘部位覆盖衣层和保持衣层完整；片芯要有一定的硬度，能承受包衣过程的滚动、碰撞和摩擦；片芯的脆性要小，以免因碰撞破裂；片芯崩解时限应符合《中国药典》（2020年版）规定。

包衣层的厚薄应均匀、牢固；“衣料”与“片芯”不起任何反应；贮藏过程包衣仍能保持光洁、美观、色泽一致并无裂片现象出现，包衣不影响片剂的崩解。

二、包衣方法及设备

常用的包衣方法有滚转包衣法、流化包衣法及压制包衣法（干压包衣法）等。

（一）滚转包衣法

滚转包衣法又称锅包衣法。该方法是经典且广泛使用的包衣方法，可用于糖包衣、薄膜包衣以及肠溶包衣等，包括普通滚转包衣法和埋管包衣法等。

1. 倾斜包衣锅　包衣锅一般为不锈钢材质，有良好的导热性。包衣锅有莲蓬形和荸荠形（图9-8）等。包衣锅的轴与水平的夹角为30°～45°，以使片剂在包衣过程中

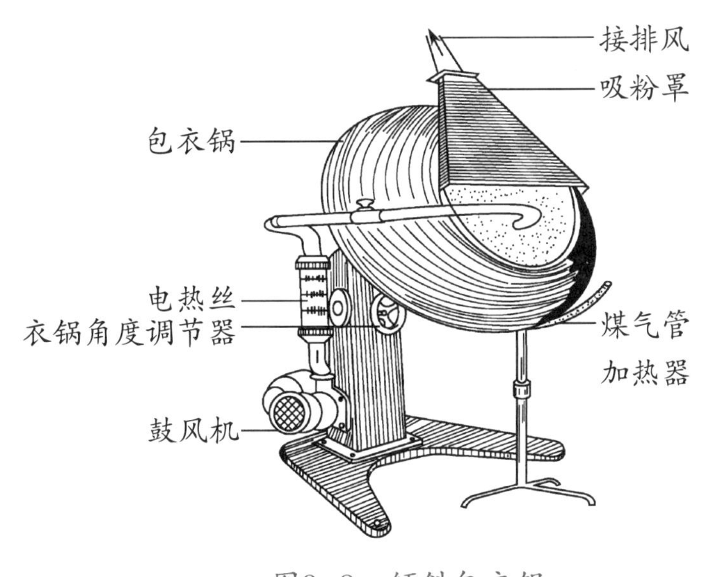

图9-8　倾斜包衣锅

既能随锅的转动方向滚动，又能沿轴的方向运动，使混合的作用更好。包衣锅的转动速度一般控制在20~40r/min，以能使片剂在锅中随着锅的转动而上升到一定高度，随后作弧线运动而落下为度，使包衣材料能在片剂表面均匀地分布，片与片之间又有适宜的摩擦力。近年多采用可无级调速的包衣锅。

包衣锅用电炉或煤气加热锅壁，并通入干热空气以加速包衣液中溶剂的蒸发。装有排风装置和吸粉罩等，加速水蒸气的排出和吸去粉尘，既可加速干燥，又利于劳动防护等。

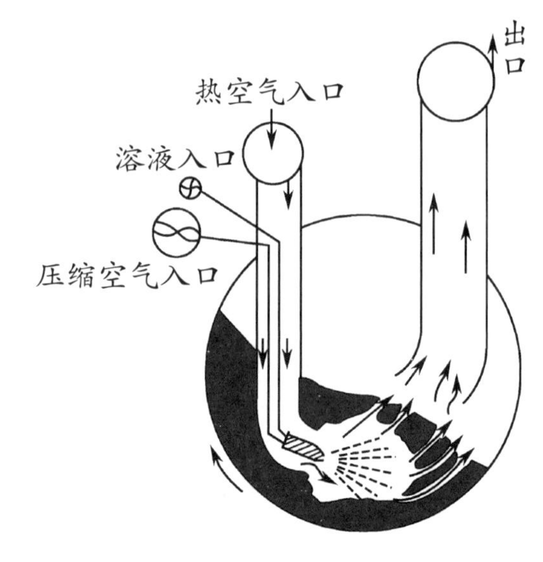

图9-9　埋管包衣锅的结构示意图

因普通包衣锅耗能较大、操作时间长、工艺复杂等缺点，所以研发人员开发了在物料层内插进喷头和空气入口，使包衣液的喷雾在物料层内进行，热气通过物料层，不仅能防止喷液的飞扬，而且能加快物料的运动速度和干燥速度，称为埋管包衣锅（图9-9）。

2. 高效水平包衣锅　高效水平包衣锅（图9-10）是为改善传统的倾斜型包衣锅的干燥能力差的缺点而开发的新型包衣锅，其干燥速度快、包衣效果好，已成为包衣装置的主流。

加入锅内的片剂随转筒运动被带动上升到一定高度后，由于重力作用在物料层斜面上边旋转边滑下。在转动锅壁上装有带动颗粒向上运动的挡板，喷雾器安装于颗粒层斜面上部，向物料层表面喷包衣溶液，干燥空气从转锅前面的空气入口进入，透过颗粒层从锅的夹层排出。这种装置适合于包薄膜衣和包糖衣。

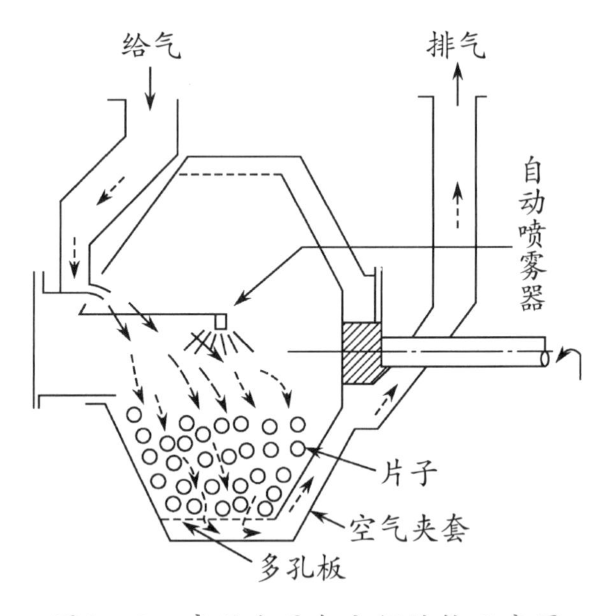

图9-10　高效水平包衣锅结构示意图

（二）流化包衣法

流化包衣与流化制粒的原理基本相似，是将片芯置于流化床中，通入气流，借急速上升的空气流的动力使片芯悬浮于包衣室内，上下翻动处于流化（沸腾）状态；然后将包衣材料的溶液或混悬液以雾化状态喷入流化床，使片芯表面均匀分布一层包衣材料，并通入热空气使之干燥，如此反复包衣，直至达到规定的要求（图9-11）。

流化包衣的药片运动主要依靠热气流推动，干燥能力强，包衣时间短，装置密闭，安全卫生；但大药片运动较难，小药片包衣易粘连。

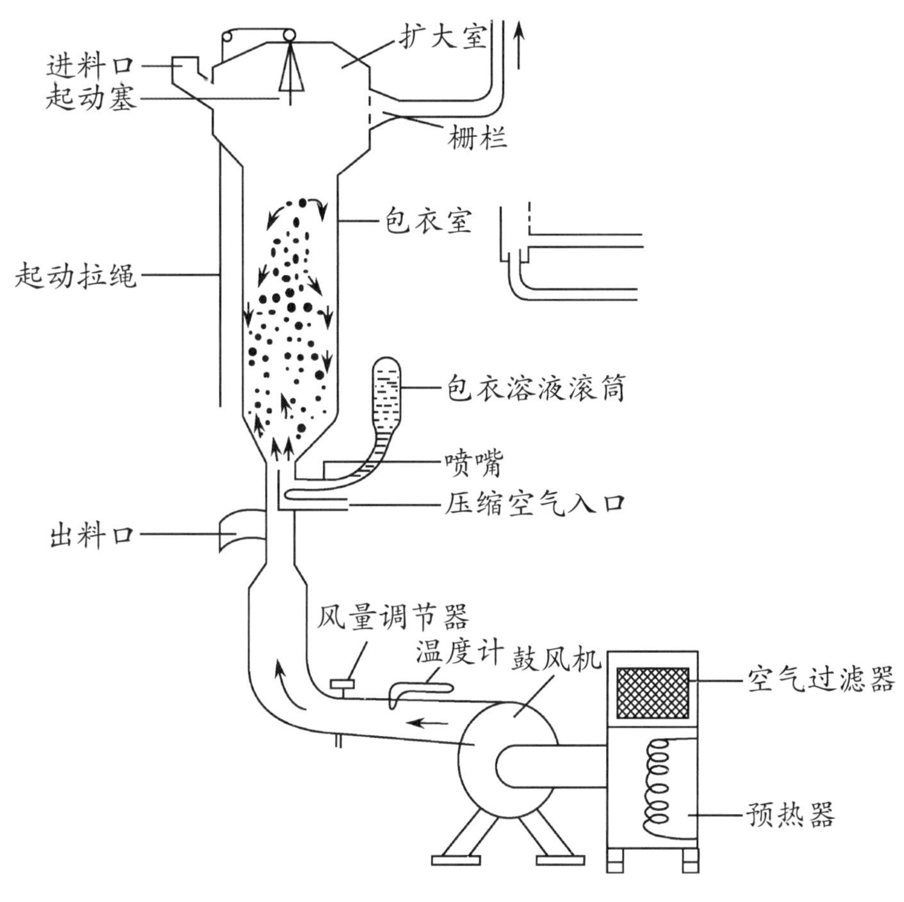

图9-11　流化包衣装置

（三）压制包衣法

压制包衣法是将两台旋转式压片机用单传动轴配成一套机器。包衣时先用一台压片机将物料压成片芯后，由传递装置将片芯传递到另一台压片机的模孔中，在传递过程中由吸气泵将片外的细粉除去，在片芯到达第二台压片机之前，模孔中已填入了部分包衣物料作为底层，然后片芯置于其上，再加入包衣物料填满模孔，进行第二次压制成包衣片。该法可以避免水分、高温对药物的不良影响，生产流程短、自动化程度高、劳动条件好，但对压片机的精度要求较高。

三、包衣材料与包衣过程

（一）糖衣片

糖衣片是指用蔗糖为主要包衣材料制成的包衣片。糖衣有一定的防潮、隔绝空气的作用；可掩盖药物的不良气味，改善片剂外观，易于吞服。糖衣层能迅速溶解，对片剂崩解影响不大。但包糖衣的工艺费时，包衣质量在一定程度上依赖于操作者的经验和技艺，包衣后增重多达100%。

糖包衣的生产工艺主要有以下几个步骤，见图9-12。各个步骤的操作目的不同，所用的材料亦不同。

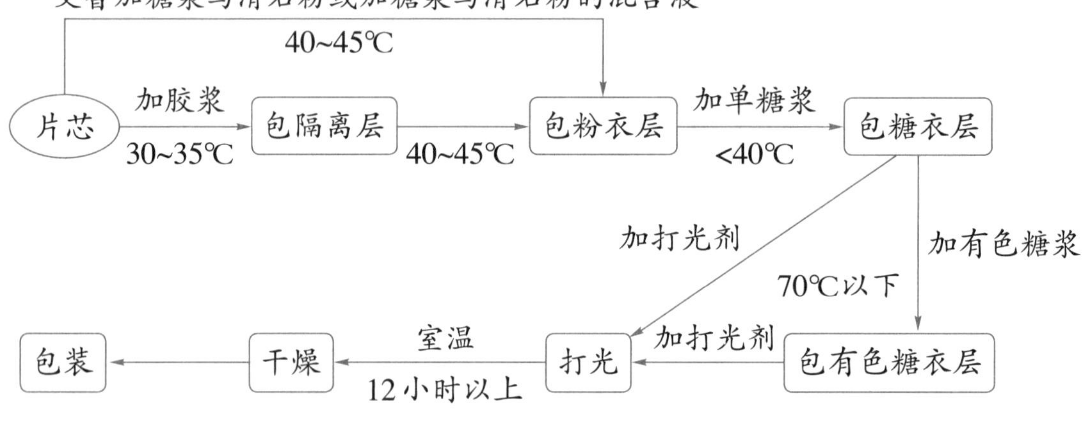

图9-12　片剂的糖包衣工艺流程

1. 隔离层　是指在片芯外包一层起隔离作用的衣层。其作用是将片芯与其他包衣材料隔离，以防发生相互作用，防止包衣溶液中的水分渗入片芯，致使片芯膨胀或变软。隔离层一般包3~5层。

包隔离层的材料应为水不溶性材料，其防水性能好。常用的有10%~15%明胶浆、30%~35%阿拉伯胶浆、10%玉米朊乙醇溶液、15%~20%虫胶乙醇溶液、10%醋酸纤维素酞酸酯（CAP）乙醇溶液等。隔离层一般包3~5层。

2. 粉衣层　是将片芯边缘的棱角包圆的衣层，即消除棱角。将已包隔离层的片芯用适宜的润湿黏合剂润湿后，加入粉衣料适量，使黏附在片剂表面，重复以上操作若干次，直到片芯棱角消失。常用的润湿黏合剂为明胶、阿拉伯胶及蔗糖的水溶液，也用其混合水溶液。最为常用的粉衣料是滑石粉，常用65%（*m/m*）或85%（*m/V*）糖浆作黏合剂。滑石粉中加入10%~20%的碳酸钙、碳酸镁或淀粉等混合使用时可作为油类吸收剂和糖衣层的崩解剂。粉衣层一般包15~18层。

3. 糖衣层　是在粉衣层外用蔗糖包一层蔗糖衣，使其表面光滑、细腻。常用65%

（*m/m*）或85%（*m/V*）的糖浆。糖衣层一般包10~15层。

4. 有色糖衣层　在糖衣层表面用加入适宜色素的蔗糖溶液包有色糖衣层，以增加美观，便于识别。应选用食用色素。一般包8~15层。

5. 打光　是指在糖衣外涂上极薄的蜡层，使药片更光滑、美观，兼有防潮作用。常用虫蜡细粉，即米心蜡（也叫川蜡），也可以在虫蜡中加入2%硅油混匀冷却后磨成的细粉（过80目筛），常用量是每万片用量约5~10g。

包衣过程的注意事项：每次加入液体或粉衣料均应使其分布均匀；每次加入液体并分布均匀后，应充分干燥，才能再一次加溶液或粉衣料，溶液黏度不宜太大，否则不易分布均匀等。生产中包粉衣层等经常采用混浆法，即将粉衣料混悬于黏合剂溶液，加入转动的片剂中，此法可以减少粉尘和简化工序。

包糖衣过程中可能存在的问题及解决办法见表9-8。

表9-8　包糖衣过程中可能存在的问题及解决办法

常见问题	原因	解决办法
糖浆不粘锅	锅壁上蜡未除尽	洗净锅壁，或再涂一层热糖浆，撒一层滑石粉
色泽不均	片面粗糙，有色糖浆用量过少且未搅匀；温度太高，干燥过快，糖浆在片面上析出过快，衣层未干就加蜡打光	针对原因予以解决，如可用浅色糖浆，增加所包层数，“勤加少上”控制温度，情况严重时，可洗去衣层，重新包衣
片面不平	撒粉太多，温度过高，衣层未干就包第二层	改进操作方法，做到低温干燥，勤加料，多搅拌
龟裂或爆裂	糖浆与滑石粉用量不当，芯片太松温度太高，干燥过快，析出粗糖晶使片面留有裂缝	控制糖浆和滑石粉用量，注意干燥时的温度与速度，更换片芯
漏边与麻面	衣料用量不当，温度过高或吹风过早	注意糖浆和粉料的用量，糖浆以均匀润湿片芯为度，粉料以能在片面均匀黏附一层为宜，片面不见水分和产生光亮时，再吹风
黏锅	加糖浆过多，黏性大，搅拌不匀	糖浆的含量应恒定，一次用量不宜过多，锅温不宜过低
膨胀磨片或剥落	片芯或糖衣层未充分干燥崩解剂用量过多	注意干燥，控制胶浆或糖浆的用量

（二）薄膜衣片

薄膜衣片是在片芯之外包一层薄的高分子聚合物衣，形成薄膜。与包糖衣片比较其优点为：①操作简便，节约材料、劳动力等，成本较低；②片重仅增加2%~4%，节约包装材料等；③利于制成胃溶、肠溶或长效缓释制剂；④压在片芯上的标志在包薄膜衣后仍清晰可见；⑤便于生产工艺的自动化。

包薄膜衣的生产工艺过程如图9-13表示。

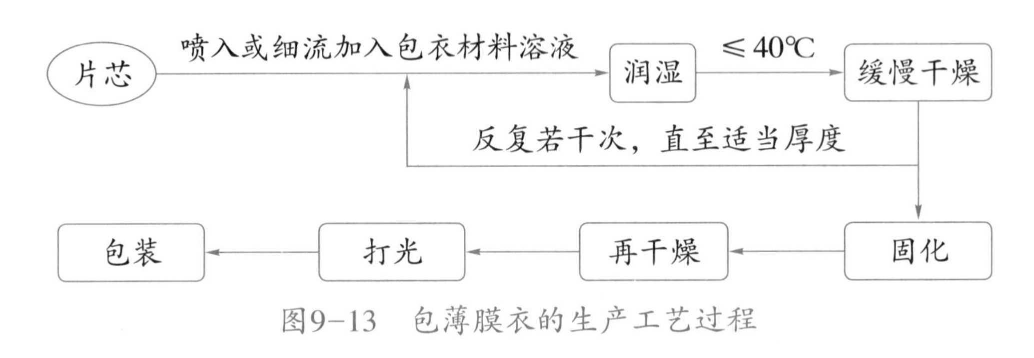

图9-13 包薄膜衣的生产工艺过程

1. 薄膜包衣的材料 薄膜包衣的材料通常由高分子材料、增塑剂、释放速度调节剂、增光剂、固体物料、色料和溶解等组成。要求其应有良好的成膜性，有良好的机械强度，防潮性好，而透气性要差等。高分子材料为薄膜衣的成膜材料，又分为胃溶型（普通型薄膜包衣材料）、肠溶型、缓释型包衣材料三大类。

（1）胃溶型高分子材料（普通型薄膜包衣材料）：指在水或胃液中可以溶解的材料，常用的一般薄膜衣材料见列表9-9。

表9-9 常用的一般薄膜衣材料

名称	主要特点	应用
羟丙甲纤维素（HPMC）	可溶于某些有机溶剂和水；成膜性能好，衣膜透明坚韧；包衣时没有黏结现象等	为广泛使用的纤维素包衣材料，一般浓度为2%~5%
羟丙纤维素（HPC）	与HPMC相似，能溶于胃肠液中。最大的缺点是有较强的黏性	常与其他薄膜衣材料混合使用
乙基纤维素（EC）	不溶于水，有良好的成膜性	为现在广泛使用的乙基纤维素水分散体，可避免包衣时有机溶剂的损害

续表

名称	主要特点	应用
聚乙二醇（PEG）	可溶于水及胃肠液，相对分子量在4000~6000者可成膜，形成的衣层对热敏感，温度高时易熔融	常与其他薄膜衣材料如CAP等混合使用
聚维酮（PVP）	性质稳定，防潮性能好，形成的膜比较坚固，久贮也不影响崩解性能	可用作胃溶型薄膜衣材料
聚丙烯酸树脂	是一种安全、无毒的药用高分子材料	分胃溶型和肠溶型树脂

（2）肠溶型高分子材料：是指在胃液中不溶，但可在pH较高的水中及肠液中溶解的成膜材料。常见的肠溶型成膜材料见表9-10。

表9-10　常见的肠溶型成膜材料

名称	主要特点	应用
虫胶	不溶于胃液中，在pH 6.4以上的体液中能迅速溶解	目前虫胶包肠溶衣已少用
邻苯二甲酸醋酸纤维素（CAP）	有吸湿性，成膜性能好，包衣后不溶于酸性溶液，在pH 6以上能溶，且胰酶能促进其消化，保证片剂在肠内能崩解	包衣时一般用8%~12%的乙醇丙酮混合液
丙烯酸树脂	作为肠溶衣时渗透性较小，且在肠中溶解性能好，形成的膜脆性较强，应添加适宜的增塑剂	为肠溶衣材料
羟丙甲纤维素邻苯二甲酸酯（HPMCP）	不溶于酸性溶液，但可溶于pH 5~5.8以上的缓冲液中，成膜性能好，膜的抗张强度大；安全无毒	是一种在十二指肠上端能开始溶解的肠溶衣材料

（3）缓释型包衣材料：主要作用是调节药物的释放速度。常用中性的甲基丙烯酸酯共聚物和乙基纤维素（EC），在整个生理pH范围内不溶。甲基丙烯酸酯共聚物具有溶胀性，对水及水溶性物质有通透性，而EC通常与HPMC或PEG混用产生致孔作用，使药物溶液容易扩散。

（4）增塑剂：系指能增加成膜材料的可塑性的材料。加入增塑剂可使衣层的柔韧性增加。常用的水溶性增塑剂有甘油、聚乙二醇、丙二醇；水不溶性增塑剂有蓖麻油、乙酰化甘油酸酯、邻苯二甲酸酯类、硅油等。

（5）溶剂：溶解成膜材料及增塑剂，挥发后成膜材料均匀分布在片剂表面成膜。溶液的黏度和溶剂的蒸发速度能影响衣层质量。常用的溶剂有水、甲醇、乙醇、丙酮、异丙醇等；对肠溶型材料可以考虑用蒸馏水为溶剂并用氨水调pH，使成膜材料溶解。

（6）着色剂与避光剂：应用着色剂与避光剂的目的是易于识别不同类型的片剂，改善片剂外观，并可遮盖有色斑的片芯，或不同批号的片芯间色调的差异。常用的着色剂有水溶性、水不溶性和色淀等三类。避光剂可提高片芯内药物对光的稳定性，如二氧化钛（钛白粉）。

2. 包薄膜衣的操作程序

（1）准备：在包衣锅内装入适当形状的挡板，以利于片芯的转动与翻动。

（2）喷包衣液：将片芯放入锅内，喷入一定量的薄膜衣材料溶液，使片芯表面均匀湿润。

（3）缓慢干燥：吹入缓和的热风使溶剂蒸发（温度最好不超过40℃，以免干燥过快，出现“皱皮”或“起泡”现象；也不能干燥过慢，否则会出现“粘连”或“剥落”现象）。如此重复上述操作若干次，直至达到一定的厚度为止。

（4）固化：大多数的薄膜衣需要一个固化期，一般使在室温或略高于室温下自然放置6~8小时使之固化完全。

（5）缓慢干燥：使残余的有机溶剂完全除尽，一般还要在50℃以下干燥12~24小时。

知识链接

半薄膜衣

半薄膜衣是糖衣片与薄膜衣片两种工艺的结合，先在片芯上包裹几层粉衣层和糖衣层（减少糖衣的层数），再包上2~3层薄膜衣层。既能克服薄膜衣片不易掩盖片芯原有颜色和不易包没片剂棱角的缺点，又不过多增加片剂的体积。具有衣层牢固、保护性能好、没有糖衣片易引湿发霉和包衣操作复杂等优点。

包薄膜衣过程中可能存在的问题及解决办法见表9-11。

表9-11 包薄膜衣过程中可能存在的问题及解决办法

常见问题	原因	解决办法
起泡	固化条件不当，干燥速度过快	掌握成膜条件，控制干燥温度和速度
皱皮	选择衣料不当，干燥条件不当	更换衣料，改善成膜温度
剥落	选择衣料不当，两次包衣间的加料间隔过短	更换衣料，调节间隔时间，调节干燥温度和适当降低包衣液的浓度
花斑	增塑剂、色素等选择不当。干燥时，溶剂可溶性成分带到衣膜表面	改变包衣处方、调节空气温度和流量，减慢干燥速度
肠溶衣片不能安全通过胃部	选择衣料不当，衣层太薄、衣层机械强度不够	选择衣料，重新调整包衣处方
肠溶衣片肠内不溶解（排片）	选择衣料不当，衣层太厚、贮存变质	选择适当衣料、减少衣层厚度、控制贮存条件防止变质

知识链接

包衣工艺管理与质量控制

1. 生产工艺管理点

（1）包衣岗位操作室要求室内压大于室外压力，温度18~26℃，相对湿度45%~65%，洁净度一般达D级。

（2）使用有机溶剂的包衣室和配制室应做到防火防爆。

（3）生产过程中的物料应有标示。

（4）配制包衣用溶液时，选用容器的大小要适适宜，并应注意包衣溶液的浓度、颜色应符合规定。

（5）按设备的清洁要求进行清洁。

2. 质量控制点 包衣过程中的质量控制点有外观、增重、脆碎度、被覆强度检查、含水量检查、崩解度。①外观：药片表面应光亮，色泽均匀，颜色一致。表面不得有缺陷（碎片、黏连剥落、起皱、起泡等），药片不得有严重畸形。②增重：薄膜衣片增重3%~4%，粉衣片增重50%，糖衣片增重80%。③脆碎度：按《中国药典》（2020年版）规定的方法检查，药片不得有破碎。④被覆强度检查：将包衣片50片置250W红外线灯下15cm处，加热片面应无变化。⑤含水量检查：水分一般不得大于3%~5%。⑥崩解时限：按《中国药典》（2020年版）方法检查，检查结果应符合规定。

点滴积累

1. 片剂包衣是指在片剂表面包裹适宜材料的操作。
2. 包衣的目的有提高药物的稳定性；掩盖药物的不良臭味；控制药物的释放部位和释放度；避免药物配伍变化；改善片剂的外观和便于识别。
3. 包衣材料有包糖衣材料、薄膜衣材料、肠溶衣材料。
4. 包衣方法有滚转包衣法、流化床包衣法、压制包衣法。
5. 包糖衣片过程包括包隔离衣→包粉衣层→包糖衣层→包有色糖衣→打光→包装。

任务五　片剂的质量控制

《中国药典》（2020年版）附录在制剂通则中除对片剂的外观做了一般规定外，对片剂的重量差异和崩解时限也做了具体规定，同时还规定对小剂量片剂进行含量均匀度检查，规定对某些片剂进行溶出度或释放度检查。

一、外观性状

表面完整光洁、色泽均匀、字迹清晰、无杂色斑点和异物，包衣片中畸形片不得超过0.3%，并在规定的有效期内保持不变。

二、重量差异

照下述方法检查，应符合规定。取供试品20片，精密称定总重量，求得平均片重后，再分别精密称定每片的重量，每片重量与平均片重比较（凡无含量测定的片剂或有标示片重的中药片剂，每片重量应与标示片重比较），按表9-12中的规定，超出重量差异限度的不得多于2片，并不得有1片超出限度1倍。

糖衣片的片芯应检查重量差异并符合规定，包糖衣后不再检查重量差异。薄膜衣片应在包薄膜衣后检查重量差异并符合规定。

凡规定检查含量均匀度的片剂，一般不再进行重量差异检查。

表9-12 《中国药典》（2020年版）规定的片重差异限度

平均片重或标示片重	重量差异限度
0.30g以下	±7.5%
0.30g及0.30g以上	±5%

三、硬度与脆碎度

硬度和脆碎度反映药物的压缩成型性，对片剂的生产、运输和贮存带来直接影响，对片剂的崩解、溶出度也都有直接影响。

硬度：在生产中检查硬度常用指压法。将片剂置于中指与示指之间，以拇指轻压，根据片剂的抗压能力判断它的硬度。

脆碎度：是指片剂经过震荡、碰撞而引起的破碎程度。脆碎度测定是《中国药典》（2020年版）规定的非包衣片的检查项目。

用于测定片剂硬度和脆碎度的仪器有孟山都硬度计（图9-14）、罗许脆碎仪（图9-15）、片剂四用测定仪等。

1. 孟山都硬度计　孟山都硬度计是通过一个螺栓对一弹簧加压，由弹簧推动压板对片剂加压，由弹簧长度变化反映压力的大小，片剂破碎时的压力即为硬度。《中国药典》（2020年版）对片剂的硬度大小没有明确规定，企业可以根据药品的品种与规格来制定企业的内控标准。

2. 罗许脆碎仪　罗许脆碎仪主要部分为一透明塑料制成的转鼓，若片重小于或等于0.65g取若干片，使总重约为6.5g；若片重大于0.65g取10片，用吹风机吹去表面粉末，精称重量后，放入转鼓内，转鼓以25r/min速度转动，转动100次（一般4分

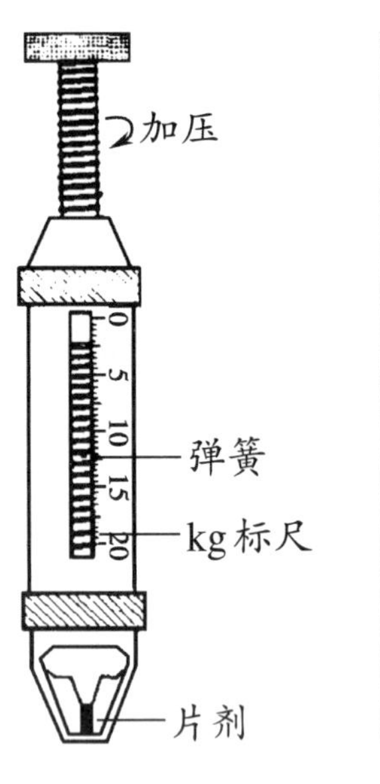

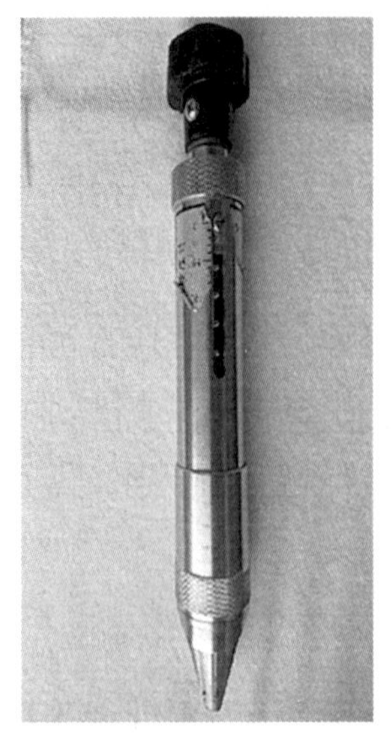

图9-14　孟山都硬度计

图9-15　罗许脆碎仪

钟）后，取出除去粉末精称重量，减失的重量不得超过1%，且不能检出断裂、龟裂及粉碎的药片。如减失的重量超过1%，复检两次，三次的平均减失重量不得超过1%。

3. 片剂四用测定仪　片剂四用测定仪具有测定片剂的硬度、脆碎度、崩解度和溶出度四种作用。

四、崩解时限

崩解是指口服固体制剂在规定的条件下全部崩解溶散或成碎粒，除不溶性包衣材料或破碎的胶囊壳外，应全部通过筛网。如有少量不能通过筛网，但已软化或轻质上漂且无硬心者，可作符合规定论。

凡规定溶出度、释放度或融变时限的制剂，不再进行崩解时限检查。口含片、咀嚼片、溶液片、缓控释片不需要进行崩解时限检查。

崩解时限标准：

（1）普通片应在15分钟内全部崩解。

（2）中药全粉片应在30分钟内全部崩解。浸膏（半浸膏）片应在1小时内全部崩解。

（3）糖衣片应在1小时内全部崩解。

（4）薄膜衣片在盐酸溶液（9→1 000）中进行检查，应在30分钟内全部崩解。

（5）肠溶衣片先在盐酸溶液（9→1 000）中检查2小时，每片不得有裂缝崩解或软化现象，于pH为6.8的磷酸盐缓冲液中应1小时内全部崩解。

（6）含片不应在10分钟内全部崩解或溶化；舌下片应在5分钟内全部崩解或溶化。

（7）可溶片应在3分钟内（水温为15~25℃）全部崩解或溶化。

（8）泡腾片应在5分钟内崩解。

具体参照《中国药典》（2020年版）四部通则0921。

五、含量均匀度

本法用于检查单剂量的固体、半固体和非均相液体制剂含量符合标示量的程度。除另有规定外，片剂每一个单剂标示量小于25mg或主药含量小于每一个单剂重量25%者，均应检查含量均匀度。复方制剂仅检查符合上述条件的组分，多种维生素或微量元素一般不检查含量均匀度。

凡检查含量均匀度的制剂，一般不再检查重（装）量差异；当全部主成分均进行含量均匀度检查时，复方制剂一般亦不再检查重（装）量差异。

具体参照《中国药典》（2020年版）四部通则0941。

六、溶出度测定

溶出度系指药物从片剂、胶囊剂或颗粒剂等固体制剂中在规定的条件下溶出的速率和程度。凡检查溶出度的制剂，不再进行崩解时限的检查。

难溶性药物的溶出是其吸收的限制过程。实践证明，很多药物的片剂体外溶出与体内吸收有相关性，因此溶出度测定法作为反映或模拟体内吸收情况的试验方法，在评定片剂质量上有着重要意义。

在片剂中除了规定有崩解时限外，对以下情况还要进行溶出度测定以控制或评定其质量：①含有在消化液中难溶的药物；②与其他成分容易发生相互作用的药物；③久贮后溶解度降低的药物；④剂量小、药效强、不良反应大的药物片剂。

溶出度测定常用检测方法有转篮法、桨法和小杯法。操作过程有所不同，但操作结果的判断方法相同。具体测定方法详见《中国药典》（2020年版）四部通则0931。

七、释放度测定

释放度系指药物从缓释制剂、控释制剂、肠溶制剂及透皮贴剂等中，在规定的条件下释放的速度和程度。凡检查释放度的制剂，不再进行崩解时限的检查。具体测定方法详见《中国药典》（2020年版）四部通则0931。

八、发泡量

阴道泡腾片需进行发泡量检查。除另有规定外，取25ml具塞刻度试管（内径1.5cm，若片剂直径较大，可改为内径2.0cm）10支，按表9-13中规定加水一定量，置37℃ ±1℃水浴中5分钟，各管中分别投入供试品1片，20分钟内观察最大发泡量的体积，平均发泡体积不得少于6ml，且少于4ml的不得超过2片。

表9-13 《中国药典》（2020年版）规定的发泡量检查法加水量规定

平均片重	加水量
1.5g及1.5g以下	2.0ml
1.5g以上	4.0ml

九、分散均匀性

分散片应检查分散均匀性。按照《中国药典》（2020年版）四部通则0921崩解时限检查法进行检查，应符合要求。

十、微生物限度

口腔贴片、阴道片、阴道泡腾片和外用可溶片等局部用片剂应检查微生物限度，应符合规定。具体参照非无菌产品微生物限度检查：微生物计数法（通则1105）、非无菌产品微生物限度检查：控制菌检查法（通则1106）及非无菌药品微生物限度标准（通则1107）。

点滴积累

片剂的一般质量检查项目包括外观、重量差异、硬度与脆碎度、崩解时限、含量均匀度、溶出度测定、释放度测定、发泡量、分散均匀性、微生物限度等。

任务六　片剂的包装与贮存

一、片剂的包装

片剂一般均应密封包装，要防潮、隔绝空气等以防止变质和保证卫生标准合格；某些对光敏感的药片应采用遮光容器。片剂包装通常采用以下两种形式：

1. 多剂量包装　将若干片包装于一个容器内，常用的容器多为玻璃瓶或塑料瓶，也有用软性薄膜、纸塑复合膜、金属箔复合膜等制成的药袋。应用最多的是玻璃瓶，其密封性好，不透水汽和空气，化学惰性好，不易变质，价格低廉，有色玻璃有一定的避光作用；但易于破损。近年来塑料瓶（盒）的应用增加，优点是轻巧而不易破碎。常用聚乙烯、聚苯乙烯、聚氯乙烯容器。

2. 单剂量包装　将片剂单个隔开分别包装，每片均处于密封状态，为单剂量包装，既可提高对产品的保护作用，也有利于杜绝污染。

（1）泡罩包装：亦称水眼泡（设备见图9-16）。采用无毒铝箔和无毒聚氯乙烯硬片，在平板泡罩式或吸泡式包装机上，经热压形成的泡罩式包装。底层材料的背面可印上药名、使用方法等。泡罩透明、坚硬而且美观（包装成品见图9-17）。

图9-16　片剂的包装设备

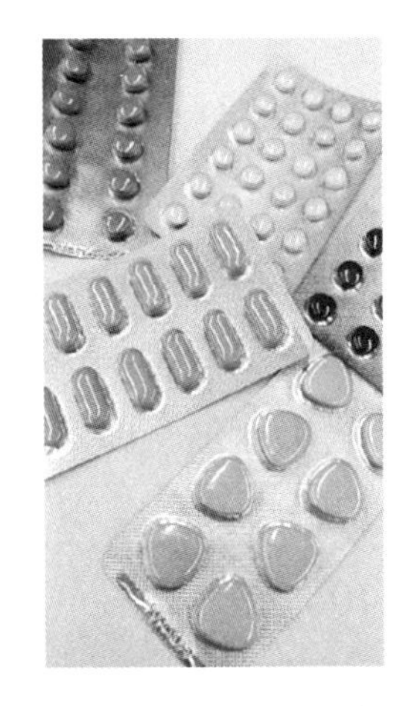

图9-17　片剂的包装成品

（2）窄条式包装：由两层膜片（铝塑复合膜、双纸塑料复合膜等）经黏合或热压形成的带状包装，较泡罩式简便、成本也稍低。

二、片剂的贮存

片剂应密封贮存，防止受潮、发霉、变质。除另有规定外，一般应将包装好的片剂放在阴凉（20℃以下）、通风、干燥处贮藏。对光敏感的片剂应避光保存；受潮后易分解变质的片剂，应在包装容器内放干燥剂（如干燥硅胶）。

片剂是一种较稳定的剂型，只要包装与贮藏适宜，一般可贮存较长时间。但不同片剂的药物性质不同，片剂质量也不同。含挥发性药物的片剂久贮易有含量的变化；糖衣片易有外观的变化；有些片剂久贮后片剂的硬度变大等，应予以注意。

点滴积累

1. 片剂的包装从使用上分为单剂量包装和多剂量包装；包装材料有塑料、铝箔、玻璃等。
2. 片剂应密封贮存，防止受潮、发霉、变质。对光敏感的片剂应避光保存。
3. 非包衣片的储存条件一般为常温库即可，但要注意包衣片的储运条件，注意在储运过程中产生水蒸气，从而破坏包衣层。

任务七　实例分析

一、性质稳定易成型药物的片剂

复方磺胺甲噁唑片

【处方】		
	磺胺甲噁唑（SMZ）	400g
	甲氧苄啶（TMP）	80g
	淀粉	40g
	10%淀粉浆	24g
	干淀粉	23g
	硬脂酸镁	3g
	制成	1 000片

【制法】

（1）将SMZ、TMP过80目筛，与淀粉混匀，加淀粉浆制成软材，用14目筛制粒。

（2）置70~80℃干燥后过12目筛整粒，加入干淀粉及硬脂酸镁混匀后，压片，即得。

【作用与用途】广谱抗菌药，用于敏感菌引起的呼吸道或肠道感染、败血症等。

【用法与用量】口服，一日2次，早、晚各1~2片。

 **课堂活动**

请同学们对"复方磺胺甲噁唑片"进行处方分析。

二、不稳定药物的片剂

复方阿司匹林片

【处方】	药品	用量
	阿司匹林	268g
	对乙酰氨基酚	136g
	咖啡因	33.4g
	淀粉	266g
	淀粉浆（15%~17%）	85g
	滑石粉	25g
	轻质液状石蜡	2.5g
	酒石酸	2.7g
	制成	1 000片

【制法】

（1）将咖啡因、对乙酰氨基酚与1/3量的淀粉混匀，加淀粉浆（15%~17%）制软材10~15分钟，过14目或16目尼龙筛制湿颗粒，于70℃干燥。

（2）干颗粒过12目尼龙筛整粒，然后将此颗粒与阿司匹林和酒石酸混合均匀，最后加剩余的淀粉（预先在100~105℃干燥）及吸附有液状石蜡的滑石粉，共同混匀后，再过12目筛，颗粒经含量测定合格后，用12mm冲压片，即得。

【作用与用途】具有解热、镇痛、抗炎等作用。常用于治疗伤风感冒、头痛发热、风湿性疾病等。

【用法与用量】口服，一日3次，每次1~2片。

分析：

（1）本品中的三种主药混合制粒及干燥时易产生低共熔现象，所以采用分别制粒的方法，并且避免阿司匹林与水直接接触，从而保证了制剂的稳定性。

（2）阿司匹林的可压性极差，因而采用了较高浓度的淀粉浆（15%~17%）作为黏合剂。

（3）为了防止阿司匹林与咖啡因等的颗粒混合不匀，可采用滚压法或重压法将阿司匹林制成干颗粒，然后再与咖啡因等的颗粒混合。

（4）处方中的液状石蜡为滑石粉的10%，可使滑石粉更易于黏附在颗粒表面上，在压片振动时不易脱落。

（5）本品中加入相当于阿司匹林量的1%的酒石酸，可在湿法制粒过程中有效地减少阿司匹林的水解。

（6）阿司匹林的水解受金属离子的催化，因此必须采用尼龙筛网制粒，同时不得使用硬脂酸镁，因而采用5%的滑石粉作为润滑剂。

三、小剂量药物的片剂

硝酸甘油片

【处方】		
	乳糖	88.8g
	糖粉	38.0g
	17%淀粉浆	适量
	10%硝酸甘油乙醇溶液（硝酸甘油量）	0.6g
	硬脂酸镁	1.0g
	制成（每片含硝酸甘油0.5mg）	1 000片

【制法】

（1）制空白颗粒：将糖粉和乳糖混合均匀，加17%的淀粉浆制成软材，过14目筛制成湿颗粒，置70~80℃干燥后过12目筛整粒。

（2）将硝酸甘油制成10%的乙醇溶液（按120%投料），拌于上述空白颗粒的细粉中（30目以下），过10目筛两次后，于40℃以下干燥50~60分钟，再与事先制成的空白颗粒及硬脂酸镁混匀，压片，即得。

【作用与用途】用于冠心病心绞痛的治疗及预防，也可用于降血压或治疗充血性心力衰竭。

【用法与用量】舌下含服，一次1片，每5分钟可重复1片，直至疼痛缓解。

分析：

（1）硝酸甘油片是一种通过舌下吸收治疗心绞痛的小剂量药物的片剂，不宜加入不溶性的辅料（除微量的硬脂酸镁作为润滑剂以外）。

（2）为防止混合不匀造成含量均匀度不合格，采用主药溶于乙醇再加入（当然也可喷入）空白颗粒中的方法。

（3）在制备中还应注意防止振动、受热和吸入，以免造成爆炸以及操作者的剧烈头痛。

（4）本品属于急救药，片剂不宜过硬，以免影响其舌下的速溶性。

四、中药片剂

当归浸膏片

【处方】当归浸膏　262g
淀粉　40g
轻质氧化镁　60g
硬脂酸镁　7g
滑石粉　80g
制成　1 000片

【制法】

（1）取当归浸膏加热（不用直火）至60~70℃，搅拌使熔化，将轻质氧化镁、滑石粉（60g）及淀粉依次加入混匀，分铺于烘盘上，于60℃以下干燥至含水量在3%以下。

（2）将烘干的片（块）状物粉碎成14目以下的颗粒，最后加入硬脂酸镁、滑石粉（20g）混匀，过12目筛整粒，压片，质检，包糖衣。

【作用与用途】养血活血，调经止痛。用于月经失调与痛经。

【用法与用量】口服，每次4~6片，每日3次。

分析：

（1）当归浸膏中含有较多的糖类物质，吸湿性较大，加入适量滑石粉（60g）可以克服操作上的困难。

（2）当归浸膏中含有挥发油成分，加入轻质氧化镁吸收后有利于压片。

（3）本品的物料易造成黏冲，可加入适量的滑石粉（20g）克服之，并控制在相对湿度70%以下压片。

五、肠溶衣片剂

红霉素肠溶衣片

【处方】红霉素　10^8U
淀粉　57.5g
淀粉浆（10%）适量
硬脂酸镁　3.6g

共制　　　　　1 000片

【制法】

（1）片芯的制备：将红霉素粉与淀粉搅拌混匀，加淀粉浆搅拌使成软材，过12目筛制粒，80~90℃通风干燥，干粒经12目筛整粒，再加入硬脂酸镁混匀，压片。

（2）本品包肠溶衣。

【肠溶衣处方】

Ⅱ号丙烯酸树脂	28g
蓖麻油	16.8g
苯二甲酸二乙酯	5.6g
吐温-80	5.6g
85%乙醇	560ml
滑石粉	16.8g

包衣方法：①取Ⅱ号丙烯酸树脂用85%乙醇泡开配制成5%树脂溶液，将滑石粉、苯二甲酸二乙酯、吐温-80、蓖麻油等混匀，研磨后加入5%Ⅱ号丙烯酸树脂溶液中，加色素混匀后，过120目筛备用；②将红霉素片芯置包衣锅中，包6次粉衣层后，喷上述树脂液，锅温控制在35℃左右，在4小时内喷完。

【作用与用途】抗菌药物，主要用于治疗敏感菌引起的肺炎、败血症等。

【用法与用量】口服，一日4次，每次1~2片。

【附注】红霉素在酸性条件下不稳定，能被胃酸破坏，故需制成肠溶衣片或肠溶薄膜衣片。

点滴积累

片剂的处方分析：要根据不同的片剂品种对原辅料的具体要求来设计处方，制定制备工艺及操作要点等。

1. 特殊性质的主药　在制备中要注意保护其性质不被破坏。如复方阿司匹林片中三种主药混合制粒及干燥时易产生低共熔现象，所以采用分别制粒的方法；易水解药物避免与水直接接触，如加入相当于阿司匹林量的1%的酒石酸，可在湿法制粒过程中有效地减少阿司匹林的水解；如药物与金属接触发生变化，要避免使用金属筛，选择辅料时避开金属离子，如阿司匹林片不加硬脂酸镁；在酸性条件下不稳定，能被胃酸破坏的药物，需制成肠溶衣片或肠溶薄膜衣片。

2. 特殊的制备工艺　硝酸甘油片中主药含量小，为防止混合不匀造成含量均匀度不合格，采用主药溶于乙醇再加入（当然也可喷入）空白颗粒中的方法；硝酸甘油在制备中还应注意防止振动、受热和吸入，以免造成爆炸以及操作者的剧烈头痛；舌下含服的速溶性药片不宜过硬。

3. 中药浸膏片　中药浸膏中含有较多的糖类物质，吸湿性较大，需加入适量滑石粉等；若含有挥发油成分，加入吸收剂如轻质氧化镁有利于压片。

项目小结

1. 片剂是指药物与适宜辅料均匀混合后经制粒或不经制粒压制而成的圆形片状或异型片状制剂。常见的异型片有三角形、菱形、椭圆形等。
2. 片剂具有剂量准确，质量稳定，便于识别，便于携带、运输和服用，生产机械化、自动化程度高、成本较低，能制成包衣片、分散片、缓释片、控释片、多层片等，达到速效、长效、控释、肠溶等目的，适应治疗与预防用药的多种要求等特点。
3. 压制片按给药途径不同，主要可分为口服片剂、口腔用片及其他给药途径三大类型。口服片剂是应用最广泛的一类片剂。可细分为普遍压制片、包衣、泡腾片、咀嚼片、分散片、缓释片、控释片、多层片、肠溶片。口腔用片可细分为口含片、舌下片、口腔崩解片和口腔黏附片。外用片剂有可溶片、阴道片与阴道泡腾片，此外还有注射用片和植入片。
4. 片剂由药物和辅料两部分组成。辅料是指片剂中除药物以外的所有附加物料的总称，亦称赋形剂。其作用主要包括填充作用、黏合作用、崩解作用和润滑作用等；根据需要还可加入着色剂、矫味剂等，以提高患者的适应性。制片所用的辅料应无生理活性；其性质应稳定而不与药物发生反应；应不影响药物的含量测定。
5. 片剂的压制方法主要分为制粒压片法和直接压片法。制粒压片法包括湿法制粒压片法和干法制粒压片法；直接压片法包括直接粉末（结晶）压片法和干式颗粒（空白颗粒）压片法。
6. 压片是片剂独有的生产过程。目前常用的压片机有撞击式单冲压片机和旋转式多冲压片机。此外还有二步（三步）压制压片机、多层片压片机和压制包衣机等。其压片过程基本相同：填料、压片、出片。
7. 片剂包衣是指在片剂表面包裹适宜材料的操作。根据衣料不同分为糖衣片和薄膜衣片。糖衣片以蔗糖为主要包衣材料；薄膜衣以高分子成膜材料为主要包衣材料。

8. 包衣的目的有①提高美观度；②避光、防潮，以提高药物的稳定性；③掩盖药物不良臭味；④控制药物释放部位；⑤避免药物的配伍变化；⑥控制药物的释放速度；⑦增加药物的识别能力，提高用药的安全性。
9. 糖包衣的生产工艺步骤依次是片芯包隔离层、包粉衣层、包糖衣层、包有色糖衣层、打光、包装。
10. 薄膜包衣的生产工艺步骤依次是片芯润湿、缓慢干燥（上两步反复至适当厚度）、固化、再干燥、打光、包装。
11. 片剂的一般质量检查项目包括外观、重量差异、硬度与脆碎度、崩解时限、含量均匀度、溶出度测定、释放度测定、发泡量、分散均匀性、微生物限度等。
12. 片剂应密封贮存，防止受潮、发霉、变质。对光敏感的片剂应避光保存。

思考题

一、填空题

1. 糖粉是可溶性片剂的优良______，并有矫味和______作用。
2. 润滑剂的作用有______、______、______。
3. 淀粉作为稀释剂，常与______、______配合使用。
4. 片剂最优的助流剂是______，可用于______。
5. 滑石粉作为润滑剂使用，常与______配合应用，常用量为______。
6. 片剂常用的包衣方法有______、______、______。
7. 造成片剂含量不均匀的主要原因有______、______、______。
8. 薄膜衣的物料组成有______、溶剂、______、着色剂和掩蔽剂等。
9. 乙醇用作片剂的润湿剂一般浓度为______，药料黏性大，乙醇浓度应______。
10. CMS-Na的含义是______，该物料吸水膨胀后体积可增大______倍，系片剂优良的______。
11. 片剂出现裂片，其主要原因是______、______。
12. 聚丙烯酸树脂是______型薄膜衣材料，邻苯二甲酸醋酸纤维素是______型薄膜衣材料。
13. 目前常用压片机的压片过程有______、______、______。
14. 红霉素片由①红霉素；②淀粉525g；③干淀粉50g；④淀粉浆；⑤硬脂酸镁36g

组成，②、③、④、⑤各自的用途为______、______、______、______。

15. 《中国药典》(2020年版)规定平均片重0.3g以下，其重量差异限度为______；平均片重0.3g或以上时，其重量差异限度为______。

二、 名词解释

1. 咀嚼片
2. 分散片
3. 薄膜衣
4. 湿法制粒压片法

三、 简答题

1. 片剂有哪四类基本辅料？它们的主要作用是什么？
2. 试述片剂制备的主要方法及湿法制粒的工艺流程（含湿法制粒的方法及各类辅料的混合过程）。
3. 试述片剂的崩解剂加入方法。
4. 请阐述单冲撞击式压片机的工作原理，以及三个调节器的名称、位置、作用。
5. 处方分析综合题：复方阿司匹林片

【处方】

阿司匹林	268g
对乙酰氨基酚	136g
咖啡因	33.4g
淀粉	266g
淀粉浆	适量
滑石粉	15g
轻质液状石蜡	0.25g
共制	1 000片

试分析：

（1）三种主药为何采用分别制粒的方法？

（2）本处方中何种辅料为润滑剂？能否用硬脂酸镁作为润滑剂？为什么？

（3）本处方中的淀粉、淀粉浆分别起何种作用？

四、 计算题

某批药需制成100万片，干颗粒重250kg，加入辅料50kg，则片重为多少？

实训 9-1 单冲压片机的使用

一、实训目的

1. 认识单冲压片机的结构及工作原理。

2. 能正确安装并使用单冲压片机。

3. 掌握单冲压片机调整方法。

二、实训指导

单冲压片机是一种小型台式电动连续压片的机器，也可以手摇。其结构主要为加料器、调节装置、压缩部件三部分。压出的药片厚度平均，光泽度高，无须抛光。

该机能将粉粒状原料压制成片剂，产品广泛适用于制药厂、化工厂、医院、科研单位、实验室试制和小批量生产等。性能优良，适应性强，使用方便，易于维修，体积小，重量轻，本机只装一付冲模，物料的充填深度，压片厚度均可调节，能适应制药行业压制各种中、西药制剂的要求和其他行业压制各种类似产品的要求，深受各行业广大用户的欢迎。

工作过程主要分为填料、压片、出片三个步骤。工作时，下冲的冲头由中模孔下端进入中模孔，封住中模孔底，利用加料器向中模孔中填充药物，上冲的冲头从中模孔上端进入中模孔，并下行一定距离，将药粉压制成片；随后上冲上升出孔，下冲上升将药片顶出中模孔，完成一次压片过程；下冲下降到原位，准备再一次填充。

三、实训内容

（一）认识单冲压片机的结构及工作原理

观察单冲压片机，熟悉其主要构件及工作原理。

（二）单冲压片机冲模的装卸和压片时的调整

1. 冲模的安装

（1）安装下冲：旋松下冲固定螺钉、转动手轮使下冲芯杆升到最高位置，把下冲杆插入下冲芯杆的孔中（注意使下冲杆的缺口斜面对准下冲紧固螺钉，并要插到底）最后旋紧下冲固定螺钉。

（2）安装上冲：旋松上冲紧固螺母，把上冲芯杆插入上冲芯杆的孔，要插到底，用扳手卡住上冲芯杆下部的六方、旋紧上冲紧固螺母。

（3）安装中模：旋松中模固定螺钉，把中模拿平放入中模台板的孔中，同时使下冲进入中模的孔中、按到底然后旋紧中模固定螺钉。放中模时须注意把中模拿平，以免歪斜放入时卡住，损坏孔壁。

（4）用手转动手轮、使上冲缓慢下降进入中模孔中，观察有无碰撞或摩擦现象，若发生碰撞或摩擦，则松开中模台板固定螺钉（两只），调整中模台板固定的位置，使上冲进入中模孔中，再旋紧中模台板固定螺钉，如此调整直到上冲头进入中模时无碰撞或摩擦方为安装合格。

2. 出片的调整　转动手轮使下冲升到最高位置，观察下冲口面是否与中模平面相齐（或高或低都将影响出片）若不齐则旋松蝶形螺丝，松开齿轮压板转达动上调节齿轮，使下冲口面与中模平面相齐，然后将压板按上，旋紧蝶形螺丝。

至此，用手摇动手轮，空车运转十余转，若机器运转正常，则可加料试压，进行下一步调整。

3. 充填深度的调整（即药片重量的调整）　旋松蝶形螺丝，松开齿轮压板。转动下调节齿轮向左转使下冲芯杆上升，则充填深度减少（药片重量减轻）。调好后仍将轮齿压板按上，旋紧蝶形螺丝。

4. 压力的调整（即药片硬度的调整）　旋松连杆锁紧螺母、转动上冲芯杆，向左转使上冲芯杆向下移动，则压力加大，压出的药片硬度增加；反之，向右转则压力减少，药片硬度降低，调好后用扳手卡住上冲芯杆下部的六方，仍将连杆锁紧螺母锁紧。至此，冲模的调整基本完成，再启动电机试压十余片，检查片重，硬度和表面光洁度等质量如合格，即可投料生产。在生产过程中、仍须随时检查药片质量，及时调整。

5. 冲模的拆卸

（1）拆卸上冲：旋松上冲紧固螺母，即可将上冲杆拔出，若配合较紧，可用手钳夹住上冲杆将其拔出，但要注意不可损伤冲头棱刃。

（2）拆卸中模：旋松中模固定螺钉，旋下冲固定螺钉，旋松蝶形螺丝，松开齿轮压板。转达动调节齿轮使下冲芯杆上升约10mm，轻轻转动手轮，使下冲芯杆将中模顶出一部分，用手将中模取出，若中模在孔中配合紧密，不可用力转动手轮硬顶，以免损坏机件。这时须拆下中模台板再取出中模。

（3）拆卸下冲：先旋下下冲固定螺钉，再转动手轮使下冲芯杆升到最高位置，即可用手拔出上冲杆。若配合紧密，可用手钳夹出（注意不要损伤冲头棱刃）。

（4）冲模拆卸后尚须转动调节齿轮，使下冲芯杆退下约10mm，转动手轮使下冲芯杆升到最高位置时，其顶端不高于中模台板的底面随可（这一步不要忽略，以免再次使用时发生下冲芯杆与中模顶撞的事故）。最后仍将下冲固定螺钉旋上。

【思考题】如所压片剂的重量不符合规定，分析原因并说出应对压片机的哪些部件进行怎样的调整。

实训 9-2　片剂的制备

一、实训目的

1. 熟练使用单冲压片机。

2. 能分析片剂处方中各辅料的作用。

3. 能对普通片进行质量检查。

二、实训指导

片剂是指药物与适宜的辅料混匀压制而成的片状固体制剂。它是现代药物制剂中应用最为广泛的重要剂型之一。

片剂辅料是指片剂中除药物以外的所有附加物料的总称，亦称赋形剂。其作用主要包括填充作用、黏合作用、崩解作用和润滑作用等；根据需要还可加入着色剂、矫味剂等，以提高患者的适应性。

片剂的制备原理是将粉状或颗粒状物料压缩而形成的一种剂型。压片操作必须具备三大要素：①流动性好，能使流动、充填等粉体操作顺利进行，可减少片重差异；②压缩成型性好，不出现裂片、松片等不良现象；③润滑性好，片剂不黏冲，可得到完整、光洁的片剂。

（一）空白片的制备

【处方】蓝淀粉（代替主药）	10g	糖粉	33g
淀粉	50g	糊精	12.5g
50%乙醇	22ml	硬脂酸镁	1g
共制成	1 000片		

【制备】

1. 制颗粒

（1）备料：按处方量称取物料，物料要求能通过80目筛。称量时，应注意核对品名、规格、数量，并做好记录。

（2）混合：将蓝淀粉与糖粉、糊精与淀粉分别采用等量递加混匀，然后将两者的混合均匀，最后过60目筛2~3次。

（3）制软材：在迅速搅拌状态下喷入适量50%乙醇溶液制备软材，软材以“手握成团、轻压即散”为度。

（4）制湿颗粒：将制好的软材用14目筛手工挤压过筛制粒。

（5）干燥：将制好的湿颗粒放入烘箱内、以60℃进行干燥，在干燥过程中每小时将上下托盘互换位置，将颗粒翻动一次，以保证均匀干燥，干燥约2小时后，取样用快速水分测定仪测定含水量，当颗粒含水量<3%便可结束干燥。

（6）整粒：干燥后的颗粒采用10目筛挤压整粒，整粒后加入硬脂酸镁进行搅拌总混。

（7）将以上制得颗粒称重，计算片重。

2. 压片

（1）单冲压片机的安装：依次安装下冲、中模和上冲；安装加料斗。

（2）转动手轮，观察设备运行情况，若无异常现象，方可进行下一步操作。

（3）空机运转，观察设备运行情况，如无异常现象，进行下一步操作。

（4）将颗粒加入加料斗进行试压片，试压时先将片重调节器调试至片重符合要求，再调节压力调节按钮至硬度符合要求。

（5）试压后，进行正式压片。

（6）压片期间需做好各种数据的记录。

（7）压片结束，停机。

3. 质量检查

（1）外观检查：取样品100片平铺白底板上，置于75W白炽灯的光源下60cm处，在距离片剂30cm处用肉眼观察30秒进行检查。根据实验结果，判断是否合格。

（2）重量差异检查：选外观合格的片剂20片，按照《中国药典》（2020年版）规定的方法进行检查。根据实验结果，判断是否合格。

（3）崩解时限检查：从上述重量差异检查合格的片剂中取出6片，按照《中国药典》（2020年版）规定的方法进行检查。根据实验结果，判断是否合格。

（4）脆碎度检查：从上述重量差异检查合格的片剂中取样（若片重小于或等于0.65g取若干片，使总重约为6.5g；若片重大于0.65g取10片），按照《中国药典》（2020年版）规定的方法进行检查。根据实验结果，判断是否合格。

【注意事项】

1. 蓝淀粉与辅料一定要混合均匀，以免压出的片剂出现色斑、花斑等现象。

2. 乙醇的使用量在不同的季节、不同地区会有所变化。

3. 压片过程应经常检查片剂重量、硬度等，发现异常应立即停机进行调整。

【实训测试表】

测试题目	测试答案（请在正确答案后□内打“√”）
制空白颗粒过程说法正确的有哪些？	1. 采用等量递加法将蓝淀粉与辅料混合均匀□ 2. 湿粒干燥可采用80℃以上的温度进行干燥□ 3. 制粒采用10目筛、整粒采用14目筛□ 4. 制粒采用14目筛、整粒采用10目筛□ 5. 硬脂酸镁的加入是在整粒后□
压片过程中的质量检查项目有哪些？	1. 外观□ 2. 脆碎度□ 3. 崩解度□ 4. 片重差异□
关于片剂各质量检查项目取样数正确的有哪些？	1. 外观检查取样数40片□、20片□、100片□ 2. 崩解度检查取样数3片□、6片□、20片□ 3. 片重差异检查取样数3片□、6片□、20片□ 4. 溶出度检查取样数3片□、6片□、20片□
关于单冲压片机说法正确的有哪些？	1. 单侧加压□ 2. 压力调节器调节下冲上升的高度□ 3. 压力调节器调节上冲下降的深度□ 4. 片重调节器调节下冲下降的深度□ 5. 出片调节器调节下冲上升的高度□
对上述处方中各辅料的作用分析正确的有哪些？	1. 糖粉作填充剂□ 2. 淀粉作填充剂□ 3. 50%乙醇作黏合剂□ 4. 硬脂酸镁作润滑剂□ 5. 硬脂酸镁作崩解剂□

（二）维生素C片的制备

【实训目的】

1. 能按操作规程操作ZP8冲旋转式压片机。
2. 能进行压片机的清洁与维护。
3. 能对压片过程中出现的不合格片进行判断，并能找出原因及提出解决方法。
4. 能解决压片过程设备出现的一般故障。

5. 能按清场规程进行清场工作。

【实训仪器与设备】

ZP8冲旋转式压片机、V型混合机或槽型混合机、硬度测定仪、崩解度测定仪、脆碎度仪、天平、不锈钢盆等。

【实训材料】

维生素C颗粒、硬脂酸镁等。

【实训步骤】

【处方】维生素C	1 000g	淀粉	400g
糊精	600g	酒石酸	20g
淀粉浆	适量	硬脂酸镁	20g
共制成	20 000片		

【制备】

1. 制颗粒　取处方量的维生素C、淀粉、糊精放入高速搅拌制粒机中混合均匀，加入适量10%淀粉浆制粒，将制好的湿颗粒采用沸腾干燥机干燥，整粒。

2. 总混　取整粒后的颗粒，加入硬脂酸镁放入V型混合机或槽型混合机进行总混。

3. 压片　具体操作步骤见实训9-1。

4. 质量检查

（1）外观检查：取样品100片平铺白底板上，置于75W白炽灯的光源下60cm处，在距离片剂30cm处用肉眼观察30秒进行检查。根据实验结果，判断是否合格。

（2）重量差异检查：选外观合格的片剂20片，按照《中国药典》（2020年版）规定的方法进行检查。根据实验结果，判断是否合格。

（3）崩解时限检查：从上述重量差异检查合格的片剂中取出6片，按照《中国药典》（2020年版）规定的方法进行检查。根据实验结果，判断是否合格。

（4）脆碎度检查：从上述重量差异检查合格的片剂中取样（若片重小于或等于0.65g取若干片，使总重约为6.5g；若片重大于0.65g取10片），按照《中国药典》（2020年版）规定的方法进行检查。根据实验结果，判断是否合格。

【注意事项】

1. 压片经常检查设备运转情况，发现异常及时处理。

2. 维生素C易氧化、操作时应尽量避免与金属接触，采用尼龙筛网。

3. 压片过程中每15~30分钟测一次片重。

4. 压片过程中注意物料量，保证加料斗的物料维持在一半以上。

5. 加料斗内接近无料应及时降低车速或停车。

【实训测评表】

测试题目	测试答案（请在正确答案后“□”内打“√”）
哪些是压片生产前一定需要做的准备工作？	1. 检查是否有清场合格证、设备是否有“合格”标牌与“已清洁”标牌□ 2. 检查冲模质量是否符合要求□ 3. 按生产指令领取物料□ 4. 检查容器、工具、工作台是否符合生产要求□ 5. 生产前需请质量保证（quality assurace，QA）人员检查□ 6. 用75%乙醇消毒月形栅式回流加料器□ 7. 检查电子天平的灵敏度、精确度是否符合要求□ 8. 检查操作室的温度、湿度、压力、洁净度是否符合要求□
压片过程中的质量控制点有哪些？	1. 外观□ 2. 硬度□ 3. 崩解度□ 4. 溶出度□ 5. 片重差异□
压片过程中操作正确的有哪些？	1. 压片过程中测一次片重一般每隔5分钟□、25分钟□、55分钟□ 2. 正式压片前，用点动进行硬度、片重调节□ 3. 当压出的片剂硬度太大，片厚调节按钮应向减小方向调节□ 4. 增大压片机的转速，对片剂的硬度无影响□ 5. 充填调节向增大方向调，片剂的重量增大□ 6. 压片过程中，加料斗内的物料保持在一半以上□ 7. 压片结束，需关闭主机电源、总电源、真空泵□ 8. 压片结束，进行物料平衡、收得率计算□
清场工作做法正确的有哪些？	1. 用水冲洗压片机□ 2. 用水洗冲模□ 3. 用水冲洗墙壁、地面□ 4. 冲模洁净后，用煤油浸泡□ 5. 拆冲之前，先用吸尘器吸机台内粉粒目□ 6. 清料□

续表

测试题目	测试答案（请在正确答案后“□”内打“√”）
压片岗位需填写的生产记录有哪些?	1. 填写生产指令□ 2. 填写压片生产前的检查记录表□ 3. 填写压片生产记录表□ 4. 填写清场记录表□

【生产记录】

压片生产记录（一）

品名	规格	批号	批量：万片	日期
操作步骤		记录	操作人	复核人
1. 检查房间上次生产清场记录		已检查，符合要求□		
2. 检查房间温度、相对湿度、压力		温度:____℃ 相对湿度:____% 压力:____MPa		
3. 检查房间中有无上次生产的遗留物，有无与本批产品无关的物品、文件		已检查，符合要求□		
4. 检查磅秤、天平是否有效		已检查，符合要求□		
5. 检查用具、容器应干燥洁净		已检查，符合要求□		
6. 按生产指令领取模具和物料		已领取，符合要求□		
7. 按程序安装模具，试运行转应灵活、无异常声音		已试运行，符合要求□		
8. 料斗内加料，并注意保持料斗内的物料不少于1/2		已加料□		
9. 试压，检查片重、硬度、外观		已检查，符合要求□		
10. 正常压片，每15分钟检查片重差异		已检查，符合要求□		
11. 压片结束，关机		已检查，符合要求□		

续表

操作步骤	记录	操作人	复核人
12. 清洁，填写清场记录	已清场，填写清场记录□		
13. 及时填写各种记录	填写记录□		
14. 关闭水、电、气	水、电、气已关闭□		
备注/偏差情况			

压片生产记录（二）

<table>
<tr><td>品名</td><td colspan="2"></td><td>规格</td><td colspan="2"></td><td>批号</td><td></td></tr>
<tr><td rowspan="5">指令</td><td>1</td><td colspan="6">冲模规格：</td></tr>
<tr><td>2</td><td colspan="6">设备完好、清洁：</td></tr>
<tr><td>3</td><td colspan="6">本批颗粒为：　　　　　　标准片重：____g/片</td></tr>
<tr><td>4</td><td colspan="6">按压片生产SOP操作：</td></tr>
<tr><td>5</td><td colspan="6">指令签发人：</td></tr>
<tr><td colspan="4">压片机编号</td><td colspan="4">完好与清洁状态</td></tr>
<tr><td colspan="4"></td><td colspan="4">完好□　清洁□</td></tr>
<tr><td colspan="2">使用颗粒总重量</td><td colspan="2">____kg</td><td colspan="2">理论产量</td><td colspan="2">____kg</td></tr>
<tr><td colspan="4">第（　）号机</td><td colspan="4">第（　）号机</td></tr>
<tr><td>日期</td><td>时间</td><td>10片重量</td><td>外观质量</td><td>日期</td><td>时间</td><td>10片重量</td><td>外观质量</td></tr>
<tr><td rowspan="8"></td><td></td><td></td><td rowspan="8"></td><td rowspan="8"></td><td></td><td></td><td rowspan="8"></td></tr>
<tr><td></td><td></td><td></td><td></td></tr>
<tr><td></td><td></td><td></td><td></td></tr>
<tr><td></td><td></td><td></td><td></td></tr>
<tr><td></td><td></td><td></td><td></td></tr>
<tr><td></td><td></td><td></td><td></td></tr>
<tr><td></td><td></td><td></td><td></td></tr>
<tr><td></td><td></td><td></td><td></td></tr>
<tr><td colspan="8">填写人：</td></tr>
</table>

续表

片重差异检查													
日期	时间	每片重/g										平均片重/（g/片）	波动范围/（g/片）
填写人							复核人						
备注/偏差情况：													

压片生产记录（三）

品名			规格		批号	
崩解时限及脆碎度检查记录	日期	时间	崩解时限/min	日期	时间	脆碎度/%

续表

崩解时限及脆碎度检查记录	日期	时间	崩解时限/min	日期	时间	脆碎度/%
桶号						
净重量/kg						
数量/万片						
桶号						
净重量/kg						
数量/万片						
总重量		____kg		总数量	____万片	
回收粉头		____kg		可见损耗量	____kg	
物料平衡=（片总量+回收粉头+可见损耗量）/领用颗粒总量×100% = 收得率=实际产量（万片）/理论产量（万片）×100% =						
操作人				复核人		
备注/偏差情况：						

实训 9-3　参观药厂片剂车间

一、实训目的

1. 掌握片剂的生产工艺流程。

2. 掌握湿法制粒压片和包糖衣的生产过程和操作方法。

3. 了解旋转式多冲压片机、混合机、制粒机、沸腾干燥器、包衣机等制药机械设备的应用和操作。

二、实训指导

片剂的制备技术根据制备工艺不同分为制粒压片法和直接压片法两种，制粒压片法又分为湿法制粒压片法、干法制粒压片法，其中湿法制粒压片法应用最广泛。直接压片法适合于对湿热不稳定药物，分为粉末直接压片法和结晶压片法。目前直接压片法在国外应用较多，国内发展相对滞后，主要是受辅料和压片机制约。工业生产常用制粒机、干燥设备、压片机和包衣锅完成片剂的制备。

湿法制粒压片生产工艺流程为：原辅料处理→制软材→制粒→干燥→整粒→混合→压片→包衣→包装。

包糖衣工艺流程为：片芯→包隔离层→包粉衣层→包糖衣层→包有色糖衣层→打光。

三、实训内容与操作

1. 分组讨论常用片剂的制粒机及干燥设备的结构，工作过程及操作要点。

2. 阐述旋转式多冲压片机的压片过程及操作要点。

3. 阐述应用包衣机包糖衣的过程，操作方法及注意事项。

4. 在实训报告上记录所参观片剂车间的主要设备的名称，并画出其生产工艺流程示意图。

【思考题】

1. 你所参观的药厂片剂车间运用哪种片剂制备方法？

2. 生产中主要用到哪些设备？

3. 该车间采取哪些措施保证片剂生产达到GMP要求？

（王艳丽）

项目十
其他剂型

项目十
数字内容

学习目标

知识目标：

- 掌握栓剂、中药丸剂、滴丸剂的概念、特点、制备方法。
- 熟悉栓剂、中药丸剂、滴丸剂常用的基质或辅料、质量检查及贮存条件。
- 了解膜剂和气雾剂、粉雾剂、喷雾剂的概念、特点、制备方法。

能力目标：

- 学会制备栓剂、丸剂和膜剂的基本技能。

素质目标：

- 体会中药传统剂型的重要性，坚定文化自信；树立专注、奉献及创新的工匠精神。

任务一　栓剂

情境导入

情境描述：

由于最近天气气温变化大，忽冷忽热，张女士的2岁的宝宝感冒了，哭喊头痛难受，张女士为其测量体温为38.9℃，在医师的建议下张女士给宝宝使用了对乙酰氨基酚栓。两天后，宝宝头痛、发烧的症状改善了很多。张女士疑惑，对乙酰氨基酚栓与对乙酰氨基酚内服药物有什么区别呢？

学前导语：

栓剂是一种常见的外用剂型。采用腔道给药的方式，在常温下为固体，塞入腔道后，在体温下能迅速软化熔融或溶解于分泌液中，逐渐释放药物而产生局部或全身作用。适于不能或不愿口服给药的患者、不宜口服的药物。本任务将带领大家走进学习栓剂的知识大门。

一、认识栓剂

栓剂是药物与适宜基质制成的供腔道给药的固体制剂（图10-1）。根据栓剂施用的腔道的不同，分为直肠栓、阴道栓和尿道栓。直肠栓为鱼雷形、圆锥形或圆柱形等；阴道栓为鸭嘴形、球形或卵形等；尿道栓一般为棒状。栓剂也可分为普通栓和持续释药的缓释栓。

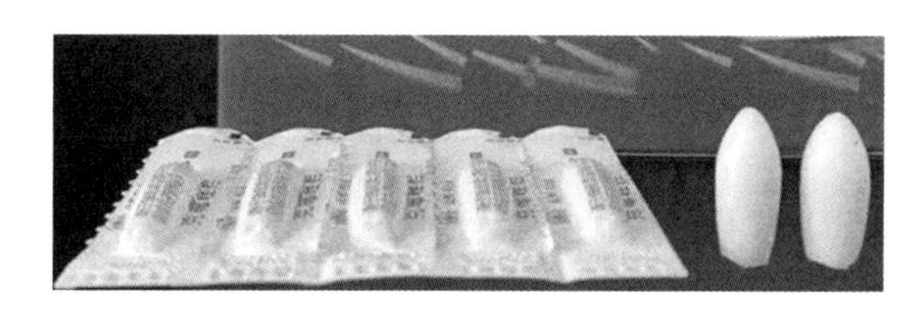

图10-1　栓剂示意图

知识链接

栓剂的发展史

我国使用栓剂有悠久的历史。《史记·扁鹊仓公列传》有类似栓剂的早期记载；后汉张仲景的《伤寒论》中载有蜜煎导方，就是用于通便的肛门栓；晋·葛洪的《肘后备急方》中有用半夏和水为丸纳入鼻中的鼻用栓剂、用巴豆鹅脂制成的耳用栓剂等；还有如《千金方》《证治准绳》亦载有类似栓剂的制备与应用。近年来，栓剂的特殊应用越来越引起人们的重视。随着栓剂制备工艺的改进，新型辅料的应用及新型栓剂的出现，栓剂的应用将更加广泛。

栓剂在常温下为固体，进入人体腔道后，在体温下能迅速熔融、软化或溶解于分泌液中，逐渐释放药物从而产生局部或全身作用。

（1）局部作用：药物从栓剂中释放出来可在用药部位直接发挥作用，如通常将润滑剂、收敛剂、局部麻醉剂、甾体激素及抗菌药物制成栓剂，在局部起润滑、收敛、抗菌消炎、杀虫、止痒和局麻等作用。

（2）全身作用：目前用于全身作用的栓剂主要是直肠栓，由于直肠黏膜具有十分丰富的毛细血管，可以吸收一定量的药物，因此，直肠用药也能起到全身作用。栓剂用于全身治疗，与口服制剂相比有如下特点：①可使药物不受或少受胃肠道pH的影响或酶解作用而导致的破坏失活；②可避免药物对胃的直接刺激；③可使药物免除肝脏的首过效应，减少药物对肝的毒性和不良反应；④适宜于不能或不愿口服给药的患者；⑤适宜于不宜口服的药物。

知识链接

药物直肠吸收途径

药物直肠吸收主要有两条途径：①塞入肛门深部，药物主要经上直肠静脉入门静脉，经肝脏代谢后再进入血液循环；②塞入肛门浅部（约2cm处），药物主要经中下直肠静脉入下腔静脉，直接进入血液循环。

栓剂的质量要求如下。

（1）供制栓剂用的固体药物，除另有规定外，应预先用适宜方法制成细粉，并全部通过六号筛。根据施用腔道和使用的目的不同，制成各种适宜的形状。

（2）栓剂中的药物与基质应混合均匀，栓剂外形要完整光滑；塞入腔道后应无刺激性，应能融化、软化或溶化，并与分泌液混合，逐渐释放出药物，产生局部或全身作用；应有适宜的硬度，以免在包装或贮藏时变形。

（3）栓剂所用的内包装材料应无毒，并不得与药物或基质发生理化作用。除另有规定外，应在30℃以下密闭保存，防止因受热、受潮而变形、发霉、变质。

二、栓剂的基质与附加剂

栓剂主要由主药和基质两部分组成。栓剂的基质不仅是剂型的赋形剂，也是药物的载体，应符合下列要求：①室温下具有适宜的硬度，当塞入腔道时不变形、不破碎；在体温下易软化、融化，能与体液混合或溶于体液中。②对黏膜无刺激性、毒性和过敏性。③性质稳定，不影响主药的作用，不干扰主药的含量测定。④适用于热熔法或冷压法制备，且易于脱模。栓剂常用的基质分为油脂性基质和水溶性基质。

（一）油脂性基质

1. 可可豆脂　可可豆脂具有同质多晶性，有α、β和γ三种晶型。其中，α、γ两种晶型不稳定，熔点较低；β型稳定。

2. 半合成或全合成脂肪酸甘油酯　常用的有半合成椰油酯、半合成山苍油酯、半合成棕榈油酯。全合成脂肪酸甘油酯有硬脂酸丙二醇酯等。

（二）水溶性与亲水性基质

1. 甘油明胶　本品是由明胶、甘油与水制成的，具有弹性，不易折断，在体温时不熔融，但可缓缓溶于分泌液中。药物溶出速度可随水、明胶、甘油三者的比例不同而改变，甘油与水的含量越高越易溶解。

实例：甘油明胶基质的制备

【处方】甘油　　9.0g
明胶　　2.7g
纯化水　　适量

【制法】取明胶加入适量纯化水，浸泡约30分钟，使之膨胀变软，倾去多余的水，置于已称定重量的容器中，再加入甘油在水浴上加热搅拌，使明胶全部溶解，并继续加热蒸去水分使重量减少至12~13g（约为明胶与甘油的投料量之和），放冷，待其凝结，切成小块供用。

分析：

（1）明胶需先用水浸泡使之膨胀变软，再加热时才容易溶解。浸泡时间一般为30~60分钟。

（2）溶解速度与明胶、甘油和水三者的比例有关，甘油和水的含量高时则容易溶解。明胶溶解后多余的水分需蒸发除去。

（3）制成的基质也可以不经冷却，直接加入药物细粉，搅拌均匀，趁热注入已涂好润滑剂的栓模中，制备栓剂。

2. 聚乙二醇类　为一类由环氧乙烷聚合而成的杂链聚合物，易吸湿变形。

（三）附加剂

栓剂中除药物和基质外，根据药物性质及医疗需要，还可适当加入一些附加剂，如吸收促进剂、吸收阻滞剂、增塑剂、抗氧剂和润滑剂等。

课堂活动

在炎热的夏天同学们有没有DIY（do it yourself，简称DIY；中文译为“自己动手做”）过各种形状的冰棍来解馋呢？请你结合冰棍的制法和栓剂基质的特点，想一想用什么方法制备栓剂？

三、栓剂的制备与举例

（一）制备方法

有冷压法与热熔法两种，可根据基质种类及制备要求选择制法。一般亲水性基质多采用热熔法，油脂性基质制备栓剂两种方法均可采用。

1. 冷压法　将药物与基质的粉末置于冷却的容器内混合均匀，然后装入压栓机内压制而成。冷压法可避免加热对药物的影响，但生产效率不高，使用较少。

2. 热熔法　将基质用水浴或蒸汽浴加热熔化（温度不宜过高），然后加入药物混合均匀，倾入涂有润滑剂的栓模中冷却，待完全凝固后，削去溢出部分，开模取出，包装即得。是应用较广泛的制栓方法。其工艺流程为：

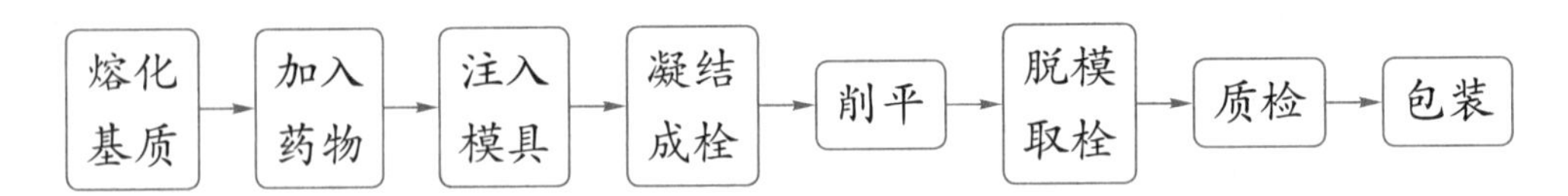

注意事项有以下几点。

（1）熔化基质：将处方量的基质锉末用水浴或蒸汽浴加热熔化，为避免局部过热，熔化时温度不宜过高，加热时间不宜太长，在有2/3量的基质熔融时即可停止加热，利用余热将剩余基质熔化。

（2）加入药物：将药物在搅拌下加到接近凝固点的基质中混合均匀。栓剂中药物加入后可溶于基质中，也可混悬于基质中。除另有规定外，供制栓剂用的固体药物应预先用适宜方法粉碎，并全部通过六号筛；栓剂中药物与基质应均匀混合，若药物系混悬于基质中者应一直搅拌，避免下沉。

（3）注入模具：待药物基质混合物的温度降至40℃左右，或见由澄明变混浊时，将其混合物一次倾入涂有润滑剂的模具中（图10-2），为了确保凝固时

图10-2　栓剂模具示意图

成品栓剂的完整，注入的熔融物应稍溢出模口，即高出模口。为了能脱模容易，常需给栓模进行润滑，栓模孔内涂的润滑剂根据基质选用：①油脂性基质的栓剂常用软肥皂、甘油各1份与95%乙醇5份混合所得的肥皂醑润滑栓模；②水溶性基质的栓剂则用液状石蜡或植物油等润滑栓模；③不沾模的基质如可可豆脂或聚乙二醇类可不用润滑剂。

（4）凝结成栓并削平：药液注入模具后于室温或冰箱中放置冷却，待完全凝固后，削去溢出部分。刮刀需先浸在热水中温热，这将有利于栓剂表面的光滑。

（5）脱模取栓：当栓剂硬化后，从冰箱中取出模具，使之温度回升到室温，然后打开模具，取出栓剂。

（二）实例分析

实例1：甘油栓

【处方】甘油　　1 820g

硬脂酸钠　　180g

制成　　1 000粒

【制法】取甘油，在蒸汽夹层锅内加热至120℃，加入研细干燥的硬脂酸钠，不断搅拌，使之溶解，继续保温在85~95℃，直至溶液澄清，滤过，浇模，冷却成型，脱模，即得。

【作用与用途】润滑性泻药。用于便秘。

【用法与用量】直肠给药，一次一粒。

分析：

（1）收载于《中国药典》（2020年版）二部。

（2）本品为无色或几乎无色的透明或半透明栓剂。

（3）本品以硬脂酸钠为基质，另加甘油混合，由于硬脂酸钠的刺激性与甘油较高的渗透压，能增加肠的蠕动而呈现通便之效。

（4）本品制备时栓模可涂液状石蜡作为润滑剂。

（5）加热时间不宜太长，有2/3量的基质熔融时即可停止。加热温度不宜过高，以免变黄或产生泡沫。

实例2：克霉唑栓

【处方】克霉唑　　150g

聚乙二醇400　　1 200g

聚乙二醇4000　　1 200g

共制　　约1 000粒

【制法】

（1）取克霉唑粉研细，过六号筛，备用。

（2）另取聚乙二醇400和聚乙二醇4000于水浴上加热熔化，加入克霉唑细粉，搅拌至溶解。

（3）迅速倾入阴道栓模内，至稍微溢出模口。

（4）冷却后削平，启模，检查，包装即得。

【作用与用途】本品具有抗真菌作用，用于念珠菌性阴道炎。

【用法与用量】阴道给药，洗净后将栓剂置于阴道深处。每晚一次，一次1粒，连续7日为1个疗程。

分析：

（1）收载于《中国药典》（2020年版）二部。

（2）本品为乳白色或微黄色的圆锥形栓剂。规格为0.15g。

（3）处方中的聚乙二醇混合物熔点为45~50℃，加热时勿使温度过高，并防止混入水分。两种聚乙二醇的用量可随季节、地区进行调整。

（4）此基质可溶于水，药物在基质中的渗透性较强，且不污染衣物，故应用较广。

实例3：阿司匹林栓

【处方】		
	阿司匹林	300g
	半合成脂肪酸酯	适量
	共制	约1 000粒

【制法】

（1）称取半合成脂肪酸酯600g置适宜的容器中，于水浴上加热，待2/3的基质熔化时停止加热，搅拌使全熔。

（2）称取研细的阿司匹林粉末（过六号筛）300g，分次加入熔化的基质中，不断搅拌使药物均匀分散，待此混合物呈黏稠状态时，灌入已涂有润滑剂（肥皂醑）的模型内。

（3）迅速冷却，凝固后削去模口溢出部分，脱模，检查，包装，即得。

【作用与用途】用于普通感冒或流行性感冒引起的发热。也用于缓解轻至中度疼痛，如头痛、牙痛、神经痛、肌肉痛、痛经及关节痛等。

【用法与用量】直肠给药。成人一次1枚（0.3g），若发热或疼痛持续不缓解，间隔4~6小时重复用药一次，24小时内不超过4枚。

分析：

（1）收载于《中国药典》（2020年版）二部。

（2）本品为乳白色或微黄色的栓剂，规格为0.3g。

（3）为了防止阿司匹林水解析出游离水杨酸，可加1.0%~1.5%的酒石酸或枸橼酸作为稳定剂。

（4）制备阿司匹林栓时，不宜接触铁、铜等金属以免栓剂变色。

知识链接

栓剂使用注意事项

甘油明胶或聚乙二醇栓剂使用前应用水润湿以增强润滑性。如果聚乙二醇栓剂的处方含水量低于20%，塞入前需浸入水中，以防止塞入后从组织吸水而产生刺激性。

以聚乙二醇作基质的阴道栓具有足够的硬度，有利于患者用手塞入。但为方便塞入，现在许多产品同时还附带塑料塞入器，可将栓剂夹住置入阴道内的适当位置。

必须贮藏在冰箱中的栓剂，在使用前应提前取出，令其恢复到室温。塞入前用手指轻轻摩擦栓剂表面使其熔化以产生润滑作用，或蘸少许植物油。塞入肛门2~3cm。

四、栓剂的质量控制

栓剂应根据《中国药典》(2020年版)四部通则0107进行以下检查。

1. 重量差异　取供试品10粒，精密称定总重量，求得平均粒重后，再分别精密称定各粒的重量。每粒重量与平均粒重相比较，按表10-1中的规定，超出重量差异限度的不得多于1粒，并不得超出限度的1倍。

表10-1　栓剂的重量差异限度

平均粒重或标示粒重	重量差异限度
1.0g以下或1.0g	±10%
1.0g以上至3.0g	±7.5%
3.0g以上	±5%

凡规定检查含量均匀度的栓剂，一般不再进行重量差异检查。

2. 融变时限 取栓剂3粒，在室温下放置1小时后，按照融变时限检查法（通则0922）检查。除另有规定外，脂肪性基质的栓剂应在30分钟内全部融化、软化或触压时无硬心；水溶性基质的栓剂应在60分钟内全部溶解。如有1粒不符合规定，应另取3粒复试，均应符合规定。

3. 微生物限度 除另有规定外，按照非无菌产品微生物限度检查：微生物计数法（通则1105）和控制菌检查法（通则1106）及非无菌药品微生物限度标准（通则1107）检查，应符合规定。

点滴积累

1. 栓剂是指药物与适宜的基质制成供腔道给药的固体制剂。分为直肠栓、尿道栓和阴道栓。

2. 栓剂的基质分为油脂性基质（可可豆脂、半合成或全合成脂肪酸甘油酯等）和水溶性基质（甘油明胶、聚乙二醇等）。

3. 栓剂的制备方法有热熔法和冷压法。

任务二　丸剂

情境导入

情境描述：

2019年度感动中国人物——顾方舟，为研制安全稳定的灰质炎疫苗糖丸，把自己和亲生儿子当“实验小白鼠”，44年坚持不懈为我国最终消灭脊髓灰质炎病毒作出了巨大贡献。

学前导语：

糖丸属于化学药丸剂，味甜、易溶化，适合于儿童用药，多用于疫苗制剂。本次课将带领大家走进学习丸剂的知识大门。

丸剂系指原料药物与适宜的辅料制成的球形或类球形固体制剂。中药丸剂包括蜜丸、水蜜丸、水丸、糊丸、蜡丸、浓缩丸和滴丸等。化学药丸剂包括滴丸、糖丸等。

知识链接

丸剂的发展

丸剂最早记载于《五十二病方》,《神农本草经》《太平惠民和剂局方》《金匮要略》《伤寒杂病论》等古典医籍中早有丸剂品种、剂型理论、辅料、制法及应用等方面的记载，丸剂丰富的辅料和包衣材料使其临床应用广泛，如水丸取其易化、蜜丸取其缓化、糊丸取其迟化，蜡丸取其难化等可满足不同治疗需求。随着医学和制药工业的不断发展，丸剂的新工艺、新技术、新辅料等也有较快的发展。

一、中药丸剂

中药丸剂是指将药材细粉或药材提取物加适宜的黏合剂或其他辅料制成的球形或类球形制剂。主要供内服（图10-3）。

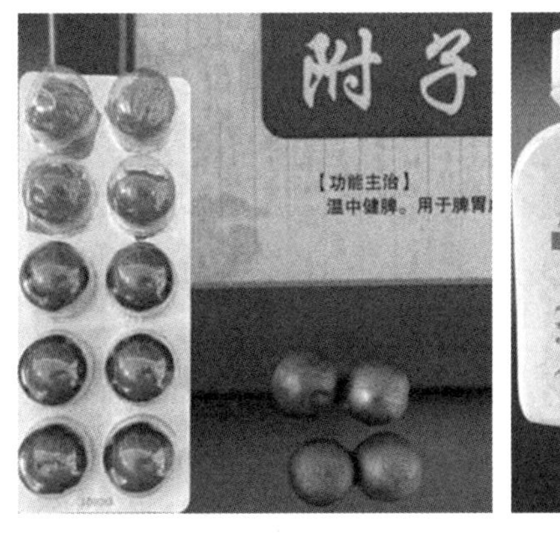

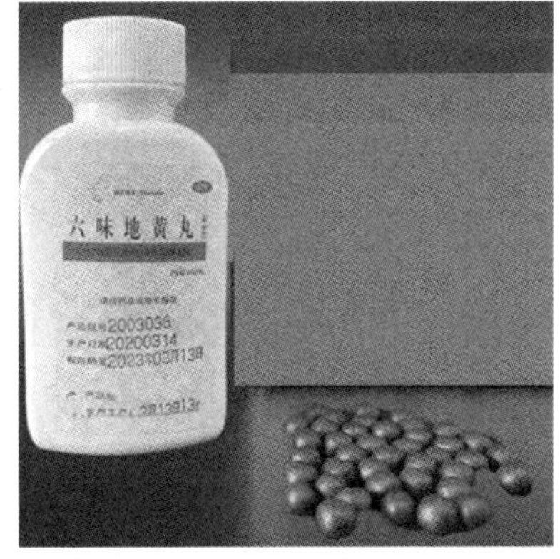

图10-3　中药丸剂示意图

（一）中药丸剂的特点

1. 中药丸剂的优点

（1）服用后释药速度缓慢且持久，适合慢性疾病的治疗和调理。

（2）能够延缓一些毒性药物在体内的吸收，减少不良反应的发生。

（3）生产技术和设备比较简单，制造成本相对低廉。

（4）单位重量下能较多地容纳固体、半固体或黏液状药物。

（5）可以通过包衣掩盖药物的不良臭味，并提高药物的稳定性。

2. 中药丸剂的缺点

（1）有的中药丸剂服用剂量大，儿童和昏迷者吞服困难或无法吞咽。

（2）制备中药丸剂的药粉由原药材直接粉碎加工而成，容易受微生物的污染而发生霉变。

知识链接

固体制剂吸收的快慢

各固体制剂吸收的快慢：散剂>颗粒剂>胶囊剂>片剂>丸剂。丸剂的吸湿性、刺激性比散剂、颗粒剂小，稳定性比散剂、颗粒剂好。

（二）中药丸剂的分类

1. 按辅料分类　可分为水丸、蜜丸、水蜜丸、浓缩丸、糊丸、蜡丸等。

（1）水丸：饮片细粉以水（或根据制法用黄酒、醋、稀药汁、糖液等）为黏合剂制成的丸剂。一般适用于清热、解表、消导等药剂。水丸因其润湿剂为水或水性液体，服用后较蜜丸易溶散，吸收、显效较快。由于水丸制作时一般不加其他赋形剂，故含药量高。水丸多按剂量服用。如防风通圣丸。

（2）蜜丸：饮片细粉以蜂蜜为黏合剂制成的丸剂。每丸重量在0.5g（含0.5g）以上为大蜜丸，每丸重量在0.5g以下为小蜜丸。最常见的大蜜丸一般每丸重3~9g，按粒数服用。如安宫牛黄丸。

（3）水蜜丸：饮片细粉以蜂蜜和水为黏合剂制成的丸剂。水蜜丸丸粒较小，光滑圆整，易于吞服。采用蜂蜜加水作为黏合剂，易于贮存，目前应用比较普遍。如乌鸡白凤丸（水蜜丸）。

（4）浓缩丸：饮片或部分饮片提取浓缩后，与适宜辅料或其余饮片细粉，以水、蜂蜜或蜂蜜和水为黏合剂制成丸剂。分为浓缩水丸、浓缩蜜丸和浓缩水蜜丸。如归脾丸。

（5）糊丸：饮片细粉以米粉、米糊或面糊等为黏合剂制成的丸剂。如人丹。

（6）蜡丸：饮片细粉以蜂蜡为黏合剂制成的丸剂。如三黄宝蜡丸。

2. 按制法分类　①泛制丸，如水丸及部分水蜜丸、浓缩丸、糊丸等；②塑制丸，如蜜丸及部分糊丸、浓缩丸等。

知识链接

丸剂的规格

丸剂的服用剂量有两种表示方法，即按丸服用和按重量服用。因此，丸剂的规格也有不同的表示方法。比如保和丸（水丸）的规格为每20丸重1g，乌鸡白凤丸（水丸）的规格为每克12丸，六味地黄丸（水蜜薄膜衣丸）的规格为6.3g/袋，消痔丸（大蜜丸）的规格为每丸重9g。

（三）中药丸剂的制备与举例

1. 辅料　中药丸剂是由药材粉末加适量辅料制成的球形药剂。各类丸剂的药粉的粉碎细度对丸剂的质量至关重要，一般应采用细粉或最细粉，其制得的丸粒表面细腻、光滑、圆整。丸剂的辅料主要有润湿剂、黏合剂和吸收剂等（表10-2）。

表10-2　中药丸剂的辅料

辅料名称	作用
润湿剂	药材粉末本身具有黏性，加润湿剂诱发其黏性，便于制备成丸
黏合剂	一些含纤维、油脂较多的药材细粉，需加适当的黏合剂才能成型
吸收剂	将处方中出粉率高的药材制成细粉，作为浸出物、挥发油的吸收剂，可避免或减少其他辅料的用量

（1）润湿剂：常用的润湿剂有水、酒、醋、水蜜、药汁等。水是泛丸中应用最广、最主要的赋形剂。水本身虽无黏性，但能润湿溶解药物中的黏液质、糖、淀粉、胶质等，润湿后产生黏性，即可泛制成丸。

知识链接

水和水蜜

为了保证成品的质量，减少微生物的污染，应选用纯化水。凡临床治疗上对赋形剂无特殊要求的、药物遇水不变质者，皆可用水泛丸，泛成后应立即干燥。

水蜜一般以炼蜜1份加水3份稀释而成，兼具润湿与黏合作用。

（2）黏合剂：常用的黏合剂有蜂蜜、米糊或面糊、药材清（浸）膏、糖浆等。蜂蜜具有较好的黏合作用，并兼有润肺止咳、润肠通便、解毒调味的功效。中医认为其有“和百药、除众病”的功效。由于常含有杂质、酶及较高的含水量，故在应用前需加热炼制。炼制的目的是除去杂质、破坏酶类、杀死微生物、降低水分含量和增加黏合力。蜂蜜炼制后具有很强的黏合力，而且与药粉混合后使丸块表面不易硬化，又有较大的可塑性。用炼蜜制成的丸粒圆整、光洁、滋润，含水量少，崩解缓慢，作用持久。炼制的蜂蜜有嫩蜜、中蜜及老蜜三种规格（表10-3）。

表 10-3　炼制蜂蜜的三种规格

种类	炼蜜温度	含水量	相对密度	用途
嫩蜜	105～115℃	18%～20%	约 1.34	用于黏性较强的药物
中蜜	116～118℃	14%～16%	约 1.37	用于黏性适中的药物
老蜜	119～122℃	10% 以下	约 1.4	用于黏性较差的药物

知识链接

蜂蜜的炼制方法

将蜂蜜置锅中，加适量清水，加热熔化后，过筛除去死蜂及浮沫等杂质，再入锅继续加热至沸腾，直到符合炼蜜标准。①炼制程度：根据处方中药物的性质、药粉含水量来掌握炼制时间、温度、炼蜜颜色、水分等。②判断标准：嫩蜜，颜色无明显变化，略带黏性；中蜜，炼至均匀淡黄色有细气泡时，用手捻之有黏性，两手指离开无长白丝；老蜜，炼至有较大红棕色气泡时，黏性强，用手捻之两手指离开出现长白丝。

（3）吸收剂：常用的吸收剂有药物的细粉，亦可用惰性无机物如氢氧化铝凝胶粉、碳酸钙、氧化镁、碳酸镁或甘油磷酸钙等作吸收剂。另外，淀粉、糊精、乳糖等也是较好的吸收剂。

2. 制备方法　常见的制备方法有塑制法和泛制法。

（1）塑制法：又称搓丸法。是将药材粉末与适宜的辅料（主要是润湿剂或黏合剂）混合制成可塑性的丸块，再经搓条、分割及搓圆制成丸剂的方法。是最古老、最普遍使用的制丸剂方法，如蜜丸、糊丸、浓缩丸的制备。其工艺流程如下：

药粉 —黏合剂→ 制丸块 → 制丸条 → 分割 → 搓圆 → 质量检查 → 包装 → 成品

操作程序及注意事项如下。

配料：①将药材粉碎为细粉或最细粉，混匀；②蜂蜜炼制成适宜程度，下蜜温度以60~80℃为宜，药粉与炼蜜的比例为1∶1；③配制润滑剂，为防粘连并使表面光滑，需要涂用适当的润滑剂，机器操作时多用药用乙醇，手工操作时用麻油与蜂蜡（7∶3）经加热制成的融合物（半固体状）。

制丸块：又称合药、合坨。取混匀的药物细粉，加入适量的黏合剂，搓捏使形成不黏手、不松散、不黏附器壁、湿度适宜的可塑性丸块。合药是搓丸法的关键工序，其软硬程度及黏稠度影响丸粒成型与贮存中是否变形。

制丸条、分割与搓圆：目前生产上广泛应用中药自动制丸机（图10-4）将制条、分粒及搓圆一次完成。操作时，将已混匀的丸块投入料斗中，药料经螺旋推进器挤压推出均匀的丸条，在导轮控制下，丸条进入制丸刀轮中，由于刀轮的径向和轴向运动，将丸条切割并搓圆制成大小均匀的药丸，制丸过程中由喷头喷洒药用乙醇润滑。

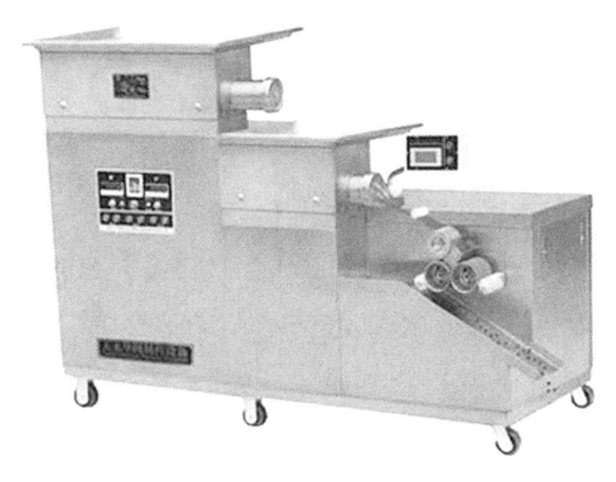

图10-4　中药自动制丸机示意图

（2）泛制法：又称泛丸法。是指在转动得适宜的容器或机械中将药材细粉与赋形剂（润湿剂）交替润湿、撒布、不断翻滚、逐渐增大的一种制丸方法。如水丸、水蜜丸、糊丸、浓缩丸等的制备。工业生产使用包衣锅。其工艺流程为：

药粉 —润湿剂→ 起模 → 成型 → 盖面 → 干燥 → 选丸 → 包衣 → 质量检查 → 包装 → 成品

操作程序及注意事项如下。

1）原料的准备：药材粉碎，过五号筛或六号筛，混合均匀。

2）起模：系将部分药粉制成大小适宜丸模的操作过程。模子或称母子，利用水的润湿作用诱导出粉末的黏性，使粉末之间相互黏着成细小的颗粒，并在此基础上层层增大而成丸模（直径为0.5~1mm的圆球形小颗粒），筛分。

3）成型：系指将已经筛选出的均匀球形模子，逐渐加大至接近成品的操作。加大的方法和起模一样，即在丸模上反复加水润湿、上粉滚圆和筛选。

4）盖面：系指将已经加大、筛选的均匀丸粒，再用适当材料继续操作至成品大小，或单纯用水湿润（习称清水盖面），并将粉末全部用完，使丸粒表面致密、光洁、色泽一致的操作。

5）干燥：水丸含水量应控制在9%以内。水蜜丸、水丸或浓缩丸一般在80℃以下干燥，含芳香挥发性成分或多量淀粉成分的丸剂（包括糊丸）干燥温度应在60℃以下。若为不宜加温的丸粒，则应阴干或用其他适当的方法干燥。

6）选丸：泛丸过程中常出现丸粒大小不匀和畸形，除在泛制过程中及时过筛分等，再分别加大使达到大小一致外，在丸粒干燥后必须进一步选丸，以保证丸粒圆整、大小均匀、剂量准确。

7）包衣与打光：可在润湿的丸粒上（或加明胶溶液作黏合剂）撒上极细的药粉（如朱砂粉、滑石粉、雄黄粉、百草粉等）或其他包衣材料（如糖衣、薄膜衣、肠溶衣），使丸粒不断滚动，待全部细粉均匀黏附在丸面上，包衣完成后，撒入川蜡粉，继续转动30分钟即得。

3. 实例分析

实例1：六味地黄丸

【处方】熟地黄160g　酒萸肉80g　牡丹皮60g
　　　　山药80g　茯苓60g　泽泻60g

【制法】

（1）以上六味粉碎成细粉，过筛，混匀。

（2）用95%乙醇泛丸，干燥，制成水丸；或每100g粉末加炼蜜35~50g与适量的水，制丸，干燥，制成水蜜丸；或加炼蜜80~110g制成小蜜丸或大蜜丸，即得。

【功能与主治】滋阴补肾。用于肾阴亏损，头晕耳鸣，腰膝酸软，骨蒸潮热，盗汗遗精，消渴。

【用法与用量】口服：水丸一次5g，水蜜丸一次6g，小蜜丸一次9g，大蜜丸一次1丸，一日2次。

分析：

（1）收载于《中国药典》（2020年版）一部。

（2）本品性状为棕黑色的水丸、水蜜丸、棕褐色至黑褐色的小蜜丸或大蜜丸；味甜而酸。

（3）处方中酒萸肉是取山萸肉，照酒炖法或酒蒸法（通则0213）炖或蒸至酒吸尽；表面紫黑色或黑色，质润柔软。

（4）制备蜜丸常发生表面粗糙的问题，主要原因是药粉过粗、加蜜量少和混合不均，制备时应注意。

实例2：安神补心丸

【处方】丹参300g　　五味子（蒸）150g

　　　　石菖蒲100g　安神膏560g

【制法】

（1）将丹参、五味子（蒸）、石菖蒲粉碎成细粉。

（2）按处方量与安神膏混合，泛制成丸，干燥，打光或包糖衣，即得。

【功能与主治】养心安神。用于心血不足、虚火内扰所致的心悸失眠、头晕耳鸣。

【用法与用量】口服，一次15丸，一日3次。

分析：

（1）收载于《中国药典》（2020年版）一部。

（2）本品为棕褐色的浓缩水丸；或为包糖衣的浓缩水丸，除去糖衣后显棕褐色，味涩、微酸。每15丸重2g。密封贮藏。

（3）处方中质地软而碎、含粉质较多、贵重细料药、量少或作用强烈的药材，宜粉碎成细粉；体积大、质坚硬、纤维质多的药材，宜制成浸膏。

（4）安神膏系取合欢皮、菟丝子、墨旱莲各3份及女贞子（蒸）4份、首乌藤5份、地黄2份、珍珠母20份，混合加水煎煮两次，第一次3小时，第二次1小时，合并煎液，滤过，滤液浓缩至相对密度为1.21（80~85℃）的清膏，即得。

二、滴丸剂

（一）概述

滴丸剂是原料药物与适宜的基质加热熔融混匀，滴入不相混溶、互不作用的冷凝介质中制成的球形或类球形制剂。主要供口服，亦可供外用（如度米芬滴丸）和局部使用（如耳鼻、直肠、阴道用滴丸），还有眼用圆片状滴丸（图10-5）。

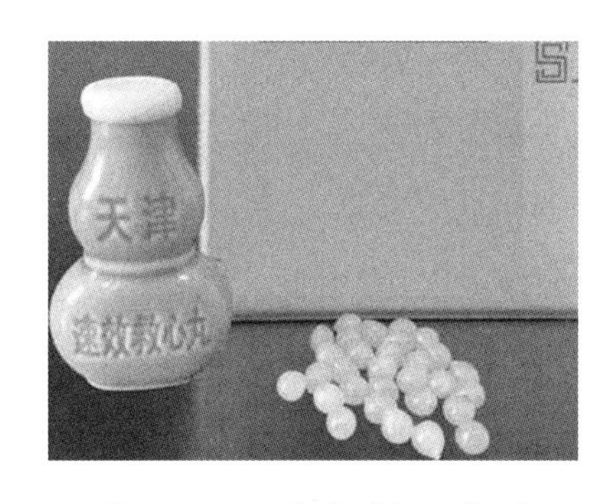

图10-5　滴丸剂示意图

知识链接

章臣桂——“速效救心丸”的幕后英雄

国家机密品种“速效救心丸”，它的发明者是在工作后才开始学习研究中药理论的中药专家章臣桂教授。

章臣桂1958年毕业于南京药学院（今中国药科大学），毕业后被分配到某药材公司，从此与中药结下了不解之缘，开始走向岐黄之路。在此后近20年的时间里，她扎根科研生产一线，刻苦钻研中医理论知识，在新型中药研发领域探索，积累了经验，开阔了知识领域；章臣桂提出了中药制剂科研的三个目标：一是用药量少，疗效显著，毒副作用最小，服、运、存便利；二是向速效、高效、长效"三效"剂型的方向发展；三是向定向、定量、定时的控释性给药系统发展。而速效救心丸可谓是上述三个科研目标的集大成者。

滴丸剂与中药丸剂相比较具有如下主要特点。

1. 改变药物的溶出速率　选择不同的基质，可以调节释药速度。

（1）速效、高效滴丸：选用水溶性基质，在骤冷条件下形成固体分散体，药物以分子、微晶或亚稳态微粒等高能态形式存在，易于溶出。如速效救心丸。

（2）缓控释滴丸：选用非水溶性或肠溶性基质，可控制药物释放，起缓释或肠溶作用。如酒石酸锑钾肠溶滴丸。

2. 增加药物的稳定性　滴丸可将易水解、氧化而分解或易挥发的药物包埋于其中而增加稳定性。如舒胸片中含川芎挥发油，制成滴丸后可减少挥发油的散失。

3. 降低毒副作用　如吲哚美辛的疗效确切，但因胃肠道刺激性大，影响临床广泛应用。制成滴丸，增加溶解度，提高吸收，减少剂量，减少对胃肠道的刺激。

4. 剂量准确、液体药物固体化　主药在基质中分散均匀，剂量准确，较一般丸剂或片剂的重量差异小。某些液体药物可用滴制法制成固体滴丸，如芸香油滴丸。

5. 其他　设备简单，操作方便，利于劳动保护；生产工序少，周期短，自动化程度高，成本低；无研磨粉碎过程，不产生粉尘，适合于工业化大生产。

（二）滴丸剂的制备与举例

1. 基质与冷凝液

（1）基质：滴丸剂中除主药以外的赋形剂均称"基质"。选择合适的基质是滴丸剂形成的关键因素。基质的要求：①熔点较低，60℃以上能熔融成液体，遇骤冷又能凝成固体，药–基混合物在室温下呈稳定均匀的固体状态；②与主药无相互作用，不影响主药的疗效；③对人体无毒副作用等。常用的基质见表10–4。

（2）冷凝液：用以冷却滴出的液滴，使之凝成固体丸剂的液体称为冷凝液。冷凝液的要求如下。①化学惰性：不溶解主药与基质，相互无化学作用，不影响疗效，安全无害；②密度适宜：相对密度与液滴相近，可使滴丸缓缓下沉或上浮而充分冷凝，且有利于丸形圆整；③黏度适宜：使液滴与冷凝液间的黏力小于液滴的内聚力，收缩凝固成丸。常用的冷凝液见表10-5。

表10-4 滴丸剂常用的基质

	种类		
	水溶性基质	非水溶性基质	备注
基质	聚乙二醇类 硬脂酸钠 甘油明胶 泊洛沙姆 不同浓度的乙醇 稀酸溶液	硬脂酸 单硬脂酸甘油酯 虫蜡、蜂蜡 氢化植物油 液状石蜡 煤油、植物油	混合基质：PEG 6000加适量硬脂酸，可增大药物融化时的溶解量，调节溶散时限，有利于滴丸成型

表10-5 滴丸剂常用的冷凝液

	种类		
	水溶性	非水溶性	备注
冷凝液	水 不同浓度的乙醇 稀酸溶液	二甲基硅油 液状石蜡 煤油、植物油	水溶性基质选用非水溶性冷凝液；非水溶性基质选用水溶性冷凝液

2. 制备方法 滴丸剂的生产采用滴制法，是指将药物均匀分散在熔融的基质中，再滴入不相混溶的冷凝液里，冷凝收缩成丸的方法。其工艺流程为：

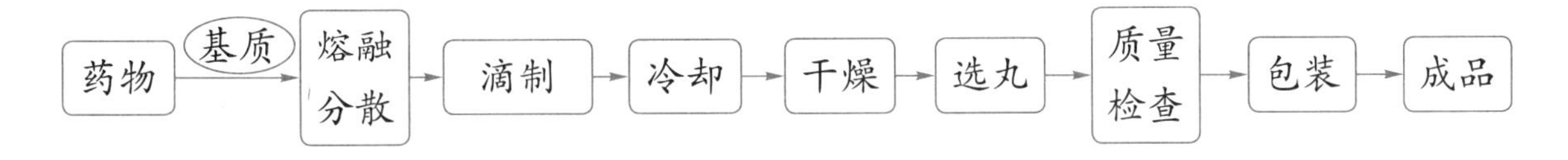

滴制设备主要是滴丸机（图10-6），主要部件有滴管系统（滴头和定量控制器）、保温设备（带加热恒温装置的贮液槽）、控制冷凝温度的设备（冷凝柱）及滴丸收集器等。滴出方式有上浮式和下沉式，冷凝方式有静态冷凝与流动冷凝两种，熔化可在滴丸机中或在熔料锅中进行，可根据生产的实际情况选择。

滴制过程：

（1）将主药溶解、混悬或乳化在适宜的基质内制成药液。

（2）将药液移入加料漏斗，80~90℃保温。

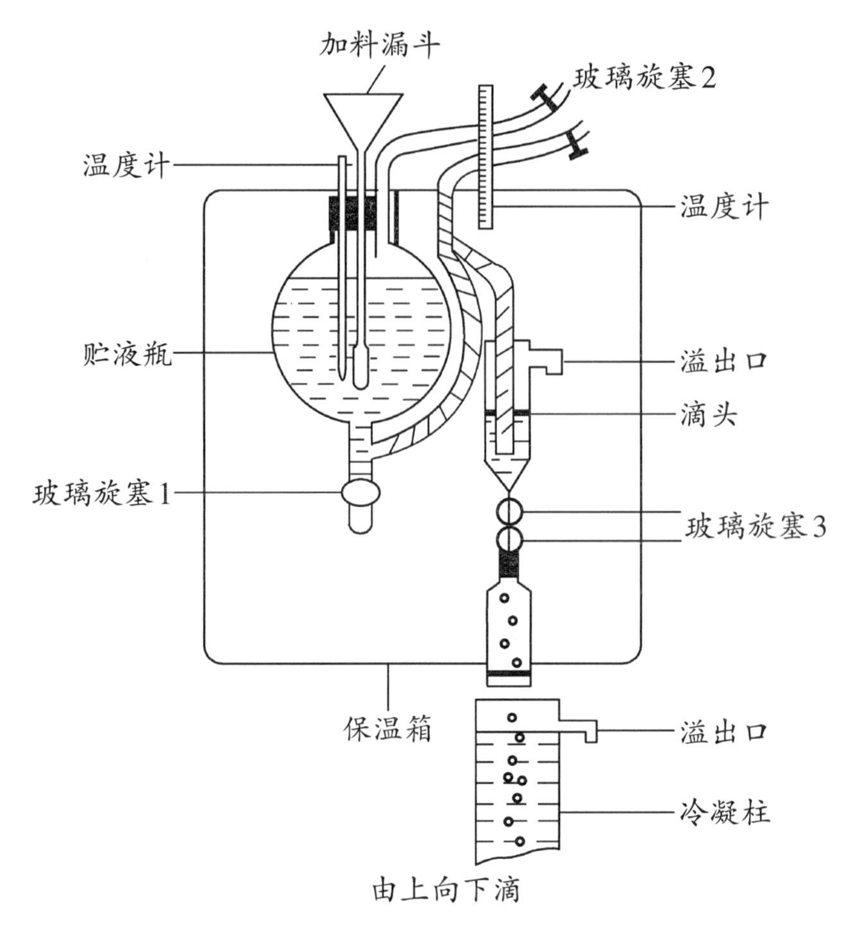

图10-6 滴丸机示意图

（3）选择合适的冷凝液，加入滴丸机的冷凝柱中。

（4）调整滴管阀门，将药液滴入冷凝液中冷凝成型，收集，即得滴丸。滴管口与冷凝液面的距离宜控制在5cm以下，使液滴在滴下与液面接触时不易跌散而产生细粒。

（5）取出丸粒，用纱布或滤纸清除附着的冷凝液，剔除废次品。

（6）干燥、包装即得。根据药物的性质与使用、贮藏的要求，滴丸亦可包糖衣或薄膜衣。

3. 实例分析

实例：银杏叶滴丸

【处方】银杏叶提取物 16g

【制法】取银杏叶提取物，加44g聚乙二醇4000，加热熔化，混匀，滴入甲基硅油冷却液中，制成1 000丸，除去表面油迹，或包薄膜衣，即得。

【功能与主治】活血化瘀通络。用于瘀血阻络引起的胸痹心痛、中风、半身不遂、舌强语謇；冠心病稳定型心绞痛、脑梗死见上述证候者。

【用法与用量】口服。一次5丸，一日3次；或遵医嘱。

分析：

（1）收载于《中国药典》（2020年版）一部。

（2）本品为棕褐色滴丸或薄膜衣滴丸，除去包衣后显棕褐色，味苦。密封避光。

（3）规格：每丸重60mg；薄膜衣丸每丸重63mg。

三、丸剂的质量控制

根据《中国药典》（2020年版）四部通则0108，除另有规定外，丸剂应进行以下相应检查。

1. 水分　照水分测定法（通则0832）测定。除另有规定外，蜜丸和浓缩蜜丸中所含的水分不得超过15.0%，水蜜丸与浓缩水蜜丸不得超过12.0%，水丸、糊丸、浓缩水丸不得超过9.0%。蜡丸不检查水分。

2. 重量差异

（1）除另有规定外，滴丸按照下述方法检查，应符合规定。

取供试品20丸，精密称定总重量，求得平均丸重后，再分别精密称定每丸的重量。每丸重量与标示丸重相比较（无标示丸重的，与平均丸重比较），按表10-6中的规定，超出重量差异限度的不得多于2丸，并不得有1丸超出限度1倍。

表10-6　滴丸剂的重量差异限度

标示丸重或平均丸重	重量差异限度
0.03g及0.03g以下	±15%
0.03g以上至0.1g	±12%
0.1g以上至0.3g	±10%
0.3g以上	±7.5%

（2）除另有规定外，糖丸剂按照下述方法检查，应符合规定。

取供试品20丸，精密称定总重量，求得平均丸重后，再分别精密称定每丸的重量。每丸重量与标示丸重相比较（无标示丸重的，与平均丸重比较），按表10-7中的规定，超出重量差异限度的不得多于2丸，并不得有1丸超出限度1倍。

（3）除另有规定外，其他丸剂按照下述方法检查，应符合规定。

以10丸为1份（丸重1.5g及1.5g以上1丸为1份），取供试品10份，分别称定重量，再与每份标示重量（每丸标示量×称取丸数）相比较（无标示重量的丸剂与平均重量比较），超过重量差异限度（见表10-8）的不得多于2份，并不得有1份超出限度的1倍。

包糖衣丸剂应检查丸芯的重量差异并符合规定，包糖衣后不再检查重量差异，其他包衣丸剂应在包衣后检查重量差异并符合规定；凡进行装量差异检查的单剂量包装丸剂及进行含量均匀度检查的丸剂，一般不再进行重量差异检查。

表10-7　糖丸剂的重量差异限度

标示丸重或平均丸重	重量差异限度
0.03g及0.03g以下	±15%
0.03g以上至0.3g	±10%
0.3g以上	±7.5%

表10-8　其他丸剂重量差异限度

标示重量（平均重量）	重量差异限度	标示重量（平均重量）	重量差异限度
0.05g及0.05g以下	±12%	1.5g以上至3g	±8%
0.05g以上至0.1g	±11%	3g以上至6g	±7%
0.1g以上至0.3g	±10%	6g以上至9g	±6%
0.3g以上至1.5g	±9%	9g以上	±5%

3. 装量差异　除糖丸外，单剂量包装的丸剂，按照下述方法检查应符合规定。

取供试品10袋（瓶），分别称定每袋（瓶）内容物的重量，每袋（瓶）装量与标示装量相比较，按表10-9规定，超出装量差异限度的不得多于2袋（瓶），并不得有1袋（瓶）超出限度1倍。

表10-9　装量差异限度

标示重量或平均重量	装量差异限度	标示重量或平均重量	装量差异限度
0.5g及0.5g以下	±12%	3g以上至6g	±6%
0.5g以上至1g	±11%	6g以上至9g	±5%
1g以上至2g	±10%	9g以上	±4%
2g以上至3g	±8%		

4. 装量　装量以重量标示的多剂量包装丸剂，按照最低装量检查法（通则0942）检查，应符合规定。

以丸数标示的多剂量包装丸剂，不检查装量。

5. 溶散时限　除另有规定外，取供试品6丸，选择适当孔径筛网的吊篮（丸剂直径在2.5mm以下的用孔径约0.42mm的筛网；在2.5~3.5mm之间的用孔径约1.0mm的筛网；在3.5mm以上的用孔径约2.0mm的筛网），按照崩解时限检查法（通则0921）片剂项下的方法加挡板进行检查。除另有规定外，小蜜丸、水蜜丸和水丸应在1小时内全部溶散；浓缩水丸、浓缩蜜丸、浓缩水蜜丸和糊丸应在2小时内全部溶散。滴丸不加挡板检查，应在30分钟内全部溶散，包衣滴丸应在1时内全部溶散。操作过程中如供试品黏附挡板妨碍检查时，应另取供试品6丸，以不加挡板进行检查。上述检查，应在规定时间内全部通过筛网。如有细小颗粒状物未通过筛网，但已软化且无硬心者可按符合规定论。

蜡丸按照崩解时限检查法（通则0921）片剂项下的肠溶衣片检查法检查，应符合规定。

除另有规定外，大蜜丸及研碎、嚼碎后或用开水、黄酒等分散后服用的丸剂不检查溶散时限。

6. 微生物限度　以动物、植物、矿物质来源的非单体成分制成的丸剂，生物制品丸剂，按照非无菌产品微生物限度检查：微生物计数法（通则1105）和控制菌检查法（通则1106）及非无菌药品微生物限度标准（通则1107）检查，应符合规定。生物制品规定检查杂菌的，可不进行微生物限度检查。

知识链接

丸剂可能出现的质量问题

1. 染菌　由原药材、原粉、制备过程、包装材料等带入；贮存过程中微生物增殖；包装不严密；成品暴露于空气中过久等原因造成。预防措施：加强原药材前处理；控制生产过程中污染；成品灭菌；包装材料灭菌。

2. 溶散超时限　药材成分黏性大、疏水；药粉粒径过细；泛制时程过长；含水量低；干燥过快；黏合剂黏性太大。浓缩丸、水丸及水蜜丸往往溶散超时限。预防措施：药粉不宜过细，加崩解剂，控制含水量和过程时间，选择适宜的黏合剂及黏合剂的浓度。

四、丸剂的包装与贮存

1. 常用的包装材料

（1）瓶装：一般体积小的丸剂，如水丸常用玻璃瓶或塑料瓶密封，含芳香性的药物和较贵重的药物可用瓷制或玻璃制成的小瓶密封。

（2）蜡壳包装：大、小蜜丸和浓缩丸常用蜡纸包裹，或用蜡皮、塑料壳挂蜡封固和纸盒挂蜡包装。

（3）铝塑包装：蜜丸大生产可采用铝塑大泡罩热封机热压包装，机械化操作。

2. 贮存　中药丸剂一般含多量的植物纤维、浸出物、蜂蜜或糖类，容易吸湿、长霉或滋生昆虫。因此，包装和贮存时应密封、防潮、防霉、防虫蛀。除另有规定外，丸剂应密封贮存。蜡丸应密封并置阴凉干燥处贮存。

点滴积累

1. 中药丸剂是指将药材细粉或药材提取物加适宜的黏合剂或其他辅料制成的球形或类球形制剂，供内服。
2. 中药丸剂的辅料主要有润湿剂、黏合剂和吸收剂等。
3. 中药丸剂常见的制备方法有塑制法和泛制法。
4. 滴丸剂是原料药物与适宜的基质加热熔融混匀，滴入不相混溶、互不作用的冷凝介质中制成的球形或类球形制剂。
5. 滴丸剂制备的方法是滴制法。

任务三　膜剂

一、认识膜剂

膜剂是指药物与适宜的成膜材料经加工制成的膜状制剂（图10-7）。可适用于口服、舌下、眼结膜囊内、口腔、阴道、体内植入、皮肤和黏膜创伤、烧伤或炎症表面等各种途径和方法给药，以发挥局部或全身作用。

膜剂可按结构类型分为单层膜、多层膜（复合膜）和夹心膜；也可按成膜材料不同分为速释、缓释和控释膜剂。膜剂的形状、大小和厚度等视用药部位的特点和含药量而定。一般膜剂的厚度为0.1~0.2mm，面积为$1cm^2$的可供口服或黏膜用，$0.5cm^2$的供眼用。

膜剂适合于小剂量的药物，特点有：①药物在成膜材料中分布均匀，含量准确，稳定性好；②普通膜剂中药物的溶出和吸收快；③制备工艺简单，生产中没有粉末飞扬；④膜剂体积小，质量轻，应用、携带及运输方便。缺点是载药量小。

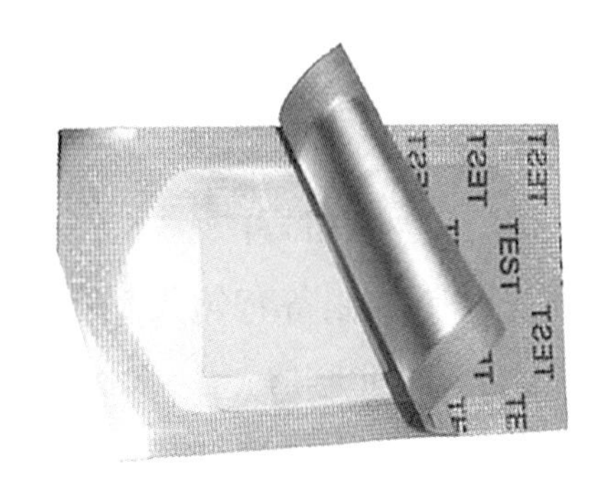

图10-7　膜剂示意图

膜剂所用的包装材料应无毒性，易于防止污染，方便使用，并不能与药物或成膜材料发生理化作用。除另有规定外，膜剂宜密封保存，防止受潮、发霉、变质，并应符合微生物限度检查的要求。

知识链接

膜剂的发展史

膜剂是在20世纪60年代开始并应用的一种新型制剂；70年代国内对膜剂的研究应用已有较大发展，并投入生产。

二、膜剂的成膜材料

膜剂一般由药物、成膜材料、附加剂等成分组成。

1. 成膜材料　常用的成膜材料有两类。一类是天然高分子成分，如明胶、淀粉、糊精、琼脂、阿拉伯胶、海藻酸等，该类成分多可降解或溶解，但成膜性较差，常需与其他成膜材料合用；另一类是合成高分子成分，如聚乙烯醇（PVA）、乙烯-醋酸乙烯共聚物（EVA）、纤维素衍生物（如HPMC、CMC-Na）、聚乙烯吡咯烷酮（PVP）、聚丙烯酸（PAA）及其钠盐等，这类成分成膜性好，成膜后强度与柔韧性也较好，现应用较多。成膜材料及其辅料应无毒、无刺激性、性质稳定、与药物不起作用。

2. 附加剂　膜剂制备时可根据需要添加一些附加剂，主要有增塑剂（如甘油、丙二醇、山梨醇等）、着色剂（如色素）、遮光剂（如二氧化钛）、矫味剂（如蔗糖）、表面活性剂（如吐温-80、十二烷基硫酸钠等）、填充剂（如淀粉、二氧化硅等）。

三、膜剂的制备与举例

（一）制备方法

膜剂的制备有匀浆制膜法、热塑制膜法与复合制膜法。

1. 匀浆制膜法　将成膜材料溶于水，加入主药，充分搅拌溶解。不溶于水的主药可预先制成微晶或粉碎成细粉，用搅拌或研磨等方法均匀分散于浆液中，又称涂膜法。本法常用于以聚乙烯醇（PVA）为膜材的膜剂制备。小量制备时倾于平板玻璃上涂成宽厚一致的涂层，大量生产可用涂膜机涂膜。烘干后根据主药含量计算单剂量膜的面积，剪切成单剂量的小格，包装即得。其工艺流程如下：

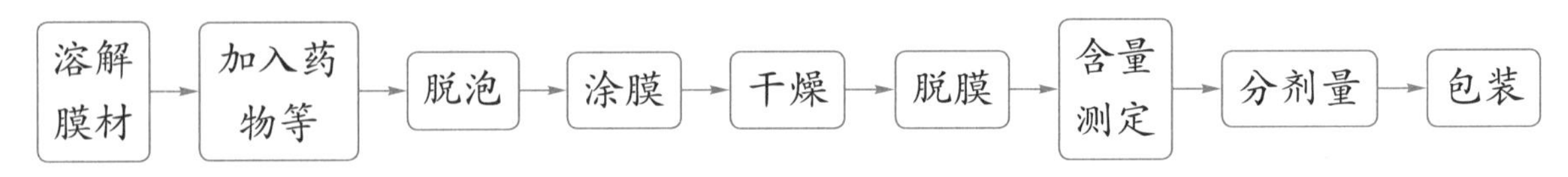

课堂活动

根据前面学过的知识回答，高分子材料PVA的溶解需要经过哪两个过程？如何制备溶液？

制备的注意事项如下。

（1）将成膜材料溶解于水（或适当溶剂）形成胶浆后，滤过。

（2）加入药物并充分搅拌使溶解。不溶于水的药物需预先制成微晶或粉碎成细粉，用搅拌或研磨等方法均匀分散于成膜材料的胶体溶液中，加入附加剂充分混合成均匀的药浆。

（3）静置以除去气泡，然后将配好的药浆置于涂膜机料斗中，经流涎嘴以所需的厚度均匀地涂布于包装纸或不锈钢钢带上。有些药膜干燥后剥离困难，铺膜前可在玻璃、钢带或塑料包装纸上酌加适宜的脱膜剂，常用的脱膜剂有液状石蜡、滑石粉等。但脱膜剂会影响成品的外观，应尽量避免使用。

（4）经过干燥箱或电热干燥烘干成膜后，覆上包装纸，根据主药配制量或取样分析主药含量后计算单剂量的面积，经烫封、打格、切割、包装即得。

2. 热塑制膜法　将药物细粉和成膜材料相混合，由橡皮滚筒混炼，热压成膜，或将热融的膜材在热融状态下加入药物细粉，使溶入或均匀混合，冷却成膜。

3. 复合制膜法　以不溶性的热塑成膜材料如EVA为外膜，分别制成具有凹穴的底外膜带和上外膜带。另用水溶性成膜材料如PVA用匀浆制膜法制成含药的内膜带，剪切后置于底外膜带凹穴中，也可用易挥发性溶剂制成含药匀浆，以间隙定量注入的方法注入底外膜带凹穴中，经吹风干燥后，盖上外膜带，热封即得。此法一般用于缓释膜剂的制备。

（二）实例分析

实例：复方炔诺酮膜

【处方】炔诺酮　　600mg

炔雌醇　　35mg

共制　　1 000格

【制法】将药物分散于适宜的溶剂中，均匀地涂布于可溶胀的纸上，干燥，即得。

分析：

（1）收载于《中国药典》（2020年版）二部。

（2）本品为在水中溶胀的涂膜。

（3）外用避孕药类非处方药药品，给药方法为阴道内给药。

知识链接

涂膜剂

是指高分子成膜材料及药物溶解在有机溶剂中制成的外用液体涂剂。

使用时涂于皮肤或患处，有机溶剂挥发后形成一层高分子聚合物的薄膜，对创面起保护作用。涂膜剂的制备工艺简单，不需要特殊设备，成膜性能好，对某些职业的防护要求、皮肤病患者有较好的治疗作用（如伤湿涂膜剂、冻疮涂膜剂、止痛涂膜剂），且不影响正常的生理功能，透气性好，使用方便。

涂膜剂处方由药物、成膜材料和挥发性有机溶剂三部分组成。成膜材料：常用的有聚乙烯醇缩甲乙醛、火棉胶等；增塑剂：常用的有邻苯二甲酸二甲酯等；有机溶剂：常用乙醇、丙酮或两者以一定的比例混合使用等。

涂膜剂的制备方法一般采用溶解法。在生产过程中应严格防火防爆。除另有规定外，涂膜剂在启用后最多可使用4周。涂膜剂在标签上应注明“外用”，并应按规定进行装量及微生物限度检查。

点滴积累

1. 膜剂是指药物与适宜的成膜材料经加工制成的膜状制剂。适合于小剂量的药物。
2. 膜剂一般由药物、成膜材料、附加剂等成分组成。
3. 膜剂的制备有匀浆制膜法、热塑制膜法与复合制膜法。

任务四　气雾剂、粉雾剂与喷雾剂

气雾剂、粉雾剂与喷雾剂是指药物以特殊装置给药，经呼吸道深部、腔道、黏膜或皮肤等发挥全身或局部作用的制剂。该类制剂的用药途径分为吸入、非吸入和外用。吸入气雾剂、吸入粉雾剂和吸入喷雾剂可以单剂量或多剂量给药。该类制剂应对皮肤、呼吸道与腔道黏膜和纤毛无刺激性、无毒性。

一、气雾剂

气雾剂系指原料药物或原料药物和附加剂与适宜的抛射剂共同装封于具有特制阀门系统的耐压容器中，使用时借助抛射剂的压力将内容物呈雾状物喷至腔道黏膜或皮肤的制剂（图10-8）。

气雾剂中的药物可直接喷射到作用部位，因此分布均匀、起效快，同时避免了胃肠道的破坏和肝脏的首过效应。但是气雾剂需要耐压容器、阀门系统以及特殊的生产设备，制造成本较高；由于抛射剂具高度挥发性有制冷效应，多次使用于受伤皮肤可引起不适与刺激。

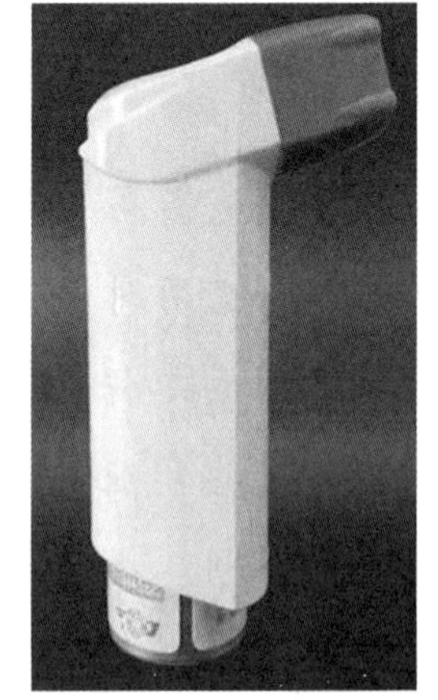

图10-8　气雾剂示意图

气雾剂除按用药途径分为吸入、非吸入及外用气雾剂外，还可按处方组成分为二相气雾剂（溶液型气雾剂）和三相气雾剂（混悬型、泡沫型气雾剂）；以及按医疗用途分类分为吸入用、皮肤与黏膜用、空间消毒用气雾剂；按释药类型分为定量和非定量气雾剂。

（一）气雾剂的组成

气雾剂由抛射剂、药物与附加剂、耐压容器和阀门系统四部分组成。

1. 抛射剂　抛射剂是气雾剂的喷射动力来源，可兼作药物的溶剂或稀释剂。抛射剂多为液化气体，在常压下沸点低于室温，蒸气压高，当阀门开放时，压力突然降低，抛射剂急剧气化，借抛射剂的压力将容器内的药液以雾状喷出。理想的抛射剂在常温下的蒸气压应大于大气压；应无毒、无致敏反应和刺激性；应无色、无嗅、无味；应性质稳定，不易燃易爆，不与药物、容器发生相互作用；价廉易得。抛射剂可分为液化气体和压缩气体两类，液化气体包括氟碳化合物和碳氢化合物。

（1）氢氟烷烃：是目前最有应用前景的一类氯氟烷烃的替代品，主要为四氟乙烷（HFA-134a）和七氟丙烷（HFA-227）。

（2）碳氢化合物：有丙烷、异丁烷、正丁烷，虽然蒸气压适宜，可供气雾剂用，但毒性大、易燃易爆、工艺要求高。

（3）压缩气体：如二氧化碳或氮气等均为惰性气体，无毒，价廉，在低温下可液化，但在室温下除二氧化碳外均完全气化。液化的二氧化碳蒸气压很高，在31.3℃以下为液态，临界压力是7 599.4Pa，要求容器的耐压性能高。压缩气体作为抛射剂常用于喷雾剂。

2. 药物与附加剂　根据临床需要将液态、半固态及固态粉末型药物开发成气雾剂，往往需要添加能与抛射剂混溶的潜溶剂、增加稳定性的抗氧剂以及乳化所需的表面活性剂等附加剂。

3. 耐压容器　气雾剂的容器必须不与药物和抛射剂发生反应，且耐压、轻便、价廉等。常见的耐压容器有以下几种。

（1）金属容器：有铝质、马口铁和不锈钢三种，其中马口铁最常用。其特点是耐压力强，有利于机械化生产，但化学稳定性较玻璃容器差，易被药液和抛射剂腐蚀而导致药液变质，故常在容器内壁涂上聚乙烯或环氧树脂，以增强其耐腐蚀性能。不锈钢的容器耐压和抗腐蚀性能好，但成本较高。

（2）玻璃容器：由中性硬质玻璃制成，具有化学稳定性好、耐腐蚀、抗泄漏性好、价廉等优点，但耐压和耐撞击性差。

（3）塑料容器：由聚丁烯对苯二甲酸树脂和乙缩醛共聚树脂等制成，质地轻而耐压，抗撞击，耐腐蚀性较好，但通透性较高。

4. 阀门系统　阀门系统的基本功能是在密封条件下控制药物喷射的剂量。各部件的精密度都可以直接影响气雾剂产品的质量和喷出物的细度及状态。分为一般阀门、供吸入用定量阀门及供腔道或皮肤等外用的泡沫阀门。

（1）一般阀门系统：一般阀门系统为非定量的，由封帽、阀门杆、推动钮、橡胶封圈、弹簧、浸入管组成（图10-9）。

（2）定量阀门系统：与非定量阀门系统构造相仿，不同的是多一个定量室。

（二）气雾剂的制备与举例

1. 制备方法　气雾剂应在避菌环境下配制，各种用具、容器等须用适宜的方法清洁、灭菌，在整个操作过程中应注意微生物的污染。制备包括阀门系统的处理与装配，药物的配制、分装，填充抛射剂和质量检查等。其工艺流程中最主要的步骤是将药物和抛射剂灌装到选定的容器内，一般可采用两种方法灌装。

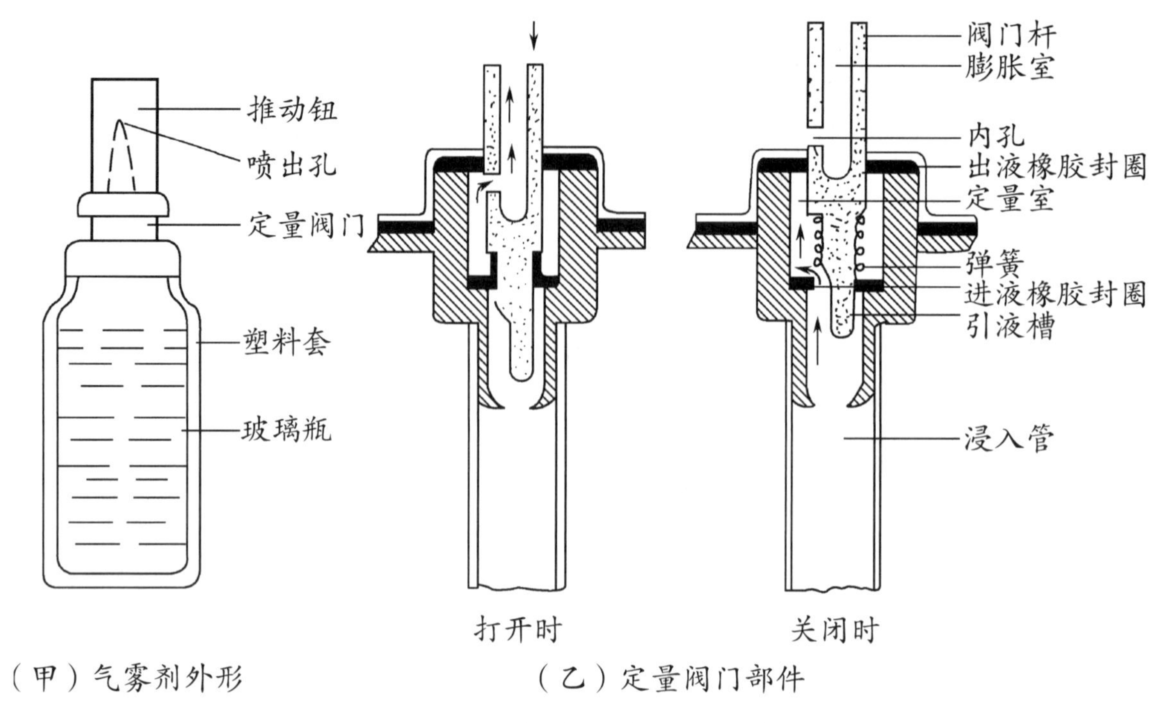

（甲）气雾剂外形　　（乙）定量阀门部件

图10-9　气雾剂装置示意图

（1）压灌法：先将配好的药液在室温下灌入容器内，再将阀门装上并轧紧，然后通过压装机压入定量的抛射剂（最好先将容器内的空气抽去）。

（2）冷灌法：药液借助冷灌装置中的热交换器冷却至-20℃左右，抛射剂冷却至沸点以下至少5℃。先将冷却的药液灌入容器中，随后加入已冷却的抛射剂（也可两者同时加入）。

2. 实例分析

实例：盐酸异丙肾上腺素气雾剂

【处方】		
	盐酸异丙肾上腺素	2.5g
	维生素C	1.0g
	95%乙醇	296.5g
	二氯二氟甲烷	适量
	共制	1 000g

【制法】先将盐酸异丙肾上腺素和维生素C溶于95%乙醇中，滤过，灌入已处理好的容器中，装上阀门，扎紧封帽，用压灌法灌注二氯二氟甲烷即得。

【作用与用途】治疗支气管哮喘。

分析：

（1）收载于《中国药典》（2020年版）二部。

（2）维生素C作为抗氧化剂，可以防止盐酸异丙肾上腺素氧化变质、变色。

（3）95%乙醇为溶剂；二氯二氟甲烷为氟代烷烃类抛射剂，又称氟利昂12。

（4）本品在耐压容器中的药液为无色或带黄色的澄清液体；揿压阀门，药液即呈雾粒喷出。

二、吸入粉雾剂

吸入粉雾剂系指固体微粉化原料药物单独或与合适载体混合后，以胶囊、泡囊或多剂量贮库形式，采用特制的干粉吸入装置，由患者吸入雾化药物至肺部的制剂。

粉雾剂与气雾剂及喷雾剂相比，具有以下一些优点：①无抛射剂氟利昂，可避免对大气环境的污染和呼吸道的刺激；②药物以胶囊或泡囊形式给药，剂量准确，无超剂量给药的危险；③不含防腐剂及乙醇等溶剂，对病变的黏膜无刺激性；④稳定性好，尤其适用于多肽和蛋白类药物的给药。但是也有一些不足，比如干粉吸入装置较复杂、生产成本较高等。

吸入粉雾剂的装置很多，其中一种的使用方法见图10-10。

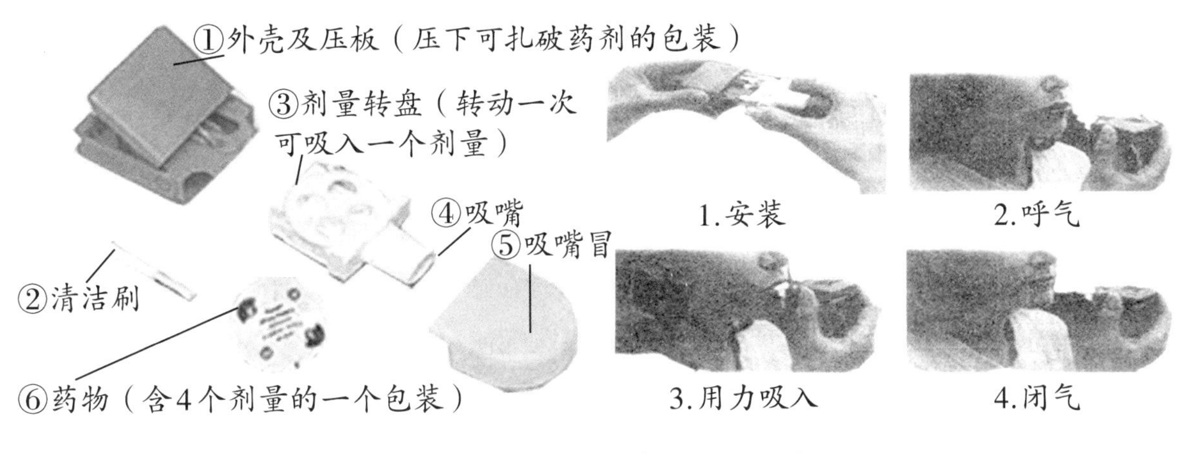

图10-10　干粉吸入装置使用示意图

粉雾剂在生产与贮藏期间应符合下列有关规定：

1. 配制粉雾剂时，为改善粉末的流动性，可加入适宜的载体和润滑剂。吸入粉雾剂中所有附加剂均应为无害物质，且对呼吸道黏膜和纤毛无刺激性、无毒性。

2. 粉雾剂给药装置使用的各组成部件均应采用无毒、无刺激性、性质稳定、与药物不起作用的材料制造。

3. 吸入粉雾剂中药物粒度大小应控制在10μm以下，其中大多数应在5μm以下。

4. 吸入粉雾剂标签上的规格为每揿主药含量和/或递送剂量。

5. 粉雾剂应置凉暗处贮存，防止吸潮。

三、喷雾剂

喷雾剂系指原料药物或与适宜辅料填充于特制的装置中，使用时借助手动泵的压力、高压气体、超声振动或其他方法将内容物呈雾状物释出，直接喷至腔道黏膜或皮肤等的制剂。

喷雾剂按内容物组成分为溶液型、乳状液型或混悬型。按用药途径可分为吸入喷雾剂、鼻用喷雾剂及用于皮肤、黏膜的喷雾剂。按给药定量与否，喷雾剂还可分为定量喷雾剂和非定量喷雾剂。

喷雾剂在生产与贮藏期间应符合下列有关规定。

1. 根据需要可加入溶剂、助溶剂、抗氧剂、抑菌剂、表面活性剂等附加剂，除另有规定外，在制剂确定处方时，该处方的抑菌效力应符合抑菌效力检查法（通则1121）的规定。所加附加剂对皮肤或黏膜应无刺激性。

2. 喷雾剂装置中各组成部件均应采用无毒、无刺激性、性质稳定、与原料药物不起作用的材料制备。

3. 溶液型喷雾剂的药液应澄清；乳状液型喷雾剂的液滴在液体介质中应分散均匀；混悬型喷雾剂应将原料药物细粉和附加剂充分混匀、研细，制成稳定的混悬液。

4. 喷雾剂用于烧伤治疗如为非无菌制剂的，应在标签上标明“非无菌制剂”；产品说明书中应注明“本品为非无菌制剂”，同时在适应证下应明确“用于程度较轻的烧伤（Ⅰ°或浅Ⅱ°）”；注意事项下规定“应遵医嘱使用”。

5. 吸入雾剂原料药物粒度大小通常应控制在10μm以下，其中大多数应在5μm以下。

6. 吸入喷雾剂说明书应标明①总喷次；②递送剂量；③临床最小推荐剂量的喷次；④如有抑菌剂，应标明名称。

7. 除另有规定外，喷雾剂应避光密封贮存。

点滴积累

1. 气雾剂系指原料药物或原料药物和附加剂与适宜的抛射剂共同装封于具有特制阀门系统的耐压容器中，使用时借助抛射剂的压力将内容物呈雾状物喷至腔道黏膜或皮肤的制剂。

2. 气雾剂由抛射剂、药物与附加剂、耐压容器和阀门系统四部分组成。抛射剂的填充方法有压灌法和冷灌法。

3. 吸入粉雾剂系指固体微粉化原料药物单独或与合适载体混合后，以胶囊、泡囊或多剂量贮库形式，采用特制的干粉吸入装置，由患者吸入雾化药物至肺部的制剂。

4. 喷雾剂系指原料药物或与适宜辅料填充于特制的装置中，使用时借助手动泵的压力、高压气体、超声振动或其他方法将内容物呈雾状物释出，直接喷至腔道黏膜或皮肤等的制剂。

项目小结

1. 栓剂指药物与适宜基质制成供腔道给药的固体制剂。
2. 栓剂基质分为油脂性基质和水溶性基质。
3. 中药丸剂指将药材细粉或药材提取物加适宜的黏合剂或其他辅料制成的球形或类球形制剂。主要供内服。
4. 中药丸剂的优点有：①生产技术和设备较简单，制造成本相对低廉；②能较多地容纳固体、半固体或黏液状药物；③适合于慢性疾病的治疗和调理；④通过包衣掩盖药物的不良臭味。缺点有：①儿童和昏迷者吞服困难或无法吞咽；②易受微生物的污染而发生霉变。
5. 滴丸剂是原料药物与适宜的基质加热熔融混匀，滴入不相混溶、互不作用的冷凝介质中制成的球形或类球形制剂。
6. 滴丸剂的特点有：①改变药物的溶出速率；②增加药物的稳定性；③降低毒副作用；④剂量准确、液体药物固体化；⑤设备简单，生产工序少，自动化程度高，成本低，不产生粉尘，利于劳动者保护，适合工业大生产。
7. 膜剂指药物与适宜的成膜材料经加工制成的膜状制剂。
8. 膜剂的优点有：①药物在成膜材料中分布均匀，含量准确，稳定性好；②普通膜剂中药物的溶出和吸收快；③制备工艺简单，生产中没有粉末飞扬；④膜剂体积小，质量轻，应用、携带及运输方便。缺点为载药量小。

9. 气雾剂系指原料药物或原料药物和附加剂与适宜的抛射剂共同装封于具有特制阀门系统的耐压容器中，使用时借助抛射剂的压力将内容物呈雾状物喷至腔道黏膜或皮肤的制剂。

10. 气雾剂由抛射剂、药物与附加剂、耐压容器和阀门系统四部分组成。

11. 吸入粉雾剂系指固体微粉化原料药物单独或与合适载体混合后，以胶囊、泡囊或多剂量贮库形式，采用特制的干粉吸入装置，由患者吸入雾化药物至肺部的制剂。

12. 吸入粉雾剂中药物粒度大小应控制在10μm以下，其中大多数应在5μm以下。

13. 喷雾剂系指原料药物或与适宜辅料填充于特制的装置中，使用时借助手动泵的压力、高压气体、超声振动或其他方法将内容物呈雾状物释出，直接喷至腔道黏膜或皮肤等的制剂。

14. 吸入喷雾剂的雾滴（粒）大小应控制在10μm以下，其中大多数应在5μm以下。

思考题

一、填空题

1. 中药丸剂的制备方法有________和________。
2. 滴丸除主药以外的赋形剂均称为________，用来冷却滴出液的溶液称为________。
3. 膜剂一般由________、________、________等成分组成。
4. 气雾剂由________、________、________和________四部分组成。

二、名词解释

1. 中药丸剂
2. 滴丸剂
3. 栓剂
4. 膜剂
5. 气雾剂

三、简答题

中药丸剂的特点是什么？

实训 10-1　栓剂的制备

一、实训目的

1. 通过实验要求掌握栓剂常用基质的类型、特点。

2. 初步学会模制成形法（热熔法）制备栓剂的方法。

二、实训药品与器材

1. 试剂　甘油、硬脂酸钠。

2. 器材　烧杯、量筒、玻璃棒、药匙、乳钵、药筛、搪瓷盘、铲刀、木夹、天平、水浴锅、栓模。

三、实训指导

栓剂按其作用可分为两种。一种是在腔道内起局部作用；另一种是由腔道吸收至血液起全身作用。栓剂的制备和作用的发挥，均与基质有密切的关系。因此选用的基质必须符合各项质量要求，以便制成合格的栓剂。

采用模制成形法（热熔法）制备栓剂时，需用栓模，在使用前应将栓模洗净、擦干，再用棉签蘸润滑剂少许，涂布于栓模内，注模时应稍溢出模孔，若含有不溶性药物应随搅随注，以免药物沉积于模孔底部，冷后再切去溢出部分，使栓剂底部平整；取出栓剂时，应自基部推出，如有多余的润滑剂，可用滤纸吸去。

栓模内所涂润滑剂，油脂性基质多用肥皂酊，水溶性基质多用液状石蜡、麻油等。栓剂制成后，分别用药品包装纸包裹，置于玻璃瓶或纸盒内，在25℃以下贮藏。

四、实训内容

甘油栓的制备

【处方】甘油　　80g

　　　　硬脂酸钠　　2g

　　　　共制约　　10粒

【制法】

（1）将甘油置小烧杯中，在沸水浴中加热。

（2）加入研细干燥的硬脂酸钠，不断搅拌，使之溶解，继续保温在85~95℃，直至溶液澄清。

（3）将上述溶液注入涂有液状石蜡的模具中，至稍微溢出模口为度。

（4）冷却成型，用软膏刀削除溢出的基质，脱模，包装，即得。

【附注】

（1）将药物在搅拌下加到接近凝固点的基质中混合均匀，再倾入冷却并涂有润滑剂的栓模中，防止药物在冷却过程中沉淀。

（2）控制加热温度和时间，以免变黄。

（3）注模时，若有不溶性药物，应随搅随注，以免药物沉淀于模孔底部。

（4）润滑剂用量应适宜，过多会影响栓剂成型（尖端缺失），过少则栓剂难以脱模。

（5）取出栓剂时应自基部推出，如有多余润滑剂，可用滤纸吸去。

五、思考题

1. 栓模清洗时应注意什么？

2. 如果是聚乙二醇栓剂可不用润滑剂吗？为什么？

3. 为什么灌注时，基质应稍微溢出模口？

实训 10-2　中药丸剂的制备

一、实训目的

1. 了解炼蜜的制备过程及特点。

2. 初步学塑制法制备中药丸剂的操作方法。

二、实训药品与器材

1. 药品　山楂、六神曲（炒）、槟榔、山药、炒白扁豆、炒鸡内金、麸炒枳壳、炒麦芽、砂仁。

2. 器材　烧杯、温度计、搪瓷盘、搓丸板、粉碎机、四号筛、五号筛、电炉、不锈钢锅、电子天平、玻璃棒。

三、实训指导

中药丸剂俗称丸药，系指药材细粉或药材提取物加适宜的黏合剂或其他辅料制成的球形或类球形制剂，主要供内服。中药丸剂常用塑制法或泛丸法制备。

本实训采用塑制法制备大蜜丸。将药材细粉与适宜的炼制过的蜂蜜混合均匀，制成软硬适宜、可塑性较大的软材，再依次制丸条，分粒，搓圆制成丸剂。一般工艺流程为：

药粉+黏合剂→制丸块→制丸条→分割→搓圆→质量检查→包装→成品

四、实训内容

开胃山楂丸的制备

【处方】山楂 600g

六神曲（炒） 100g

槟榔 50g

山药 50g

炒白扁豆 50g

炒鸡内金 50g

麸炒枳壳 50g

炒麦芽 50g

砂仁 25g

【制法】

1. 备料　以上九味药材用粉碎机混合，过五号筛，加入V型混合机中混匀备用。

2. 炼蜜　取适量生蜂蜜置于适宜容器中，加入适量清水，加热至沸后，用四号筛过滤，除去死蜂、蜡、泡沫及其他杂质。然后，继续加热炼制，至蜜表面起黄色气泡，手拭之有一定黏性，但两手指离开时无长丝出现（此时蜜温约为116℃）即可。

3. 制丸块　将药粉置于搪瓷盘中，每100g药粉加入炼蜜（70~80℃）130~150g左右，混合揉搓制成均匀滋润的丸块。

4. 搓条、制丸　根据搓丸板的规格将以上制成的丸块用手掌或搓条板做前后滚动搓捏，搓成适宜长短粗细的丸条，再置于搓丸板的沟槽底板上（需预先涂少量润滑剂）手持上板使两板对合，然后由轻至重前后搓动数次，直至丸条被切断且搓圆成丸。每丸重9g。

【附注】

1. 蜂蜜炼制时应不断搅拌，以免溢锅。炼蜜程度应掌握恰当，过嫩含水量高，使粉末黏合不好，成丸易霉坏；过老丸块发硬，难以搓丸，成丸难崩解。

2. 药粉与炼蜜应充分混合均匀，以保证搓条、制丸的顺利进行。

3. 为避免丸块、丸条黏着搓条、搓丸工具及双手，操作前可在手掌和工具上涂擦少量润滑油。

4. 制备开胃山楂丸宜用中蜜，下蜜温度为70~80℃。

5. 润滑剂可用麻油1 000g加蜂蜡120~180g熔融制成。

五、思考题

1. 炼蜜的目的是什么？

2. 制备过程中影响蜜丸质量的主要因素有哪些？应采取哪些措施提高蜜丸的质量？

实训 10-3　膜剂的制备

一、实训目的

1. 学会小量制备膜剂的方法和操作注意事项。

2. 了解常用成膜材料的性质特点。

二、实训药品与器材

1. 药品　聚维酮碘、PVA（17-88）、羧甲基纤维素钠、甘油。

2. 器材　光洁玻璃板、烧杯、量杯、玻璃棒、刀片、药匙、托盘天平、水浴锅、烘箱。

三、实训指导

匀浆制膜法制备膜剂。

1. PVA胶浆配制　PVA为粉末高分子膜材，配制时先加适量水浸泡过夜，待其溶胀后再加足量水加热溶解，过滤，即得。

2. 加入药物　将药物溶解加入胶浆中。不溶的药物也可以预先粉碎成细粉，搅拌或研磨下均匀分散于胶浆中。

3. 脱泡　由于药浆黏度大，制备过程中产生气泡。一般需缓慢搅拌，以减少气泡；并通过静置、保温（40~50℃水浴）、冷却（4℃冰箱）或减压方法脱去气泡。

4. 涂膜　将配制好的药浆，倾于平板玻璃上，涂成厚度不超过1mm、有一定宽度、均匀一致的涂层。涂完后干燥成膜，脱膜，分格，即得。

5. 质量检查　外观性状：膜剂应完整光洁，厚度一致，色泽均匀，无明显气泡；重量差异：取膜片20片，精密称定总重量，求得平均重量，再分别精密称定各片的重量。每片重量与平均重量相比较，应符合规定。超出重量差异的膜片不得多于2片，并不得有1片超出限度的1倍。

四、实训内容

聚维酮碘膜剂

【处方】	聚维酮碘	10g
	PVA（17-88）	5.6g
	羧甲基纤维素钠	0.4g
	甘油	0.2g
	纯化水	24ml
	共制	200片

【制法】

1. 在聚乙烯醇中加入甘油、水、羧甲基纤维素钠，待充分膨胀后，置80~90℃水浴上溶解、稍冷。

2. 用少量水溶解聚维酮碘，在不断搅拌下，加入上述浆液中，混匀。

3. 将浆液倾倒于预先净化并涂有液体石蜡的玻璃板上，制成面积10cm×40cm的膜，待自然干燥过后，切割分成1cm×2cm膜块，即得。

【附注】

1. PVA可先浸泡过夜，膨胀后于90~100℃水浴搅拌使溶，搅拌速度要缓慢，避免产生过多气泡。

2. 玻璃板要光洁，可用铬酸洗液处理，洗净后自然晾干，有利于药膜的脱膜。加热前可先涂抹少量液体石蜡，以免脱膜困难。

3. 铺膜宜均匀，膜厚度控制在0.8mm为宜。

4. 干燥后用刀片划痕分格，封装于塑料包装袋中。

五、思考题

1. 如何除去胶浆中的气泡?

2. 最佳成膜材料是哪种？为什么?

（张小莉）

项目十一

药物制剂新技术与新剂型

项目十一
数字内容

学习目标

知识目标：

- 熟悉缓释与控释制剂、靶向制剂、透皮吸收制剂和生物技术药物制剂的基本概念和特点，固体分散技术、包合技术、微球和微囊、纳米球和纳米囊、纳米乳和亚纳米乳、脂质体的基本概念。
- 了解缓控释制剂的制备方法和实际应用，了解药物制剂新技术的工艺流程。

能力目标：

- 掌握缓释、控释制剂的优缺点，单凝聚法制备微囊的方法。

素质目标：

- 学习和领悟“工匠精神”中持续创新、追求突破的内涵！

情境导入

情境描述：

某男性患者，60岁，患有中度高血压伴2型糖尿病，医师给予药物治疗，药物多达5种，均为普通制剂（盐酸二甲双胍、非洛地平片等），一日三餐均需用药。患者在用药数周后，陆续出现未按时服药、忘记服药甚至忘记已服药而再次服药情况，致出现危急情况。于是医师修正用药方案，给予更换长效缓释药物（盐酸二甲双胍缓释片、非洛地平缓释片等），服药量及服药次数减少，患者用药的依从性提高，病情重新得到控制。

学前导语：

药物制剂新技术与新剂型集中体现了“药学”人身上精益求精、开拓创新的工匠精神和为人类的健康事业发展与社会进步不懈努力的坚定决心。本项目主要介绍药物新技术和新剂型的分类、基本概念、常用技术和制备方法。

药物制剂新剂型主要有缓释与控释制剂、靶向制剂、透皮吸收制剂和生物技术药物制剂等，新技术则包括固体分散技术、包合技术、微球和微囊、纳米球和纳米囊、纳米乳和亚纳米乳、脂质体等。这些新剂型和新技术的出现，弥补了传统制剂技术和剂型的缺点和不足，能更好地为人类的健康事业服务，具有广阔的应用前景。

任务一　缓释与控释制剂

一、概述

（一）缓释与控释制剂的概念

缓释制剂是指用药后能在较长时间内持续缓慢地非恒速地释放药物以达到长效作用的制剂。

控释制剂是指能在预定的时间内缓慢恒速或接近恒速地释放药物，使血药浓度长时间地恒定维持在有效浓度范围内的制剂。广义的控释制剂包括控制释药的速度、方向和时间，靶向制剂、经皮吸收制剂等都属于控释制剂的范畴。狭义的控释制剂一般是指在预定时间内以恒速或接近恒速释放药物的制剂。

（二）缓释与控释制剂的特点

1. 对于半衰期短或需要频繁给药的药物，可以减少服药次数，使用方便，提高患者用药的依从性，特别适用于需要长期用药的慢性疾病患者。

缓释、控释制剂与普通制剂相比较，具有药物治疗作用持久、毒副作用低、在每个给药周期中给药次数减少等特点。如口服制剂每24小时用药次数可从3~4次减少至1~2次。

2. 使血药浓度平稳，避免或减少峰谷现象，有利于降低药物的毒副作用。

常规制剂不论口服或注射，常需一日几次给药，不仅使用不便，还会使血药浓度起伏很大，有峰谷现象。普通制剂每8小时服药后的血药浓度变化示意图见图11-1。血药浓度高时（峰）可产生不良反应甚至中毒；低时（谷）可能达不到有效治疗浓度，致不能发挥药效。而缓释制剂和控释制剂可以克服峰谷现象，提供平衡持久的有效血药浓度。缓释、控释制剂与普通制剂的血药浓度曲线的比较见图11-2。这对于需长期用药的患者，如心血管疾病或糖尿病患者，临床意义尤为显著。

3. 可减少用药的总剂量，因此可以用最小剂量达到最大药效。

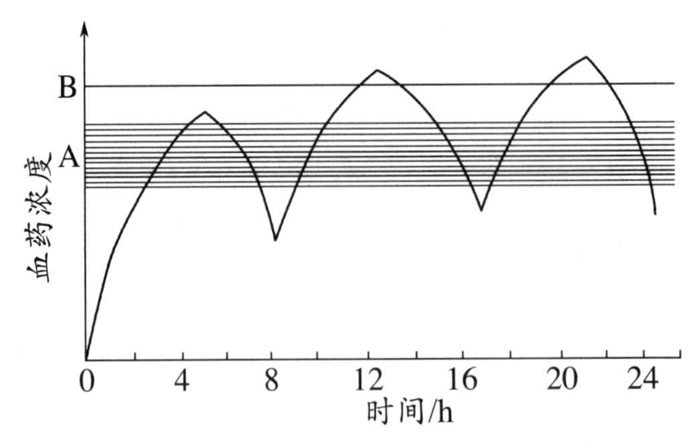

图11-1　普通制剂每8小时服药后的血药浓度变化示意图

A.最低有效浓度；B.最低中毒浓度。

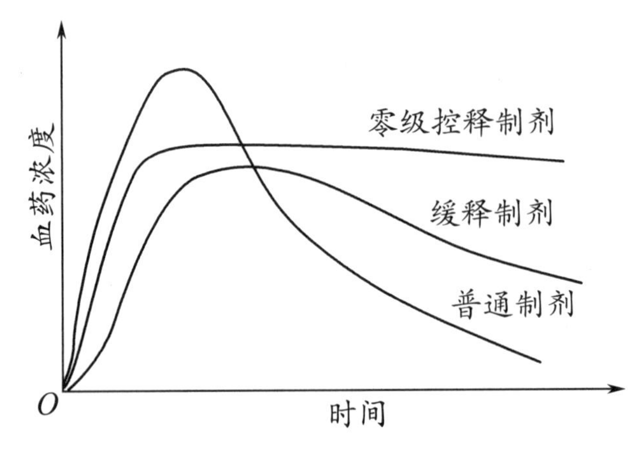

图11-2　缓释、控释制剂与普通制剂的血药浓度曲线比较的示意图

4. 缓释制剂和控释制剂也有其不足之处，如释药率及吸收率往往不易获得一致，以口服制剂较为明显；不能灵活调整给药方案；控释制剂工艺复杂，价格较贵；某些药物不宜制成缓释或控释制剂等，故存在一定的局限性。

知识链接

制备缓释、控释制剂的方法和途径

制备缓释、控释制剂的常用的方法有：①制成溶解度小的盐或酯；②与高分子化合物生成难溶性盐；③控制粒子大小；④将药物包封于溶蚀性骨架中；⑤将药物包封于亲水性胶体物质中；⑥给药物包裹上水不溶性包衣膜（含水性孔道）。

二、口服缓释与控释制剂

（一）包衣型制剂

固体剂型包衣的目的除达到适口和改善药物的稳定性外，还可以制备缓释和控释制剂。包衣缓释片剂是指用一种或多种包衣材料对片剂的颗粒或片剂的表面进行包衣，使其具有一层延缓或控制药物释放的膜状衣料，而制成的一种延效片剂。

1. 包衣缓释制剂的特点　将准备压片的颗粒分成若干份，分别包上不同厚度或不同释药性能的衣料，然后制成片剂。服药后片剂崩解，未包衣料的颗粒中的药物迅速释放达到有效血药浓度，包有不同厚度或不同释药性能的衣料的颗粒则按药物在体内代谢消除的需要而释放供给药物，以维持药物浓度在某一理想水平。包衣缓释片的制备工艺和设备与普通片剂包衣法基本类似，包衣可在包衣锅或流化床中进行。

2. 常用的包衣材料分类

（1）蜡质包衣材料：常用的有鲸蜡、硬脂酸、氢化植物油和巴西棕榈蜡等。主要是用于各种含药颗粒或小球包以不同厚度的蜡质材料，以获得不同释药速率的颗粒或小球，然后压成片剂。

（2）微孔包衣材料：微孔膜包衣缓释制剂常用的膜包衣材料有乙基纤维素、醋酸纤维素、聚乙烯等，多为不溶性聚合物。在这些膜材料溶液中加入可溶性物质（如微粉化糖粉），或其他可溶性高分子材料（如聚乙二醇）作为膜的致孔剂，用以调节释药速率。

（3）胃溶型薄膜包衣材料：常用的有羟丙基纤维素、羟丙甲基纤维素和甲基丙烯酸二甲氨基乙酯－中性甲基丙烯酸酯共聚物。

（4）肠溶型薄膜包衣材料：不溶于胃液而溶于肠液的薄膜包衣材料可制成肠溶型膜包衣缓释制剂。常用的有邻苯二甲酸醋酸纤维素（CAP）、邻苯二甲酸羟丙甲纤维素（HPCMP）、聚丙烯酸树脂等。

（二）骨架型制剂

骨架型制剂是指药物和一种或多种惰性固体骨架材料通过压制和融合技术制成片状、颗粒或其他形式的制剂。按制剂骨架材料的不同可分为以下三种。

1. 亲水凝胶骨架缓释片　为目前口服缓释制剂的主要类型之一。亲水凝胶骨架缓释片是以亲水性高分子材料作为骨架材料，加入适量的缓释剂，与药物混合、制粒、压片制成的。口服后，在胃肠道内表面润湿形成凝胶层，表面药物向消化液中溶出，继而凝胶层增厚使药物释放缓慢，接着片剂骨架逐渐溶蚀并释放出药物。表现出释药速率先快后慢的现象。

亲水凝胶骨架缓释片以亲水性高分子聚合物为骨架材料制成。材料可分为以下四类。

（1）纤维素衍生物类：如甲基纤维素、羟乙基纤维素、羟丙基纤维素、羟丙甲基纤维素和羧甲基纤维素钠等。

（2）多糖类：如葡萄糖、壳多糖和脱乙酰壳多糖等。

（3）天然胶类：如果胶、海藻酸钠、琼脂和西黄蓍胶等。

（4）乙烯基聚合物和丙烯酸聚合物等：如聚乙烯醇和卡波姆等。

2. 蜡质骨架片（生物溶蚀骨架片） 指以惰性蜡质、脂肪酸及其酯类等物质为骨架材料，与药物一起混合、压制成片剂，借助蜡类或酯类的逐渐溶蚀来释放药物。常用的蜡质骨架材料有蜂蜡、氢化植物油、硬脂酸、单硬脂酸甘油酯、巴西棕榈蜡等。常用的骨架致孔剂有聚乙烯吡咯烷酮、微晶纤维素、聚乙二醇和水溶性表面活性剂等。

3. 不溶性骨架缓释片 以不溶于水或水溶性极小的高分子聚合物、无毒塑料为骨架材料制成的药片。常用的不溶性骨架材料有乙基纤维素、聚乙烯、聚丙烯、聚硅氧烷和聚氧乙烯等。不溶性骨架片被口服后，胃肠液渗入骨架片内，溶解药物并通过骨架中的极细孔道缓慢向外扩散而释放。

（三）渗透泵制剂

渗透泵制剂是利用渗透压原理制成的一类控释制剂。口服渗透泵片以其独特的释药方式和稳定的释药速率引起了人们的普遍关注。渗透泵片是由药物、半透膜材料、渗透压活性物质和推动剂等组成的。常用的半透膜材料有醋酸纤维素、乙基纤维素等。渗透压活性物质起调节药室内渗透压的作用，常用乳糖、果糖、葡萄糖、甘露糖的不同混合物。推动剂又称为助渗剂，能吸水膨胀，产生推动力，可将药物层的药物推出释药小孔。口服单室渗透及片见图11-3。

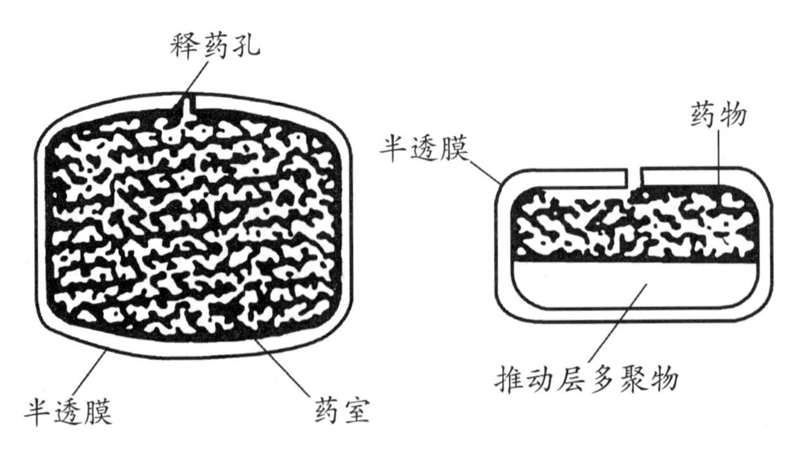

图11-3 单室渗透泵片的示意图

渗透泵片片芯包含药物和促渗透剂，外包一层控释半渗透膜，然后用激光在片芯包衣膜上开一个释药小孔。口服后胃肠道的水分通过半透膜进入片芯，形成药物的饱和溶液或混悬液，加之高渗透辅料溶解，使膜内外存在大的渗透压差，将药液以恒定的速率推出释药孔。其流出量与渗透进入膜内的水量相等，直到片芯药物溶尽。

三、靶向制剂

（一）靶向制剂的概念及特点

靶向制剂亦称靶向给药系统（targeting drug system，简称TDS），是指载体将药物通过局部给药或全身血液循环而选择性地浓集定位于靶组织、靶器官、靶细胞或细胞内结构的给药系统。

靶向制剂可提高药效，降低毒副作用，提高药品的安全性、有效性、可靠性和患者的依从性。例如，将抗癌药物制成靶向制剂，使药物在靶部位浓集，可降低对其他组织和器官的毒性和副作用。

（二）靶向制剂的分类

药物的靶向按到达的部位可分为三级，第一级指到达特定的靶组织或靶器官，第二级指到达特定的细胞，第三级指到达细胞内的特定部位。靶向制剂按照作用方式不同，大体可分为以下三类。

1. 被动靶向制剂　被动靶向制剂是指药物利用载体被动地被机体摄取到靶位的自然靶向制剂。乳剂、脂质体、微球和纳米粒等都可作为被动靶向制剂的载体。

被动靶向的微粒经静脉注射后，可选择性地聚集于肝、脾、肺或淋巴等部位。在体内的分布取决于微粒粒径的大小，一般小于10nm的纳米囊与纳米粒可缓慢积聚于骨髓；小于7μm时可被肝、脾中的巨噬细胞摄取；大于7μm的微粒通常被肺的最小毛细血管床以机械滤过的方式截留，被单核白细胞摄取进入肺组织或肺气泡。除粒径外，微粒的表面性质对分布也有重要作用。

2. 主动靶向制剂　用修饰的药物载体作为“导弹”，将药物定向地运送到靶区浓集发挥药效。比如：载药微粒表面经修饰后，不被巨噬细胞识别；或因连接有特定的配体，可与靶细胞的受体结合；或连接单克隆抗体成为免疫微粒等原因而能避免巨噬细胞的摄取，防止在肝内浓集，改变了微粒在体内的自然分布而到达特定的靶部位。亦可将药物修饰成前体药物，即能在活性部位被激活的药理惰性物在特定靶区激活发挥作用。

知识链接

主动靶向制剂——经修饰的阿昔洛韦脂质体

阿昔洛韦脂质体上连接抗体细胞表面病毒糖蛋白抗体，得到阿昔洛韦免疫脂质体，可以识别并靶向于眼部疱疹病毒结膜炎的病变部位，病毒感染后2小时给药能特异性地与被感染的细胞结合，并抑制病毒生长，但游离药物或未修饰的脂质体无此效果。

3. 物理化学靶向制剂　用某些物理化学方法可使靶向制剂在特定部位发挥药效。物理化学靶向制剂包括磁性靶向制剂、栓塞靶向制剂、热敏靶向制剂、pH敏感靶向制剂等。

四、经皮吸收制剂

（一）经皮吸收制剂的概念及特点

经皮吸收制剂又称透皮给药系统（transdermal drug delivery system，TDDS），是指经皮肤敷贴方式给药而起治疗或预防疾病作用的一类制剂，既可以起局部作用也可起全身作用。常用的剂型为贴剂。

知识链接

具有全身性治疗作用的TDDS

自20世纪70年代美国上市第一个TDDS——东莨菪碱贴剂和1981年抗心绞痛药硝酸甘油的透皮吸收制剂用于临床以来，出现了很多具有全身治疗作用的经皮吸收制剂，包括硝酸甘油、雌二醇、芬太尼、烟碱、可乐定、睾酮、硝酸异山梨酯、左炔诺酮等。

经皮吸收制剂为慢性疾病的治疗及预防创造了简单、方便和有效的给药方式。与常用普通剂型如口服片剂、胶囊剂或注射剂等比较，TDDS具有以下优点。

（1）可避免口服给药可能发生的肝脏首过效应及胃肠道灭活，同时可减少胃肠给药的不良反应。

（2）可维持恒定的最佳血药浓度或生理效应，减小血药浓度峰谷波动现象，增强治疗效果。

（3）可延长作用时间，减少用药次数。

（4）通过调节给药面积和调节给药剂量而减少个体差异。

（5）给药方便，患者可以自主用药，也可随时停止用药。

TDDS也有其局限性，如起效较慢，且多数药物不能达到有效治疗浓度；TDDS的剂量较小，一般认为每日用药剂量超过5mg的药物就不能制成理想的TDDS；对皮肤有刺激性和过敏性的药物不宜设计成TDDS。另外，TDDS的生产工艺和条件也较复杂。

（二）经皮吸收制剂的分类

经皮吸收制剂可大致分为以下四类。

1. 膜控释型　膜控释型TDDS系统主要由背衬层、药物贮库、控释膜层、黏胶层和防黏层（保护层）五部分组成，见图11-4。

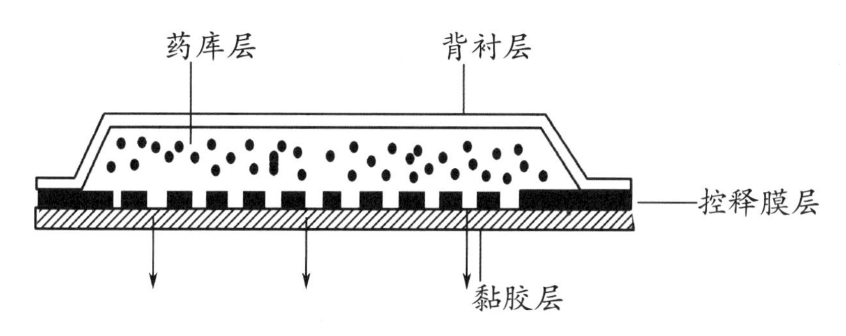

图11-4　膜控释型TDDS示意图

背衬层通常以软铝塑材料或不透性塑料薄膜如聚苯乙烯等制备，要求封闭性强，对药物、辅料、水分和空气均无渗透性，易于与控释膜复合，背面方便印刷商标、药名和剂量等文字；药物贮库可以采用多种方法和多种材料制备，例如将药物分散在聚异丁烯压敏胶中涂布而成，也可以混悬在对膜不渗透的黏稠性流体如硅油或半固体软膏基质中，或直接将药物溶解在适宜的溶剂中等；控释膜则是由聚合物材料加工而成的微孔膜或无孔膜，常用的膜材有乙烯-醋酸乙烯共聚物、聚丙烯等；黏附层可以用各种压敏胶。

膜控释型TDDS的释药速度与聚合物膜的结构、膜孔大小、组成、药物在其中的渗透系数、膜的厚度以及黏胶层的组成及厚度有关。

2. 黏胶分散型　黏胶分散型TDDS的药物贮库层及控释层均由压敏胶组成，如图11-5所示。

药物分散或溶解在压敏胶中成为药物贮库，均匀涂布在不渗透的背衬层上。为了保证恒定的释药速度，可以将黏胶层分散型系统的药库按照适宜的浓度梯度制备成多

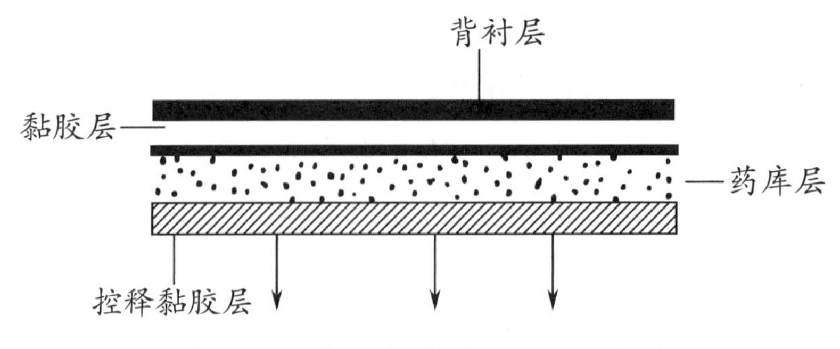

图11-5　黏胶分散型TDDS示意图

层含不同药量及致孔剂的压敏胶层。

3. 骨架扩散型　骨架扩散型TDDS是将药物均匀地分散或溶解在疏水或亲水的聚合物骨架中，然后分剂量成固定面积大小及一定厚度的药膜，与压敏胶层、背衬层及防黏层复合制成，如图11-6所示。

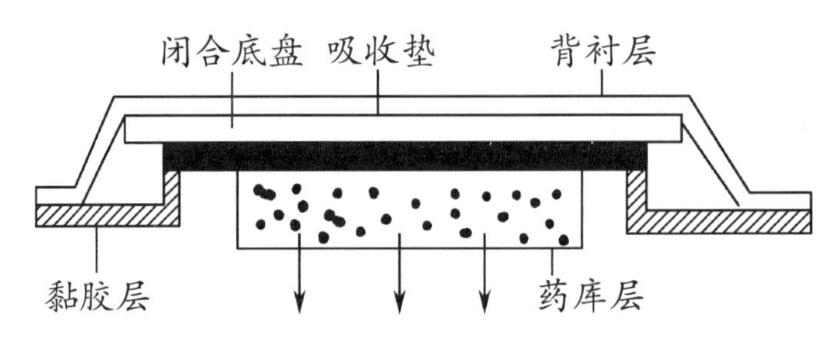

图11-6　骨架扩散型TDDS示意图

4. 微贮库型　微贮库型TDDS兼具膜控释型和骨架型的特点，如图11-7所示。其一般制备方法是先把药物分散在水溶性聚合物（如聚乙二醇）的水溶液中，再将该混悬液均匀分散在疏水性聚合物中，在高切变机械力的作用下，使形成微小的球形液滴，然后迅速交联疏水聚合物分子使之成为稳定的包含有球形液滴药库的分散系统，将此系统制成一定面积及厚度的药膜，置于黏胶层中心，加防黏层即得。本系统包括两类控释因素，即以药物在两相中的分配控释和以药物在聚合物骨架中的扩散控释，释药模式决定于两种控释因素的相对大小。

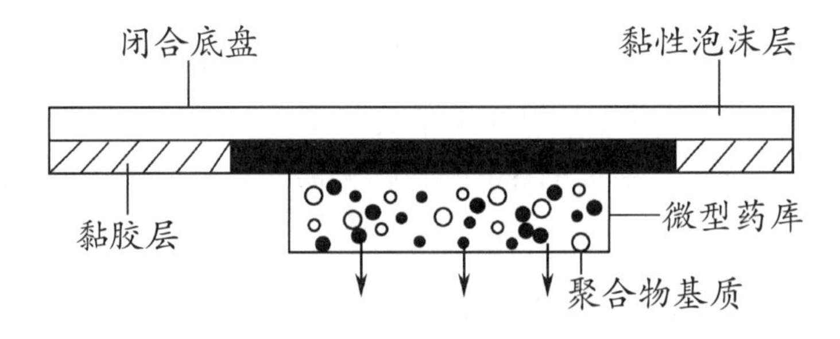

图11-7　微贮库型TDDS示意图

知识链接

临床上TDDS的特点

1. 东莨菪碱TDDS　东莨菪碱在临床上对晕动病所致的头晕、恶心、呕吐等症状有良好的防治效果。口服东莨菪碱片剂有口干、面红等不良反应，将其制成TDDS可以明显降低口服片剂的不良反应。

2. 可乐定TDDS　可乐定是强效抗高血压药，常见的不良反应是口干、嗜睡、乏力等。可乐定TDDS应用于皮肤上后能持续7天以恒定的速率给药，7天后揭去仍可保持约8小时的治疗血药浓度水平。

3. 普萘洛尔TDDS　普萘洛尔用于治疗心律失常和高血压，有乏力、嗜睡、头晕和失眠等不良反应。口服吸收较完全，但大部分经过肝脏的首过效应，生物利用度为30%。制成TDDS可以避免肝脏的首过效应，减少给药次数，维持平稳的血药浓度水平。

（三）常用的渗透促进剂

经皮吸收制剂中要加入经皮吸收促进剂，否则药物难以透过皮肤被吸收。经皮吸收促进剂是指能够降低药物通过皮肤的阻力，加速药物穿透皮肤的物质。常用的有以下几类：

1. 表面活性剂　可渗入皮肤，与皮肤成分相互作用，改变其渗透性质，应用较多的有十二烷基硫酸钠（SLS）。

2. 氮䓬酮类化合物　月桂氮䓬酮对亲水性药物的渗透促进作用强于对亲脂性药物，与其他促进剂合用效果更好，与丙二醇、油酸等均可配伍使用。其化学性质稳定，无刺激性，无毒性，有很强的穿透促进作用，是一种较理想的促渗剂。

3. 醇类化合物　包括乙醇、丁醇、丙二醇、甘油及聚乙二醇等，单独使用效果不佳，常与其他促进剂合用，可增加药物的溶解度起到协同作用。

4. 其他　包括二甲基亚砜、挥发油、氨基酸及一些水溶性蛋白质、磷脂等。

点滴积累

1. 缓释、控释制剂是用药后能在较长时间内持续释放药物以达到长效作用的制剂。

2. 缓释、控释制剂与普通制剂比较，可减少患者的服药次数，使血药浓度较为平稳，减少用药的总剂量，有利于减低药物的毒副作用。

3. 靶向制剂指载体将药物通过局部给药或全身血液循环而选择性地浓集定位于

靶组织、靶器官、靶细胞或细胞内结构的给药系统。

4. 经皮吸收制剂又称透皮给药系统（TDDS），系指经皮肤敷贴方式给药而起治疗或预防疾病作用的一类制剂，可起局部或全身作用。

5. 常用的渗透促进剂有表面活性剂、氮䓬酮类化合物、醇类化合物等。

任务二　药物制剂新技术

药物制剂新技术涉及范围广、内容多，本任务仅对目前在制剂中应用较成熟、且能改变药物的物理性质或释放性能的新技术进行讨论。主要包括固体分散技术、包合技术、微囊与微球、纳米囊与纳米球、纳米乳与亚纳米乳、脂质体的制备技术。

一、固体分散技术

（一）概述

固体分散体是将难溶性药物高度分散在另一种固体载体（或称基质）中的体系。该制备技术称为固体分散技术。固体分散体外观上呈固体块状，但并不是一种剂型，可根据给药要求，粉碎成微粒后，加入辅料进一步制成颗粒剂、胶囊剂、片剂、微丸、栓剂、软膏剂及注射剂等。

固体分散体中难溶性药物通常是以分子、胶态、微晶或无定形状态高度分散在另一种固体载体材料之中，其主要特点是可提高难溶性药物的溶出速率和溶解度，以提高药物的生物利用度。固体分散体可看作是中间体，用以制备药物速释、缓释制剂和肠溶制剂。若载体材料为水溶性的，可大大改善药物的溶出与吸收速率，从而提高其生物利用度，是一种制备高效、速效制剂的新技术。例如吲哚美辛-PEG6000固体分散体制成的口服制剂，剂量小于市售的普通片剂的一半，药效相同，而对大鼠胃的刺激性显著降低。若载体材料为难溶性的或肠溶性的，可使药物具有缓释或肠溶特性。如硝苯地平-邻苯二甲酸羟丙甲纤维素（HP-55）固体分散体缓释颗粒剂提高了原药的生物利用度。

（二）常用载体材料

固体分散体的溶出速率很大程度上取决于所选用的载体的特性。载体材料应具备下列条件：①无毒、无致癌性；②不与药物发生化学变化、不影响主药的化学稳定性、不影响药物的疗效和含量检测；③能使药物得到最佳分散状态，价廉易得。目前常用的载体可分为水溶性、难溶性和肠溶性三大类。

1. 水溶性载体材料

（1）聚乙二醇类（PEG）：作为固体分散体的载体，最常用的是PEG4000与PEG6000，熔点低（50~63℃），毒性较小，化学性质稳定（但180℃以上分解），能与多种药物配伍。

（2）聚维酮类（PVP）：本品为无定形高分子聚合物，熔点为265℃，无毒，易溶于水和多种有机溶剂，对许多药物具有较强的抑晶作用。但成品对湿度的稳定性差，贮藏过程中易吸湿，可析出药物结晶。

（3）表面活性剂类：作为固体分散体的载体，大多数为含聚氧乙烯基的表面活性剂，其特点是可溶于水或溶于有机溶剂，且载药量大，能阻滞药物产生结晶。常用的有泊洛沙姆类和卖泽类。

（4）有机酸类：这类载体分子量较小，易溶于水而不溶于有机溶剂。不适用于对酸敏感的药物。

（5）纤维素衍生物：常用羟丙纤维素（HPC）、羟丙甲基纤维素（HPMC）等。

2. 难溶性载体材料

（1）纤维素类：常用乙基纤维素（EC），其特点是溶于有机溶剂，结构中所含的羟基能与药物形成氢键，有较大的黏性，作为载体材料其载药量大、稳定性好、不易老化。

（2）聚丙烯酸树脂类：广泛用于制备具有缓释性的固体分散体。有时为了调节释放速率，可适当加入水溶性载体材料如PEG或PVP等。

（3）其他类：常用的有胆固醇、β-谷甾醇、棕榈酸甘油酯、胆固醇硬脂酸酯、蜂蜡、巴西棕榈蜡、氢化蓖麻油、蓖麻油蜡等脂质材料，均可制成缓释固体分散体。

3. 肠溶性载体材料

（1）纤维素类：常用的有邻苯二甲酸醋酸纤维素（CAP）、邻苯二甲酸羟丙甲纤维素（HPMCP），均能溶于肠液中，可用于制备胃中不稳定的药物在肠道释放和吸收、生物利用度高的固体分散体。

（2）聚丙烯酸树脂类：国产Ⅱ号及Ⅲ号聚丙烯酸树脂。前者在pH6以上的介质中溶解，后者在pH7以上的介质中溶解。有时两者联合使用，可制成较理想的缓释或肠溶固体分散体。

课堂活动

1. 蔗糖分散在水中形成什么样的分散体系？乙醇分散在水中形成什么样的分散体系？
2. 你能理解水杨酸与PEG6000两种固体可组成部分互溶的固体溶液吗？

（三）固体分散体的类型

根据药物在载体中高度分散的程度和形态的不同，固体分散体可分为以下三种类型。

1. 简单低共熔混合物　药物与载体材料两者共熔后，骤冷固化时，如两者的比例符合低共熔物的比例，可以完全融合而形成固体分散体，此时药物仅以微晶形式分散在载体材料中呈物理混合物，但不能或很少形成固体溶液。

2. 固态溶液　固体药物在载体中（或载体在药物中）以分子状态分散而成的分散体系。按药物与载体材料的互溶情况，分为完全互溶与部分互溶；按药物与载体材料的晶体结构情况，分为置换型与填充型。

3. 共沉淀物　由固体药物与载体两者以恰当的比例混合，形成共沉淀无定形物。

固体分散体的类型可因不同的载体材料而不同。需要注意的是，某些药物的固体分散体不单属于某一类型，而往往是多种类型的混合物。

（四）固体分散体的制备

1. 熔融法　将药物与载体混合均匀，加热至熔融，将熔融物在剧烈搅拌下迅速冷却成固体；或将熔融物倾倒在不锈钢板上，使成薄层，在板的另一面吹以冷空气或用冰水使骤冷，迅速成固体。本法的关键在于冷却必须迅速，高温骤冷以达到较高的饱和状态，使药物和载体都以微晶混合析出，而不致形成粗晶。

2. 溶剂法　又称共沉淀法。将药物与载体共同溶于有机溶剂中，蒸去溶剂后，使药物与载体同时析出，可得到药物在载体中混合而成的共沉淀固体分散物，经干燥即得。常用的溶剂有三氯甲烷、95%乙醇、无水乙醇、丙酮等。本法的优点为可以避免高温加热，适用于对热不稳定或易挥发的药物，也适用于能溶于水或多种有机溶剂、熔点高、对热不稳定的载体。缺点是成本高，有机溶剂难以除尽等。

3. 溶剂-熔融法　是将药物先溶于适当的溶剂中，然后将药物溶液加到熔融的载体中，搅拌均匀，按熔融法固化即得。但药物溶液在固体分散相中所占的分量一般不得超过10%（g/g），故可适用于液体药物（如鱼肝油、维生素A、维生素D、维生素E等）及剂量<50mg的药物。凡适用于熔融法的载体都可用于本法。

另外，还有研磨法、溶剂喷雾干燥法（或冷冻干燥法）、双螺旋挤压法等。

（五）固体分散体的速释原理

1. 增加药物分散的程度　在固体分散体中，药物以分子（<1nm）、胶体（为1~100nm）、亚稳定态及无定形或微晶状态分散在载体中，载体可阻止已被固体分散法高度分散的药物聚合粗化，使药物粒子的表面积增加，有利于药物溶出与吸收，提高生物利用度及疗效。

2. 载体对药物溶出的促进作用

（1）载体可提高药物的可润湿性：在固体分散体中，药物颗粒的周围被可溶性载体所包围，使一般疏水性或亲水性弱的难溶性药物表面具有良好的可润湿性，遇胃肠液后载体很快溶解，药物微粒被润湿，因此溶出与吸收速率均相应加快。

（2）载体保证了药物的高度分散性：药物分散在固体载体中，由于载体分子包围了高度分散的药物，可使药物分子不易形成聚合体，保证了药物的高度分散性，从而加快药物的溶出与吸收。

（3）载体对药物有抑晶作用：药物与载体（如PVP）在溶剂蒸发过程中，由于氢键作用或络合作用，黏度增大，载体能抑制药物晶核的形成及成长，使药物形成稳定性低的非结晶性无定形物状态分散于载体中。

尚有一些载体能增大药物在水中的溶解度，如PVP对利血平、PEG6000对吲哚美辛有增溶作用。

知识链接

固体分散体存在的问题

目前，固体分散体在制备和应用中还存在成品老化及药物的百分比不高等问题。

制备方法不当、保存条件不适或保存时间较长，均能使固体分散体的硬度变大，析出结晶或使结晶粗化，从而降低药物的生物利用度，这一现象称为老化（或陈化），是固体分散体普遍存在的问题。老化过程本质上是分子运动引起药物和载体自发聚集的一种宏观迁移现象，使用混合载体以及控制适宜的储存温度，能有效提高固体分散体的稳定性。

二、包合技术

（一）概述

包合技术是指一种分子被包嵌于另一种分子的空穴结构内，形成包合物的技术。这种包合物是由主分子和客分子两种组分组成，主分子是包合材料，具有较大的空穴结构（见图11-8），足以将客分子（药物）包嵌在内。

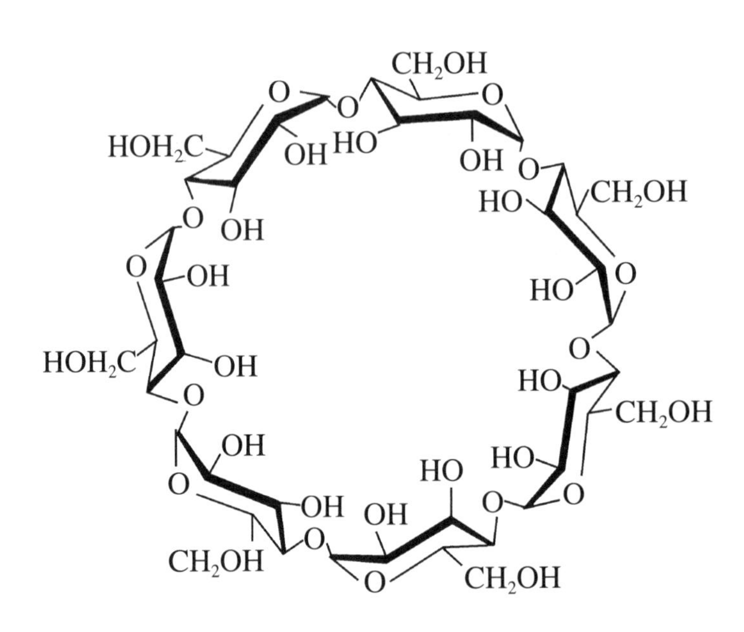

图11-8　β-环糊精结构示意图

目前常用的包合材料是环糊精（Cyclodextrin，简称CD）及其衍生物。环糊精所形成的包合物通常是单分子包合物，大多数环糊精与药物可以达到摩尔比1∶1包合。若环糊精用量少，则药物包合不完全；若环糊精用量偏多，则包合物的含药量低。

包合物能否形成及其是否稳定，主要取决于环糊精主分子和药物客分子的立体结构和两者的极性。客分子必须与主分子的空穴形状和大小相适应。

（二）β-环糊精包合物在药剂学上的应用

β-环糊精（β-CD）为白色结晶性粉末，熔点为300~305℃，安全性高，较符合实际应用的要求，故在药剂学上使用最广泛。

1. 增加药物的溶解度　难溶性药物可与β-CD制成可溶性包合物，能提高药物在水中的溶解度和溶出速率。利用此特性，可制成溶出性好的固体制剂和注射用冻干粉，使其溶解度大大增加。

2. 提高药物的稳定性　环糊精具有疏水性的空隙，能将客分子（药物）嵌入，对药物起保护作用。由于药物的化学活泼基团被包藏于CD之中，不易受外界环境的温度、pH、空气（氧气）及溶剂等因素影响，避免发生氧化、水解等反应，使药物保持一定的稳定性。

如维生素D_3与β-CD包合物对热、光及氧均有较好的稳定性，在60℃下恒温10小时进行加速试验，维生素D_3的含量保持100%，而未包合的维生素D_3，其含量下降29.8%。

3. 液体药物的粉末化　液体药物如维生素A、维生素E等与β-CD制成包合物后，可进一步制成散剂、冲剂、片剂等固体剂型。

4. 防止挥发性成分挥散　低熔点或低沸点的酯类、碘、冰片等药物制成CD包合物后，不仅可粉末化且能防止挥发，增加药物的稳定性。易挥发或易分解的药物制成CD包合物后，也可进一步制成栓剂。

5. 遮盖药物的不良臭味　如大蒜油制成包合物可掩盖大蒜素的臭味。

6. 调节释药速度　从药物转运系统的设计观点来看，若将包合物包封于半透膜内，则包合物内药物的释放速度是可以控制的。利用稳定常数的差别来设计内外层具有不同溶解度的双层包合物，可使药物释放缓慢。

7. 提高药物的生物利用度　药物的包合物与单体药物相比，在溶解性、膜通透性、血浆蛋白结合性等方面均有显著改善，从而可以提高药物的生物利用度，增强药效和减少不良反应。

8. 降低药物的刺激性与毒副作用　例如吲哚美辛与β-CD形成包合物后，进一步制成胶囊剂，口服后不会引起溃疡等不良反应。

（三）包合物的制备

1. 饱和水溶液法　将CD配成饱和水溶液，加入药物（难溶性药物可用少量丙酮或异丙醇等有机溶剂溶解）混合30分钟以上，使药物与CD形成包合物后析出，可定量地将包合物分离出来。

2. 研磨法　取β-CD加入2~5倍量的水混合，研匀，加入药物（难溶性药物应先溶于有机溶剂中），充分研磨成糊状物，低温干燥后，再用适宜的有机溶剂洗净，干燥即得。

3. 冷冻干燥法　此法适用于制成的包合物易溶于水，且包合物中药物在干燥过程中易分解、变色。所得的成品质地疏松、溶解度好，可制成注射用粉末。

4. 喷雾干燥法　此法适用于难溶性、疏水性药物。如用喷雾干燥法制得的地西泮与β-CD的包合物可增加地西泮的溶解度，提高其生物利用度。

三、微囊和微球的制备技术

（一）概述

微型包囊其成囊与成球的制备过程通称微型包囊术，简称微囊化。利用天然的或合成的高分子材料（简称囊材），将固体或液体药物（简称囊心物）包裹而成的封闭的微型胶囊（药库型）称为微囊。微囊外观呈粒状或圆球形，一般直径在5~400μm之间。药物溶解和/或分散在高分子材料中，形成骨架型微小球状实体，称为微球。一般直径为1~250μm，见图11-9。

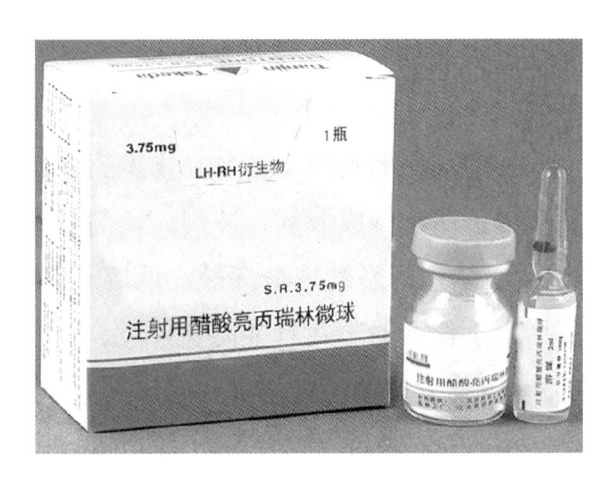

图11-9　微球制剂

药物微囊化的目的如下。

1. 掩盖药物的不良气味及口味　如鱼肝油、氯贝丁酯、生物碱类以及磺胺类药物等。

2. 提高药物的稳定性　如易氧化的β-胡萝卜素、对湿热敏感的阿司匹林、易挥发的挥发油类等药物。

3. 防止药物在胃内失活或减少对胃的刺激性　如尿激酶、红霉素、胰岛素等易在胃内失活，氯化钾、吲哚美辛等对胃的刺激易引起胃溃疡，微囊化后可克服这些缺点。

4. 使液态药物固态化，便于工业生产与贮存　如油类、脂溶性维生素等。

5. 避免复方制剂中的配伍禁忌　如阿司匹林与氯苯那敏配伍后可加速阿司匹林的水解，分别包囊后得以改善。

6. 缓释或控释药物，使药物具有靶向性　可采用惰性基质、亲水性凝胶等制成微囊、微球，可使药物控释或缓释，再制成控释或缓释制剂。

将那些有药理活性的、但口服其活性低、注射半衰期短的药物微囊化后，通过非胃肠道缓释给药，即能发挥很好的药效。

用于包裹所需的材料称为囊材，常用的囊材可分为三大类：①天然高分子囊材，如明胶最为常用，还有阿拉伯胶、淀粉等；②半合成高分子囊材，多为纤维素衍生物，如CMC-Na、CAP、EC等；③合成高分子囊材，如聚乙烯醇、聚酰胺、聚碳酯等。

（二）微囊的制备

目前制备微囊的方法可归纳为相分离法（又称物理化学法）、物理机械法和化学法三大类。其中相分离法有凝聚法、溶剂-非溶剂法、液中干燥法等。这里只介绍相分离-凝聚法和物理机械法。

1. 相分离-凝聚法　此法是在囊心物（药物和附加剂）与囊材（包囊材料）的混合物（乳状或混悬状）中加入另一种物质（无机盐或采用其他手段），降低囊材的溶解度，使囊材从溶液中凝聚出来而沉积在囊心物的表面，形成囊膜，囊膜硬化后完成微囊化的过程。此法可分为单凝聚法和复凝聚法。

（1）单凝聚法：单凝聚法的工艺流程如下。

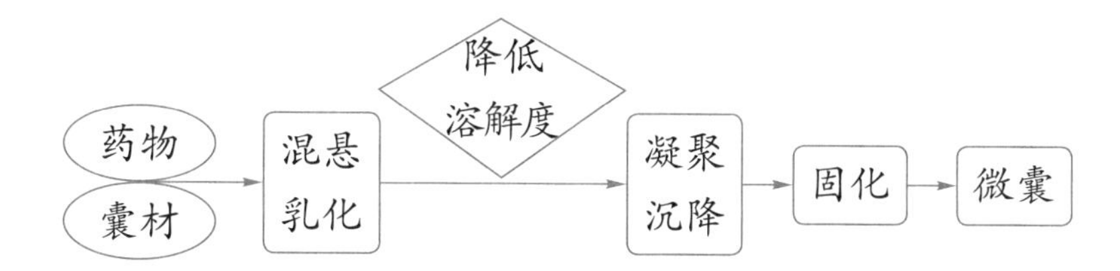

将一种凝聚剂（硫酸钠、硫酸铵等强亲水性电解质溶液或乙醇、丙醇强亲水性非电解质溶液）加到某种水溶性囊材（如明胶）与药物的乳状液或混悬液中，大量的水分与凝聚剂结合使体系中囊材的溶解度降低而凝聚出来，最后形成微囊。高分子物质的凝聚是可逆的，在某些条件下（如高分子物质的浓度、温度及电解质的浓度等）出现凝聚，但一旦这些条件改变或消失时，已凝聚成的囊膜也会很快消失，即所谓的解聚现象。这种可逆性在制备过程中可以加以利用，使凝聚过程多次反复，直至包制的囊形达到满意为止。最后利用高分子物质的某些理化性质使凝聚的囊膜硬化，以免形成的微囊变形、黏结或粘连等。

实例分析：以明胶为囊材采用单凝聚法制备微囊

【制法】

1）固体（或液体）药物与3%~5%明胶溶液制成乳状液或混悬液。

2）加热至50℃，用10%醋酸溶液调节pH至3.5~3.8。

3）加60%硫酸钠溶液（凝聚剂）使明胶凝聚成囊，再加入稀释剂沉降。

4）加37%甲醛溶液（用20%氢氧化钠调节pH至8~9），冷至15℃以下固化，加水洗至无甲醛，即得微囊。

分析：

1）明胶为囊材；硫酸钠溶液为强电解质，作凝聚剂。

2）稀释剂：即硫酸钠溶液，其浓度比成囊时全部溶液（称成囊体系）中硫酸钠的浓度大1.5%。若浓度低于成囊体系，囊会溶解；若高于成囊体系，囊会粘连成团。

3）甲醛作固化剂，与明胶反应生成不可逆的囊膜。

（2）复凝聚法：利用两种聚合物在不同pH时，电荷的变化（生成相反的电荷）引起相分离-凝聚，称作复凝聚法。如用阿拉伯胶（带负电荷）和明胶（pH在等电点以上带负电荷，在等电点以下带正电荷）作囊材，药物先与阿拉伯胶相混合，制成混悬液或乳剂，负电荷胶体为连续相，药物（囊心物）为分散相，在50~55℃的温度下与等量的明胶溶液混合（此时明胶带负电荷或基本上带负电荷），然后用稀酸调节pH 4.5以下使明胶全部带正电荷，与带负电荷的阿拉伯胶交联凝聚使药物被包裹。同阿拉伯胶一样带负电荷与明胶发生复凝聚作用的囊材有桃胶、果胶、杏胶、海藻酸等，合成纤维素有CMC等。

复凝聚法制备微囊的工艺流程图如下：

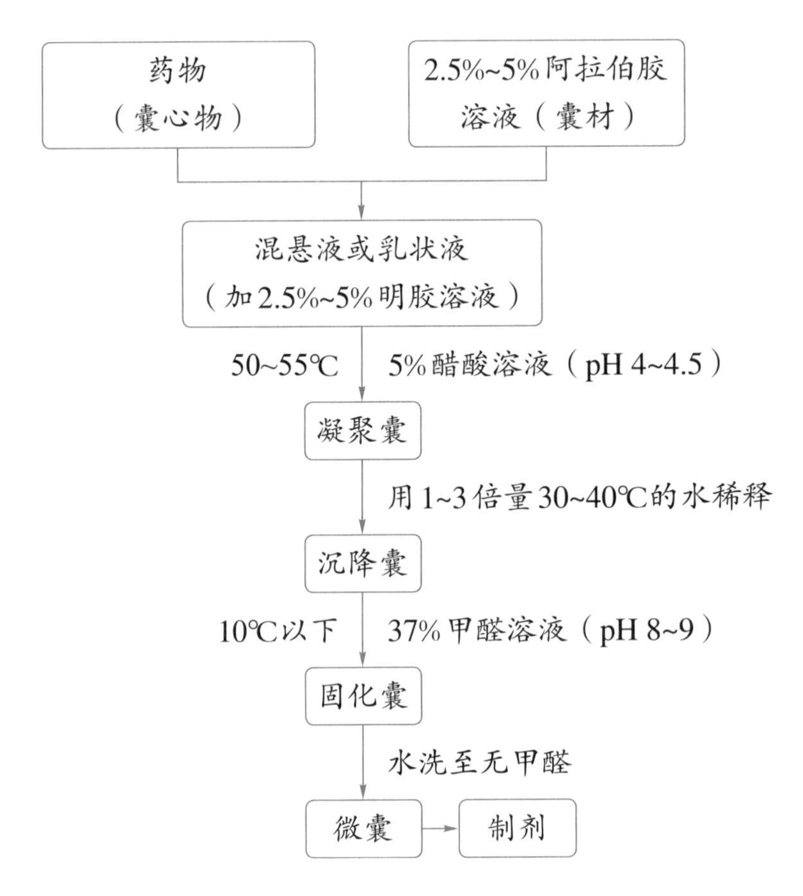

2. 物理机械法　将固态或液态药物在气相中进行微囊化，根据使用的机械设备不同和成囊方式不同可分为以下几种方法。

（1）喷雾干燥法：将囊心物分散于囊材的溶液中，将此混合物喷入惰性的热气流使液滴收缩成球形，溶剂迅速蒸发，囊材收缩成壳，将囊心物包裹而成微囊。此法制成的微囊近似圆形结构，直径为5~600μm。成品质地疏松，为可自由流动的干粉。

（2）喷雾凝结法：是将囊心物分散于熔融的囊材中，然后将此混合物喷雾于冷气流中，则使囊膜凝固而成微囊。凡蜡类、脂肪酸和脂肪醇等在室温为固体，但在较高温度能熔融的囊材，均可采用喷雾凝结法。

（3）空气悬浮法：亦称流化床包衣法。系利用垂直强气流使囊心物悬浮在气流中，将囊材溶液通过喷嘴喷射于囊心物表面，热气流将溶剂挥干，囊心物表面便形成囊材薄膜而成微囊。

（4）锅包衣法：此法与一般片剂的包衣工艺基本相似。系利用包衣锅将囊材溶液喷在固态囊心物上，挥干溶剂形成微囊，导入包衣锅的热气流可加速溶剂挥发。

（三）微球的制备

微球的制备方法与微囊的制备有相似之处。根据骨架材料和药物性质的不同可以采用不同的方法制备微球。现将几种不同的骨架微球的制备方法简介如下：

1. 明胶微球　用明胶等天然高分子材料，以乳化交联法制备微球。以药物和材料的混合水溶液为水相，用含乳化剂的油为油相，混合搅拌乳化，形成稳定的W/O型或O/W型乳状液，加入化学交联剂（使发生胺醛缩合或醇醛缩合反应），可得粉末状微球。其粒径通常在1~100μm范围内。油相可采用蓖麻油、橄榄油或液状石蜡等。

2. 白蛋白微球　以白蛋白为骨架材料，将药物和白蛋白材料的混合水溶液为水相，用含乳化剂的油为油相，混合搅拌乳化，形成稳定的W/O型或O/W型乳状液，采用液中干燥法或喷雾干燥法制备。制备白蛋白微球的液中干燥法以加热交联代替化学交联，使用的加热交联温度不同（100~180℃），微球平均粒径不同，在中间温度（125~145℃）时粒径较小。

除此，还有淀粉微球、聚酯类微球、磁性微球等。

四、纳米囊和纳米球的制备技术

纳米粒是由高分子物质组成的骨架实体，药物可以溶解、包裹于其中或吸附在实体上。纳米粒分为骨架实体型的纳米球和膜壳药库型的纳米囊。纳米囊（球）均为高分子物质组成的固态胶体粒子，粒径多在10~1 000nm范围内，可分散在水中形成近似胶体溶液。

纳米囊（球）作为抗癌药的载体是最有应用价值的。如聚氰基丙烯酸烷酯纳米球易聚集在一些肿瘤病变中，可提高药效、降低毒副作用。注射纳米囊或纳米球不易堵塞血管，可靶向运输到肝、脾和骨髓。纳米囊或纳米球亦可由细胞内或细胞间穿过内皮细胞壁到达靶部位。通常药物制成纳米囊或纳米球后，具有缓释、靶向、保护药物、提高疗效和降低毒副作用的特点。

制备纳米囊和纳米球的方法有乳化聚合法、天然高分子法、液中干燥法和自动乳化法等。

五、纳米乳和亚纳米乳的制备技术

（一）概述

纳米乳曾称微乳，是粒径为10~100nm的乳滴分散在另一种液体中形成的热力学稳定的胶体分散系统，其乳滴多为大小比较均匀的球形，透明或半透明，经热压灭菌或离心也不能使之分层。

纳米乳不易受血清蛋白的影响，在循环系统中长时间停留，在注射24小时后，油相25%以上仍然在血液中。

亚纳米乳曾称亚微乳，粒径在100~500nm之间，外观不透明，呈浑浊或乳状，稳定性介于纳米乳与普通乳（乳滴大小为1~100μm），虽可热压灭菌，但加热时间太长或数次加热会分层。

关于纳米乳的本质及形成的机制，科学界看法尚不统一。目前多数人认为纳米乳是介于普通乳和胶束溶液之间的一种稳定的胶体分散系统，又称之为胶束乳。

在普通乳中增加乳化剂并加入助乳化剂可以自动形成纳米乳，或轻度振荡即可形成。常用的乳化剂有天然乳化剂如阿拉伯胶、白蛋白、大豆磷脂及胆固醇等。辅助乳化剂可调节乳化剂的HLB值，形成更小的乳滴，有适宜HLB值的非离子型表面活性剂药用短链醇如正丁醇、乙醇、甘油等。亚纳米乳的制备须提供较强的机械分散力，需用特殊设备如高压乳匀机等。

纳米乳与亚纳米乳都可以作为药物的载体，但目前在药剂学中的应用还不太多。纳米乳由于需要乳化剂的量比较大，如何降低乳化剂的用量，从而降低纳米乳的毒性，是目前探讨较多的问题之一。

（二）纳米乳的制备

1. 需要大量乳化剂　纳米乳中乳化剂的用量一般为油量的20%~30%，而普通乳中乳化剂多低于油量的10%。因纳米乳的乳滴小，界面积大，需要更多的乳化剂才能乳化。

2. 需要加入辅助乳化剂　辅助乳化剂可调节乳化剂的HLB值。辅助乳化剂也可提高膜的牢固性和柔顺性，又可增大乳化剂的溶解度，进一步降低界面张力，有利于纳米乳的稳定。

3. 确定处方　处方中的必需成分通常是油、水、乳化剂和辅助乳化剂。当油、乳化剂和辅助乳化剂确定之后，可通过某种方法找出纳米乳区域，从而确定它们的用量。

4. 纳米乳的制备　将亲水性乳化剂同辅助乳化剂按要求的比例混合，在一定的温度下搅拌，再加一定量的油相，混合搅拌后，用水滴定至澄明，即得。纳米乳中的油、水仅在一定的比例范围内互溶，在水较多的某一范围内形成O/W型纳米乳，在油较多的某一范围内形成W/O型纳米乳。

知识链接

自动乳化药物传递系统

20世纪70年代末，国外尝试将自乳化技术应用于药物传递系统，以提高难溶性或亲脂性药物的口服生物利用度，产生了自乳化药物传递系统（self-emulsifying drug delivery system，SEDDS），该系统是由药物、油相、表面活性剂和助表面活性剂组成的均一混合物，口服后在胃肠道（体温37℃）的轻微蠕动下，能自发形成颗粒较细的O/W型乳滴（粒径≤5μm）。如果可在胃肠道内自发形成微乳，则称之为自微乳化药物传递系统。

目前SEDDS已用于多种药物，如黄体酮、环胞素、吲哚美辛、利多卡因、诺氟沙星、5-氟尿嘧啶、紫杉醇等。

（三）亚纳米乳的制备

亚纳米乳常作为胃肠外给药的载体。其特点包括提高药物的稳定性，降低毒副作用，提高体内及经皮吸收，使药物缓释、控释或具有靶向性。

亚纳米乳的制备，通常要求亚纳米乳的粒径应比微血管小才不会发生栓塞。一般亚纳米乳要使用两步高压乳匀机将粗乳捣碎，并滤去粗乳滴与碎片。

静脉注射的亚纳米乳应符合无菌、等张、无热原、无毒、可生物降解、生物相容、理化性质稳定等要求。原辅料中应主要考虑油相及乳化剂。油相主要用植物来源的长链甘油三酯，如大豆油、藏红花油、玉米油等。需精制并于4℃长期放置以除去蜡状物，并尽可能少含氢化油及饱和脂肪酸等。通常用蛋黄卵磷脂和泊洛沙姆作混合乳化剂，并以油酸作为稳定剂。上述两种乳化剂在胃肠外给药的O/W型乳剂中广泛应用，用于静脉注射脂肪亚纳米乳，未发现有毒性。

六、脂质体的制备技术

脂质体（亦称类脂小球）是将药物包封于类脂双分子层形成的薄膜中间所制成的超微型球状载体。

脂质体广泛用于抗癌药物载体，具有淋巴定向性和使抗癌药物在靶区滞留性的特点；还可以增加药物的稳定性，降低药物毒性和延长药物在体内滞留的时间，起到缓释作用。脂质体可因其结构不同分为两类：①单室脂质体（见图11-10），由一层脂质双分子层构成，粒径为0.02~1μm，凡经超声波分散的脂质体混悬液，绝大部分为单室脂质体；②多室脂质体，由多层脂质双分子层构成，粒径为1~5μm。

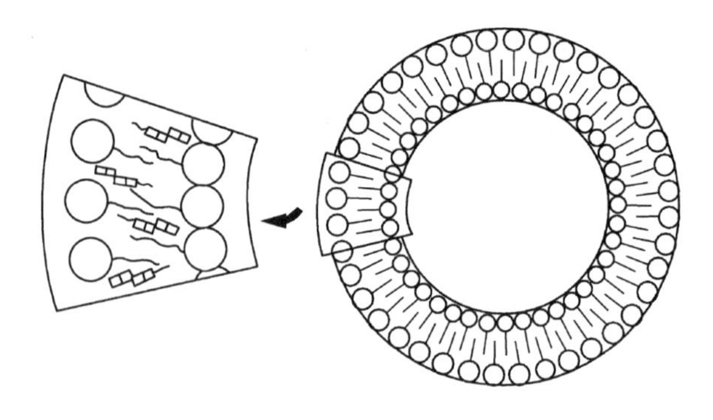

图11-10　单室脂质体示意图

脂质体的组成成分主要是磷脂和胆固醇。

常用的制备方法如下。

1. 注入法　将磷脂、胆固醇等类脂质及脂溶性药物溶于有机溶剂（一般采用乙醚）中，然后将此药液经注射器缓缓注入加热至50~60℃（并用磁力搅拌）含有水溶性药物的磷酸盐缓冲液中，加完后，不断搅拌至乙醚除尽为止，即制得大多孔脂质体，其粒径均较大，不适宜静脉注射。如再将此脂质体混悬液通过高压乳匀机两次，则所得的成品大多为单室脂质体，少数为多室脂质体，粒径绝大多数在2μm以下。

2. 薄膜分散法　将磷脂、胆固醇等类脂质及脂溶性药物溶于三氯甲烷（或乙醚）中，然后将三氯甲烷溶液转入圆底烧瓶中旋转蒸发，使其在玻璃瓶内壁上形成一层薄膜；将水溶性药物先溶于磷酸盐缓冲液中，倒入上述薄膜瓶中浸泡膨胀，再不断搅拌，即可形成脂质体。

3. 超声波分散法　将水溶性药物溶于水或磷酸盐缓冲液中；将磷脂、胆固醇与脂溶性药物共溶于有机溶剂中，将此溶液加于上述水溶液中，搅拌，蒸发除去有机溶剂，残液经超声波处理，然后分离出脂质体，再混悬于磷酸盐缓冲液中，制成脂质体的混悬型注射剂。

经超声波处理的大多为单室脂质体，所以多室脂质体只要经超声波进一步处理，亦能得到相当均匀的单室脂质体。

4. 冷冻干燥法　是将磷脂分散于缓冲溶液中，经超声波处理与冷冻干燥后，再将干燥物分散到含药物的水性介质中，即可形成脂质体。

5. 高压乳匀法　是将各成分加入溶剂中，通过高压乳匀机均匀分散成脂质体。

凡遇热不稳定的药物，可按上述各方法制成脂质体混悬液后，分装于安瓿中，经冷冻干燥制成冻干制剂，可供注射用，但全部操作应在无菌条件下进行。

点滴积累

1. 固体分散技术是将难溶性药物高度分散在另一种固体载体中的新技术。固体分散体的类型有简单低共熔混合物、固态溶液、共沉淀物。

2. 包合技术系指一种分子被包嵌于另一种分子的空穴结构内，形成包合物的技术。常用的包合材料是环糊精（CYD）及其衍生物。

3. 微型胶囊（简称微囊）是利用高分子材料（囊材）将固体或液体药物（囊心物）包裹而成的微型胶囊。

4. 微囊的制备方法有相分离-凝聚法（单凝聚法、复凝聚法等）、物理机械法（喷雾干燥法、喷雾凝结法、空气悬浮法、锅包衣法等）、化学法（界面缩聚法、辐射交联法）

5. 脂质体（亦称类脂小球）系将药物包封于类脂双分子层形成的薄膜中间所制成的超微型球状载体。

任务三　生物技术药物制剂

一、概述

（一）生物技术的基本概念

生物技术或称生物工程，是应用生物体（包括微生物、动物及植物细胞）或其组成部分（细胞器和酶），在最适的条件下，生产有价值的产物或进行有益过程的技术。现代生物技术主要包括基因工程、细胞工程与酶工程。此外还有发酵工程（微生物工程）与生化工程。

基因工程又称遗传工程，它是经体外非同源DNA重组，使基因转移到宿主细胞中，使后者获得纯品，为生产低耗、廉价产品开辟了一条新途径。

细胞工程包括基因、染色体、基因组、细胞质、细胞融合工程。细胞融合技术亦称细胞杂交技术，是生产单克隆抗体这类试剂或药物的主要手段。

酶工程是将水溶性的固相酶，在酶促反应中以固相状态作为底物，产生纯酶。

（二）生物技术药物及其制剂的研究

生物技术药物多为多肽类和蛋白质类药物。目前已批准上市的有人胰岛素、人生长激素、干扰素、白细胞介素、乙肝疫苗、组织纤溶酶原激活素等百余种生物技术产品。过去有些产品如胰岛素、生长激素、干扰素与白细胞介素等主要由人或动物体的有关脏器、组织、血液或尿等排泄物中提取，不仅成本高，而且产量低、质量有时难以保证。

随着生物技术药物的发展，肽和蛋白质药物制剂的研究与开发，已成为医药工业中一个重要的领域，同时给药物制剂带来新的挑战。由于生物技术药物主要为多肽和蛋白质类，性质很不稳定，极易变质。另外，这类药物对酶敏感又不易穿透胃肠黏膜，故只能注射给药，使用很不方便。如何将这类药物制成稳定、安全、有效的制剂，是十分艰巨的任务。

二、蛋白质类药物制剂研究特点

蛋白质类药物制剂研究的关键是解决这类药物的稳定性问题。对于注射给药则采用适当的辅料、设计合理的处方与工艺，而非注射给药还需解决生物利用度的问题。这里主要讨论蛋白质类药物的注射剂。

知识链接

蛋白质的不稳定性

蛋白质的不稳定性有化学不稳定性和物理不稳定性两种形式。

化学不稳定性是由于氨基酸残基的修饰，变化而引起。主要有氧化作用、还原作用、脱酰胺反应、水解作用、精氨酸转化、消旋作用等几种反应。

物理不稳定性涉及蛋白质的二级、三级、四级结构的变化，表现为蛋白质的聚集与沉淀、吸附作用、变性等。

（一）蛋白质类药物的一般处方组成

目前临床上应用的蛋白质类药物注射剂，一种是溶液型注射剂，另一种是冷冻干燥型注射剂。溶液剂型使用方便，但需在低温（2~8℃）下保存。冷冻干燥剂型比较稳定，但工艺较为复杂。

（二）蛋白质类药物的稳定化方法

1. 液体剂型中蛋白质类药物的稳定化方法　在溶液中，pH和离子强度对蛋白质的稳定性及溶解度都有很大的影响。因此，在蛋白质类药物溶液的配制中，通常使用适当的缓冲系统，例如胰岛素注射剂采用枸橼酸钠－枸橼酸缓冲剂，避免蛋白质类药物的变性。

离子型表面活性剂常会引起蛋白质的变性，所以蛋白质药物制剂如α－2b干扰素、组织溶纤酶原激活素等均需加入少量非离子型表面活性剂吐温－80来抑制蛋白质的聚集。

近年来也有采用环糊精制成包合物来增加蛋白质药物的稳定性，同时也能提高溶解度。例如用2－羟丙基－β－环糊精可增加羊生长激素的稳定性，以防止由于振动产生沉淀。

2. 固体状态蛋白质类药物的稳定化方法　在一些蛋白质药物不能采用溶液型制剂时，往往用冷冻干燥与喷雾干燥的工艺使形成固体制剂以解决稳定性的问题。

（1）冷冻干燥法制备蛋白质类药物制剂：应主要考虑两个问题，一是选择适宜的辅料，优化蛋白质药物在干燥状态下的长期稳定性；二是考虑辅料对冷冻干燥过程的一些参数的影响，如最高与最低干燥温度、干燥时间、冷冻干燥产品的外观等。在处方中加入甘露醇可作为填充剂改善产品外观，还可作冻干保护剂。

冷冻干燥型制剂比较稳定，临用时用注射用水配制成溶液。如α－2b干扰素、人生长激素等。

（2）喷雾干燥法制备蛋白质类药物制剂：喷雾干燥时，药液被迅速雾化，表面积很大，在与热空气接触的过程中，水分迅速汽化，粒子可在几秒内得到干燥。喷雾干燥过程中可控制产品颗粒大小与形状，生产出流动性很好的球状颗粒。选择适合的稳定剂，可生产出粒径为3~5μm、水分含量为5%~6%的活性产品。

点滴积累

1. 现代生物技术包括基因工程、细胞工程、酶工程。

2. 生物技术药物多为多肽类和蛋白质类药物。

3. 液体型蛋白质药物可以使用适当的缓冲系统、非离子表面活性剂、制成环糊精包合物等增加稳定性。

4. 可用冷冻干燥和喷雾干燥等工艺将蛋白质类药物做成固体制剂来增加其稳定性。

项目小结

1. 缓释、控释制剂是用药后能在较长时间内持续释放药物以达到长效作用的制剂。
2. 缓释、控释制剂与普通制剂比较，可减少患者的服药次数，使血药浓度较为平稳，减少用药的总剂量，有利于减低药物的毒副作用。
3. 靶向制剂指载体将药物通过局部给药或全身血液循环而选择性地浓集定位于靶组织、靶器官、靶细胞或细胞内结构的给药系统。
4. 经皮吸收制剂又称透皮给药系统（TDDS），系指经皮肤敷贴方式给药而起治疗或预防疾病作用的一类制剂，可起局部或全身作用。
5. 常用的渗透促进剂有表面活性剂、氮䓬酮类化合物、醇类化合物等。
6. 固体分散技术是将难溶性药物高度分散在另一种固体载体中的新技术。固体分散体的类型有简单低共熔混合物、固态溶液、共沉淀物。
7. 包合技术系指一种分子被包嵌于另一种分子的空穴结构内，形成包合物的技术。常用的包合材料是环糊精（CYD）及其衍生物。
8. 微型胶囊（简称微囊）是利用高分子材料（囊材）将固体或液体药物（囊心物）包裹而成的微型胶囊。
9. 微囊的制备方法有相分离-凝聚法（单凝聚法、复凝聚法等）、物理机械法（喷雾干燥法、喷雾凝结法、空气悬浮法、锅包衣法等）、化学法（界面缩聚法、辐射交联法）。
10. 脂质体（亦称类脂小球）系将药物包封于类脂双分子层形成的薄膜中间所制成的超微型球状载体。
11. 现代生物技术包括基因工程、细胞工程、酶工程。
12. 生物技术药物多为多肽类和蛋白质类药物。
13. 液体型蛋白质药物可以使用适当的缓冲系统、非离子表面活性剂、制成环糊精包合物等增加稳定性。
14. 可用冷冻干燥和喷雾干燥等工艺将蛋白质类药物做成固体制剂来增加其稳定性。

思考题

一、 填空题

1. 固体分散体的类型包括______、______、______三类。
2. 目前制备微囊的方法可归纳为______、______、______三大类。
3. 靶向给药系统是指______将药物通过______或______而选择性地浓集定位于______、______、______或细胞内结构的给药系统。
4. 靶向制剂可分为______制剂、______制剂、______制剂三类。
5. 经皮吸收制剂可分为______、______、______、______四类。
6. 膜控释型TDDS的基本结构主要由______、______、______、______和______五部分组成。
7. 微贮库型TDDS兼具______型和______型的特点。
8. 现代生物技术主要包括______、______、______，此外还有______和______。
9. 目前使用的生物技术药物产品包括______和______药物。
10. 包合物的制备方法有______、______、______和______等。

二、 名词解释

1. 固体分散体
2. 包合技术
3. 缓释制剂
4. 纳米乳
5. 经皮吸收制剂

三、 简答题

1. 简述渗透泵片如何恒速释放药物。
2. 常见的物理化学靶向制剂有哪些?
3. 简述固体分散体的速释原理。

（邹　毅）

项目十二

药物制剂的稳定性

项目十二
数字内容

学习目标

知识目标：

- 掌握研究药物制剂稳定性的意义和研究范围、影响药物制剂稳定性的主要因素和稳定性的方法。
- 熟悉考察药物制剂稳定性的主要检查项目。
- 了解常见的物理和化学的配伍变化、配伍变化的处理原则与方法。

能力目标：

- 学会分析处方中可能的配伍变化。
- 了解常见剂型稳定性重点考察项目。

素质目标：

- 强化学生认真的工作态度和严谨的工作作风，确保药品质量安全和用药安全。

情境导入

情境描述：

小明的父亲为预防血栓的形成经常服用阿司匹林。一天，他打开放在窗台边阿司匹林的瓶子，闻到了较浓的乙酸味，怀疑药品有问题，未服用，并向药师咨询原因。

学前导语：

阿司匹林是一种历史悠久的解热镇痛药，用于治疗感冒、发热、头痛、牙痛、关节痛、风湿病，还能抑制血小板聚集，可用于预防和治疗缺血性心脏病、心绞痛、心肺梗死、脑血栓等。阿司匹林含有酚酯结构，在干燥的空气中尚稳定，遇湿气即缓慢水解成水杨酸和乙酸。因此，贮存不当会导致其水解，产生酸味。

稳定性对药物制剂尤为重要，本章主要讲解药物制剂的配伍变化、影响药物制剂稳定性的主要因素及稳定化方法，为同学们今后从事药物制剂生产、药品营销、药品养护等工作打下基础。

药物制剂的稳定性是指药物在体外的稳定性，它贯穿于药物制剂的研制、生产、贮存、运输和使用的全过程，我国的《新药审批办法》明确规定，在新药研究和申报过程中必须呈报稳定性资料，所以重视和研究药物制剂的稳定性，以指导合理地进行剂型设计、提高制剂质量、保证药效和安全、促进经济发展，显得尤为重要。

任务一　概述

一、研究药物制剂稳定性的意义

药物制剂稳定性是指药物制剂从制备到使用期间保持稳定的程度，通常指药物制剂的体外稳定性。药物制剂应符合安全、有效、稳定的基本要求。稳定性研究的目的是考察原料药或制剂的质量在温度、湿度、光线等条件的影响下随时间变化的规律，为药品的生产、包装、贮存、运输条件和有效期的确定提供科学依据。药物制剂如不稳定，则会产生物理和化学等方面的变化，如吸湿结块、分解变质等，有的除外观变化外，还会导致药物疗效降低，产生毒副作用，甚至可能危及生命，给个人和企业带来极大的精神和经济损失。通过研究药物制剂稳定性，考察影响药物制剂稳定性的因素及增加稳定性的各种措施、预测药物制剂的有效期，从而既能保证制剂产品的质量，又可减少由于制剂不稳定而导致的损失。

二、药物制剂稳定性研究的范围

药物制剂的稳定性一般包括化学、物理和生物学三个方面。

（一）化学方面

化学稳定性是指药物由于水解、氧化等化学降解反应，使药物含量、色泽产生变化。包括药物与药物之间，药物与溶媒、附加剂、杂质、容器、外界物质（空气、光线、水分等）之间，产生化学反应而导致制剂中药物的分解变质。

（二）物理方面

物理稳定性是指药物制剂因物理性状的变化，导致原有质量下降，甚至不合格，如乳剂的分层、破裂；混悬剂中颗粒的结块或粗化；片剂的松散、崩解性能的改变等。一般物理变化引起的不稳定，主要是制剂的外观质量受到影响而主药的化学结构不变，但经常会影响制剂使用的方便性。

（三）生物学方面

药物制剂由于生物学变化引起的不稳定，如微生物的污染、滋长、繁殖引起药物制剂发霉、腐败变质等。

三、考察药物制剂稳定性的主要项目

《中国药典》（2020年版）规定的原料药物及物制剂稳定性重点考察项目见表12-1。

表12-1　原料药及药物制剂稳定性重点考察项目表

剂型	稳定性重点考察项目
原料药	性状、熔点、含量、有关物质、吸湿性以及根据品种性质选定的考察项目
片剂	性状、含量、有关物质、崩解时限或溶出度或释放度
胶囊剂	性状、含量、有关物质、崩解时限或溶出度或释放度、水分，软胶囊要检查内容物有无沉淀
注射剂	性状、含量、pH、可见异物、不溶性微粒、有关物质，应考察无菌
栓剂	性状、含量、融变时限、有关物质
软膏剂	性状、含量、粒度、有关物质、均匀性
乳膏剂	性状、含量、粒度、有关物质、分层现象、均匀性
糊剂	性状、均匀性、含量、粒度、有关物质
凝胶剂	性状、均匀性、含量、有关物质、粒度，乳胶剂应检查分层现象
眼用制剂	如为溶液，应考察性状、可见异物、含量、pH、有关物质；如为混悬液，还应考察粒度、再分散性；洗眼剂还应考察无菌；眼丸剂应考察粒度与无菌

续表

剂型	稳定性重点考察项目
丸剂	形状、含量、有关物质、溶散时限
糖浆剂	性状、含量、澄清度、相对密度、有关物质、pH
口服溶液剂	性状、含量、澄清度、有关物质
口服乳剂	性状、含量、分层现象、有关物质
口服混悬剂	性状、含量、沉降体积比、有关物质、再分散性
散剂	性状、含量、粒度、有关物质、外观均匀度
气雾剂（非定量）	不同放置方位（正、侧、水平）有关物质、揿射速率、揿出总量、泄漏率
气雾剂（定量）	不同放置方位（正、侧、水平）有关物质、递送剂量均一性、泄漏率
吸入粉雾剂	有关物质、微细粒子剂量、递送剂量均一性、水分
喷雾剂	不同放置方位（正、水平）有关物质、每喷主药含量、递送剂量均一性（混悬型和乳剂型定量鼻用喷雾剂）
吸入气雾剂	不同放置方位（正、侧、水平）有关物质、微细粒子剂量、递送剂量均一性、泄漏率
吸入喷雾剂	不同放置方位（正、水平）有关物质、微细粒子剂量、递送剂量均一性、pH、应考察无菌
颗粒剂	性状、含量、粒度、有关物质、溶化性或溶出度或释放度
贴剂（透皮贴剂）	性状、含量、有关物质、释放度、黏附力
冲洗剂、洗剂、灌肠剂	性状、含量、有关物质、分层现象（乳状型）、分散性（混悬型），冲洗剂应考察无菌
搽剂、涂剂、涂膜剂	性状、含量、有关物质、分层现象（乳状型）、分散性（混悬型），涂膜剂还应考察成膜性
耳用制剂	性状、含量、有关物质，耳用散剂、喷雾剂与半固体制剂分别按相关剂型要求检查
鼻用制剂	性状、pH、含量、有关物质，鼻用散剂、喷雾剂与半固体制剂分别按相关剂型要求检查

注：有关物质（含降解产物及其他变化所生成的产物）应说明其生成产物的数目及量的变化。如有可能应说明有关物质中何者为原料中的中间体，何者为降解产物。稳定性试验重点考察降解产物。

任务二　影响药物制剂稳定性的主要因素及稳定化方法

一、制剂中药物的化学降解途径

药物由于化学结构不同，所以降解反应也不同，水解和氧化是药物降解的两个主要途径，也会发生光解、聚合、脱羧、异构化等其他反应，一种药物可能同时产生两种或两种以上的反应。

（一）水解反应

水解反应是药物的主要降解途径，药物主要有酯类（内酯）、酰胺类（内酰胺）等。

1. 酯类药物的水解　在酸或碱的催化下，含有酯键的药物水溶液，水解反应加速。如盐酸普鲁卡因水解生成无明显麻醉作用的对氨基甲苯酸和二乙胺基乙醇，此类的药物还有盐酸可卡因、盐酸丁卡因、硫酸阿托品、溴丙胺太林、氢溴酸后马托品等。硝酸毛果芸香碱、华法林等含内酯结构，在碱性条件下易水解开环。

2. 酰胺药物的水解　酰胺及内酰胺类药物水解生成酸与胺，属此类反应的药物有氯霉素、青霉素类、头孢菌素类等，另外还有对乙酰氨基酚、利多卡因等。如青霉素，含有的内酰胺环易水解，因此只能做成粉针剂。

（1）氯霉素：pH6时氯霉素最稳定，$pH<2$或$pH>8$时水解加速，水溶液易分解生成氨基物和二氯化物。其水溶液对光敏感，如在pH5.4时暴露于日光中则可产生黄色沉淀。其溶液100℃灭菌30分钟水解3%~4%、115℃灭菌30分钟水解15%，故后者不宜。

（2）青霉素和头孢菌素类：青霉素类药物分子中存在不稳定的β-内酰胺环，容易降解。如氨苄西林只易制成注射用无菌粉末，乳酸钠注射液对其水解有明显的催化作用，故不宜配伍使用，10%葡萄糖注射液对其有一定的影响故最好不要配伍使用，可用0.9%氯化钠注射液临用前溶解后输液。头孢菌素类分子中也有β-内酰胺环，故易水解。如头孢菌唑林钠在酸性或碱性环境中均会水解失效，其水溶液在pH为4~7时较稳定，可与0.9%氯化钠注射液、5%葡萄糖注射液、庆大霉素注射液、维生素C注射液等配伍使用。

（3）巴比妥类：巴比妥类药物易水解。同为酰胺类药物的利多卡因不易水解，是因为其酰胺基旁较大的基团产生的空间效应阻碍了水解的进行。

3. 其他药物　从结构看，酰脲和内酰脲、酰肼类、肟类药物等也能被水解。维生素B、地西泮、碘苷等的降解主要是水解，在酸性溶液中阿糖胞苷脱氨水解成阿糖尿苷。

知识链接

有关阿司匹林原料中游离水杨酸限度的规定

阿司匹林吸收空气中的水分后易水解，酯键断裂生成对胃肠道刺激更大的水杨酸。《中国药典》（2020年版）对阿司匹林中游离水杨酸限量有严格规定，原料、片剂、肠溶片、肠溶胶囊、泡腾片和栓剂中游离酸量分别不得超过0.1%、0.3%、1.5%、1.0%、3.0%和3.0%。

（二）氧化反应

药物氧化分解一般是在空气中氧的作用下自动缓慢进行的自氧化反应，又称自由基反应或空气氧化反应。药物的氧化过程与化学结构有关，如酚类、烯醇类、芳胺类、噻嗪类、吡唑酮类药物容易氧化，易氧化药物要特别注意光、氧气、金属离子对它们的影响，以保证药物质量。发生氧化反应后，药物效价降低，颜色发生变化或沉淀。

1. 酚类药物　此类药物中具有酚羟基，包括肾上腺素、左旋多巴、吗啡、水杨酸钠等。如肾上腺素氧化先形成肾上腺素红，后成为棕红色聚合物或黑色素，左旋多巴氧化先得有色物质后为黑色素。

2. 烯醇类　此类的代表是维生素C，极易氧化且过程复杂，分子中含有烯醇基，其水溶液放置过久或储存条件不良，常可引起颜色发黄。这是因为维生素C分子中含有烯醇基，在有氧或无氧条件下都会发生氧化反应。

3. 其他类药物　盐酸氯丙嗪、盐酸异丙嗪等噻嗪类药物，氨基比林、安乃近等吡唑酮类药物，磺胺嘧啶钠等芳胺类药物，维生素A、维生素D等含碳碳双键的药物都易氧化，且生成有色物质。

光、氧及金属离子等都能加快氧化反应过程，因此在生产和储存此类药物制剂时，应尽量避免这些因素的影响。

（三）光解反应

光解反应系指在光的作用下化合物发生的降解反应，许多药物对光不稳定，如硝苯地平类、喹诺酮类等。

（四）其他反应

另外，还有异构化、聚合、脱羧等反应，有时两种或两种以上的反应也可能同时发生。

1. 异构化反应　异构化反应分为光学异构化和几何异构化两种。光学异构化又分成外消旋作用和差向异构化；几何异构化包括反式异构体和顺式异构体。四环素、维生素A、麦角新碱、毛果芸香碱等因发生异构化反应而致生理活性下降或失去活性。四环素在酸性条件下，4位的碳原子发生差向异构化形成差向四环素。

2. 聚合反应　聚合反应是两个或多个分子结合在一起形成的复杂分子的反应。氨苄西林的水溶液在储存中会发生聚合反应，所生成的聚合物可诱发氨苄西林过敏反应。用聚乙二醇400作溶剂制成塞替派注射液，可避免塞替派在水中聚合。

3. 脱羧反应　对氨基水杨酸钠会因水、光、热的影响而脱羧生成间氨基酚。盐酸普鲁卡因注射液变黄是因为普鲁卡因水解产物对氨基苯甲酸发生脱羧反应而得的苯胺经氧化生成了有色物质。

二、影响药物制剂稳定性的处方因素及稳定化方法

处方的组成可直接影响药物制剂的稳定性，因此制剂制备首先进行处方设计。pH、广义酸碱催化、溶剂、离子强度、赋形剂、表面活性剂等都要加以考虑。

（一）pH的影响

很多药物的降解受H^+或OH^-催化，降解速度很大程度上受pH的影响，在pH较低时，主要是H^+的催化作用，在pH较高时，主要是OH^-的催化作用；pH在中等时，由H^+和OH^-共同催化或与pH无关。

酯类药物在碱性条件下水解比较完全，其水解速度主要是由pH决定，在酸性条件下影响较小，如盐酸普鲁卡因溶液，pH在3.4~4.0时最稳定，pH升高水解迅速加快，见表12-2，所以酯类药物通常在中性或弱酸性时比较稳定。酰胺类药物的水解主要受OH^-的催化，OH^-浓度越大，pH越高，水解越快。苷类药物易受H^+催化水解，在偏酸性的溶液中加热易发生水解。

除水解外，药物的氧化反应与溶液的pH也有密切关系，当pH增大时，氧化反应易于进行，pH较低时比较稳定。pH调节要同时考虑稳定性、溶解度和药效三个方面，如大部分生物碱在酸性溶液中较稳定，故注射剂常调节在偏酸范围，但制备成滴眼剂时常调节在偏中性范围。

表12-2　盐酸普鲁卡因水解与pH的关系（20℃）

pH	7.0	6.5	6.0	5.5	5.0
水解10%的时间/d	28	90	280	900	2 800

通过实践或查阅资料可得到稳定的pH范围，在此基础上进行调节。pH调节要同

时考虑稳定性、溶解度和疗效三个方面。如大部分生物碱在偏酸性溶液中比较稳定，故注射剂常调节在偏酸范围。但将它们制成滴眼剂，就应调节在偏中性范围，以减少刺激性，提高疗效。一些药物最稳定的pH见表12-3。

表12-3　一些药物最稳定的pH

药物	最稳定pH	药物	最稳定pH
盐酸丁卡因	3.8	苯氧乙基青霉素	6
盐酸可卡因	3.5~4.0	毛果芸香碱	5.12
溴本辛	3.38	氯氮䓬	2.0~3.5
溴化内胺太林	3.3	氯洁霉素	4.0
三磷酸腺苷	9.0	地西泮	5.0
对羟基苯甲酸甲酯	4.0	氢氯噻嗪	2.5
对羟基苯甲酸乙酯	4.0~5.0	维生素B_1	2.0
对羟基苯甲酸丙酯	4.0~5.0	吗啡	4.0
阿司匹林	2.5	维生素C	6.0~6.5
头孢噻吩钠	3.0~8.0	对乙酰氨基酚	5.0~7.0
甲氧苯青霉素	6.5~7.0		

（二）广义酸碱催化的影响

根据酸碱质子理论（Brønsted-Lowry theory of acids and bases），给出质子的物质叫广义的酸，接受质子的物质叫广义的碱。一些药物也可被广义的酸碱催化水解，这种催化作用叫广义的酸碱催化，也称为一般酸碱催化。醋酸盐、磷酸盐、枸橼酸盐、硼酸盐等常用的缓冲液均为广义的酸碱对，因此要注意他们对药物的催化作用，为减少这种催化作用的影响，在实际生产处方中，缓冲对应用尽可能低的浓度或选用没有催化作用的缓冲系统。

（三）溶剂的影响

溶媒的极性和介电常数均能影响药物的降解反应，尤其对药物的水解反应影响很大。溶剂会因溶剂化、解离、改变反应活化能等对药物制剂的稳定性产生影响，其情况比较复杂，对具体的药物应通过实验选择溶剂。对于易水解的药物，可用乙醇、丙二醇、甘油等非水溶剂以提高其稳定性。

（四）表面活性剂的影响

表面活性剂可增加某些易水解药物制剂的稳定性，这是由于表面活性剂在溶液中形成的胶束可减少药物受到溶剂分子及溶液中离子等的攻击。如苯佐卡因易受碱催化水解，在溶液中加入十二烷基硫酸钠可明显增加稳定性，使其半衰期增加18倍。这是因为表面活性剂在其中形成了胶束，药物周围形成了一层所谓的“屏障”，可阻止碱离子进入胶束，减少对酯键的攻击，从而增加苯佐卡因的稳定性。但要注意，表面活性剂有时使某些药物的分解速度加快，降低药物制剂的稳定性，如吐温-80可降低维生素D的稳定性。对具体药物制剂应通过实验来正确选用表面活性剂。

（五）处方中赋形剂的影响

栓剂、软膏剂中药物稳定性与基质有关，如聚乙二醇能促进氢化可的松、阿司匹林的分解。某些赋形剂对药物也产生影响，如片剂中使用淀粉和糖粉作为维生素U片的赋形剂，则可致产品变色；润滑剂硬脂酸镁可促进阿司匹林的水解。赋形剂中的水分、微量金属离子有时也能对药物的稳定性产生间接的影响。

（六）离子强度的影响

在药物制剂处方中常加入缓冲液、等渗调节剂、抗氧剂、电解质等物质，这些物质的加入改变了溶液的离子强度，对溶液中的药物降解速度产生影响，在处方设计时尽量避免引入其他离子。

三、影响药物制剂稳定性的外界因素及稳定化方法

外界因素包括温度、光线、空气（氧）、金属离子、湿度和水分、包装材料等。这些因素对于制定产品的生产工艺条件和包装设计都是十分重要的。其中温度对各种降解途径（如水解、氧化等）均有影响，而光线、空气（氧）、金属离子对易氧化药物影响较大，湿度、水分主要影响固体药物的稳定性，包装材料是各种产品都必须考虑的问题。

（一）温度的影响

根据范托夫（Van’t Hoff）规则，温度每升高10℃，反应速度约增加2~4倍。药物制剂在制备过程中，常有干燥、加热溶解、灭菌等操作，此时应考虑温度对药物稳定性的影响，制定合理的工艺条件。有些产品在保证完全灭菌的前提下，可降低灭菌温度，缩短灭菌时间。有些对热特别敏感的药物，如某些抗生素、生物制品等，要根据药物性质，设计合适的剂型（如固体剂型），生产中采取特殊的工艺，如冷冻干燥、无菌操作等，同时产品要低温贮存，以保证产品质量。

（二）光线的影响

光是一种辐射能，易激发化学反应，日光中所含有的紫外线，对药品变化常起着催化作用，能加速药品的氧化、分解等。药物分子因受光发生分解反应叫光化降解，其速度与药物的化学结构有关系，与系统的温度无关。光解反应较复杂，光的强度、波长，灌装容器的组成、种类、形状、与光线的距离等均对光解反应速度有影响，对于因光线而易氧化变质的药物在生产过程和贮存过程中，都应尽量避免光线的照射，有些应使用有色遮光容器保存。光敏感药物有硝普钠、氯丙嗪、异丙嗪、叶酸、维生素A、维生素B、维生素B_2、氢化可的松、泼尼松、硝苯地平、辅酶Q_{10}等。

知识链接

硝普钠

硝普钠是一种强效速效抗高血压药，实验表明本品2%的水溶液用100℃或115℃灭菌20分钟，都很稳定，但对光极为敏感，临床上用5%的葡萄糖溶液配制成0.05%的硝普钠溶液静脉滴注，在阳光下照射10分钟就分解13.5%，颜色也开始变化，同时pH下降。室内光线条件下，本品半衰期为4小时。

（三）空气的影响

空气中的氧气是药物制剂发生氧化降解的重要因素。氧气可溶解在水中以及存在于药物容器空间和固体颗粒的间隙中，所以药物制剂几乎都有可能与氧接触。只要有少量的氧，药物制剂就可以产生氧化反应。

除去氧气是防止易氧化的药物制剂被氧化的根本措施。目前生产上常采用惰性气体（如N_2或CO_2）驱除氧，固体药物制剂可采用真空包装。加入抗氧剂也是经常使用的方法。有些抗氧剂通过结合游离基而阻断链反应，是链反应的阻化剂；还有些抗氧剂本身是强还原剂，通过先氧化自己而保护主药。酒石酸、枸橼酸、磷酸等能增强抗氧剂的效果。近年来，氨基酸类抗氧剂也在使用，如半胱氨酸、蛋氨酸等，常用的抗氧剂见表12-4。

表12-4 常用的抗氧剂及浓度

抗氧剂	常用浓度/%	抗氧剂	常用浓度/%
亚硫酸钠	0.1~0.2	蛋氨酸	0.05~0.1
亚硫酸氢钠	0.1~0.2	硫代乙酸	0.05

续表

抗氧剂	常用浓度/%	抗氧剂	常用浓度/%
焦亚硫酸钠	0.1~0.2	硫代甘油	0.05
甲醛合亚硫酸氢钠	0.1	叔丁基对羟基茴香醚*（BHA）	0.005~0.02
硫代硫酸钠	0.1		
硫脲	0.05~0.1	二丁甲苯酚*（BHT）	0.005~0.02
维生素C	0.2	培酸丙酯*（PG）	0.05~0.1
半胱氨酸	0.000 15~0.05	生育酚*	0.05~0.5

注：* 为油溶性抗氧剂，其他为水溶性抗氧剂。

（四）金属离子的影响

微量的金属离子尤其是二价以上的金属离子，如铜、铁、铂、锰等，对制剂中药物的自氧化反应有显著的催化作用，如0.000 2mol/L的铜能使维生素C氧化速度增大10 000倍。制剂中金属离子的来源主要是原辅料、溶媒、容器及生产操作中使用的工具、机械。为了避免金属离子的影响，除应选择纯度较高的原辅料，尽量不使用金属器具外，常在药液中加入金属离子络合剂，如依地酸盐、枸橼酸、酒石酸等，金属络合剂可与溶液中的金属离子生成稳定的水溶性络合物，避免金属离子的催化作用。

（五）湿度和水分的影响

湿度和水分的影响是固体药物制剂稳定性的重要因素。水为化学反应的媒介，许多反应没有水分存在就不会进行，对于化学稳定性差的固体制剂，由于湿度和水分影响，在固体表面吸附了一层液膜，药物在液膜中发生了降解反应，如维生素C片、阿司匹林片、维生素B_{12}、青霉素盐类粉针、硫酸亚铁等。药物是否容易吸湿，取决于其临界相对湿度（critical relative humidity，CRH）的大小。氨苄青霉素极易吸湿，其临界相对湿度仅为47%，如果在相对湿度75%的条件下放置24小时，可吸收水分约20%，同时粉末溶化。这些原料药物的水分含量，一般水分控制在1%左右，水分含量越高分解越快。所以在药物制剂的生产过程和贮存过程中应多考虑湿度和水分影响，采用适当的包装材料。

知识链接

临界相对湿度

水溶性药物在相对湿度较低的环境下几乎不吸湿，而当相对湿度增大到一定值时，吸湿量急剧增加，一般把这个吸湿量开始急剧增加的相对湿度称为临界相对湿度（CRH），CRH是水溶性药物固有的特征参数，是药物吸湿性大小的衡量指标。物料的CRH越小则越易吸湿；反之则不易吸湿。

（六）包装材料的影响

药物制剂在室温下贮存，主要受光、热、湿度和空气等因素的影响。包装设计的重要目的就是既要防止这些因素的影响，又要避免包装材料与药物制剂间的相互作用。常用的包装材料有玻璃、塑料、橡胶和某些金属。

玻璃理化性能稳定，不易与药物作用，不能使气体透过，为目前应用最多的一类容器。缺点是能释放碱性物质和脱落不溶性玻璃碎片，这是注射剂应特别注意的问题。棕色玻璃能阻挡波长小于470nm的光线透过，故光敏感的药物可用棕色玻璃包装。

塑料是聚氯乙烯、聚苯乙烯、聚乙烯、聚丙烯、聚酯、聚碳酸酯等一类高分子聚合物的总称，具有质轻、价廉、易成型的优点。塑料的缺点是透气性、透湿性、吸着性。药用包装塑料应选用无毒塑料制品。不同的塑料其穿透性、附加剂成分不同，选用时应经过必要的试验，确认该塑料对药物制剂无影响才能使用。

金属容器牢固、密封性能好，药物不易受污染。但易被氧化剂、酸性物质所腐蚀，选用时注意表面要涂环氧树脂层，以耐腐蚀。

橡胶可被用来作塞子、垫圈、滴头等，使用时应注意橡皮塞与瓶中溶液接触可能吸收主药和防腐剂，需用该防腐剂浸泡后使用。橡皮塞用环氧树脂涂覆，可有效地阻止橡胶塞中成分溶入溶液中而产生白点，干扰药物分析。还应注意橡胶塞是否可与主药、抗氧剂相互作用，以保证药物制剂的质量。

包装材料应通过“装样试验”加以选择。

四、药物制剂稳定化的其他方法

（一）改进药物制剂或生产工艺

1. 制成固体剂型　凡是在水溶液中证明是不稳定的药物，一般可制成固体制剂。供口服的做成片剂、胶囊剂、颗粒剂、干糖浆等。供注射的则做成注射用无菌粉末，可使稳定性大大提高。青霉素类、头孢菌素类药物目前基本上都是固体剂型。此外也可将药物制成膜剂。例如将硝酸甘油做成片剂，易产生内迁移现象，降低药物含量的均匀性，国内一些单位将其试制成膜剂，增加了稳定性。

2. 制成微囊或包合物　某些药物制成微囊可增加药物的稳定性。如维生素A制成微囊稳定性有很大提高。也有将维生素C、硫酸亚铁制成微囊，防止氧化。有些药物可以用环糊精制成包合物。

3. 采用直接压片或包衣工艺　一些对湿热不稳定的药物，可以采用直接压片或干法制粒。包衣是解决片剂稳定性的常规方法之一，如氯丙嗪、非那根、对氨基水杨酸钠等，均可做成包衣片。个别对光、热、水很敏感的药物如酒石麦角胺，一些制药厂采用联合式干压包衣机制成包衣片，可达到良好的效果。

（二）制成难溶性盐

将易水解药物制成难溶性盐或难溶性酯类衍生物，再制成混悬液，可增加药物的稳定性。如青霉素钾盐，可制成溶解度小的普鲁卡因青霉素G（水中溶解度为1∶250），稳定性显著提高。青霉素还可与*N*, *N*-双苄乙二胺生成苄星青霉素G（长效西林），其溶解度进一步减小（1∶6 000），故稳定性更佳，可以口服。

（三）制成前体药物

利用化学修饰的方法制备前体药物，可使药物的水解反应速度降低。如氨苄西林与酮反应生成缩酮氨苄西林，可显著增加药物的稳定性，这种前体药物适合长时间的静脉注射。

任务三　药物制剂的配伍变化

一、概述

（一）配伍变化的含义及目的

药物的配伍变化指多种药物或其制剂配合在一起使用时，常引起药物的物理化学性质和生理效应等方面产生变化，这些变化统称为药物的配伍变化。配伍变化符合用药目的和临床治疗需要的称为合理性配伍变化，否则称为不合理性配伍变化。不合理性配伍变化能设法纠正的称为配伍困难，否则就称为配伍禁忌。

研究药物制剂配伍变化，是为了能根据药物和制剂成分的理化性质和药理作用，预测药物的配伍变化，探讨其产生变化的原因，给出正确处理或防止的方法，设计合理的处方、工艺，进行制剂合理配伍，避免不良药物配伍，保证用药安全、有效。

（二）配伍变化的类型

配伍变化可分为物理、化学和药理三个方面。但有些药物的配伍则往往同时发生几种变化，如由于发生化学变化而使效价下降或产生有毒物质，则同时可引起药理上的变化。

1. 物理的配伍变化　药物配伍时发生了分散状态或其他物理性质的改变，如发生沉淀、潮解、液化、结块和粒径变化等，而造成药物制剂不符合质量和医疗要求。例如，含黏液质的水溶液加入大量的醇产生沉淀；剂量较小的药物与吸附性较强的固体粉末（如活性炭、白陶土等）配伍时，因被吸附而在体内释放不完全；乳剂、混悬剂与其他药物配伍，出现粒径变大。物理上配伍变化一般属于外观上的变化，其中某些条件改变时可能恢复制剂的原来形式，但很多物理的配伍变化是不可逆的，直接影响外观及使用。

2. 化学的配伍变化　药物配伍时发生化学反应，如氧化、还原、分解、复分解、水解、聚合等而产生了新的物质，一般表现为沉淀、变色、润湿或液化、产气、爆炸或燃烧等现象，化学的配伍变化可使药物制剂的疗效发生改变或产生毒副作用。但有些药物的化学反应从外观上难以看出，如复分解反应，须引起注意。

3. 药理的配伍变化　药理的配伍变化即药物相互作用，也称为疗效的配伍变化，是指药物配伍使用后，在体内过程互相影响，而使其药理作用的性质、强度、毒副作用发生变化的现象。药物的这些相互作用有些有利于治疗，有些则不利于治疗。

知识链接

有利的配伍变化

有些配伍变化是制剂配制所需要的，如泡腾片利用碳酸盐与酸反应产生CO_2使片剂迅速崩解；临床上利用药物间拮抗作用来解救药物中毒或消除另一药物副作用，如有机磷轻度中毒时采用阿托品解救；麻黄素治哮喘时用巴比妥类药物对抗其中枢神经兴奋作用等。不应把这些有意进行的配伍变化都看作配伍禁忌。

二、物理和化学的配伍变化

（一）固体药物之间的物理和化学配伍变化

1. 润湿与液化　某些固体药物配伍时，发生润湿和液化，会给生产或贮存上带来困难，影响产品质量。造成润湿与液化的原因主要有以下几点。

（1）反应水的生成：药物间反应生成水，如固体的酸类与碱类物质间反应能形成水。

（2）结晶水的放出：含结晶水多的盐与其他药物发生反应放出结晶水。如明矾与醋酸铅混合则放出结晶水。

（3）吸湿：固体药物的吸湿与空气中的相对湿度有关，一些水溶性药物在室温下临界相对湿度较高，但混合后混合物的临界相对湿度较单个药物均低，引湿性增强，如制备或贮藏环境的相对湿度较高，则会出现润湿甚至液化。

（4）形成共熔物：一些醇类、酚类、酮类、酯类药物如薄荷脑、樟脑、麝香草酚、苯酚等混合后会发生共熔现象，形成低共熔混合物。形成共熔物后对制剂的制备及产品质量有一定影响。但有些液体剂型常利用形成共熔物的液化来进行制备。此外，形成共熔物能促进一些药物的溶解速率和吸收，如65%阿司匹林与37%乙酰苯胺所形成低共熔混合物比两者相同比列的混合物溶解快；氯霉素与尿素的共熔物可加速氯霉素的溶解和吸收。只是由于这些固体的低共熔混合物是一种固体分散体。

2. 结块　散剂、颗粒剂由于药物吸湿后又逐渐干燥会引起结块。出现结块说明制剂变质，有时会导致药物分解失效。

3. 变色　药物间发生氧化、还原、聚合、分解等反应时，产生带色化合物或发生颜色变化，这些现象在光照、高温及高湿的环境中反应更快。如含酚基化合物与铁盐作用，或受空气氧化都能产生有色物质。

4. 产生气体　产生气体是药物发生化学反应的结果。碳酸盐、碳酸氢盐与酸类药物配伍产生CO_2；铵盐与碱类药物混合可能产生气体，如溴化铵等铵类与强碱性药物配伍可放出氨气。

（二）液体药物之间的物理和化学配伍变化

液体剂型中使用品种最多、联合用药最多的是注射剂，注射液的物理和化学的配伍变化主要出现混浊、沉淀、结晶、变色、水解、效价下降等现象。各种液体剂型的药物配伍变问题虽然各有些差别，但大致相同。目前药物治疗上生广泛采用注射液给药而且常常多种注射液配伍在一起注射，注射液中产生配伍变化的因素很多，有些配伍变化肉眼观察不到，所以带来的危害更严重。输液中产生配伍变化的因素很多，主要有以下几方面。

1. 输液的组成　常用的输液有5%葡萄糖注射液、等渗氯化钠注射液、复方氯化钠注射液、葡萄糖氯化钠注射液、右旋糖酐注射液、转化糖注射液及各种含乳酸钠的制剂等，这些单糖、盐、高分子化合物的溶液一般都比较稳定，常与注射液配伍。有些输液由于它的特殊性质，而不适于某些注射液的配伍。

（1）血液：血液不透明，在产生沉淀混浊时不易观察。血液成分极复杂，与药物的注射液混合后可能引起溶血、血球凝聚等现象。

（2）甘露醇：在水中溶解度（25℃）为1∶5.5，故甘露醇注射液（含20%甘露醇）为过饱和溶液，但一般不易析出结晶（如有结晶析出，可加温到37℃使之完全溶解后应用），但若加入某些药物如氯化钾、氯化钠等溶液能引起甘露醇结晶析出。

（3）静脉注射用脂肪油乳剂：这种制品要求油的分散程度很细，因乳剂稳定性受许多因素影响，加入药物往往能破坏乳剂稳定性，产生乳剂破裂、油相合并或油相凝聚等现象，故与其他注射液配伍应慎重。注射用乳一般单独注射。

2. 输液与注射液间的配伍变化

（1）溶剂组成的改变：有时为了有利于注射剂中的药物溶解、稳定而采用非水性溶剂如乙醇、丙二醇等，当这些注射剂加入输液（水溶液）中时，由于溶剂组成的改变而析出药物。如氯霉素注射液溶剂主要为丙二醇，若用水性输液稀释，浓度高于0.25%时，会出现氯霉素沉淀。

（2）pH的改变：注射液的pH是个重要因素。两种药物溶液的pH相差较大，发生配伍变化的可能性也大。pH的变化可能引起沉淀析出、加速分解或发生变色反应。例如，5%硫喷妥钠10ml加于5%葡萄糖注射液500ml中则产生沉淀。许多药物在不同pH条件下分解速度也不同，如乳糖酸红霉素在等渗氯化钠注射液中（pH约6.45）24小时分解3%，若在糖盐水中（pH约5.5）24小时则分解32.5%。在加有酒石酸去甲肾上腺素的5%葡萄糖注射液中，再加入磺胺嘧啶钠注射液（pH 9.5~11.0），去甲肾上腺素变色。

（3）缓冲容量：有些药液会加入缓冲剂保持pH相对稳定，缓冲剂抑制pH变化能力的大小称为缓冲容量。有些输液中含有乳酸根、醋酸根等有机离子，有一定的缓冲容量。但某些在酸性溶液中沉淀的药物，在含有缓冲能力的弱酸性溶液中也会析出沉淀。如5%硫喷妥钠10ml加入生理盐水或林格氏液（500ml）中不产生变化，但加入含乳酸盐的葡萄糖液中则析出沉淀。

（4）离子作用：有些离子能加速某些药物的水解反应。如乳酸根离子能加速氨苄青霉素的水解。

（5）直接反应：某些药物可直接与输液中的成分反应。如四环素与含钙盐的输液在中性或碱性下形成螯合物而产生沉淀。

（6）电解质的盐析作用：胶体溶液型注射液，例如两性霉素、血浆蛋白、右旋糖酐等注射液加到生理盐水、氯化钾、葡萄糖酸钙等含有强电解质的注射液中时，会因盐析作用或因胶粒上的电荷被中和而产生凝集。

（7）聚合反应：有些药物在溶液中可能形成聚合物。如10%氨苄青霉素的浓贮备液虽贮于冷暗处，但放置期间pH稍有下降就会因为形成聚合物而出现变色，溶液变黏稠，甚至产生沉淀，聚合物形成程度与时间及温度均有关，聚合物会引起过敏。

（8）药物与机体中某些成分的结合：某些药物如青霉素能与蛋白质结合，从而增加变态反应的发生,所以这种药物加入蛋白质类输液中使用是不妥当的。

3. 注射液之间的配伍变化　临床上，常常将两种或两种以上的注射液加入输液中一起静脉滴注。多种注射液混合后，药物的配伍变化更容易发生。这方面的配伍变化，大多是由于pH发生了改变。

知识链接

注射剂配伍变化的一般规律

有机弱酸盐与有机弱碱盐的注射剂配伍时，因发生复分解反应生成大分子有机盐而析出沉淀；有机弱酸（或弱碱）盐注射剂与其他注射剂配伍时，若pH下降（或上升），则易析出有机酸（或碱）结晶沉淀；具有易水解基团药物的注射剂，在过高或过低pH条件下，均易被水解，故不宜与弱酸强碱盐或弱碱强酸盐的注射剂配伍使用；具有易氧化基团药物的注射剂，在偏碱性条件下易被氧化变色，故不宜与碱性药物的注射剂配伍使用；抗生素与其他注射剂配伍时，若混合液的pH与抗生素最稳定的pH相差较远，则抗生素易失效；含钙、镁离子的注射剂与许多注射剂配伍易产生沉淀，含三价铁离子的注射剂与其他注射剂配伍，易发生颜色变化。

4. 影响配伍变化的其他因素

（1）配合量：这一因素实质上是浓度问题，配合量的多少会影响药物的浓度，而药物在一定浓度下会出现沉淀或降解速度增加。两种具有配伍变化的注射剂在高浓度、等量混合时，易出现可见性配伍变化。若先将它们稀释后再混合，则不易发生变化。如间羟胺注射液与氢化可的松琥珀酸钠注射液等量混合，则有晶体析出，若先用生理盐水分别稀释后再混合，则无晶体析出。

（2）反应时间：有些药物在溶液中的反应很慢，个别药物的注射液混合后几小时出现沉淀，应在规定时间内输完。如输入量较大时可分几次输入，每次重新配制，这样还可减少输液被污染的机会。

（3）混合顺序：药物制剂配伍时的混合次序极为重要，可用改变混合顺序的方法来克服某些药物混合时产生的沉淀现象。如1g氨茶碱与300mg烟酸配合，如将两种药液混合后再稀释则会析出沉淀，但先将氨茶碱用输液稀释至1 000ml再慢慢加入烟酸则可得到澄明溶液。

三、配伍变化的处理原则与方法

（一）处理原则

处理的一般原则应该是了解用药意图，发挥制剂应有的疗效，保证用药安全。在审查处方发现疑问时，首先应与处方医师联系，了解用药意图，明确对象及给药途径作为配发的基本条件。例如患者的年龄、性别、病情及其严重程度、用药途径等，对患有合并症的患者审方时应注意禁忌证。之后，再结合药物的物理、化学和药理等性质分析可能产生的不利因素和作用，对处方成分、剂量、发出量、用法等各方面进行全面审查，确定克服方法，必要时还须与医师联系，共同确定解决方法，使药剂能在具体条件下，较好地发挥疗效并使患者使用方便，保证用药安全。

（二）处理方法

疗效的配伍禁忌必须在了解医师用药意图后，共同加以矫正和解决。物理或化学配伍禁忌的处理，一般可在上述原则的基础上按下列方法进行。

1. 改变贮存条件　有些药物在使用过程中，由于贮存条件的影响会加速沉淀、变色或分解，故应在密闭及避光条件下，贮于棕色瓶中，发出的剂量不宜多。

2. 改变调配次序　改变调配次序能避免一些不应产生的配伍禁忌。在很多溶液中，混合次序均能影响生产工序的繁简与成品的质量，如三氯叔丁醇与苯甲醇各0.5%在水中配伍时，三氯叔丁醇在冷水中溶解很慢，但极易溶于苯甲醇，可先将二者混合，然后加注射用水至要求。

3. 改变溶剂或添加助溶剂等　改变溶剂是指改变溶剂容量或改用混合溶剂，常用于防止或延缓溶液剂析出沉淀或分层。当药物因超过本身的溶解度而析出沉淀时，用此方法可有效地克服。如制备含电解质的芳香水剂时易析出挥发油，将芳香水剂稀释后可消除；如果加适当的混合溶剂、助溶剂、表面活性剂也能得到澄明溶液。

4. 调整溶液pH　氢离子浓度的改变能影响很多微溶性药物的稳定性，此外氢离子浓度的改变往往能使一些药物的氧化、水解或降解等作用加速或延缓。这类型的药物非常多，对于注射用药物，精确地控制氢离子浓度更为重要。

5. 改换药物或改变剂型　征得医师的同意后可改换药物，但所换药物的疗效应尽量与原药物近似，用法也应尽可能与原方一致。注射剂之间若发生物理化学配伍禁忌时，通常不能配伍使用，可分别注射或建议医师用其他的注射剂。

药剂人员无处方权，对医师处方只有调配权与拒绝调配权，遇到有配伍禁忌的处方，不能擅自修改，应与处方医师联系，由处方医师决定如何处理。

目前，药学工作先驱们经过长期实践已编制了多种药物配伍变化表，如《256种注射液物理化学配伍禁忌表》《八十种中草药浸出液配伍变化表》等以及药物配伍变化计算机软件供使用者查对与参考。这些资料对临床判断配伍变化有重要的参考价值，但应注意判断的情况是否与资料中的情况一致，如浓度、温度、pH、溶剂及附加剂等。此外，同一药物制剂各厂制备的处方组成可能不同，往往产生不同的结果，要特别注意。

四、实例分析

实例1：

【处方】注射用氨苄西林钠　2g
维生素C注射液　3g　i.v.gtt.
10%葡萄糖注射液　1 000ml

【结果】聚合、变色、效价下降。

【原因】维生素C分子中有烯二醇式结构，与酸性的葡萄糖注射液混合而使混合液的pH下降，氨苄西林出现聚合、变色、效价下降。

【处理】用生理盐水代替葡萄糖注射液，另注射维生素C。

实例2：

【处方】硫酸庆大霉素注射液　24万U
氨茶碱注射液　0.5g　i.v.gtt.
5%葡萄糖注射液　500ml

【结果】出现混浊。

【原因】硫酸庆大霉素水溶液呈酸性，氨茶碱水溶液呈碱性，混合后发生复分解反应，庆大霉素和氨茶碱游离析出。

【处理】其他抗生素代替硫酸庆大霉素。

实例3：

【处方】呋塞米注射液　　　40mg

　　　　25%葡萄糖注射液　40ml　i.v.

【结果】出现沉淀。

【原因】呋塞米注射液为强碱弱酸盐，在酸性环境下产生呋塞米沉淀。

【处理】两种药物不能配伍使用，另行处方。

实例4：

【处方】

　　　　10%磺胺嘧啶钠注射液　　5g

　　　　硫酸链霉素注射液　　　　1g　i.v.gtt.

　　　　10%葡萄糖注射液　　　　500ml

【结果】混合液变棕色，并有结晶析出。

【原因】链霉素的醛基与磺胺嘧啶钠结构中的芳伯氨基结合生成有色的薛夫氏碱。其次因pH改变使链霉素和磺胺嘧啶析出结晶。

【处理】不宜混合注射。硫酸链霉素可改为肌内注射。

项目小结

1. 药物制剂稳定性的含义

（1）概念：药物制剂从制备到使用期间保持稳定的程度，通常指药物制剂的体外稳定性。

（2）药物制剂的最基本的要求：安全、有效、稳定。

（3）药物制剂的稳定性一般包括：化学、物理和生物学三个方面。

2. 影响药物制剂稳定性的主要因素及稳定化方法

（1）主要降解途径：水解和氧化。

（2）其他降解途径：聚合、脱羧、异构化等。

（3）影响因素

1）处方因素：pH、广义酸碱催化、溶剂、离子强度、表面活性剂、赋形剂或附加剂等。

2）外界因素：温度、光线、空气、金属离子、湿度和水分、包装材料。

（4）稳定化方法：防止药物氧化的方法有通入惰性气体、添加抗氧剂、调节pH、避光；改进药物制剂或生产工艺、制成难溶性盐、制成前体药物等。

3. 药物制剂的配伍变化

（1）概念：药物的配伍变化指多种药物或其制剂配合在一起使用时，常引起药物的物理化学性质和生理效应等方面产生变化，这些变化统称为药物的配伍变化。

（2）固体药物的配伍变化：润湿、液化、硬结、变色、分解以及产生气体等。

（3）液体药物的配伍变化：浑浊、沉淀、结晶、变色、水解、效价下降等。

（4）输液与注射液的配伍变化：溶剂改变、pH改变、离子作用等。

（5）配伍变化的处理

1）方法：改变贮存条件、改变调配次序、改变溶媒或添加助溶剂、调整溶液pH、改变有效成分或改变剂型。

2）原则："增效减毒"即了解用药意图、发挥制剂疗效、保证用药安全。

思考题

一、填空题

1. 药物制剂的稳定性一般包括______、______与______三个方面。
2. 药物制剂配伍变化的类型分为______和______。
3. 固体状态下配伍的物理配伍变化主要是在配伍时出现______、______、______等现象。
4. 注射液物理和化学配伍变化主要出现______、______、______、______、______等现象。

二、名词解释

1. 药物制剂的稳定性
2. 合理性配伍变化
3. 化学配伍变化

三、简答题

1. 影响药物水解的因素有哪些？如何解决？举例说明。
2. 注射液中药物的物理和化学配伍变化的处理原则是什么？

实训 12-1　药物制剂的配伍变化

一、实训目的

通过液体药剂和注射剂配伍变化的观察，进一步了解配伍变化的发生原因，并初步掌握配伍变化处方的处理方法。

二、实训器材

药品：氨茶碱、磺胺嘧啶钠、盐酸四环素注射液、氯霉素、维生素C、碘解磷定注射液、羟苯乙酯、胭脂红、活性炭、滑石粉、盐酸肾上腺素、过氧化氢、亚硫酸钠、EDTA等。

器材：试管，烧杯，滤纸等。

三、实训内容

（一）物理性配伍变化

1. 方法步骤

（1）取5%羟苯乙酯的乙醇溶液1ml，加纯化水4ml，观察现象。取5%羟苯乙酯1ml搅拌下逐滴加入100ml纯化水中，观察现象。

（2）取胭脂红溶液1滴，加纯化水至50ml，观察此溶液显色情况。另取上述溶液20ml加活性炭0.5g，搅匀后用干燥滤纸过滤，观察滤液显色情况。另取20ml上液加滑石粉0.5g搅匀，干燥滤纸过滤，观察滤液显色情况。

2. 注意事项

（1）羟苯乙酯中加入纯化水时要边搅拌加滴。

（2）加活性炭的量不能太多，否则影响显色。

（二）化学性配伍变化

1. 方法步骤

（1）取5支试管编号。

（2）分别按实训表12-1进行操作与记录。

实训表 12-1　化学性配伍变化

操作及结果记录	1号管	2号管	3号管	4号管	5号管
加0.1%盐酸肾上腺素	2ml	2ml	2ml	2ml	2ml
加蒸馏水	2ml	2ml	–	–	–

续表

操作及结果记录	1号管	2号管	3号管	4号管	5号管
加3%过氧化氢	−	−	2ml	−	2ml
加1%亚硫酸钠	−	−	−	2ml	2ml
加热至沸	−	+	−	+	−
出现的现象					

2. 注意事项　试管编号不能错，操作时尽量注意平行操作。

（三）注射剂配伍变化

1. 方法步骤　取6支试管，按实训表12-2进行配伍操作，将两种注射液配伍的结果记入表中。

2. 注意事项　试管编号不能错，操作时尽量注意平行操作。

实训表 12-2　注射剂配伍变化

组号	A 注射液	B 注射液	A 注射液和 B 注射液混合后现象
1	2.5%氨茶碱5ml	20%磺胺嘧啶钠5ml	
	2.5%氨茶碱5ml	5%盐酸四环素5ml	
2	12.5%氯霉素1ml	5%葡萄糖1ml	
	12.5%氯霉素1ml	5%葡萄糖10ml	
3	2%维生素C 2ml	0.25%碘解磷定1ml	
	2%维生素C 2ml	0.25%碘解磷定、1%亚硫酸氢钠、1%EDTA各1ml	

四、实训讨论

解释本实验中物理性配伍变化、化学性配伍变化和注射剂配伍变化的实验现象。

（浦绍且）

参考文献

1. 国家药典委员会.中华人民共和国药典：2020年版.北京：中国医药科技出版社，2020.
2. 高宏.药剂学.2版.北京：人民卫生出版社，2011.
3. 陈明非.药剂学基础.北京：人民卫生出版社，2002.
4. 胡兴娥，刘素兰.药剂学.北京：高等教育出版社，2006.
5. 崔福德.药剂学.5版.北京：人民卫生出版社，2002.
6. 孙耀华.药剂学.北京：人民卫生出版社，2003.
7. 张琪岩.孙耀华.药剂学.北京：人民卫生出版社，2010.
8. 杨桂明.胡志方.中药药剂学.北京：人民卫生出版社，2010.
9. 李中文.药剂学.3版.北京：人民卫生出版社，2020.
10. 解玉岭.药物制剂技术.北京：人民卫生出版社，2015.

思考题参考答案

项目一　绪论

一、填空题

1. 药物制剂生产、制备技术

2. 2020年版、一、二、三、四、四

3. 溶液型、胶体溶液行、乳浊液型、混悬液型、气体分散型、固体分散性

4.《中国药典》、《国家食品药品监督管理总局国家标准》

5. 1年、3年、2年

二、名词解释

1. 制剂是指根据《中华人民共和国药典》(以下简称《中国药典》)和其他药品标准等收载的处方，将药物按剂型制成一定规格并符合质量标准的药剂成品。

2. 药典是一部国家记载药品规格标准的最高法典，我国药典是由国家药典委员会编纂并由政府颁布实施的，具有法律约束力。

3. 处方是指医疗和生产中关于药剂调制的一项重要的书面文件。狭义地讲，处方是医师为某一患者预防或治疗需要而开写给药房（药局）的有关制备和发出药剂的书面凭证。广义地讲，凡制备任何一种药剂的书面文件都可称为处方。

4. 药品是指用于预防、诊断、治疗人的疾病，有目的地调节人的生理功能并规定有适应证、用法和用量的物质，包括中药材、中药饮片、中成药、化学原料药及其制剂、抗生素、生化药品、放射性药品、血清疫苗、血液制品和诊断药品等。

5. 新药是指未曾在中国境内上市销售的药品。

三、简答题（略）

项目二　药物制剂的基本操作

一、填空题

1. 特殊粉碎、低温粉碎、超微粉碎

2. 湿法粉碎、水飞法

3. 热压灭菌法、流通蒸汽灭菌法、煮沸灭菌法、低温间歇灭菌法

4. 饮用水、纯化水、注射用水、灭菌注射用水

二、名词解释

1. 水飞法是将药物与水共置研钵或球磨机中研磨，使细粉混悬于水中，将此混悬液倾出，余下的粗料再加水反复操作，至全部药物研磨完毕，所得混悬液合并，沉降，倾去上层清液，将湿粉干燥。

2. 等量递加法是指用量多的组分饱和混合容器后倾出；先取处方中量小的组分，加入等量的量大的组分混匀后，再取与此混合物等量的量大的组分混匀，如此倍量增加，直至全部混匀、色泽一致。

3. 打底套色法是当色泽相差较大时，可以色浅者饱和乳钵，再将色深者置乳钵中，加等量的色浅者研匀，直至全部混合均匀。

4. 灭菌法是指用物理或者化学的方法将药物制剂中的微生物杀死或除去的方法。

5. 制药用水是指药物制剂配制、使用时的溶剂、稀释剂及药品包装容器、制药器具的洗涤清洁用水。根据使用的范围不同分为饮用水、纯化水、注射用水和灭菌注射用水。

三、简答题（略）

项目三　表面活性剂

一、名词解释

1. 表面活性剂亲水亲油的强弱是以亲水亲油平衡值来表示的，简称为HLB值。

2. 表面活性剂是指那些具有很强的表面活性，能使液体的表面张力显著下降的物质。

二、填空题

阴离子型、阳离子型、非离子型、两性离子型

三、解：

$$HLB_{AB}=\frac{HLB_A\times W_A+HLB_B\times W_B}{W_A+W_B}$$

将已知条件代入到公式中：

$$HLB_{AB}=\frac{9.5\times 40+16\times 60}{60+40}=13.4$$

答：将以上两种表面活性剂混合后，混合物的HLB值为13.4，该表面活性剂主要可以作为去污剂和O/W型乳化剂。

项目四　液体制剂

一、填空题

1. 低分子溶液剂、高分子溶液剂、溶胶剂、混悬剂、乳剂

2. 溶液剂、糖浆剂、酊剂、芳香水剂、甘油剂、溶解法

3. 水化作用、电荷

4. 溶解法、稀释法、化学反应法

5. 助悬剂、润湿剂、絮凝剂、反絮凝剂

二、名词解释

1. 酊剂系指挥发性药物的乙醇溶液，可供内服或外用。挥发性药物多为挥发油，乙醇浓度一般为60%~90%。

2. 芳香水剂系指芳香挥发性药物（多为挥发油）的饱和或近饱和水溶液。

3. 向混悬剂中加入适量电解质，使ξ电位适当降低，减少微粒间的排斥力，当ξ电位降低到一定程度时，混悬微粒可形成疏松的絮状聚集体而沉降，这个过程称为絮凝，所加的电解质称为絮凝剂。（乳剂中分散相液滴发生可逆的聚集现象称为絮凝。）

4. 乳剂分层又称乳析，系指乳剂放置过程中出现分散相上浮或下沉的现象。

5. 乳剂中分散相液滴合并进而分成油水两相的现象称为破裂。

三、简答题（略）

项目五　注射剂与眼用液体药剂

一、填空题

1. 注射液、注射用无菌粉末、注射用浓溶液

2. 注射用水、注射用油、其他注射用溶剂

3. 水溶性、耐热性、滤过性 、不挥发性、可吸附性

4. 热原检查法、细菌内毒素检查法

5. 冰点降低数据法、氯化钠等渗当量法

6. 浓配法、稀配法

7. 电解质输液、营养输液、血浆代用液、含药输液

8. 注射用无菌分装制品、注射用冷冻干燥制品

9. 角膜、结膜

二、名词解释

1. 注射剂系指原料药物或与适宜的辅料制成的供注入体内的无菌制剂。

2. 热原是由微生物产生的代谢产物，能引起恒温动物体温异常升高的致热物质。

3. 等渗溶液是指与血浆、泪液等体液具有相等渗透压的溶液。

4. 注射液指原料药物与适宜的辅料制成的供注入体内的无菌液体制剂，包括溶液型、乳浊液型和混悬液型等注射液。

5. 输液剂是指以静脉滴注的方式输入人体血液中的大容量注射剂，又称静脉输液。

6. 注射用无菌粉系指原料药物或与适宜的辅料制成的供临用前用无菌溶液配制成注射液的无菌粉末或无菌块状物，可用适宜的注射用溶剂配制后注射，也可用静脉输液配制后静脉滴注。

7. 滴眼剂系指由药物与适宜的辅料制成的无菌水性、油性澄明溶液、混悬液或乳状液，供滴入的眼用液体制剂。

8. 氯化钠等渗当量是指能与该药物1g呈现等渗效应的氯化钠的量，用E表示。

三、简答题（略）

四、实例分析（略）

五、计算题

1. 已知：E=0.17，V=100ml，W=1%×100=1g，代入公式：$X=0.009V-EW$

得X=0.73g

答：配制含1%氢溴酸后马托品的等渗滴眼液100ml，应加入0.73g氯化钠才能调至等渗。

2. 已知1%盐酸普鲁卡因的a=0.122，1%氯化钠的b=0.58，代入公式得：

$$W=\frac{0.52-a}{b}=\frac{0.52-0.122\times 2}{0.58}\times\frac{150}{100}=0.71\text{g}$$

答：配制2%盐酸普鲁卡因注射液150ml，需加0.71g氯化钠才能成为等渗溶液。

3. $W=0.009V=0.009\times 1\ 000=9\text{g}$

答：配制氯化钠等渗溶液1 000ml，应加入9g氯化钠。

项目六　浸出制剂

一、填空题

1. 水性浸出制剂、醇性浸出制剂、含糖浸出制剂、精制浸出制剂

2. 煎煮法、浸渍法、渗漉法

3. 毒性药材、有效成分含量低的药材、贵重药材、高浓度浸出制剂

4. 浸渍法、渗漉法、溶解法、稀释法

5. 烊化、后下、先煎

6. 1g、2~5g

二、名词解释

1. 浸出制剂系指用适当的溶剂和方法，从药材中浸出有效成分所制成的供内服或外用的一类药物制剂。浸出制剂可直接用于临床，亦可用作其他制剂的原料。

2. 浸渍法是将药材用适当的溶剂在常温或温热条件下浸泡，使其所含的有效成分浸出的一种方法。

3. 渗漉法是将药材粉末装于渗漉器内，浸出溶剂从渗漉器上部添加，溶剂渗过药粉层往下流动过程中浸出的方法。

4. 流浸膏剂系指饮片用适宜的溶剂浸出有效成分，蒸去部分溶剂，调整浓度至规定标准而制成的制剂。除另有规定外，流浸膏剂每1ml相当于原药材1g。流浸膏剂大多作为配制酊剂、合剂、糖浆剂、颗粒剂等剂型的原料。

5. 煎膏剂又称膏滋,系指饮片用水煎煮，去渣浓缩后，加炼糖或炼蜜制成的半流体制剂，供内服。煎膏剂的药效以滋补为主，兼有缓慢的治疗作用（如调经、止咳等）。

三、简答题（略）

项目七　外用膏剂

一、填空题

1. 差、羊毛脂

2. 黄凡士林、羊毛脂和液状石蜡，8∶1∶1，150，1~2

3. 防腐，保湿

4. 2，90

二、名词解释

1. 软膏剂是指药物与油脂性或水溶性基质混合制成的均匀的半固体外用制剂。

2. 乳膏剂是指药物溶解或分散于乳状液型基质中形成均匀的半固体外用制剂，又称乳剂型软膏剂。

3. 眼膏剂是指由药物与适宜基质均匀混合，制成溶液型或混悬型膏状的无菌眼用半固体制剂。

4. 凝胶剂是指药物与能形成凝胶的辅料制成的具凝胶特性的稠厚液体或半固体制剂。

5. 贴膏剂是指将药物与适宜的基质制成膏状物、涂布于背衬材料上供皮肤贴敷、可产生全身性或局部作用的一种薄片状柔性制剂。贴膏剂包括橡胶膏剂、凝胶膏剂（原巴布膏剂）和贴剂。

三、简答题（略）

项目八　散剂、颗粒剂与胶囊剂

一、填空题

1. 口服散剂、局部用散剂

2. 可溶颗粒、混悬颗粒、泡腾颗粒、肠溶颗粒、缓释颗粒

3. 囊帽、囊体、透明、半透明、不透明、八

4. 压制法、滴制法

二、名词解释

1. 流化制粒法是将物料的混合、黏结成粒及干燥在同一设备内一次完成的制粒方法，又称“一步制粒法”。

2. 毒性药品、麻醉药品、精神药品等特殊药品，一般剂量小，称取、使用不方便，并且容易损耗。为了方便称取和使用，常添加一定比例量的稀释剂制成稀释散，又称倍散或贮备散。

三、简答题

1. 略。

2. 略。

3. 不合格，三粒超重量差异。

项目九　片剂

一、填空题

1. 稀释剂、黏合

2. 助流、抗黏、润滑

3. 糖粉、糊精

4. 微粉硅胶、全粉末直接压片

5. 硬脂酸镁、0.1%~3%

6. 滚转包衣法、流化包衣法、压制包衣法

7. 片重差异超限、药物的混合度差、可溶性成分在干燥时表面迁移

8. 高分子材料、增塑剂

9. 30%~70%、高

10. 羧甲基淀粉钠、200~300、崩解剂

11. 黏合剂或润湿剂选择不当、压力分布不均匀

12. 胃溶、肠溶

13. 填料、压片、出片

14. ②稀释剂、③崩解剂、④黏合剂、⑤润滑剂

15. ±7.5%、±5%

二、名词解释

1. 咀嚼片是指在口中嚼碎后再咽下去的片剂。

2. 分散片是指遇水可迅速崩解并均匀分散的片剂。

3. 薄膜衣是包在片芯之外的一层薄的高分子聚合物衣

4. 湿法制粒压片法是将物料湿法制粒干燥后进行压片的方法。

三、简答题（略）

四、计算题

片重 =（干颗粒重 + 压片前加入的辅料量）/应压总片数 =（250+50）kg/1 000 000=0.3g

项目十 其他剂型

一、填空题

1. 塑制法、泛制法

2. 基质、冷凝液

3. 药物、成膜材料、附加剂

4. 抛射剂、药物与附加剂、耐压容器、阀门系统

二、名称解释

1. 中药丸剂指将药材细粉或药材提取物加适宜的黏合剂或其他辅料制成的球形或类球形制剂。

2. 滴丸剂指原料药物与适宜的基质加热熔融混匀，滴入不相混溶、互不作用的冷凝介质中制成的球形或类球形制剂。

3. 栓剂指药物与适宜基质制成供腔道给药的固体制剂。

4. 膜剂指药物与适宜的成膜材料经加工制成的膜状制剂。

5. 气雾剂指原料药物或原料药物和附加剂与适宜的抛射剂共同装封于具有特制阀门系统的耐压容器中，使用时借助抛射剂的压力将内容物呈雾状物喷至腔道黏膜或皮肤的制剂。

三、简答题（略）

项目十一 药物制剂新技术与新剂型

一、填空题

1. 简单低共熔物、固态溶液、共沉淀物

2. 相分离法、物理机械法、化学法

3. 载体、局部给药、全身血液循环、靶组织、靶器官、靶细胞

4. 被动靶向、主动靶向、物理化学靶向

5. 膜控释型、黏胶分散型、骨架扩散型、微贮库型

6. 背衬层、药物贮库、控释膜层、黏胶层、防黏层

7. 膜控释、骨架扩散

8. 基因工程、细胞工程、酶工程、发酵工程、生化工程

9. 多肽类、蛋白质类

10. 饱和水溶液法、研磨法、冷冻干燥法、喷雾干燥法

二、名词解释

1. 固体分散体是将难溶性药物高度分散在另一种固体载体（或称基质）中的固体分散体系。

2. 包合技术是指一种分子被包嵌于另一种分子的空穴结构内，形成包合物的技术。

3. 缓释制剂是指用药后能在较长时间内持续缓慢地非恒速地释放药物以达到长效作用的制剂。

4. 纳米乳是粒径为10~100nm的乳滴分散在另一种液体中形成的热力学稳定的胶体分散系统。

5. 经皮吸收制剂又称透皮给药系统，是指经皮肤敷贴方式给药而起治疗或预防疾病作用的一类制剂，既可以起局部作用也可起全身作用。常用的剂型为贴剂。

三、简答题（略）

项目十二　药物制剂的稳定性

一、填空题

1. 化学、物理学、生物学

2. 药理的配伍变化、物理和化学的配伍变化

3. 润湿、液化、结块

4. 混浊、沉淀、变色、水解、效价下降

二、名词解释

1. 药物制剂的稳定性是指药物制剂从制备到使用期间质量发生变化的速度和程度，是评价药物制剂质量的重要指标之一。

2. 配伍变化符合用药目的和临床治疗需要的称为合理性配伍变化。

3. 药物配伍时发生化学反应，如氧化、还原、分解、复分解、水解、聚合等而产生了新的物质，一般表现为沉淀、变色、润湿或液化、产气、爆炸或燃烧等现象。

三、简答题（略）

附　录

附录1　实训技能操作考核评分标准和考核报告

基本操作操作实训溶液剂实训技能操作考核评分标准

考核项目：称、量、溶解、过滤操作　　考核时间：30分钟

考生姓名：　　　　学号：　　　　日期：

考核教师：

序号	项目	评分要求	分值	得分
1	仪表	隔离衣干净、整洁	5	
2	称取操作	选择合适规格的天平	5	
		选择合适的称量纸或表面皿	5	
		正确使用架盘天平	10	
		正确使用电子天平	5	
3	量取操作	选择合适规格的量器	5	
		量取操作正确：左手持量器和瓶盖，右手拿药瓶，并使瓶签朝上	5	
		药液注入正确：瓶口紧靠量器边缘，沿其内壁徐徐注入	5	
		正确读数：视线与液面呈水平	5	
4	溶解操作	选择合适的溶解方法：浓配法或稀配法	5	
		不易溶解的药物应先研细，搅拌使溶	5	
		遇热不稳定的药物不宜加热溶解	5	
5	过滤操作	选择合适的滤器和滤材	5	
		选择合适的过滤方法	5	
		用玻璃漏斗进行常压过滤时做到一贴、二低、三靠	10	
		减压过滤时先将抽滤瓶和抽气装置断开，然后关闭抽气装置	5	

续表

序号	项目	评分要求	分值	得分
6	原始记录	清晰、完整	5	
7	实验台	整洁、干净	5	
		合计	100	

基本操作实训技能操作考核报告

姓名：　　　　学号：　　　　日期：

题目	基本操作
内容	1. 称取 2. 量取 3. 溶解 4. 过滤
制备步骤：	
称取药物：（名称、数量、称取天平） 量取液体：（名称、体积、称取量器） 溶解药物：（名称、溶剂、溶解用仪器） 液体过滤：（液体名称、过滤滤器）	
结论：	

溶液剂实训技能操作考核评分标准

考核项目：复方碘口服溶液的制备　　考核时间：30分钟

考生姓名：　　　　学号：　　　　日期：

考核教师：

序号	考核内容	考核要点	配分	得分
1	科学作风（5分）	（1）服装整洁（白服、白帽）	2	
		（2）卫生习惯（洗手、擦操作台）	2	
		（3）安静、礼貌	1	
2	器材选择与洗涤（5分）	（4）选择正确	3	
		（5）洗涤正确	2	
3	药物称取（10分）	（6）碘化钾的称取	5	
		（7）碘的称取	5	
4	制剂配制（40分）	（8）2ml纯化水的量取	5	
		（9）溶解量杯的选择	5	
		（10）碘化钾的溶解	10	
		（11）碘的溶解	10	
		（12）加纯化水至规定量	5	
		（13）搅匀	5	
5	成品质量（15分）	（14）总量	5	
		（15）色泽	5	
		（16）碘全溶	5	
6	实训报告（15分）	（17）书写工整	5	
		（18）项目齐全，描述规范	5	
		（19）总结正确	5	
7	操作时间（5分）	（20）按时完成	5	
8	清场（5分）	（21）清洗用具，清理环境	5	
9	合计		100	

复方碘口服溶液的制备实训技能操作考核报告

姓名：　　　　　学号：　　　　　日期：

题目	复方碘口服溶液的制备
处方	碘　　　　1g 碘化钾　　2g 纯化水　　适量 共制　　　20ml
制备步骤：	
质量检查结果： 外观： 容量：	
结论：	

高分子溶液剂实训技能操作考核评分标准

考核项目：胃蛋白酶合剂的制备　　考核时间：30分钟

考生姓名：　　　　　学号：　　　　　日期：

考核教师：

序号	考核内容	考核要点	配分	得分
1	科学作风 （5分）	（1）服装整洁（白服、白帽）	2	
		（2）卫生习惯（洗手、擦操作台）	2	
		（3）安静、礼貌	1	
2	器材选择与洗涤 （5分）	（4）选择正确	3	
		（5）洗涤正确	2	
3	药物称取 （10分）	（6）天平调零点	3	
		（7）胃蛋白酶称取	5	
		（8）天平休止	2	
4	制剂配制 （50分）	（9）纯化水的量取	5	
		（10）稀盐酸量取	5	
		（11）单糖浆量取	5	
		（12）稀盐酸、单糖浆与水混匀	5	
		（13）羟苯乙酯溶液量取	5	
		（14）橙皮酊量取	5	
		（15）羟苯乙酯、橙皮酊随加随搅拌	5	
		（16）胃蛋白酶溶解	10	
		（17）加纯化水至规定量	5	
5	成品质量 （10分）	（18）总量	5	
		（19）色泽	5	
6	实训报告 （10分）	（20）书写工整	5	
		（21）总结正确	5	
7	操作时间 （5分）	（22）按时完成	5	
8	清场（5分）	（23）清洗用具，清理环境	5	
9		合计	100	

胃蛋白酶合剂实训技能操作考核报告

姓名：　　　　　学号：　　　　　日期：

<table>
<tr><td>题目</td><td>胃蛋白酶合剂的制备</td></tr>
<tr><td>处方</td><td>含糖胃蛋白酶（1∶1 200）　1g
稀盐酸　1ml
单糖浆　5ml
橙皮酊　1ml
羟苯乙酯溶液（5%）　0.5ml
纯化水　适量
共制　50ml</td></tr>
<tr><td colspan="2">制备步骤：</td></tr>
<tr><td colspan="2">质量检查结果：
外观：
容量：</td></tr>
<tr><td colspan="2">结论：</td></tr>
</table>

混悬剂实训技能操作考核评分标准

考核项目：炉甘石洗剂的制备　　考核时间：30分钟

考生姓名：　　　　学号：　　　　日期：

考核教师：

序号	考核内容	考核要点	配分	得分
1	科学作风（5分）	（1）服装整洁（白服、白帽）	2	
		（2）卫生习惯（洗手、擦操作台）	2	
		（3）安静、礼貌	1	
2	器材选择与洗涤（5分）	（4）选择正确	3	
		（5）洗涤正确	2	
3	药物称、量取（20分）	（6）天平调零点	3	
		（7）炉甘石、氧化锌、羟甲基纤维素钠的称取，甘油量取	10	
		（8）天平休止	2	
		（9）乳钵处理	5	
4	制剂配制（40分）	（10）炉甘石、氧化锌混合干研	5	
		（11）甘油、少量水与炉甘石、氧化锌混合物混合研成糊状物	5	
		（12）羟甲基纤维素钠胶浆配制	10	
		（13）羟甲基纤维素钠胶浆加入糊状物中混匀，适量纯化水稀释	10	
		（14）将上液转移至50ml量杯中、加纯化水至刻度，搅拌均匀	5	
		（15）转移至投药瓶中、填写并贴好标签	5	
5	成品质量（10分）	（16）总量	5	
		（17）混悬性能与状态	5	
6	实训报告（10分）	（18）书写工整	5	
		（19）总结正确	5	
7	操作时间（5分）	（20）按时完成	5	
8	清场（5分）	（21）器械洗涤、放到指定位置，清理环境	5	
9		合计	100	

炉甘石洗剂实训技能操作考核报告

姓名：　　　　学号：　　　　日期：

<table>
<tr><td>题目</td><td>炉甘石洗剂的制备</td></tr>
<tr><td>处方</td><td>炉甘石　　4g
氧化锌　　4g
甘油　　5ml
羧甲基纤维素钠　　0.25g
纯化水　　共制　50ml</td></tr>
<tr><td colspan="2">制备步骤：</td></tr>
<tr><td colspan="2">质量检查结果：
外观：
容量：</td></tr>
<tr><td colspan="2">结论：</td></tr>
</table>

乳剂实训技能操作考核评分标准

考核项目：液状石蜡乳的制备　　考核时间：30分钟

考生姓名：　　　　学号：　　　　日期：

考核教师：

序号	考核内容	考核要点	配分	得分
1	科学作风（5分）	（1）服装整洁（白服、白帽）	2	
		（2）卫生习惯（洗手、擦操作台）	2	
		（3）安静、礼貌	1	
2	器材选择与洗涤（5分）	（4）选择正确	3	
		（5）洗涤正确	2	
3	药物称、量取（15分）	（6）阿拉伯胶的称取、液状石蜡的量取	5	
		（7）纯化水的量取	5	
		（8）乳钵处理	5	
4	制剂配制（45分）	（9）将液状石蜡倒入干燥、洁净乳钵中	5	
		（10）将阿拉伯胶粉分次加入液状石蜡中轻研成混合液	10	
		（11）将纯化水一次加入乳钵混合液中，研至初乳生成	10	
		（12）纯化水适量稀释后转移至50ml量杯中，洗涤乳钵，洗液并入量杯中	10	
		（13）加纯化水至总量30ml，搅拌均匀	5	
		（14）将量杯中乳剂转移至投药瓶，填写并粘贴标签	5	
5	成品质量（10分）	（15）总量	5	
		（16）颜色与分散状况	5	
6	实训报告（10分）	（17）书写工整、项目齐全	5	
		（18）结论准确	5	
7	操作时间（5分）	（19）按时完成	5	
8	清场（5分）	（20）器械洗涤、放到指定位置，清理环境	5	
9		合计	100	

液状石蜡乳实训技能操作考核报告

姓名：　　　　　学号：　　　　　日期：

题目	液状石蜡乳的制备
处方	液状石蜡　　　　12ml 阿拉伯胶　　　　4g 纯化水　　共制　30ml
制备步骤：	
质量检查结果： 外观： 容量：	
结论：	

注射剂与滴眼剂实训技能操作考核评分标准

考核项目：维生素C注射液的制备　　考核时间：　　考核教师：

考生姓名：　　学号：　　日期：

序号	考核内容	考核要点	配分	得分
1	科学作风（5分）	服装整洁（白服、白帽）	2	
		卫生习惯（洗手、擦操作台）	2	
		安静、礼貌	1	
2	器材选择与洗涤（5分）	选择正确	3	
		洗涤正确	2	
3	称量（10分）	天平选择正确	3	
		称量操作规范	7	
4	配制（25分）	溶解量杯的选择	5	
		溶剂量取规范	5	
		药物的溶解规范	5	
		过滤操作规范	5	
		定容准确	5	
5	灭菌（10分）	灭菌方法得当	5	
		灭菌设备操作规范	5	
6	实训结果（20分）	外观	10	
		总量	5	
		色泽	5	
7	实训报告（15分）	书写工整	5	
		项目齐全，描述规范	5	
		总结正确	5	
8	操作时间（5分）	按时完成	5	
9	清场（5分）	清洗用具，清理环境	5	
10	合计		100	

注射剂与滴眼剂实训技能操作考核评分标准

考核项目：10%葡糖糖注射液的制备　　考核时间：　　考核教师：

考生姓名：　　学号：　　日期：

序号	考核内容	考核要点	配分	得分
1	科学作风（5分）	服装整洁（白服、白帽）	2	
		卫生习惯（洗手、擦操作台）	2	
		安静、礼貌	1	
2	器材选择与洗涤（5分）	选择正确	3	
		洗涤正确	2	
3	称量（10分）	天平选择正确	3	
		称量操作规范	7	
4	配制（25分）	溶解量杯的选择	5	
		溶剂量取规范	5	
		药物的溶解规范	5	
		过滤操作规范	5	
		定容准确	5	
5	灭菌（10分）	灭菌方法得当	5	
		灭菌设备操作规范	5	
6	实训结果（20分）	外观	10	
		总量	5	
		色泽	5	
7	实训报告（15分）	书写工整	5	
		项目齐全，描述规范	5	
		总结正确	5	
8	操作时间（5分）	按时完成	5	
9	清场（5分）	清洗用具，清理环境	5	
10	合计		100	

注射剂与滴眼剂实训技能操作考核评分标准

考核项目：氯霉素滴眼液　　考核时间：　　考核教师：

考生姓名：　　学号：　　日期：

序号	考核内容	考核要点	配分	得分
1	科学作风（5分）	服装整洁（白服、白帽）	2	
		卫生习惯（洗手、擦操作台）	2	
		安静、礼貌	1	
2	器材选择与洗涤（5分）	选择正确	3	
		洗涤正确	2	
3	称量（10分）	天平选择正确	3	
		称量操作规范	7	
4	配制（25分）	溶解量杯的选择	5	
		溶剂量取规范	5	
		药物的溶解规范	5	
		过滤操作规范	5	
		定容准确	5	
5	灭菌（10分）	灭菌方法得当	5	
		灭菌设备操作规范	5	
6	实训结果（20分）	外观	10	
		总量	5	
		色泽	5	
7	实训报告（15分）	书写工整	5	
		项目齐全，描述规范	5	
		总结正确	5	
8	操作时间（5分）	按时完成	5	
9	清场（5分）	清洗用具，清理环境	5	
10	合计		100	

注射剂和滴眼剂实训技能操作考核报告

姓名：　　　　　　学号：　　　　　　日期：

<table>
<tr><td>题目</td><td>维生素C注射液的制备</td></tr>
<tr><td>处方</td><td>维生素C　　104g
碳酸氢钠　　49g
依地酸二钠　　0.05g
亚硫酸氢钠　　2g
注射用水加至　　1 000ml</td></tr>
<tr><td colspan="2">制备步骤：</td></tr>
<tr><td colspan="2">质量检查结果：
外观：
容量：</td></tr>
<tr><td colspan="2">结论：</td></tr>
</table>

注射剂和滴眼剂实训技能操作考核报告

姓名：　　　　　学号：　　　　　日期：

题目	10% 葡萄糖注射液的制备
处方	葡萄糖（注射用规格）　100g 盐酸　适量 注射用水　加至1 000ml
制备步骤：	
质量检查结果： 外观： 容量：	
结论：	

注射剂和滴眼剂实训技能操作考核报告

姓名：　　　　学号：　　　　日期：

题目	氯霉素滴眼剂的制备
处方	氯霉素　0.25g 硼酸　1.9g 硼砂　0.038g 硫柳汞　0.004g 注射用水　90ml
制备步骤：	
质量检查结果： 外观： 容量：	
结论：	

浸出药剂实训技能操作考核评分标准

考核项目：甘草流浸膏的制备　　考核时间：60分钟

考生姓名：　　　　学号：　　　　日期：

考核教师：

序号	考核内容	考核要点	配分	得分
1	科学作风（5分）	（1）服装整洁（白服、白帽）	2	
		（2）卫生习惯（洗手、擦操作台）	2	
		（3）安静、礼貌	1	
2	器材选择与洗涤（5分）	（4）选择正确	3	
		（5）洗涤正确	2	
3	药物称、量取（15分）	（6）甘草的粉碎、称取	5	
		（7）氨水的量取	5	
		（8）乙醇的量取	5	
4	制剂配制（45分）	（9）甘草粗粉的润湿、装渗漉筒	5	
		（10）排气、静置浸渍	5	
		（11）渗漉、初漉液的收集	10	
		（12）续滤液的收集	10	
		（13）滤液的合并与静置、过滤	5	
		（14）检查乙醇量	5	
		（15）包装	5	
5	成品质量（10分）	（16）外观（有无沉淀）	5	
		（17）装量	5	
6	实训报告（10分）	（18）书写工整、项目齐全	5	
		（19）结论准确	5	
7	操作时间（5分）	（20）按时完成	5	
8	清场（5分）	（21）清洗用具，清理环境	5	
9		合计	100	

甘草流浸膏实训技能操作考核报告

姓名：　　　　　学号：　　　　　日期：

题目	甘草流浸膏的制备
处方	甘草（粗粉）　50.0g 氨溶液　　　适量 乙醇　　　　适量
制备步骤：	
质量检查结果： 外观： 容量：	
结论：	

软膏剂实训技能操作考核评分标准

考核项目：水杨酸乳膏的制备　　考核时间：30分钟

考生姓名：　　　　学号：　　　　日期：

考核教师：

序号	考核内容	考核要点	配分	得分
1	科学作风（5分）	（1）服装整洁（白服、白帽）	2	
		（2）卫生习惯（洗手、擦操作台）	2	
		（3）安静、礼貌	1	
2	器材选择与洗涤（5分）	（4）选择正确	3	
		（5）洗涤正确	2	
3	药物称、量取（10分）	（6）操作准确	5	
		（7）正确读数	5	
4	制剂配制（50分）	（8）水杨酸研细过筛	10	
		（9）硬脂酸甘油酯、硬脂酸、白凡士林及液状石蜡加热熔化	10	
		（10）甘油及纯化水加热，加入十二烷基硫酸钠及羟苯乙酯溶解	10	
		（11）水相缓缓加入油相中，冷凝	10	
		（12）将水杨酸加入基质	10	
5	成品质量（10分）	（13）均匀性、细腻性	5	
		（14）涂布性、黏稠性	5	
6	实训报告（10分）	（15）书写工整、项目齐全	5	
		（16）结论准确	5	
7	操作时间（5分）	（17）按时完成	5	
8	清场（5分）	（18）清洗用具，清理环境	5	
9		合计	100	

水杨酸乳膏实训技能操作考核报告

姓名：　　　　学号：　　　　日期：

题目	水杨酸乳膏的制备
处方	水杨酸　5g 液状石蜡　10g 白凡士林　12g 单硬脂酸甘油酯　7g 甘油　12g 十二烷基硫酸钠　1g 羟苯乙酯　0.1g 纯化水　48ml
制备步骤：	
质量检查结果： 外观： 容量：	
结论：	

散剂实训技能操作考核评分标准

考核项目：1：100硫酸阿托品散的制备　　考核时间：30分钟

考生姓名：　　　　学号：　　　　日期：

考核教师：

序号	考核内容	考核要点	配分	得分
1	科学作风（5分）	（1）服装整洁（白服、白帽）	2	
		（2）卫生习惯（洗手、擦操作台）	2	
		（3）安静、礼貌	1	
2	器材选择与洗涤（5分）	（4）选择正确	3	
		（5）洗涤正确	2	
3	药物称取（20分）	（6）天平调零点	3	
		（7）硫酸阿托品的称取	5	
		（8）胭脂红乳糖的称取	5	
		（9）乳糖的称取	5	
		（10）天平休止	2	
4	制剂配制（40分）	（11）乳钵内壁的饱和	10	
		（12）硫酸阿托品与胭脂红乳糖混合（等量递加法的操作	20	
		（13）检查均匀度	5	
		（14）重量法分剂量	5	
5	成品质量（10分）	（15）数量	5	
		（16）色泽	5	
6	实训报告（10分）	（17）书写工整、项目齐全	3	
		（18）操作步骤描述规范	4	
		（19）结论准确	3	
7	操作时间（5分）	（20）按时完成	5	
8	清场（5分）	（21）清洗用具，清理环境	5	
9	合计		100	

1∶100 硫酸阿托品散实训技能操作考核报告

姓名：　　　　　　学号：　　　　　　日期：

题目	1∶100 硫酸阿托品散的制备
处方	硫酸阿托品　　　　1.0g 胭脂红乳糖（1%）　0.5g 乳糖　　　　加至　100g
制备步骤：	
质量检查结果： 外观： 容量：	
结论：	

颗粒剂实训技能操作考核评分标准

考核项目：复方锌布颗粒的制备　　考核时间：30分钟

考生姓名：　　　学号：　　　日期：

考核教师：

序号	考核内容	考核要点	配分	得分
1	科学作风（5分）	（1）服装整洁（白服、白帽）	2	
		（2）卫生习惯（洗手、擦操作台）	2	
		（3）安静、礼貌	1	
2	器材选择与洗涤（5分）	（4）选择正确	3	
		（5）洗涤正确	2	
3	药物称、量取（20分）	（6）天平调零点	3	
		（7）葡萄糖酸锌等药物及辅料的称取	5	
		（8）2%羟丙甲基纤维素水溶液配制与称取	10	
		（9）天平休止	2	
4	颗粒制备（40分）	（10）物料干混（等量递加法）	5	
		（11）制软材	10	
		（12）挤压制湿颗粒	10	
		（13）干燥（50℃）	5	
		（14）整粒	5	
		（15）喷加奶油香精、总混、分剂量包装	5	
5	成品质量（10分）	（16）粒度	5	
		（17）色泽	5	
6	实训报告（10分）	（18）书写工整	3	
		（19）操作步骤描述规范	3	
		（20）结论准确	4	
7	操作时间（5分）	（21）按时完成	5	
8	清场（5分）	（22）清洗用具，清理环境	5	
9		合计	100	

复方锌布颗粒实训技能操作考核报告

姓名：　　　　学号：　　　　日期：

题目	复方锌布颗粒的制备
处方	葡萄糖酸锌　100g 布洛芬　150g 马来酸氯苯那敏　2g 甜菊糖　5g 蔗糖　50g 2%羟丙甲基纤维素水溶液　约50g 奶油香精　适量
制备步骤：	
质量检查结果： 外观： 容量：	
结论：	

片剂实训技能操作考核评分标准

考核项目：单冲压片机的安装和使用　　考核时间：60分钟

考生姓名：　　　　学号：　　　　　日期：

考核教师：

序号	考核内容	考核要点	配分	得分
1	科学作风（5分）	（1）服装整洁（白服、白帽）	2	
		（2）卫生习惯（洗手、擦操作台）	2	
		（3）安静、礼貌	1	
2	器材选择与洗涤（5分）	（4）选择正确	3	
		（5）洗涤正确	2	
3	单冲压片机的安装（30分）	（6）装下冲头	5	
		（7）装模圈	5	
		（8）装上冲头	5	
		（9）装饲料靴	5	
		（10）装加料斗	5	
		（11）对压片机进行润滑	5	
4	单冲压片机的使用（35分）	（12）摇动飞轮，检查上下冲头是否顺利进出冲模	10	
		（13）手动试压，调节片重和硬度	10	
		（14）挤压制湿颗粒开动电动机进行试压，调节片重和硬度	10	
		（15）能正确检查压片机的运行状态，能排除常见的故障	5	
5	压片后的清场（10分）	（16）清理压片机上的余料	5	
		（17）清洁压片机	5	
6	实训报告（10分）	（18）书写工整、规范	5	
		（19）结论准确	5	
7	操作时间（5分）	（20）按时完成	5	
8	合计		100	

单冲压片机的安装和使用实训技能操作考核报告

姓名：　　　　学号：　　　　日期：

题目	单冲压片机的安装和使用
内容	冲模、加料斗、饲料靴 出片调节器（上调节器） 片重调节器（下调节器） 压力调节器、冲模台板
操作步骤：	
质量检查结果： 外观： 容量：	
结论：	

丸剂实训技能操作考核评分标准

考核项目：六味地黄丸的制备　　考核时间：60分钟

考生姓名：　　　　学号：　　　　日期：

考核教师：

序号	考核内容	考核要点	配分	得分
1	科学作风（5分）	（1）服装整洁（白服、白帽）	2	
		（2）卫生习惯（洗手、擦操作台）	2	
		（3）安静、礼貌	1	
2	器材选择与洗涤（5分）	（4）选择正确	3	
		（5）洗涤正确	2	
3	药品称取（10分）	（6）药材选择、称量正确	5	
		（7）粉碎、过筛、混合均匀	5	
4	丸剂制备（45分）	（8）炼蜜操作规范	5	
		（9）中蜜标准	5	
		（10）炼蜜用量正确，温度适合	5	
		（11）药粉与炼蜜混合均匀	5	
		（12）捏搓充分，制丸块软硬适宜，可塑性好	5	
		（13）制丸条粗细一致，两端平整	5	
		（14）分割均匀，制丸粒圆整，光滑	10	
		（15）包装	5	
5	质量检查（10分）	（16）外观性状	5	
		（17）重量差异	5	
6	实训报告（15分）	（18）项目齐全，书写工整	5	
		（19）操作步骤描述规范	5	
		（20）结果正确，结论准确	5	
7	操作时间（5分）	（21）按时完成	5	
8	清场（5分）	（22）清洗用具，清理环境	5	
9	合计		100	

六味地黄丸的制备实训技能操作考核报告

姓名：　　　　　学号：　　　　　日期：

题目	六味地黄丸的制备
处方	熟地黄　40g 酒萸肉　20g 牡丹皮　15g 山药　20g 茯苓　15g 泽泻　15g
制备步骤：	
质量检查结果： 外观： 容量：	
结论：	

阿司匹林栓的制备实训技能操作考核评分标准

考核项目：阿司匹林栓的制备　　考核时间：60分钟

考生姓名：　　学号：　　日期：

考核教师：

序号	考核内容	考核要点	配分	得分
1	科学作风（5分）	（1）服装整洁（白服、白帽）	2	
		（2）卫生习惯（洗手、擦操作台）	2	
		（3）安静、礼貌	1	
2	器材选择与洗涤（5分）	（4）选择正确	3	
		（5）洗涤正确	2	
3	药品称取（5分）	（6）操作规范	3	
		（7）数量准确	2	
4	模具处理（5分）	（8）涂润滑油的量合适	5	
5	栓剂制备（45分）	（9）熔化基质操作熟练、正确	5	
		（10）灌注连续	10	
		（11）做到稍微溢出模口	10	
		（12）冷却、削平操作正确	10	
		（13）脱模操作正确	5	
		（14）包装	5	
6	质量检查（10分）	（15）外观性状	5	
		（16）重量差异	5	
7	实训报告（15分）	（17）项目齐全，书写工整	5	
		（18）操作步骤描述规范	5	
		（19）结果正确，结论准确	5	
8	操作时间（5分）	（20）按时完成	5	
9	清场（5分）	（21）清洗用具，清理环境	5	
10	合计		100	

阿司匹林栓的制备实训技能操作考核报告

姓名：　　　　　学号：　　　　　日期：

<table>
<tr><td>题目</td><td colspan="2">阿司匹林栓的制备</td></tr>
<tr><td>处方</td><td>阿司匹林
半合成脂肪酸甘油酯
共制</td><td>6g
12g
10粒</td></tr>
<tr><td colspan="3">制备步骤：</td></tr>
<tr><td colspan="3">质量检查结果：
外观：
容量：</td></tr>
<tr><td colspan="3">结论：</td></tr>
</table>

模剂实训技能操作考核评分标准

考核项目：口腔溃疡膜剂的制备　　考核时间：60分钟

考生姓名：　　　　学号：　　　　日期：

考核教师：

序号	考核内容	考核要点	配分	得分
1	科学作风（5分）	（1）服装整洁（白服、白帽）	2	
		（2）卫生习惯（洗手、擦操作台）	2	
		（3）安静、礼貌	1	
2	器材选择与洗涤（10分）	（4）选择正确	5	
		（5）正确清洗、晾干玻璃板	5	
3	药品称取（5分）	（6）操作规范	3	
		（7）数量准确	2	
4	膜剂制备（45分）	（8）成膜材料的溶解	5	
		（9）溶解药物，轻轻搅拌下加入胶浆中	5	
		（10）静置除气泡	5	
		（11）涂脱模剂	5	
		（12）倾倒规范	5	
		（13）推杆动作熟练（连续、匀速）	10	
		（14）干燥温度调节正确、时间控制好	5	
		（15）分格合理，包装正确	5	
5	质量检查（10分）	（17）外观性状	5	
		（18）重量差异	5	
6	实训报告（15分）	（19）项目齐全，书写工整	5	
		（20）操作步骤描述规范	5	
		（21）结果正确，结论准确	5	
7	操作时间（5分）	（22）按时完成	5	
8	清场（5分）	（23）清洗用具，清理环境	5	
9		合计	100	

口腔溃疡膜剂的制备实训技能操作考核报告

姓名：　　　　　学号：　　　　　日期：

题目	口腔溃疡膜剂的制备
处方	硫酸庆大霉素　6万U 醋酸地塞米松　10mg 盐酸丁卡因　250mg 甘油　750mg 糖精钠　25mg 乙醇　适量 PVA（05-88）　15g 纯化水　加至　50ml
制备步骤：	
质量检查结果： 外观： 容量：	
结论：	

附录2　临床常见制剂品种、规格及临床应用

一、常用的液体制剂品种、规格及临床应用

名称	类别、规格、用法	临床应用
复方碘口服溶液	每1ml溶液中含碘50mg和碘化钾100mg。口服，一日1次，一次0.1~0.5ml	地方性甲状腺肿的治疗和预防
苯扎溴铵溶液	每100ml含苯扎溴铵5g。外用，使用前应稀释，即配即用。皮肤消毒使用0.1%溶液，创面黏膜消毒用0.01%溶液	用于皮肤、黏膜和小面积伤口的消毒
单糖浆	每100ml含蔗糖85g。口服，成人一次20ml，儿童一次10ml，一日3次	赋形剂和调味剂
小儿止咳糖浆	每瓶装100ml。口服，2~5岁一次5ml，2岁以下酌情递减，5岁以上一次5~10ml，一日3~4次	儿童感冒引起的咳嗽
碘甘油	每瓶20ml含碘200mg。外用，用棉签蘸取少量本品涂于患处，一日2~4次	用于口腔黏膜溃疡、牙龈炎及冠周炎
樟脑醑	每1 000ml含樟脑100g。局部外用，取适量涂搽于患处，并轻轻揉搓，一日2~3次	用于肌肉痛、关节痛及神经痛及皮肤瘙痒
胃蛋白酶合剂	每1g中含蛋白酶活力不得少于120U或1 200U。口服，一次0.2~0.4g（1∶1 200U），一日3次，饭前或饭时服	助消化药。用于胃蛋白酶缺乏或病后消化机能减退引起的消化不良症
炉甘石洗剂	每1 000ml含炉甘石150g、氧化锌50g、甘油50ml。局部外用，用时摇匀，取适量涂于患处，一日2~3次	用于急性瘙痒性皮肤病，如湿疹和痱子
鱼肝油乳	每克含鱼肝油200mg。口服。预防：成人一日15ml，分1~2次以温开水调服；治疗，成人一日35~65ml，分1~3次以温开水调服	用于预防和治疗成人维生素A和维生素D缺乏症。

二、常用的注射剂与滴眼剂制剂品种、规格及临床应用

名称	类别、规格、用法	临床应用
维生素C注射液	肌内或静脉注射，成人每次100~250mg，每日1~3次；儿童每日100~300mg，分次注射	治疗维生素C缺乏症，也可用于各种急、慢性传染性疾病及紫癜等的辅助治疗
氯化钠注射液	静脉滴注，用量视病情而定	电解质补充药
盐酸普鲁卡因注射液	浸润麻醉：0.25%~0.5%水溶液，每小时不得超过1.5g；阻滞麻醉：1%~2%水溶液，每小时不得超过1.0g；硬膜外麻醉：2%水溶液，每小时不得超过0.75g	局部麻醉药。用于浸润麻醉、阻滞麻醉、腰椎麻醉、硬膜外麻醉及封闭疗法等
葡萄糖注射液	静脉注射或滴注，用量视病情而定	营养药，维持体液平衡，能增加人体能量，具有解毒、利尿作用。其高渗溶液常用于利尿、降低颅内压及眼压、补充血糖等
静脉注射脂肪乳	成人：静脉滴注，按脂肪量计，每日最大推荐剂量为3g（甘油三酯）/kg。10%、20%脂肪乳注射液500ml的输注时间不少于5小时；30%脂肪乳注射液250ml的输注时间不少于4小时。新生儿和婴儿：10%、20%脂肪乳注射液每日使用剂量为0.5~4g（甘油三酯）/kg，输注速度不超过0.17g/（kg·h）。每天最大用量不应超过4g/kg	适用于需要高热量的患者（如肿瘤及其他恶性疾病）、肾损害患者、禁用蛋白质的患者，以及由于某种原因不能经胃肠道摄取营养的患者，以补充适当热量和必需脂肪酸
右旋糖酐注射液	静脉滴注，用量视病情而定，成人常用量一次250~500ml	血液代用液。用于治疗低血容量性休克，如外伤出血性休克

续表

名称	类别、规格、用法	临床应用
甲硝唑注射液	静脉滴注，首次剂量15mg/kg，维持量7.5mg/kg，每8小时1次；12岁以下儿童7.5mg/kg，或遵医嘱	抗厌氧菌药。用于革兰氏阳性和阴性厌氧菌感染，亦用于外科及妇产科手术后预防厌氧菌感染
注射用细胞色素C	静脉注射或滴注，一次15~30mg，视病情轻重一日1~2次，一日30~60mg。静脉注射时，加25%葡萄糖溶液20ml混匀后缓慢注射。也可用5%~10%葡萄糖溶液或0.9%氯化钠注射液稀释后静脉滴注	用于各种组织缺氧急救的辅助治疗
氯霉素滴眼液	滴入眼睑内，一次1~2滴，一日3~5次	用于沙眼、急性或慢性结膜炎、角膜炎、眼睑缘炎等
硝酸毛果芸香碱滴眼液	一次1~2滴，一日2~3次；或遵医嘱	用于治疗青光眼及作为阿托品的拮抗剂
磺胺醋酰钠滴眼液	一次1~2滴，一日2~3次；或遵医嘱	磺胺类药，用于眼部感染
醋酸可的松滴眼液（混悬液）	摇匀后滴眼，一次2~3滴，一日3~4次，症状减轻后可减少滴眼次数	用于治疗非化脓性炎症如急性或亚急性虹膜炎、角膜炎、巩膜炎、虹膜睫状体炎及葡萄膜炎等症

三、常用的浸出制剂品种、规格及临床应用

名称	类别、规格、用法	临床应用
板蓝根颗粒	工伤医保甲类非处方药感冒类药品。每袋装10g（相当于饮片14g）。用法用量：口服一次1~2袋，一日3~4次	清热解毒，凉血利咽。用于肺胃热盛所致的咽喉肿痛、口咽干燥；急性扁桃体炎见上述证候者

续表

名称	类别、规格、用法	临床应用
新复方大青叶片	处方药，为中西药复方制剂，大青叶、羌活、拳参、金银花、大黄、对乙酰氨基酚、咖啡因、异戊巴比妥、维生素C。每片重0.33g铝塑泡罩包装，每盒装24片、48片。口服，一次3~4片，一日2次	清瘟，消炎，解热。用于伤风感冒，发热头痛，鼻流清涕，骨节酸痛
双黄连口服液	非处方甲类，每支装10ml。口服，一次2支，一日3次。小儿酌减或遵医嘱	疏风解表、清热解毒。外感风热所致的感冒发热，咳嗽，咽痛
丹参片	处方药，100片/瓶。用法用量：口服，一次3~4片，一日3次，孕妇慎用	活血化瘀，清心除烦。用于瘀血闭阻所致的胸痹，症见胸部疼痛、痛处固定、舌质紫暗；冠心病心绞痛见上述证候者及心神不宁
复方丹参滴丸180丸（薄膜衣）	处方药，每丸重30mg左右，口服或舌下含服，一次10丸，一日3次，4周为一疗程或遵医嘱	活血化瘀，理气止痛。用于气滞血瘀所致的胸痹，症见胸闷、心前区刺痛；冠心病心绞痛见上述证候者
精制银翘解毒片	OTC甲类双跨，每片含对乙酰氨基酚44mg铝塑泡罩包装，每盒装24片。口服，一次3~4片，一日2次	清热散风，解表退烧。用于流行性感冒，发冷发热，四肢酸懒，头痛咳嗽，咽喉肿痛
荆防颗粒	OTC甲类、医保工伤用药，铝塑复合袋每袋15g装，开水冲服，一次1袋，一日3次	发汗解表，散风除湿。用于风寒感冒，头痛身痛，恶寒无汗，鼻塞流涕，咳嗽白痰

续表

名称	类别、规格、用法	临床应用
感冒灵颗粒	OTC甲类，铝塑复合袋每袋10g装，9袋装。每袋含对乙酰氨基酚0.2g口服，开水冲服，一次1袋，一日3次	解热镇痛。用于感冒引起的头痛，发热，四肢酸懒，鼻塞流涕，咽喉肿痛
益母草膏	每瓶装125g；每瓶装250g；每瓶装120g，口服。一次10g，一日1~2次	活血调经。用于血瘀所致的月经不调，症见经水量少
川贝枇杷膏	300ml，口服。一次9~15ml，一日2次	清肺润燥，止咳化痰。用于肺热燥咳，痰少咽干
连花清瘟胶囊	OTC甲类、基本药物、医保工伤用药，每粒重0.35g铝塑泡罩包装，每盒装24粒。口服，一次4粒，一日3次	清瘟解毒，宣肺泄火。用于流行性感冒属热毒袭肺证。症见发热或高热，恶寒，肌肉酸痛，头痛咳嗽，咽干咽痛舌偏红，苔黄或黄腻

四、常用的外用膏剂品种、规格及临床应用

名称	类别、规格、用法	临床应用
莫匹罗星软膏	甲类非处方药。5g/支。用法用量：本品应外用，局部涂于患处。必要时，患处可用敷料包扎或敷盖，每日3次，5日一疗程，必要时可重复一疗程	本品为局部外用抗生素，适用于革兰氏阳性球菌引起的皮肤感染，例如：脓疱病、疖肿、毛囊炎等原发性皮肤感染及湿疹合并感染、不超过10cm×10cm面积的浅表性创伤合并感染等继发性皮肤感染

续表

名称	类别、规格、用法	临床应用
除湿止痒软膏	处方药，为复方中成药，含蛇床子、黄连、黄柏、白鲜皮、苦参、虎杖、紫花地丁、萹蓄、茵陈、苍术、花椒、冰片等。10g/支。外用，一日3~4次，涂抹患处	清热除湿、祛风止痒。本品用于急性亚急性湿疹证属湿热或湿阻型的辅助治疗。特别适用于婴幼儿、孕妇、哺乳期妇女皮肤病（湿疹等特异性皮炎）的治疗
竹红菌素软膏	处方药，为复方中成药，含竹红菌的乙醇提取物，竹红菌甲素。每盒一支，10g/支。外用，涂于患处，并进行光照30分钟，一日1次	调节机体局部组织代谢机能，促进病灶肤色和细胞组织及特性的恢复。竹红菌素软膏用于外阴白色病变，疤痕疙瘩，外阴瘙痒及外阴炎
鬼臼毒素软膏	处方药，规格5g∶25mg。用法用量：①用药前用温水，肥皂洗净并擦干患处。②给药量与用药范围以涂布疣体为准，涂药后略加摩擦使药物渗入疣体内，尽量避免接触正常皮肤与黏膜。③每日用药2次，连续3日，观察4日为一疗程，连续不超过三个疗程	用于男、女外生殖器及肛门周围部位的尖锐湿疣
硫软膏	乙类非处方药，每盒15g/支，外用，涂于洗净的患处，一日1~2次，用于疥疮，将药膏涂于颈部以下的全身皮肤，尤其是皮肤褶皱处，每晚1次，3日为一疗程，换洗衣服、洗澡，需要时停用3日，再开始第二个疗程	用于疥疮、头癣、痤疮、脂溢性皮炎、酒渣鼻、单纯糠疹、慢性湿疹
复方鱼肝油氧化锌软膏	乙类非处方药，每盒10g/支。外用，涂患处，一日2~3次	用于急慢性皮炎、湿疹、冻疮、轻度烧伤、烫伤等

续表

名称	类别、规格、用法	临床应用
红霉素眼膏	OTC甲类，每支2g∶10mg，涂于眼睑内，一日2~3次，最后一次宜在睡前使用	用于沙眼、结膜炎、睑缘炎及眼外部感染
盐酸金霉素眼膏	OTC甲类，0.5% 2.5g/支。涂于眼睑内，一日1~2次，最后一次宜在睡前使用	用于细菌性结膜炎、睑腺炎及细菌性眼睑炎。也用于治疗沙眼
甲硝唑凝胶	OTC甲类，20g∶0.15g/盒，局部外用。清洗患处后，取适量本品涂于患处，每日早晚各1次。酒渣鼻红斑以2周为一疗程，连用8周；炎症性丘疹、脓疱以4周为一疗程	用于炎症性丘疹、脓疱疮、酒渣鼻红斑的局部治疗
糠酸莫米松凝胶	处方药，铝管包装，每支5g，每盒1支。局部外用。取本品适量涂于患处，每日1次	本品用于湿疹、神经性皮炎、异位性皮炎及皮肤瘙痒症
小儿清热宣肺贴膏	处方药、中成药，6cm×8cm×6贴/盒。外用，贴敷于膻中（胸部正中线平第四肋间隙处，约当两乳头连线之中点）及对应的背部。 （1）儿童：六个月至三岁，每次前后各一贴，3岁以上至7岁，每次前后各两贴。 （2）成人：一日一次，每晚睡前贴敷，贴敷12小时后取下	清热宣肺，止咳化痰，活血通络，用于风温肺热病热在肺卫证，症见咳嗽，咯痰或伴鼻塞，流涕，低热等，也可用于缓解小儿急性支气管炎所致的上述症状

五、常用的散剂、颗粒剂、胶囊剂品种、规格及临床应用

名称	类别、规格、用法用量	临床应用
冰硼散	类别：中成药，处方药 规格：每袋装5g 用法用量：吹敷患处，每次少量，一日数次	清热解毒，消肿止痛。用于热毒蕴结所致的咽喉疼痛、牙龈肿痛、口舌生疮

续表

名称	类别、规格、用法用量	临床应用
布拉氏酵母菌散	类别：益生菌类，处方药。 规格：0.25g×6袋/盒。 用法用量：温水中混合均匀口服。成人：每次2袋，每天2次；三岁以上儿童：每次1袋，每天2次；三岁以下儿童：每次1袋，每天1次	用于治疗成人和儿童腹泻，及肠道菌群失调所引起的腹泻症状
头孢克肟颗粒	类别：抗生素类，处方药。 规格：50mg×6袋/盒。 用法用量：口服，成人和体重30kg以上的儿童一次50~100mg（1~2袋），一日2次。儿童一次1.5~3mg/kg，一日2次	主要适用于敏感菌所致的下列疾病：①支气管炎、支气管扩张症（感染时），慢性呼吸系统感染疾病的继发感染，肺炎；②肾盂肾炎、膀胱炎、淋球菌性尿道炎；③胆囊炎、胆管炎；④猩红热；⑤中耳炎、副鼻窦炎
利巴韦林颗粒	类别：抗病毒药，甲类非处方药。 规格：50mg×18袋/盒。 用法用量：用开水溶解后口服。①病毒性上呼吸道感染：成人一次0.15g，一日3次，连用7日。②皮肤疱疹病毒感染：成人一次0.3g，一日3~4次，连用7日	适用于呼吸道合胞病毒引起的病毒性肺炎与支气管炎，皮肤疱疹病毒感染
复方锌布颗粒	类别：感冒药，甲类非处方药。 规格：每包含葡萄糖酸锌0.1g，布洛芬0.15g，马来酸氯苯那敏2mg。 用法用量：口服。3~5岁儿童，一次半包；6~14岁儿童，一次1包；成人，一次2包，一日3次	用于缓解普通感冒或流行性感冒引起的发热、头痛、四肢酸痛、鼻塞、流涕、打喷嚏等症状

续表

名称	类别、规格、用法用量	临床应用
氟桂利嗪胶囊（西比灵）	类别：影响脑血管、脑代谢药，乙类非处方药。 规格：5mg×20片/盒。 用法用量：①包括椎基地底动脉供血不全在内的中枢性眩晕及外周性眩晕，每日10~20mg；②特发性耳鸣者，10mg，每晚1次；③间歇性跛行，每日10~20mg；④偏头痛预防，5~10mg，每日2次；⑤脑动脉硬化，脑梗死恢复期，每日5~10mg	①典型（有先兆）或非典型（无先兆）偏头痛的预防性治疗；②由前庭功能紊乱引起的眩晕的对症治疗
氨咖黄敏胶囊	类别：解热镇痛抗炎药，乙类非处方药 规格：0.25g×10粒×2板 用法用量：口服。成人，一次1~2粒，一日3次	适用于缓解普通感冒及流行性感冒引起的发热、头痛、四肢酸痛、打喷嚏、流鼻涕、鼻塞、咽痛等症状
脑心通胶囊	类别：预防心绞痛药，乙类非处方药 规格：0.4g×36/盒 用法用量：口服。一次2~4粒，一日3次	益气活血、化瘀通络。用于气虚血滞、脉络瘀阻所致中风中经络，半身不遂、肢体麻木、口眼㖞斜、舌强语謇及胸痹所致胸痛、胸闷、心悸、气短；脑梗死、冠心病绞痛属上述证候者

六、常用的片剂品种、规格及临床应用

名称	类别、规格、用法	临床应用
乙酰螺旋霉素片	处方药、医保工伤用药，抗生素类。每袋装10g（相当于饮片14g）。用法用量：口服，一次1~2袋，一日3~4次	适用于敏感葡萄球菌、链球菌属和肺炎链球菌所致的轻、中度感染，如咽炎、扁桃体炎、鼻窦炎、中耳炎、牙周炎、急性支气管炎、慢性支气管炎急性发作、肺炎、非淋菌性尿道炎、皮肤软组织感染，亦可用于隐孢子虫病、或作为治疗妊娠期妇女弓形体病的选用药物
盐酸二甲双胍片	工伤医保甲类双跨，降血糖药。规格：0.25g。用法用量：口服成人开始一次0.25g，一日2~3次，以后根据疗效逐渐加量，一般每日量1~1.5g，最多每日不超过2g。餐中或餐后即刻服用，可减轻胃肠道反应	用于单纯饮食控制不满意的2型糖尿病患者，尤其是肥胖和伴高胰岛素血症者，用本药不但有降血糖作用，还可能有减轻体重和高胰岛素血症的效果。对某些磺酰脲类疗效差的患者可奏效，如与磺酰脲类、小肠糖苷酶抑制剂或噻唑烷二酮类降血糖药合用，较分别单用的效果更好。亦可用于胰岛素治疗的患者，以减少胰岛素用量

续表

名称	类别、规格、用法	临床应用
健胃消食片	非处方药。规格：每片重①0.8g或②0.5g。用法用量：口服，可以咀嚼。规格①一次3片，一日3次。规格②成人一次4~6片，儿童2~4岁一次2片，5~8岁一次3片，9~14岁一次4片；一日3次。小儿酌减	健胃消食。用于脾胃虚弱所致的食积，症见不思饮食，嗳腐酸臭，脘腹胀满；消化不良
维生素B_2片	OTC乙类、基本药物、医保工伤用药。规格：5mg。用法用量：口服。成人一次1~2片，一日3次	用于预防和治疗维生素B_2缺乏症，如口角炎、唇干裂、舌炎、阴囊炎、结膜炎、脂溢性皮炎等
复方草珊瑚含片	非处方药。规格：每片重0.44g（小片）；1.0g（大片）。用法用量：含服，一次2片（小片），每隔2小时1次，一日6次；或一次1片（大片），每隔2小时1次，一日5~6次	疏风清热，消肿止痛，清利咽喉。用于外感风热所致的喉痹，症见咽喉肿痛、声哑失音；急性咽喉炎见上述证候者
维生素C泡腾片	乙类非处方药。规格：1g（每片含维生素C 1.0g）。用法用量：用冷水或温开水溶解后服用，溶解后成为一杯鲜甜味美的饮品。成人一日1片，儿童一日半片	增强机体抵抗力，用于预防和治疗各种急、慢性传染性疾病或其他疾病；用于病后恢复期，创伤愈合期及过敏性疾病的辅助治疗；用于预防和治疗坏血病
硝苯地平缓释片	处方药、基本药物、医保工伤用药。规格：20mg。用法用量：口服，每日1次，初始计量每次20mg。根据病情，并在医师指导下可增加至每40~60mg。本品服用时不能咀嚼或掰碎服用	各种类型的高血压及心绞痛

七、常用的其他制剂品种、规格及临床应用

名称	类别、规格、特点	临床应用
对乙酰氨基酚栓	0.3g；经直肠吸收入血，全身作用	用于小儿普通感冒或流行性感冒引起的发热、疼痛等
痔疮栓	每粒重2g（含芒硝46mg）；直肠给药，局部作用	用于内痔、外痔、混合痔等出现的便血、肿胀、疼痛
氧氟沙星栓	0.1g；阴道给药，局部作用	用于治疗细菌性阴道炎、淋菌性宫颈炎，衣原体、支原体感染以及混合感染
甲硝唑栓	0.5g；阴道给药，局部作用	用于治疗滴虫性阴道炎、真菌性阴道炎、细菌性阴道炎和老年性阴道炎
附子理中丸	水蜜丸；大蜜丸，每丸重9g	温中健脾。用于脾胃虚寒，脘腹冷痛，呕吐泄泻，手足不温
逍遥丸	水丸；大蜜丸，每丸重9g	疏肝健脾，养血调经。用于肝郁脾虚所致的郁闷不舒，胸胁胀痛，头晕目眩，食欲减退，月经不调
定坤丹	大蜜丸每丸重10.8g口服。 一次半丸至1丸，一日2次。	滋补气血，调经舒郁。用于气血两虚、气滞血瘀所致的月经不调、行经腹痛、崩漏下血、赤白带下、血晕血脱、产后诸虚、骨蒸潮热

续表

名称	类别、规格、特点	临床应用
参附强心丸	水蜜丸每10丸重0.9g口服。 水蜜丸一次5.4g，一日2~3次。	益气助阳，强心利水。用于慢性心力衰竭而引起的心悸、气短、胸闷喘促、面肢浮肿等症，属于心肾阳衰者。
柴胡滴丸	薄膜衣滴丸：每袋装0.551g	解表退热。用于外感发热，症见身热面赤、头痛身楚、口干而渴
复方丹参滴丸	薄膜衣滴丸每丸重27mg	气滞血瘀所致的胸痹，症见胸闷、心前区刺痛；冠心病心绞痛见上述症候者
止咳川贝枇杷滴丸	每丸重30mg口服或含服。 一次3~6丸，一日3次	清热化痰止咳。用于感冒、支气管炎属痰热阻肺证，症见咳嗽、痰黏或黄
复方丹参喷雾剂	①每瓶装8ml；②每瓶装10ml口腔喷射，吸入。一次喷1~2下，一日3次；或遵医嘱。	活血化瘀，理气止痛。用于气滞血瘀所致的胸痹，症见胸闷、心前区刺痛；冠心病心绞痛见上述证候者
复方庆大霉素膜	每片（10cm×10cm）含硫酸庆大霉素500U	适用于复发性口疮、创伤性口腔溃疡
沙丁胺醇气雾剂	每瓶14g，含沙丁胺醇28mg；肺部吸入	用于预防和治疗支气管哮喘
云南白药气雾剂	每瓶重50g；外用，喷于伤患处	活血散瘀，消肿止痛。用于跌打损伤，瘀血肿痛，肌肉酸痛及风湿疼痛

续表

名称	类别、规格、特点	临床应用
麝香祛痛气雾剂	每瓶内容物重72g含药液56ml外用。喷涂患处，按摩5~10分钟至患处发热；一日2~3次；软组织扭伤严重或有出血者，将药液喷湿的棉垫敷于患处	活血祛瘀，舒经活络，消肿止痛。用于各种跌打损伤，瘀血肿痛，风湿瘀阻，关节疼痛

八、常用的新剂型品种、规格及临床应用

名称	类别、规格、用法	临床应用
硝苯地平缓释片（Ⅰ）	处方药。10mg/片。用法用量：口服，一次10~20mg，一日2次	本品用于各种类型的高血压及心绞痛
硝苯地平缓释片（Ⅱ）	处方药。20mg/片。用法用量：口服，一日1次，初始剂量每次20mg（1片）	本品用于治疗高血压、心绞痛
琥珀酸美托洛尔缓释片	处方药。475mg/片。口服，一日1次，最好在早晨服用或遵医嘱	本品适用于高血压、心绞痛。伴有左心室收缩功能异常的症状稳定的慢性心力衰竭
洛索洛芬钠贴剂	处方药。50mg×3贴。用法用量：一日1次，贴于患处或遵医嘱	用于骨关节炎，肌肉痛，外伤导致肿胀疼痛的消炎和镇痛
妥洛特罗贴剂	处方药，0.5mg/贴，一日1次，以妥洛特罗计算成人为2mg，儿童0.5~3岁以下为0.5mg，3~9岁以下为1mg，9岁以上为2mg，粘贴于胸部、背部及上臂部均可	用于缓解支气管哮喘、急性支气管炎、慢性支气管炎、肺气肿等气道阻塞性疾病所致的呼吸困难等症状
盐酸曲马多缓释片（胶囊）	0.1g本品用量视疼痛程度而定。一般成人及14岁以上中度疼痛的患者，单剂量为50~100mg。体重不低于25kg的1岁以上儿童的服用剂量为1~2mg/kg，本品最低剂量为50mg（1/2片）。每日最高剂量通常不超过400mg。治疗癌性痛时也可考虑使用相对的大剂量	中度至重度疼痛

续表

名称	类别、规格、用法	临床应用
雌二醇缓释透皮贴片	贴于清洁干燥、无外伤的下腹部或臀部皮肤。每周1片，连用3周，停止1周。并于使用贴片的最后5日加用醋酸甲孕酮4mg每日1次连续5日。贴片的部位应经常更换，同一部位皮肤不宜连续贴两次，不可贴于乳房部位	本品适用于各种原因引起的雌激素缺乏所致的下述症状：潮热、出汗、睡眠障碍、头晕、生殖器萎缩、萎缩性阴道炎、阴道干涩等
盐酸多柔比星脂质体注射液	注射剂10ml∶20mg	艾滋病、卡波西肉瘤，一线全身化疗药物
前列地尔注射液	脂微球靶向制剂1ml∶5μg 成人一日1次，1~2ml+10ml生理盐水（或5%的葡萄糖）静脉注射	慢性动脉闭塞症引起的四肢溃疡及微小血管循环障碍引起的四肢静息疼痛，改善心脑血管微循环障碍，脏器移植后抗栓治疗
注射用两性霉素B脂质体	2mg（2 000U） 起始剂量：0.1mg/（kg·d）如无毒副反应，第2日开始剂量增加0.25~0.50mg/（kg·d），剂量逐日递增至1~3mg/(kg·d)。输液浓度≤0.15mg/ml为宜；总剂量为1~5g	适用于系统性真菌感染者；病情呈进行性发展或其他抗真菌药治疗无效者，如败血症、心内膜炎、脑膜炎（隐球菌及其他真菌）、腹腔感染（包括与透析相关者）、肺部感染、尿路感染等
依维莫司	靶向制剂片剂5mg、10mg 遵医嘱使用	预防肾移植和心脏移植手术后的排斥反应。其作用机制主要包括免疫抑制作用、抗肿瘤作用、抗病毒作用、血管保护作用。常与环孢素等其他免疫抑制剂联合使用以降低毒性

续表

名称	类别、规格、用法	临床应用
奥拉帕尼胶囊	靶向制剂（多聚ADP核糖聚合酶抑制剂） 50mg推荐剂量是每天两次400mg	乳腺癌和卵巢癌的治疗
重组人白介素-2	生物技术制剂冻干粉针剂 20万U/每支	用于肾细胞癌、黑色素瘤、乳腺癌、膀胱癌、肝癌、直肠癌、淋巴癌、肺癌等恶性肿瘤的治疗，用于癌性胸腹水的控制，也可以用于淋巴因子激活的杀伤细胞的培养。手术、放疗及化疗后的肿瘤患者的治疗，可增强机体免疫功能。先天或后天免疫缺陷症的治疗，提高患者细胞免疫功能和抗感染能力。各种自身免疫病的治疗，如类风湿性关节炎、系统性红斑狼疮、干燥综合征等。对某些病毒性、杆菌性疾病、胞内寄生菌感染性疾病，如乙型肝炎、麻风病、肺结核、白念珠菌感染等具有一定的治疗作用

药物制剂技术课程标准

（供制药技术应用专业用）

一、课程性质

药物制剂技术是中等卫生职业教育制药技术专业一门重要的专业技能方向课程。本课程的主要内容是药物制剂的制备理论、制备方法、生产技术、质量控制等。本课程的任务是使学生具备从事药物制剂工作所必需的基础知识和基本技能，为今后从事药物制剂相关工作、学习高职及本科相关专业知识奠定良好基础。本课程的先修课程包括公共基础课、专业核心课，如基础化学、实用医学基础、药事法规等，同步和后续课程包括药物学、药物制剂设备等。

二、课程目标

通过本课程的学习，学生能够达到下列要求。

（一）职业素养目标

具有良好的药学职业道德，从事药物制剂工作所应有的职业素质以及科学严谨的工作态度和工作作风，诚实守信，能自觉遵守医药行业法规、规范和企业规章制度，牢固树立质量意识，严格遵守岗位规范和生产流程。

（二）专业知识和技能目标

1. 掌握常用剂型的概念、特点、分类、质量要求，主要剂型的生产工艺流程和生产技术要求。

2. 熟悉药物制剂的基本配制理论，剂型常用辅料的作用及在剂型中的应用，药物制剂稳定性的影响因素。

3. 了解新剂型、新技术的相关理论基础，制药设备的结构。

4. 熟练掌握常用剂型的常规生产技术，制剂生产中的基本单元操作及药物制剂的质量控制等基本知识，常用剂型制备方法和操作技能。

5. 学会正确操作和使用常用衡器、量器、常用制剂设备，学会重点设备的操作、调试、保养的知识和技能。

三、教学时间分配

教学内容	学时		
	理论	实践	合计
项目一　绪论	4	2	6
项目二　药物制剂的基本操作	8	2	10
项目三　表面活性剂	4	0	4
项目四　液体制剂	10	10	20
项目五　注射剂与眼用液体药剂	14	16	30
项目六　浸出制剂	6	6	12
项目七　外用膏剂	4	4	8
项目八　散剂、颗粒剂与胶囊剂	4	6	10
项目九　片剂	12	10	22
项目十　其他剂型	6	6	12
项目十一　药物制剂新技术与新剂型	4	0	4
项目十二　药物制剂的稳定性	4	2	6
机动	0	0	0
合计	80	64	144

四、课程内容和要求

单元	教学内容	教学要求	教学活动参考	参考学时	
				理论	实践
项目一 绪论	（一）认识药物制剂技术		理论讲授	4	
	1. 药物制剂及相关术语	掌握	案例教学		
	2. 药物制剂的重要性与分类	熟悉	角色扮演		
	（二）药物制剂的发展与任务	了解	情境教学		
	1. 药物制剂的发展		教学录像		
	2. 药物制剂的任务		教学见习		
	（三）药品标准				
	1.《中华人民共和国药典》	掌握	微课		

续表

单元	教学内容	教学要求	教学活动参考	参考学时	
				理论	实践
项目一绪论	2. 其他药品标准				
	3. 外国药典	了解			
	（四）认识处方	熟悉			
	（五）认识《药品生产质量管理规范》				
	1.《药品生产质量管理规范》概述				
	2. 我国《药品生产质量管理规范》的实施进展和认证制度				
	3.《药品生产质量管理规范》的主要内容				
	（六）认识和了解社会药房				
	1. 社会药房的性质、特点				
	2. 社会药房的经营				
	3. 社会药房的管理				
	实训1-1　学习查阅《中国药典》的方法	熟练掌握	技能实践		2
项目二药物制剂的基本操作	（一）固体制剂的基本操作	掌握	理论讲授 案例教学 情境教学 教学录像	8	
	1. 称量				
	2. 粉碎				
	3. 过筛				
	4. 混合				
	（二）液体制剂的基本操作	熟悉			
	1. 固体物质的溶解				
	2. 药液的滤过				
	（三）制药用水的生产技术	掌握	制水微课 无菌操作视频		
	1. 制药用水的含义				
	2. 制药用水的种类				
	3. 制药用水的质量要求				
	4. 制药用水的制备				
	（四）药物制剂洁净技术	掌握			
	1. 灭菌法				

续表

单元	教学内容	教学要求	教学活动参考	参考学时	
				理论	实践
项目二药物制剂的基本操作	2. 无菌操作法				
	3. 空气净化技术				
	实训2-1　称量操作、溶解操作、过滤操作的基本技能练习	熟练掌握	技能实践		2
项目三表面活性剂	（一）认识表面现象与表面活性剂		理论讲授	4	
	1. 表面现象	了解	案例教学		
	2. 表面活性剂的含义	掌握	角色扮演		
	3. 表面活性剂的分类		情境教学		
	4. 表面活性剂的基本特性	熟悉	教学录像		
	5. 表面活性剂的生物学性质				
	（二）表面活性剂的应用	掌握			
	1. 增溶				
	2. 乳化				
	3. 润湿				
	4. 其他				
项目四液体制剂	（一）概述液体制剂		理论讲授	10	
	1. 认识液体制剂	熟悉	案例教学		
	2. 液体制剂的分类	掌握	角色扮演		
	（二）液体制剂的溶剂和附加剂		情境教学		
	1. 液体制剂常用溶剂	熟悉	教学录像		
	2. 液体制剂常用附加剂	掌握	教学见习		
	（三）溶液型液体制剂	掌握			
	1. 认识溶液型液体制剂		微课		
	2. 常用的溶液型液体制剂				
	（四）高分子溶液剂		视频		
	1. 认识高分子溶液剂	熟悉			
	2. 高分子溶液的性质	掌握			
	3. 高分子溶液的制备				

续表

单元	教学内容	教学要求	教学活动参考	参考学时	
				理论	实践
项目四 液体制剂	（五）溶胶剂	熟悉			
	1. 认识溶胶剂	掌握			
	2. 溶胶的性质				
	3. 溶胶剂的制备	掌握			
	（六）混悬剂				
	1. 认识混悬剂				
	2. 混悬剂的稳定性				
	3. 混悬剂的稳定剂	熟悉			
	4. 混悬剂的制备				
	5. 混悬剂的质量评定	掌握			
	（七）乳剂				
	1. 认识乳剂				
	2. 乳化剂	熟悉			
	3. 乳剂的稳定性				
	4. 乳剂的制备				
	5. 乳剂的质量评定				
	（八）按给药途径与应用方法分类的液体制剂				
	1. 口服液体制剂				
	2. 含漱剂	掌握			
	3. 洗剂				
	4. 搽剂	熟悉			
	5. 涂剂				
	6. 滴耳剂与洗耳剂	了解			
	7. 滴鼻剂与洗鼻剂				
	8. 灌肠剂				
	（九）液体制剂的包装与贮存				
	1. 液体制剂的包装				
	2. 液体制剂的贮存				
	实训4-1　溶液型液体制剂的制备	熟练掌握	技能实践		10

续表

单元	教学内容	教学要求	教学活动参考	参考学时	
				理论	实践
项目四液体制剂	实训4-2　高分子溶液剂的制备 实训4-3　混悬剂的制备 实训4-4　乳剂的制备 实训4-5　按给药途径与应用方法分类的液体制剂的制备	学会			
项目五注射剂与眼用液体制剂	（一）认识注射剂		理论讲授 案例教学 角色扮演 情境教学 教学录像 教学见习 注射剂工艺流程 虚拟仿真	14	
	1. 注射剂的概念与特点 2. 注射剂的分类与给药途径 3. 注射剂的质量要求	熟悉			
	（二）热原				
	1. 热原的概念、组成与性质 2. 污染热原的途径 3. 除去热原的方法	熟悉			
	4. 检查热原的方法	了解			
	（三）注射剂的溶剂与附加剂 1. 注射剂的溶剂 2. 注射剂的附加剂	了解			
	（四）注射剂的制备与实例分析 1. 注射剂的生产工艺流程 2. 注射剂的容器与处理方法 3. 注射液的配制 4. 注射液的滤过 5. 注射液的灌封 6. 注射剂的灭菌和检漏 7. 注射剂的质量检查 8. 注射剂的印字与包装 9. 实例分析	掌握			

续表

单元	教学内容	教学要求	教学活动参考	参考学时	
				理论	实践
项目五 注射剂与眼用液体制剂	（五）输液剂	熟悉			
	1. 概述				
	2. 输液剂的制备				
	3. 输液剂生产中存在的问题及解决方法				
	4. 输液剂质量检查				
	（六）注射用无菌粉末	掌握			
	1. 概述				
	2. 注射用无菌粉末的制备				
	3. 实例分析				
	（七）眼用液体制剂				
	1. 概述	熟悉			
	2. 滴眼剂中药物的吸收				
	3. 滴眼剂的附加剂				
	4. 滴眼剂的制备	掌握			
	5. 实例分析				
	实训5-1　微孔滤膜、垂熔滤球使用前处理方法	熟练掌握	技能实践		16
	实训5-2　热原的检查	学会	仿真视频		
	实训5-3　安瓿剂维生素C注射液的制备				
	实训5-4　10%葡萄糖注射液的制备				
	实训5-5　滴眼剂的制备				
项目六 浸出制剂	（一）认识浸出药剂	掌握	理论讲授	6	
	1. 浸出制剂的概念		案例教学		
	2. 浸出制剂的分类		角色扮演		
	3. 浸出制剂的特点		情境教学		
	（二）浸出制剂的制备		教学录像		
	1. 中药材的预处理	熟悉	教学见习		
	2. 浸出溶剂的选择		视频		
	3. 常用的浸出方法		微课		

续表

单元	教学内容	教学要求	教学活动参考	参考学时	
				理论	实践
项目六浸出制剂	4. 浸出液的浓缩与干燥	了解			
	（三）常用浸出制剂	熟悉			
	1. 汤剂				
	2. 中药口服液				
	3. 酒剂				
	4. 酊剂				
	5. 流浸膏剂				
	6. 浸膏剂				
	7. 煎膏剂				
	（四）浸出药剂的质量控制	了解			
	1. 药材的来源、品种与规格				
	2. 制法规范				
	3. 理化标准				
	4. 卫生学标准				
	实训6-1　浸出制剂的制备	熟练掌握	技能实践		4
项目七软膏剂	（一）认识软膏剂	熟悉	理论讲授	4	
	1. 软膏剂的含义、特点与分类		案例教学		
	2. 软膏剂的质量要求		角色扮演		
	（二）软膏剂的基质	掌握	情境教学		
	1. 软膏基质的选择		教学录像		
	2. 软膏基质分类		教学见习		
	（三）软膏剂的制备与实例分析	掌握			
	1. 基质的处理				
	2. 药物加入方法		微课		
	3. 制备方法与设备				
	4. 实例分析		视频		
	（四）软膏剂的质量检查与包装	了解			
	1. 质量检查				
	2. 包装与贮存				

续表

单元	教学内容	教学要求	教学活动参考	参考学时	
				理论	实践
项目七 软膏剂	（五）眼膏剂	了解			
	1. 概述				
	2. 眼膏剂的基质				
	3. 眼膏剂的制备与实例分析				
	4. 眼膏剂的质量检查				
	（六）凝胶剂	熟悉			
	1. 概述				
	2. 水性凝胶基质				
	3. 水性凝胶剂的制备				
	4. 凝胶剂的质量检查				
	（七）贴膏剂	了解			
	1. 概述				
	2. 橡胶膏剂的制备				
	3. 贴膏剂的质量检查与贮存				
	实训7-1　软膏剂的制备	熟练掌握	技能实践		4
项目八 散剂、颗粒剂与胶囊剂	（一）散剂		理论讲授	4	
	1. 认识散剂	熟悉	案例教学		
	2. 散剂的制备		角色扮演		
	3. 散剂的质量检查、包装与贮存	了解	情境教学		
	（二）颗粒剂		教学录像		
	1. 认识颗粒剂	熟悉	教学见习		
	2. 颗粒剂的制备		微课		
	3. 颗粒剂的质量检查、包装与贮存	了解	视频		
	（三）胶囊剂	掌握			
	1. 认识胶囊剂				
	2. 胶囊剂的制备				
	3. 胶囊剂的质量检查、包装与贮存				
	实训8-1　散剂的制备	熟练	技能实践		6
	实训8-2　颗粒剂的制备	掌握	仿真		
	实训8-3　胶囊剂的制备				

续表

单元	教学内容	教学要求	教学活动参考	参考学时	
				理论	实践
项目九 片剂	（一）认识片剂	熟悉	理论讲授	10	
	1. 片剂的概念和特点		案例教学		
	2. 片剂的分类和质量要求		角色扮演		
	（二）片剂的辅料	掌握	情境教学		
	1. 辅料的作用		教学录像		
	2. 辅料的分类和常用辅料		教学见习		
	（三）片剂的制备与举例		仿真		
	1. 湿法制粒压片	掌握	微课		
	2. 干法制粒压片		视频		
	3. 直接压片法				
	4. 中药片剂的制备				
	5. 片剂制备过程中可能出现的问题和解决方法	熟悉			
	（四）片剂的包衣				
	1. 概述	熟悉			
	2. 包衣方法与设备				
	3. 包衣材料与包衣过程				
	（五）片剂的质量检查				
	1. 外观性状	了解			
	2. 重量差异				
	3. 硬度与脆碎度				
	4. 崩解时限				
	5. 含量均匀度				
	6. 溶出度测定				
	7. 释放度测定				
	8. 发泡量				
	9. 分散均匀性				
	10. 微生物限度				

续表

单元	教学内容	教学要求	教学活动参考	参考学时	
				理论	实践
项目九 片剂	（六）片剂的包装与贮藏	了解			
	1. 片剂的包装				
	2. 片剂的贮存				
	（七）实例分析	熟悉			
	1. 性质稳定易成型药物的片剂				
	2. 不稳定药物的片剂				
	3. 小剂量药物的片剂				
	4. 中药片剂				
	5. 肠溶衣片剂				
	实训9-1　单冲压片机的使用	熟练掌握	技能实践 仿真		10
	实训9-2　片剂的制备				
	实训9-3　参观药厂片剂车间				
项目十 其他剂型	（一）栓剂		理论讲授 案例教学 角色扮演 情境教学 教学录像 微课 视频	6	
	1. 认识栓剂	掌握			
	2. 栓剂的基质与附加剂	了解			
	3. 栓剂的制备与举例				
	4. 栓剂的质量检查	熟悉			
	（二）丸剂				
	1. 中药丸剂				
	2. 滴丸剂				
	3. 丸剂的质量控制				
	4. 丸剂的包装与贮存	掌握			
	（三）膜剂				
	1. 认识膜剂				
	2. 膜剂的成膜材料	熟悉			
	3. 膜剂的制备与举例				
	（四）气雾剂、粉雾剂与喷雾剂				

续表

单元	教学内容	教学要求	教学活动参考	参考学时	
				理论	实践
项目十其他剂型	1. 气雾剂 2. 吸入粉雾剂 3. 喷雾剂	熟悉			
	实训10-1　栓剂的制备 实训10-2　中药丸剂的制备 实训10-3　膜剂的制备	学会	技能实践 仿真		6
项目十一药物制剂新技术与新剂型	（一）缓释与控释制剂 1. 概述 2. 口服缓释与控释制剂 3. 靶向制剂 4. 经皮吸收制剂	熟悉	理论讲授 案例教学 角色扮演 情境教学 教学录像	4	
	（二）药物制剂新技术 1. 固体分散技术 2. 包合技术 3. 微囊和微球的制备技术 4. 纳米囊和纳米球的制备技术 5. 纳米乳和亚纳米乳的制备技术 6. 脂质体的制备技术 （三）生物技术药物制剂 1. 概述 2. 蛋白类药物制剂研究特点	了解	教学见习		
项目十二药物制剂的稳定性	（一）概述 1. 研究药物制剂稳定性的意义 2. 药物制剂稳定性研究的范围 3. 考察药物制剂稳定性的主要项目 （二）影响药物制剂稳定性的主要因素及稳定性方法 1. 制剂中药物的化学降解途径 2. 影响药物制剂稳定性的处方因素及稳定化方法	掌握	理论讲授 案例教学 角色扮演 情境教学 教学录像 教学见习	4	

续表

单元	教学内容	教学要求	教学活动参考	参考学时	
				理论	实践
项目十二药物制剂的稳定性	3. 影响药物制剂稳定性的外界因素及稳定化方法				
	4. 药物制剂稳定化的其他方法				
	（三）药物制剂的配伍变化				
	1. 概述				
	2. 物理和化学的配伍变化				
	3. 配伍变化的处理原则与方法				
	4. 实例分析	熟悉			
		掌握			
	实训12-1 药物制剂的配伍变化	学会	技能实践		2

五、课程标准说明

（一）教学安排

本课程标准主要供中等卫生职业教育制药技术应用专业教学使用，总学时为144学时，其中理论教学80学时，实践教学64学时。各学校根据专业培养目标和教学实践条件，可适当调整学时。

（二）教学要求

1. 本课程对理论部分教学要求分为掌握、熟悉、了解3个层次。掌握指对基本知识、基本理论有较深刻的认识，并能综合、灵活地运用所学的知识解决实际问题。熟悉指能够领会概念、原理的基本含义，解释现象。了解指对基本知识、基本理论能有一定的认识，能够记忆所学的知识要点。

2. 本课程重点突出以岗位胜任力为导向的教学理念，在实践技能方面分为熟练掌握和学会2个层次。熟练掌握指能独立、规范地解决药物制剂制备过程中遇到的常见问题，完成常规制剂生产操作及质量检查。学会指在教师的指导下能初步实施药物制剂的配制操作，会使用常用制剂设备与保养。

（三）教学建议

1. 本课程依据药物制剂技术岗位的工作任务、职业能力要求，强化理论实践一体化，突出“做中学、做中教”的职业教育特色，根据培养目标、教学内容和学生的学习特点以及职业资格考核要求，提倡项目教学、案例教学、任务教学、角色扮演、情境教学等方法，利用校内外实训基地，将学生的自主学习、合作学习和教师引导教学等教学组织形式有机结合。

2. 教学过程中，可通过测验、观察记录、技能考核和理论考试等多种形式对学生的职业素养、专业知识和技能进行综合考评。应体现评价主体的多元化，评价过程的多元化，评价方式的多元化。评价内容不仅关注学生对知识的理解和技能的掌握，更要关注知识在药物制剂实践中运用与解决实际问题的能力水平，重视中职药物制剂职业素质的形成。

药物制剂技术课程标准

（供药剂专业用）

一、课程性质

药物制剂技术是中等卫生职业教育药剂专业一门重要的专业技能方向课程。本课程的主要内容是讲授药物制剂的制备理论、制备方法、生产技术、质量控制等。本课程的任务是使学生具备从事药剂工作所必需的基本知识和基本技能，为今后从事药剂相关工作、学习高职及本科相关专业知识奠定良好基础。本课程的先修课程包括公共基础课、专业核心课如医学基础、药事法规等，同步和后续课程包括药理学等。

二、课程目标

通过本课程的学习，学生能够达到下列要求。

（一）职业素养目标

具有良好的药学职业道德，从事药剂工作所应有的职业素质以及科学严谨的工作态度和工作作风，诚实守信，能自觉遵守医药行业法规、规范和企业规章制度，牢固树立质量意识，严格遵守岗位规范和生产流程。

（二）专业知识和技能目标

1. 掌握常用剂型的概念、特点、分类、质量要求。

2. 熟悉常用制剂的生产工艺流程和生产技术要求，常用药物制剂的配制理论，常用辅料的作用及在剂型中的应用，药物制剂稳定性的影响因素。

3. 了解新剂型、新技术的相关理论基础。

4. 熟练掌握药物制剂配制的生产技术及基本单元操作及药物制剂的质量控制等基本知识，常用制剂的制备方法和操作要点。

5. 学会使用常见的衡器、量器机制设备，能制备常用制剂。

三、教学时间分配

教学内容	学时		
	理论	实践	合计
项目一　绪论	2	2	4
项目二　药物制剂的基本操作	4	2	6

续表

教学内容	学时		
	理论	实践	合计
项目三　表面活性剂	2	0	2
项目四　液体制剂	4	4	8
项目五　注射剂与眼用液体药剂	6	6	12
项目六　浸出制剂	4	2	6
项目七　外用膏剂	2	2	4
项目八　散剂、颗粒剂与胶囊剂	6	4	10
项目九　片剂	6	4	10
项目十　其他剂型	4	2	6
项目十一　药物制剂新技术与新剂型	2	0	2
项目十二　药物制剂的稳定性	2	2	4
机动	0	0	0
合计	44	30	74

四、课程内容和要求

单元	教学内容	教学要求	教学活动参考	参考学时	
				理论	实践
项目一 绪论	（一）认识药物制剂技术		理论讲授	4	
	1. 药物制剂及相关术语	掌握	案例教学		
	2. 药物制剂的重要性与分类	熟悉	角色扮演		
	（二）药物制剂的发展与任务	了解	情境教学		
	1. 药物制剂的发展		教学录像		
	2. 药物制剂的任务		教学见习		
	（三）药品标准				
	1.《中华人民共和国药典》	掌握	微课		
	2. 其他药品标准				

续表

单元	教学内容	教学要求	教学活动参考	参考学时	
				理论	实践
项目一绪论	3. 外国药典	了解			
	（四）认识处方	熟悉			
	（五）认识《药品生产质量管理规范》				
	1.《药品生产质量管理规范》概述				
	2. 我国《药品生产质量管理规范》的实施进展和认证制度				
	3.《药品生产质量管理规范》的主要内容				
	（六）认识和了解社会药房				
	1. 社会药房的性质、特点				
	2. 社会药房的经营				
	3. 社会药房的管理				
	实训1-1　学习查阅《中国药典》的方法	熟练掌握	技能实践		2
项目二药物制剂的基本操作	（一）固体制剂的基本操作	掌握	理论讲授 案例教学 情境教学 教学录像	8	
	1. 称量				
	2. 粉碎				
	3. 过筛				
	4. 混合				
	（二）液体制剂的基本操作	熟悉			
	1. 固体物质的溶解				
	2. 药液的滤过				
	（三）制药用水的生产技术	掌握	制水微课 无菌操作视频		
	1. 制药用水的含义				
	2. 制药用水的种类				
	3. 制药用水的质量要求				

续表

单元	教学内容	教学要求	教学活动参考	参考学时	
				理论	实践
项目二药物制剂的基本操作	4. 制药用水的制备				
	（四）药物制剂洁净技术	掌握			
	1. 灭菌法				
	2. 无菌操作法				
	3. 空气净化技术				
	实训2-1　称量操作、溶解操作、过滤操作基本技能练习	熟练掌握	技能实践		2
项目三表面活性剂	（一）认识表面现象与表面活性剂		理论讲授	4	
	1. 表面现象	了解	案例教学		
	2. 表面活性剂的含义	掌握	角色扮演		
	3. 表面活性剂的分类		情境教学		
	4. 表面活性剂的基本特性	熟悉	教学录像		
	5. 表面活性剂的生物学性质				
	（二）表面活性剂的应用	掌握			
	1. 增溶				
	2. 乳化				
	3. 润湿				
	4. 其他				
项目四液体制剂	（一）概述		理论讲授	10	
	液体制剂				
	1. 认识液体制剂	熟悉	案例教学		
	2. 液体制剂的分类	掌握	角色扮演		
	（二）液体制剂的溶剂和附加剂		情境教学		
	1. 液体制剂常用溶剂	熟悉	教学录像		
	2. 液体制剂常用附加剂	掌握	教学见习		
	（三）溶液型液体制剂	掌握			
	1. 认识溶液型液体制剂		微课		
	2. 常用的溶液型液体制剂				

续表

单元	教学内容	教学要求	教学活动参考	参考学时	
				理论	实践
项目四 液体制剂	（四）高分子溶液剂		视频		
	1. 认识高分子溶液剂	熟悉			
	2. 高分子溶液的性质	掌握			
	3. 高分子溶液的制备				
	（五）溶胶剂	熟悉			
	1. 认识溶胶剂	掌握			
	2. 溶胶的性质				
	3. 溶胶剂的制备	掌握			
	（六）混悬剂				
	1. 认识混悬剂				
	2. 混悬剂的稳定性				
	3. 混悬剂的稳定剂	熟悉			
	4. 混悬剂的制备				
	5. 混悬剂的质量评定	掌握			
	（七）乳剂				
	1. 认识乳剂				
	2. 乳化剂	熟悉			
	3. 乳剂的稳定性				
	4. 乳剂的制备				
	5. 乳剂的质量评定				
	（八）按给药途径与应用方法分类的液体制剂				
	1. 口服液体制剂				
	2. 含漱剂	掌握			
	3. 洗剂				

续表

单元	教学内容	教学要求	教学活动参考	参考学时	
				理论	实践
项目四 液体制剂	4. 搽剂	熟悉			
	5. 涂剂				
	6. 滴耳剂与洗耳剂	了解			
	7. 滴鼻剂与洗鼻剂				
	8. 灌肠剂				
	（九）液体制剂的包装与贮存				
	1. 液体制剂的包装				
	2. 液体制剂的贮存				
	实训4-1　溶液型液体制剂的制备	熟练掌握	技能实践		10
	实训4-2　高分子溶液剂的制备				
	实训4-3　混悬剂的制备				
	实训4-4　乳剂的制备	学会			
	实训4-5　按给药途径与应用方法分类的液体制剂的制备				
项目五 注射剂与眼用液体制剂	（一）认识注射剂		理论讲授	14	
	1. 注射剂的概念与特点	熟悉	案例教学		
	2. 注射剂的分类与给药途径		角色扮演		
	3. 注射剂的质量要求		情境教学		
	（二）热原		教学录像		
	1. 热原的概念组成与性质	熟悉	教学见习		
	2. 污染热原的途径		注射剂工艺流程		
	3. 除去热原的方法		虚拟仿真		

续表

单元	教学内容	教学要求	教学活动参考	参考学时	
				理论	实践
项目五 注射剂与眼用液体制剂	4. 检查热原的方法	了解			
	（三）注射剂的溶剂与附加剂	了解			
	1. 注射剂的溶剂				
	2. 注射剂的附加剂				
	（四）注射剂的制备与实例分析	掌握			
	1. 注射剂的生产工艺流程				
	2. 注射剂的容器与处理方法				
	3. 注射液的配制				
	4. 注射液的滤过				
	5. 注射液的灌封				
	6. 注射剂的灭菌和检漏				
	7. 注射剂的质量检查				
	8. 注射剂的印字与包装				
	9. 实例分析				
	（五）输液剂	熟悉			
	1. 概述				
	2. 输液剂的制备				
	3. 输液剂生产中存在的问题及解决方法				
	4. 输液剂质量检查				
	（六）注射用无菌粉末	掌握			
	1. 概述				
	2. 注射用无菌粉末的制备				
	3. 实例分析				
	（七）眼用液体制剂				
	1. 概述	熟悉			

续表

单元	教学内容	教学要求	教学活动参考	参考学时	
				理论	实践
项目五 注射剂与眼用液体制剂	2. 滴眼剂中药物的吸收				
	3. 滴眼剂的附加剂				
	4. 滴眼剂的制备	掌握			
	5. 实例分析				
	实训5-1 微孔滤膜、垂熔滤球使用前处理方法	熟练掌握	技能实践		16
	实训5-2 热原的检查	学会	仿真视频		
	实训5-3 安瓿剂维生素C注射液的制备				
	实训5-4 10%葡萄糖注射液的制备				
	实训5-5 滴眼剂的制备				
项目六 浸出制剂	（一）认识浸出药剂	掌握	理论讲授	6	
	1. 浸出制剂的概念		案例教学		
	2. 浸出制剂的分类		角色扮演		
	3. 浸出制剂的特点		情境教学		
	（二）浸出制剂的制备		教学录像		
	1. 中药材的预处理	熟悉	教学见习		
	2. 浸出溶剂的选择		视频		
	3. 常用的浸出方法		微课		
	4. 浸出液的浓缩与干燥	了解			
	（三）常用浸出制剂	熟悉			
	1. 汤剂				
	2. 中药口服液				
	3. 酒剂				
	4. 酊剂				
	5. 流浸膏剂				

续表

单元	教学内容	教学要求	教学活动参考	参考学时	
				理论	实践
项目六浸出制剂	6. 浸膏剂				
	7. 煎膏剂				
	(四)浸出药剂的质量控制	了解			
	1. 药材的来源、品种与规格				
	2. 制法规范				
	3. 理化标准				
	4. 卫生学标准				
	实训6-1 浸出制剂的制备	熟练掌握	技能实践		4
项目七软膏剂	(一)认识软膏剂	熟悉	理论讲授	4	
	1. 软膏剂的含义、特点与分类		案例教学		
	2. 软膏剂的质量要求		角色扮演		
	(二)软膏剂的基质	掌握	情境教学		
	1. 软膏基质的选择		教学录像		
	2. 软膏基质分类		教学见习		
	(三)软膏剂的制备与实例分析	掌握			
	1. 基质的处理				
	2. 药物加入方法		微课		
	3. 制备方法与设备				
	4. 实例分析		视频		
	(四)软膏剂的质量检查与包装	了解			
	1. 质量检查				
	2. 包装与贮存				
	(五)眼膏剂	了解			
	1. 概述				
	2. 眼膏剂的基质				

续表

单元	教学内容	教学要求	教学活动参考	参考学时	
				理论	实践
项目七	3. 眼膏剂的制备与实例分析				
软膏剂	4. 眼膏剂的质量检查				
	（六）凝胶剂	熟悉			
	1. 概述				
	2. 水性凝胶基质				
	3. 水性凝胶剂的制备				
	4. 凝胶剂的质量检查				
	（七）贴膏剂	了解			
	1. 概述				
	2. 橡胶膏剂的制备				
	3. 贴膏剂的质量检查与贮存				
	实训7-1　软膏剂的制备	熟练掌握	技能实践		4
项目八	（一）散剂		理论讲授	4	
散剂、颗	1. 认识散剂	熟悉	案例教学		
粒剂与胶	2. 散剂的制备		角色扮演		
囊剂	3. 散剂的质量检查、包装与贮存	了解	情境教学		
	（二）颗粒剂		教学录像		
	1. 认识颗粒剂	熟悉	教学见习		
	2. 颗粒剂的制备		微课		
	3. 颗粒剂的质量检查、包装与贮存	了解	视频		
	（三）胶囊剂	掌握			
	1. 认识胶囊剂				
	2. 胶囊剂的制备				
	3. 胶囊剂的质量检查、包装与贮存				
	实训8-1　散剂的制备	熟练	技能实践		6
	实训8-2　颗粒剂的制备	掌握	仿真		
	实训8-3　胶囊剂的制备				

续表

单元	教学内容	教学要求	教学活动参考	参考学时	
				理论	实践
项目九 片剂	（一）认识片剂	熟悉	理论讲授	10	
	1. 片剂的特点		案例教学		
	2. 片剂的分类和质量要求		角色扮演		
	（二）片剂的辅料	掌握	情境教学		
	1. 辅料的作用		教学录像		
	2. 辅料的分类和常用辅料		教学见习		
	（三）片剂的制备与举例		仿真		
	1. 湿法制粒压片	掌握	微课		
	2. 干法制粒压片		视频		
	3. 直接压片法				
	4. 中药片剂的制备				
	5. 片剂制备过程中可能出现的问题和解决方法	熟悉			
	（四）片剂的包衣				
	1. 概述	熟悉			
	2. 包衣方法与设备				
	3. 包衣材料与包衣过程				
	（五）片剂的质量检查				
	1. 外观性状	了解			
	2. 重量差异				
	3. 硬度与脆碎度				
	4. 崩解时限				
	5. 含量均匀度				
	6. 溶出度测定				
	7. 释放度测定				
	8. 发泡量				
	9. 分散均匀性				
	10. 微生物限度				

续表

单元	教学内容	教学要求	教学活动参考	参考学时	
				理论	实践
项目九 片剂	（六）片剂的包装与贮藏	了解			
	1. 片剂的包装				
	2. 片剂的贮存				
	（七）实例分析	熟悉			
	1. 性质稳定易成型药物的片剂				
	2. 不稳定药物的片剂				
	3. 小剂量药物的片剂				
	4. 中药片剂				
	5. 肠溶衣片剂				
	实训9-1　单冲压片机的使用	熟练	技能实践		10
	实训9-2　片剂的制备	掌握	仿真		
	实训9-3　参观药厂片剂车间				
项目十 其他剂型	（一）栓剂		理论讲授	6	
	1. 认识栓剂	掌握	案例教学		
	2. 栓剂的基质与附加剂	了解	角色扮演		
	3. 栓剂的制备与举例		情境教学		
	4. 栓剂的质量检查	熟悉	教学录像		
		掌握	教学见习		
	（二）丸剂		微课		
	1. 中药丸剂		视频		
	2. 滴丸剂				
	3. 丸剂的质量控制				
	4. 丸剂的包装与贮存	掌握			
	（三）膜剂				
	1. 认识膜剂				

续表

单元	教学内容	教学要求	教学活动参考	参考学时	
				理论	实践
项目十其他剂型	2. 膜剂的成膜材料	熟悉			
	3. 膜剂的制备与举例				
	（四）气雾剂、粉雾剂与喷雾剂				
	1. 气雾剂				
	2. 吸入粉雾剂				
	3. 喷雾剂	熟悉			
	实训10-1　栓剂的制备 实训10-2　丸剂的制备 实训10-3　膜剂的制备	学会	技能实践 仿真		6
项目十一药物制剂新技术与新剂型	（一）缓释与控释制剂	熟悉	理论讲授	4	
	1. 概述		案例教学		
	2. 口服缓释与控释制剂		角色扮演		
	3. 靶向制剂		情境教学		
	4. 经皮吸收制剂		教学录像		
	（二）药物制剂新技术	了解	教学见习		
	1. 固体分散技术				
	2. 包合技术				
	3. 微囊和微球的制备技术				
	4. 纳米囊和纳米球的制备技术				
	5. 纳米乳和亚纳米乳的制备技术				
	6. 脂质体的制备技术				
	（三）生物技术药物制剂				
	1. 概述				
	2. 蛋白类药物制剂研究特点				

续表

单元	教学内容	教学要求	教学活动参考	参考学时	
				理论	实践
项目十二 药物制剂的稳定性	（一）概述	掌握	理论讲授	4	
	1. 研究药物制剂稳定性的意义		案例教学		
	2. 药物制剂稳定性研究的范围		角色扮演		
	3. 考察药物制剂稳定性的主要项目		情境教学		
	（二）影响药物制剂稳定性的主要因素及稳定性方法		教学录像		
	1. 制剂中药物的化学降解途径		教学见习		
	2. 影响药物制剂稳定性的处方因素及稳定化方法				
	3. 影响药物制剂稳定性的外界因素及稳定化方法				
	4. 药物制剂稳定化的其他方法				
	（三）药物制剂的配伍变化				
	1. 概述				
	2. 物理和化学的配伍变化				
	3. 配伍变化的处理原则与方法				
	4. 实例分析	熟悉 掌握			
	实训12-1　药物制剂的配伍变化	学会	技能实践		2

五、课程标准说明

（一）教学安排

本课程标准主要供中等卫生职业教育制药技术应用专业教学使用，总学时为144学时，其中理论教学80学时，实践教学64学时。各学校根据专业培养目标和教学实践条件，可适当调整学时。

（二）教学要求

1. 本课程对理论部分教学要求分为掌握、熟悉、了解3个层次。掌握指对基本知识、基本理论有较深刻的认识，并能综合、灵活地运用所学的知识解决实际问题。熟悉指能够领会概念、原理的基本含义，解释现象。了解指对基本知识、基本理论能有一定的认识，能够记忆所学的知识要点。

2. 本课程重点突出以岗位胜任力为导向的教学理念，在实践技能方面分为熟练掌握和学会2个层次。熟练掌握指能独立、规范地解决药物制剂制备过程中遇到的常见问题，完成常规制剂生产操作及质量检查。学会指在教师的指导下能初步实施药物制剂的配制操作，会使用常用制剂设备与保养。

（三）教学建议

1. 本课程依据药物制剂技术岗位的工作任务、职业能力要求，强化理论实践一体化，突出“做中学、做中教”的职业教育特色，根据培养目标、教学内容和学生的学习特点以及职业资格考核要求，提倡项目教学、案例教学、任务教学、角色扮演、情境教学等方法，利用校内外实训基地，将学生的自主学习、合作学习和教师引导教学等教学组织形式有机结合。

2. 教学过程中，可通过测验、观察记录、技能考核和理论考试等多种形式对学生的职业素养、专业知识和技能进行综合考评。应体现评价主体的多元化，评价过程的多元化，评价方式的多元化。评价内容不仅关注学生对知识的理解和技能的掌握，更要关注知识在药物制剂实践中运用与解决实际问题的能力水平，重视中职药物制剂职业素质的形成。

3. 本课程标准所列实践内容，各地各学校可根据实际情况和具体条件选做。